Informatik – Fachberichte

Band 125: Mustererkennung 1986. 8. DAGM-Symposium, Paderborn, September/Oktober 1986. Herausgegeben von G. Hartmann. XII, 294 Seiten, 1986.

Band 126: GI-16. Jahrestagung. Informatik-Anwendungen – Trends und Perspektiven. Berlin, Oktober 1986. Herausgegeben von G. Hommel und S. Schindler. XVII, 703 Seiten. 1986.

Band 127: GI-17. Jahrestagung. Informatik-Anwendungen – Trends und Perspektiven. Berlin, Oktober 1986. Herausgegeben von G. Hommel und S. Schindler. XVII, 685 Seiten. 1986.

Band 128: W. Benn, Dynamische nicht-normalisierte Relationen und symbolische Bildbeschreibung. XIV, 153 Seiten. 1986.

Band 129: Informatik-Grundbildung in Schule und Beruf. GI-Fachtagung, Kaiserslautern, September/Oktober 1986. Herausgegeben von E. v. Puttkamer. XII, 486 Seiten. 1986.

Band 130: Kommunikation in Verteilten Systemen. GI/NTG-Fachtagung, Aachen, Februar 1987. Herausgegeben von N. Gerner und O. Spaniol. XII, 812 Seiten. 1987.

Band 131: W. Scherl, Bildanalyse allgemeiner Dokumente. XI, 205 Seiten. 1987.

Band 132: R. Studer, Konzepte für eine verteilte wissensbasierte Softwareproduktionsumgebung. XI, 272 Seiten. 1987.

Band 133: B. Freisleben, Mechanismen zur Synchronisation paralleler Prozesse. VIII, 357 Seiten. 1987.

Band 134: Organisation und Betrieb der verteilten Datenverarbeitung. 7. GI-Fachgespräch, München, März 1987. Herausgegeben von F. Peischl. VIII, 219 Seiten. 1987.

Band 135: A. Meier, Erweiterung relationaler Datenbanksysteme für technische Anwendungen. IV, 141 Seiten. 1987.

Band 136: Datenbanksysteme in Büro, Technik und Wissenschaft. GI-Fachtagung, Darmstadt, April 1987. Proceedings. Herausgegeben von H.-J. Schek und G. Schlageter. XII, 491 Seiten. 1987.

Band 137: D. Lienert, Die Konfigurierung modular aufgebauter Datenbanksysteme. IX, 214 Seiten. 1987.

Band 138: R. Männer, Entwurf und Realisierung eines Multiprozessors. Das System „Heidelberger POLYP". XI, 217 Seiten. 1987.

Band 139: M. Marhöfer, Fehlerdiagnose für Schaltnetze aus Modulen mit partiell injektiven Pfadfunktionen. XIII, 172 Seiten. 1987.

Band 140: H.-J. Wunderlich, Probabilistische Verfahren für den Test hochintegrierter Schaltungen. XII, 133 Seiten. 1987.

Band 141: E. G. Schukat-Talamazzini, Generierung von Worthypothesen in kontinuierlicher Sprache. XI, 142 Seiten. 1987.

Band 142: H.-J. Novak, Textgenerierung aus visuellen Daten: Beschreibungen von Straßenszenen. XII, 143 Seiten. 1987.

Band 143: R. R. Wagner, R. Traunmüller, H. C. Mayr (Hrsg.), Informationsbedarfsermittlung und -analyse für den Entwurf von Informationssystemen. Fachtagung EMISA, Linz, Juli 1987. VIII, 257 Seiten. 1987.

Band 144: H. Oberquelle, Sprachkonzepte für benutzergerechte Systeme. XI, 315 Seiten. 1987.

Band 145: K. Rothermel, Kommunikationskonzepte für verteilte transaktionsorientierte Systeme. XI, 224 Seiten. 1987.

Band 146: W. Damm, Entwurf und Verifikation mikroprogrammierter Rechnerarchitekturen. VIII, 327 Seiten. 1987.

Band 147: F. Belli, W. Görke (Hrsg.), Fehlertolerierende Rechensysteme / Fault-Tolerant Computing Systems. 3. Internationale GI/ITG/GMA-Fachtagung, Bremerhaven, September 1987. Proceedings. XI, 389 Seiten. 1987.

Band 148: F. Puppe, Diagnostisches Problemlösen mit Expertensystemen. IX, 257 Seiten. 1987.

Band 149: E. Paulus (Hrsg.), Mustererkennung 1987. 9. DAGM-Symposium, Braunschweig, Sept./Okt. 1987. Proceedings. XVII, 324 Seiten. 1987.

Band 150: J. Halin (Hrsg.), Simulationstechnik. 4. Symposium, Zürich, September 1987. Proceedings. XIV, 690 Seiten. 1987.

Band 151: E. Buchberger, J. Retti (Hrsg.), 3. Österreichische Artificial-Intelligence-Tagung. Wien, September 1987. Proceedings. VIII, 181 Seiten. 1987.

Band 152: K. Morik (Ed.), GWAI-87. 11th German Workshop on Artificial Intelligence. Geseke, Sept./Okt. 1987. Proceedings. XI, 405 Seiten. 1987.

Band 153: D. Meyer-Ebrecht (Hrsg.), ASST'87. 6. Aachener Symposium für Signaltheorie. Aachen, September 1987. Proceedings. XII, 390 Seiten. 1987.

Band 154: U. Herzog, M. Paterok (Hrsg.), Messung, Modellierung und Bewertung von Rechensystemen. 4. GI/ITG-Fachtagung, Erlangen, Sept./Okt. 1987. Proceedings. XI, 388 Seiten. 1987.

Band 155: W. Brauer, W. Wahlster (Hrsg.), Wissensbasierte Systeme. 2. Internationaler GI-Kongreß, München, Oktober 1987. XIV, 432 Seiten. 1987.

Band 156: M. Paul (Hrsg.), GI – 17. Jahrestagung. Computerintegrierter Arbeitsplatz im Büro. München, Oktober 1987. Proceedings. XIII, 934 Seiten. 1987.

Band 157: U. Mahn, Attributierte Grammatiken und Attributierungsalgorithmen. IX, 272 Seiten. 1988.

Band 158: G. Cyranek, A. Kachru, H. Kaiser (Hrsg.), Informatik und „Dritte Welt". X, 302 Seiten. 1988.

Band 159: Th. Christaller, H.-W. Hein, M. M. Richter (Hrsg.), Künstliche Intelligenz. Frühjahrsschulen, Dassel, 1985 und 1986. VII, 342 Seiten. 1988.

Band 160: H. Mächer, Fehlertolerante dezentrale Prozeßautomatisierung. XVI, 243 Seiten. 1987.

Band 161: P. Peinl, Synchronisation in zentralisierten Datenbanksystemen. XII, 227 Seiten. 1987.

Band 162: H. Stoyan (Hrsg.), Begründungsverwaltung. Proceedings, 1986. VII, 153 Seiten. 1988.

Band 163: H. Müller, Realistische Computergraphik. VII, 146 Seiten. 1988.

Band 164: M. Eulenstein, Generierung portabler Compiler. X, 235 Seiten. 1988.

Band 165: H.-U. Heiß, Überlast in Rechensystemen. IX, 176 Seiten. 1988.

Band 166: K. Hörmann, Kollisionsfreie Bahnen für Industrieroboter. XII, 157 Seiten. 1988.

Band 167: R. Lauber (Hrsg.), Prozeßrechensysteme '88. Stuttgart, März 1988. Proceedings. XIV, 799 Seiten. 1988.

Band 168: U. Kastens, F. J. Rammig (Hrsg.), Architektur und Betrieb von Rechensystemen. 10. GI/ITG-Fachtagung, Paderborn, März 1988. Proceedings. IX, 405 Seiten. 1988.

Band 169: G. Heyer, J. Krems, G. Görz (Hrsg.), Wissensarten und ihre Darstellung. VIII, 292 Seiten. 1988.

Band 170: A. Jaeschke, B. Page (Hrsg.), Informatikanwendungen im Umweltbereich. 2. Symposium, Karlsruhe, 1987. Proceedings. X, 201 Seiten. 1988.

Band 171: H. Lutterbach (Hrsg.), Non-Standard Datenbanken für Anwendungen der Graphischen Datenverarbeitung. GI-Fachgespräch, Dortmund, März 1988, Proceedings. VII, 183 Seiten. 1988.

Band 172: G. Rahmstorf (Hrsg.), Wissensrepräsentation in Expertensystemen. Workshop, Herrenberg, März 1987. Proceedings. VII, 189 Seiten. 1988.

Informatik-Fachberichte 221

Herausgeber: W. Brauer
im Auftrag der Gesellschaft für Informatik (GI)

H. Schelhowe (Hrsg.)

Frauenwelt – Computerräume

Fachtagung, veranstaltet von der Fachgruppe „Frauenarbeit und Informatik" im Fachbereich 8 der GI
Bremen, 21.-24. September 1989

Proceedings

Springer-Verlag
Berlin Heidelberg New York
London Paris Tokyo Hong Kong

Herausgeberin

Heidi Schelhowe
Universität Bremen, Forschungszentrum Arbeit und Technik
Postfach 33 04 40, D-2800 Bremen 33

Die Ausrichtung der Tagung wurde freundlicherweise durch Spenden und Zuwendungen unterstützt von:

- Angestelltenkammer Bremen
- Der Senator für Wirtschaft, Technologie und Außenhandel, Freie Hansestadt Bremen
- Die Sparkasse in Bremen
- Landeszentrale für politische Bildung, Bremen
- Universität Bremen
- Art Com, Bremen
- Digital Equipment GmbH, München
- IBM Deutschland GmbH, Sindelfingen
- Multisoft, Berne
- Nokia-Data, Düsseldorf
- SCS Informationstechnik GmbH, Hamburg

CR Subject Classification (1987): K.3-4, K.7

ISBN-13: 978-3-540-51802-0 e-ISBN-13: 978-3-642-75164-6
DOI: 10.1007/978-3-642-75164-6

Softcover reprint of the hardcover 1st edition 1989

Druck- und Bindearbeiten: Weihert-Druck GmbH, Darmstadt
2145/3140 - 543210 - Gedruckt auf säurefreiem Papier

Vorwort des Reihenherausgebers

Die Veröffentlichung dieses Tagungsbandes in den Informatik-Fachberichten ist als ein Sonderfall anzusehen. Damit soll der Fachgruppe 8.02 "Frauenarbeit und Informatik" des Fachausschusses 8 "Informatik und Gesellschaft" der GI einmal die Gelegenheit gegeben werden, sich einer größeren Öffentlichkeit im Bereich der Informatik vorzustellen und die Probleme, die ihre Mitglieder für wichtig halten, sowie Meinungen, Ansichten, Ideen, Kritiken und Lösungsvorschläge zur Diskussion zu stellen.

Es ist zu hoffen, daß einige der in diesem Band enthaltenen Anregungen zu ernsthaften Untersuchungen und Forschungsarbeiten führen - und zwar nicht nur über neue Methoden der Informatik, sondern auch über Fragen der Ausbildung, über Anwendungen und Wirkungen, sowie über geisteswissenschaftliche Grundlagen der Informatik. Es wäre gut, wenn es dabei zu echter multidisziplinärer Arbeit käme, wobei insbesondere auch ernsthafte, qualifizierte Mitarbeit aus dem Bereich der Geisteswissenschaften nötig ist - was jedoch eingehende Beschäftigung mit der Informatik voraussetzt.

Weil Informatik Auswirkungen auf fast alle Lebensbereiche hat und weil die Entwicklung der Informatik und ihrer Produkte ganz wesentlich auch von außerinformatischen Faktoren bestimmt wird, ist es wichtig, daß sich auch Informatik-Fachleute mit außerinformatischen Fragen befassen. Hierzu liefert dieser Band interessantes Material.

Die Informatik als junge, noch stark in Entwicklung begriffene und weitgefächerte Disziplin sollte mit Fragen der Frauenforschung keine Schwierigkeiten haben - neue Ideen und Ansätze, neue Vorgehensweisen, neue Resultate, eine breitere Grundlage, eine größere Zahl von Personen, die sich mit ihr beschäftigen, all das kann ja nur nützen. Die Chancen, erfolgreich zu sein,sind groß - es kommt nur auf die Qualität der Arbeit an.

Ich hoffe, daß die Tagung "Frauenwelt - Computerräume" und dieser Tagungsband der Sache der Frauen und der Informatik zugleich nützt.

München, August 1989 Wilfried Brauer

Vorwort

Zum erstenmal sind in einem Tagungsband der Reihe Informatik-Fachberichte ganz überwiegend Frauen die Autorinnen der veröffentlichten Beiträge. Dies hat seinen Grund (noch) nicht darin, daß Frauen sich heute zu Technikfragen ebenso selbstverständlich wie Männer öffentlich zu Wort melden. Vielmehr liegt es daran, daß mit der Konferenz "Frauenwelt — Computerräume" Frauen sich selbst, ihr eigenes Verhältnis zur Informatik, ihre Betroffenheit und ihre Handlungsperspektiven zum Thema machen.
Auch dies mag Verwunderung hervorrufen: Frauenforschung ist in den Geistes- und Sozialwissenschaften eine inzwischen tolerierte Teildisziplin; in den Natur- und Ingenieurwissenschaften aber stößt sie noch überwiegend auf Skepsis. Die Schwierigkeiten, an der Universität Bremen die vom Akademischen Senat beschlossene Professur für Frauenforschung in Naturwissenschaft und Technik in einem Fachbereich anzusiedeln, haben dies in der jüngsten Zeit noch einmal deutlich gemacht.
Frauenforschung findet heute im wesentlichen außerhalb offizieller wissenschaftlicher Einrichtungen statt. Sie wird oft unbezahlt und nach Feierabend verrichtet. Dies beinhaltet aber auch die Chance, daß Frauenforschung sich quer zu etablierten Disziplinen und entlang der entstandenen Zusammenschlüsse von Frauen bewegt.
Vielleicht ist dies der tiefere Grund dafür, daß es uns mit dieser Konferenz gelungen ist, Frauen und Männer aus den verschiedensten Fachgebieten und aus den unterschiedlichsten Arbeitszusammenhängen für die Darstellung ihrer Arbeiten im Rahmen der Konferenz zu gewinnen: InformatikerInnen, SozialwissenschaftlerInnen, PhilosophInnen, KünstlerInnen (leider sind sie im Tagungsband nicht vertreten), LehrerInnen, GewerkschafterInnen, Männer und Frauen aus dem Industriemanagement, HochschullehrerInnen, StudentInnen, ComputergegnerInnen und -befürworterInnen.

Anfang der 80er Jahre rückte das Thema "Frauen und Computer" erstmals ins Blickfeld der Öffentlichkeit. Gewerkschafterinnen und Sozialwissenschaftlerinnen gaben ihrer Sorge Ausdruck, daß Frauen die Leidtragenden, die Opfer des technischen Fortschritts sein würden. Ihre Arbeitsplätze in der Produktion und in den Büros, so lautete die Prognose, würden der Rationalisierung zum Opfer fallen. Es wurde befürchtet, daß für Frauen nur dequalifizierte Routinetätigkeiten und entrechtete Heimarbeit übrigbleiben würden. Untersuchungen zu den Auswirkungen der Mikroelektronik in der Hausarbeit kamen zu der pessimistischen Einschätzung, daß auch in diesem Bereich von Frauenarbeit keineswegs größere Zeitsouveränität für die Frauen und höhere Lebensqualität mit der Technik Einzug halten.
Neuere Untersuchungen zeigen, daß Frauen sich bis zum heutigen Zeitpunkt nicht aus der *Erwerbsarbeit* verdrängen ließen. In hohem Maß scheint die Entwicklung von Frauenerwerbsarbeit sowohl quantitativ als auch qualitativ davon abzuhängen, wie Frauen sich in den Prozeß der Neustrukturierung von Arbeit und Technik einmischen, ihre Ansprüche artikulieren und durchsetzen.

*Bildungs*voraussetzungen für qualifizierte Erwerbsarbeit haben Frauen sich in den letzten Jahrzehnten verstärkt erworben. Nie waren sie von ihren formalen Bildungsabschlüssen her so hoch qualifiziert.
Seit Beginn der 80er Jahre sind verstärkt — nicht selten von Frauen selbst organisiert — Intitiativen ergriffen worden, um Mädchen und Frauen einen Zugang zu den Informations- und Kommunikationstechnologien zu ermöglichen. In der öffentlichen Diskussion wird bis heute davon ausgegangen, daß es ein weibliches Bildungsdefizit und eine Technikdistanz gebe. Der überwältigende Zuspruch, den z.B. geschlechtshomogene Lerngruppen finden, widerlegt dieses Vorurteil. In den Diskussionen zur informationstechnischen Bildung von Mädchen und Frauen änderte sich aufgrund dieser Erfahrungen die These einer weiblichen Technikdistanz hin zur Annahme spezifisch weiblicher Zugangsweisen zur Technik. Es wurde die Frage gestellt, ob der gängige koedukative Unterricht in mathematisch-naturwissenschaftlichen Fächern die spezifischen Zu- und Umgangsweisen von Mädchen zum und mit dem Computer überhaupt zulasse oder ob sich stattdessen nicht vielmehr eine Orientierung an den spontanen Interessen der Jungen durchsetze.

Wenn sich die Frauenbewegung in den letzten Jahren verstärkt auch für die Bedingungen und Handlungsweisen von *Fachfrauen* im technischen Umfeld zu interessieren begann, so geschah dies nicht zuletzt auch deswegen, weil sich hier die Frage nach der Gestaltung der Zukunft in relevanter Weise stellt. Auch die Diskussion um Frauen in Führungspositionen verweist darauf, daß Frauen heute danach fragen, wie sie auf die gesellschaftlich relevanten Entscheidungen Einfluß nehmen können.
An die Informatik knüpften sich dabei besondere Hoffnungen: Der Frauenanteil unter den Studierenden lag deutlich höher als in anderen ingenieurwissenschaftlichen Studiengängen und stieg zunächst — zwar langsam, aber doch kontinuierlich — an. In den letzten Jahren sehen sich diese Hoffnungen enttäuscht: Der Frauenanteil unter den Studierenden der Informatik sinkt. Neue Konzepte für den Informatik-Unterricht an den Schulen, Frauenförderpläne und Quotierungen für die Industrie und für die Hochschulen sind eine Richtung, in die sich Überlegungen zur Veränderung dieser Situation bewegen.
Alarmierend wirken die Ergebnisse einer Dortmunder Untersuchung über Informatikerinnen und Chemikerinnen: Ein Drittel der Befragten hatte ihre Schulzeit auf reinen Mädchenschulen zugebracht. Diese wie einige andere Untersuchungen über den Werdegang von jungen Naturwissenschaftlerinnen und Ingenieurinnen zeigen deutlich, daß es offensichtlich nicht das mangelnde Interesse, geringere mathematisch-naturwissenschaftliche Begabung oder fehlende Bildungsvoraussetzungen sind, die den Frauen den Zugang zu hochqualifizierten technischen Berufen versperren. Vielmehr scheinen spezifisch männlich geprägte Lebens- und Arbeitskulturen für Frauen den Zutritt zu erschweren.

Seit Beginn der 70er Jahre wurden von verschiedenen sozialen Bewegungen die umweltzerstörenden und sozial schädlichen Folgen des technischen Fortschritts ins Zentrum öffentlicher Auseinandersetzung gerückt. *Eine* Antwort der Frauenbewegung war, die These von der "Unschuld" und Nichtbeteiligung von Frauen, die Behaup-

tung ihres Anders-Seins aufzunehmen und die Verweigerung gegenüber den neuen Technologien zu propagieren. Nachdem heute an den meisten Arbeitsplätzen, die mit Computern ausgestattet sind, Frauen arbeiten und Frauen in ihrer Zuständigkeit für die Reproduktionsarbeit die Benutzerinnen elektronisch gesteuerter Endgeräte sind, scheint dies keine Perspektive mehr zu bieten. Es stellt sich heute eher die Frage, wie Frauen die Neustrukturierungen nutzen können, die mit der informationstechnischen Durchdringung aller gesellschaftlichen Bereiche verbunden sind, um das Verhältnis zwischen den Geschlechtern zu ihren Gunsten zu verändern.
Traditionelle *kulturelle* Leitbilder geraten ins Wanken, seit es die "denkenden" Automaten gibt. Für den Umgang mit den neuen Maschinen werden heute Anforderungen formuliert, die bisher eher als weibliches Arbeitsvermögen definiert wurden. Wenn der Computer heute noch den Nimbus des Männlichen trägt, so scheint er doch andererseits traditionelle Männlichkeitsbilder in Frage zu stellen. Wenn Frauen sich heute mit der Computertechnologie beschäftigen, so könnte dies auch eine fruchtbare Auseinandersetzung mit traditionellen Bildern von Weiblichkeit befördern.

Noch wenig untersucht ist die Frage, ob und wie sich nicht nur in den Anwendungen, sondern auch in der Theoriebildung und in Entwicklungskonzeptionen der Informatik der Ausschluß weiblicher Lebensrealität und Lebenserfahrung niederschlägt. Für die Sozial- und Geisteswissenschaften, aber auch für die Biologie und Physik wurden solche Zusammenhänge von der Frauenforschung nachgewiesen. Der Verdacht, daß z.B. Software-Entwicklungsmethoden weibliche Lebenserfahrung eher ausklammern, wird heute von Frauen geäußert. Daß sich hier ein weites Feld für Frauenforschung auftut, ist zu vermuten. Zu wünschen wäre, daß gerade im Bereich von *Kritik und Weiterentwicklung* der Informatik Frauen in der Zukunft mehr von sich hören lassen.

Der vorliegende Tagungsband soll ausschnitthaft einen Blick ermöglichen auf die Beiträge, die Diskussionsthemen und die breite Vielfalt, die wir uns von der Konferenz erhoffen. Ziel dieses Buches ist es, den TeilnehmerInnen etwas in die Hand zu geben, was ihnen Gelegenheit gibt, beim Nachblättern zu erinnern und einen Einblick in nicht selbst gehörte Vorträge zu geben. Ich hoffe, daß der Band auch Frauen und Männern, die nicht an der Tagung teilnehmen können, einen Eindruck vermittelt, welche Fragen gegenwärtig in der wissenschaftlicher Auseinandersetzung zum Thema "Frauen und Informatik" diskutiert werden. Auch wenn es sich bei der Sammlung der Beiträge nicht um eine systematische Darstellung des Themenbereichs handelt, so ermöglichen sie doch einen Einblick.
Leider ließ sich ein zentraler Teil unserer Tagung nicht in diesem Band dokumentieren: Im Rahmen der "Werkstatt" werden Kenntnisse am Computer vermittelt, in ein Teilgebiet der Informatik eingeführt, Software-Systeme kritisch betrachtet oder Eigenproduktionen zur Diskussion vorgestellt. Der grundlegende Gedanke für die Konzeption der "Werkstatt" ist die praktische Demonstration und die Auseinandersetzung unter den TeilnehmerInnen. Es schien uns deshalb unmöglich, dies in der Form von Aufsätzen in einem Buch zu präsentieren. Am Ende des Bandes haben wir die Themen der fast 20 Werkstattveranstaltungen zusammengestellt.

Ganz herzlich danken möchte ich an dieser Stelle den ReferentInnen, die sich der Mühe unterzogen haben, ihre Arbeiten so frühzeitig schriftlich fertigzustellen, und damit die Vorlage eines Tagungsbandes zum Zeitpunkt der Konferenz zu ermöglichen. Ich möchte insbesondere auch den Frauen aus dem Programmkomitee und den Organisatorinnen der Tagung ganz herzlich danken. Die gemeinsame Arbeit hat mir viel Freude gemacht und wird den Boden bilden für einen hoffentlich fruchtbaren Verlauf und eine positive Ausstrahlung der Konferenz.

Bremen, Juli 1989 Heidi Schelhowe

Programmkomitee

Angelika Bahl-Benker, IG Metall, Frankfurt
Ute Hoffmann, Institut für sozialwissenschaftliche Forschung e.V., Berlin
Erika R. Marwitz, Siemens AG, München
Sigrid Metz-Göckel, Hochschuldidaktisches Zentrum, Universität Dortmund
Christiane Schiersmann, Institut Frau und Gesellschaft, Hannover
Britta Schinzel, Lehrgebiet Theoretische Informatik, RWTH Aachen
Heidi Schelhowe, Fachgruppe "Frauenarbeit und Informatik" in der GI

Vorbereitung und Organisation der Tagung

Regionalgruppe Nord der Fachgruppe "Frauenarbeit und Informatik" im Fachbereich 8 der Gesellschaft für Informatik (GI):

Susanne Baumert
Lilli Gawert-Biesalski
Doris Köhler
Veronika Oechtering
Fite Riemann
Melanie Schütte
Margita Zallmann

Karin Bergdoll
Anja Harder
Heilwig Kühne
Wiebke Oeltjen
Heidi Schelhowe
Beate Schulte

Inhaltsverzeichnis

Themenschwerpunkt E: Kritik und Weiterentwicklung der Computertechnologie

Themenschwerpunkt A:

Die Ausbreitung der Computertechnologie in der Erwerbsarbeit

Die Veränderung der weiblichen Arbeits- und Lebenswelt durch Computertechnik. Veränderung der Computertechnik durch weibliche Erfahrungen?

Elisabeth Becker-Töpfer
Gewerkschaft Handel, Banken und Versicherung
Angelika Bahl-Benker
Industriegewerkschaft Metall

Ein Kongreß wie dieser bietet die seltene Chance, Arbeit von Frauen in der Technikentwicklung - sozusagen die aktive Seite - und Frauenarbeit bei der Technikbenutzung - sozusagen die passive Seite - im Zusammenhang zu diskutieren. Wir wollen nach einigen Überlegungen zu Charakteristika von Frauenarbeit zunächst schlaglichtartig die Folgen von Computeranwendungen für Frauen betrachten, um dann zu den Anforderungen an die Gestaltung von Technik und Arbeitsorganisation zu kommen.

Frauenarbeitsplätze: Hohe Belastung und geringe Anerkennung.

Die Entwicklung der gesellschaftlichen Arbeitsteilung hat Frauen auf Bereiche - des Arbeitsprozesses verwiesen, die in besonderem Maße von Rationalisierung und Automation bedroht sind. Viele dieser Tätigkeiten gelten nicht als Dauerarbeitsplätze und die hohe Fluktuation ermöglicht den Unternehmen einen schleichenden - auch von der Interessenvertretung häufig nur am Rande wahrgenommenen - Arbeitsplatzabbau.In kaufmännischen Berufen findet sich die Arbeitsteilung: Männer in der Sachbearbeitung, Frauen in den Abwicklungstätigkeiten. Wenngleich in der Produktion die Tätigkeitsbezeichnungen anders lauten, die Form der Arbeitsteilung folgt demselben Schema - männliche Facharbeit und weibliche Anlern-Hilfsarbeit. Nach wie vor gilt: Die Facharbeit den Männern, die Zuarbeit den Frauen. Dieses Schema läßt sich sogar auf die Computerberufe übertragen - Systemprogrammierung ist überwiegend Männerarbeit und Anwendungsprogrammierung Frauenarbeit.
In der Rückschau auf die Technikentwicklung läßt sich feststellen: Sobald neu eingeführte Techniken menschliche Bediener(innen)-Tätigkeit erforderten, wurden Frauen für diese Arbeiten eingesetzt. Sie übernahmen hochbelastende und psychisch wie physisch anstrengende Tätigkeiten, beispielsweise Maschineschreiben,

Telefonvermittlung, Locharbeiten, Datenerfassung. Da, wo Frauen einen Beitrag zur eigentlichen Facharbeit geleistet haben - in den Anfängen der Computerentwicklung - wurde ihre Leistung einfach weggedeutet. [1)]

Die skandalöse Unterbewertung von Frauenarbeit hat Prinzip. Sogenannte 'Frauenberufe rangieren in der Wertskala des gesellschaftlichen Ansehens ganz unten - unabhängig von der funktionalen Bedeutung und der Notwendigkeit weiblicher Tätigkeiten. Werden die spezifischen Qualifikationsanforderungen in Frauenberufen häufig verdrängt, so werden weibliche Leistungen in der Erziehungs- und Familienarbeit meistens gänzlich unterschlagen - die feministischen Stimmen einmal ausgenommen. Sarkastisch ließe sich formulieren: Es reicht schon aus, daß Frauen den überwiegenden Anteil in einem Beruf stellen, um ihn zu diskriminieren.

Gegen die herablassende Bewertung der Frauenarbeit wollen wir Einspruch erheben. Einspruch gegen die Unterstellung, Frauenarbeit erfordere keine Qualifikation und habe keine eigenständige Qualität und sei - weil unterbewertet und in der Hierarchie an untergeordete Posten gebunden - deshalb auch unwichtig und möglichst zu automatisieren.
Assistenzarbeit, Querschnittfunktionen, Zuarbeit: Die Frauen-Arbeiten werden in ihrer Funktion für die Produkt- und Dienstleistungsqualität völlig unterschätzt. Hilfreiche, kompetente und den eigenen Kopf gebrauchende Sekretärinnen sind für jede(n), der/die eine Auskunft benötigt und die zuständige Person nicht erreicht, oft genug ein wahrer Segen. Ohne die Infrastruktur- und Managementleistungen des Sekretariats wäre die Tätigkeit in Leitungsfunktionen oder Sachbearbeitung nur halb so wirksam. Noch so fein ausgetüftelte ISDN-Nebenstellenanlagen-Merkmale sind dafür kein Ersatz.

1. Frauen und Technik. Das Beispiel der Frauendomäne 'Schreibarbeit'

Als die Vorläuferin heutiger Bürotechnik, die mechanische Schreibmaschine, Einzug in die Kontore hielt, lösten Frauen die männlichen Büroschreiber in ihrer Funktion ab. Die Herren Korrespondenten erklärten den damals körperlich noch durchaus anstrengenden Umgang mit diesen Maschinen als

"unter ihrer Würde" liegend. Sie betrachteten sich als Repräsentanten des Principals, sie hielten viel auf ihren Angestelltenstatus und auf die Kalligraphie als würdevolle Aufgabe. Arbeit an Maschinen trug für sie das Stigma des Proletarischen und Entwürdigenden. Der Arbeitsinhalt - die Reinschrift von Texten - hatte sich nicht gewandelt, eingeführt wurde lediglich ein neues Arbeitsmittel.
Weil sich viele Handlungshilfen weigerten, Schreibarbeit an Maschinen zu erledigen, entwickelten die Schreibmaschinenproduzenten eine geschickte Verkaufsstrategie: Sie verkauften die Geräte zur Probe und lieferten zwecks Maschinenbedienung junge Frauen gleich mit. Diese neue Verkaufsstrategie prägte den Zusammenhang zwischen Maschineschreiben und Frauenarbeit.
Die Unternehmer nutzten die Frauenbeschäftigung zur Einsparung von Zeit, Geld und Ärger; denn:

- die männlichen Handlungsgehilfen brauchten nicht an die Maschinenarbeit gewöhnt zu werden.
- die Frauen bekamen niedrigere Löhne als ihre männlichen Arbeitskollegen.
- die weiblichen Leih-Arbeitskräfte waren vollkommen rechtlos, von ihnen konnte Arbeit bis zur letzten Leistungsreserve abverlangt werden.

Die männlichen Handlungsgehilfenvereine erkannten rasch die Vorteile dieser Entwicklung. In einer Broschüre von 19o7 ist zu lesen: "Aber diese Konkurrenz zu fürchten wäre unmännlich. Jeder Kollege muß freilich seine Kräfte zusammennehmen und dafür sorgen, daß er bei dieser neuen Arbeitsteilung auf die richtige Stelle kommt.... Daß viele kleine Arbeiten ausgeschieden und von den weiblichen Arbeitskräften erledigt werden, während den Männern die höhere Arbeit bleibt, ist doch eine Hebung der Männerarbeit". [2)]

Die Behauptung, daß Frauenarbeit prinzipiell "technikfern" sei, ist also zu relativieren; denn nicht allein im Umgang mit dem technischen Gerät Schreibmaschine sind Frauen geübt, längst auch mit Textautomaten, Buchungsmaschinen und Terminals.

Jede neue Technik stellt bei den AnwenderInnen erworbene Qualifikationen in Frage. Wie das Aufkommen der Schreibmaschine die Fähigkeit des Schönschreibens obsolet machte, so stellte die Entwicklung

der Fotosatztechnik den Facharbeiterstatus der Setzer in Frage und glich ihre Facharbeit der Frauendomäne "Schreibarbeit" an.
Die Dynamik der Qualifikationsentwicklung vermochte bisher allerdings nicht die traditionelle Arbeitsteilung zwischen Männern und Frauen zu sprengen.
Allerdings entwickeln junge Frauen zunehmend höhere Ansprüche an ihre Berufsarbeit, sie lassen sich nicht mehr so einfach auf die Randbereiche abdrängen, sie wollen beruflich und finanziell auf eigenen Füßen stehen.

Die Forderung nach Chanchengleichheit von Frauen und Männern im Berufsleben ist inzwischen selbstverständlicher Bestandteil betrieblicher Interessenvertretung geworden.

2. Frauen und Computertechnik heute

Gesundheitsgefährdung bei der Herstellung von Computertechnik

Computerbauelemente werden unter äußerst gesundheitsschädlichen Arbeitsbedingungen produziert. Bei der Chip-Herstellung ist der Umgang mit hochgiftigen Lösungsmitteln und Gasen unvermeidlich. In Silicon Valley hat sich gezeigt, daß Frauen, die diese Arbeit verrichten und auch ihre Kinder mit schweren Krankheiten dafür bezahlen müssen. Ebenso extrem umwelt- und gesundheitsschädliche Arbeitsplätze sind in der Bundesrepublik bislang nicht bekannt - die mühsam durchgesetzte Tradition des betrieblichen Arbeitsschutzesmag bisher solche Extremformen verhindert haben - deshalb ist aber die Bauelemente-Herstellung hierzulande keineswegs problemlos. Die Fertigung und Verarbeitung der Chips findet vielfach unter Bedingungen statt, die die Reinheitsanforderungen eines Operationssaales bei weitem übertreffen. "Reinstraumfertigung", das heißt: Ständiges Arbeiten bei künstlichem Klima und künstlichem Licht (Gelblicht), Isolation von den Arbeitskolleg(In)en usw. Frauen, die unter solchen Bedingungen arbeiten, beklagen massive gesundheitliche Störungen, z.B. des Hormonhaushaltes.

Frauenarbeitsplätze in der Bürogeräte-Herstellung

Auch beim Zusammenbau von elektronischen Geräten sind viele Frauen tätig. Traditionell montierten in der Büromaschinenindustrie Frauen die Schreibmaschinen. Die Ersetzung der elektromechanischen Geräte durch elektronische computergesteuerte Büromaschinen hat neue Rationalisierungspotentiale bei der Herstellung eröffnet. So dauerte beispielsweise die Montage eines alten Fernschreibers 3o, die eines neuen elektronischen nur noch 3,5 Arbeitsstunden. Diesem Rationalisierungsschub fielen zahlreiche Arbeitsplätze von Frauen zum Opfer. [3)]

Frauenarbeit und Computereinsatz im Büro

Der zunehmende Einsatz vernetzter Computertechnik im Büro - seien es untereinander über den Großrechner vernetzte Bildschirmterminals oder in Büroautomationssysteme eingebundene persönliche Arbeitsplatz-Computer - geht überwiegend auf Kosten traditioneller Frauenarbeitsplätze im Büro.

Das verbreitete arbeitsorganisatorische Konzept der "autarken Sachbearbeitung" sieht vor, daß abzuwickelnde Arbeiten wie Textverarbeitung, Übermittlung von Briefen, Dateneingabe usw. vom PC oder Terminal aus im Zuge der Sachbearbeitung mit erledigt wird. Weniger Schreib- und Assistenztätigkeiten fallen an, wenn Textverarbeitung als Ergebnis der Sachbearbeitung vom Computer erledigt wird und wenn Daten im Zuge der computergestützten Sachbearbeitung erfaßt werden.
Die Folge: Frauenarbeitsplätze werden abgebaut. Datenerfassung und Schreibtätigkeit sind von dieser technischen Entwicklung besonders betroffen.
Auch in der Personalstruktur schlägt sich diese Entwicklung nieder: Es zeigt sich, daß die Arbeitsplätze der überwiegend männlichen Sachbearbeiter aufgestockt werden oder gleichbleiben, während die Zahl der Frauenarbeitsplätze verringert wird oder höchstens gleichbleibt.

Computereinsatz und Privatsphäre

In zahlreichen Betrieben des privaten Dienstleistungsgewerbes werden Selbstbedienungsautomaten eingesetzt, die verehrte Kundschaft wird systematisch zur Selbstbedienung angehalten. Die minutenweise Auslagerung von Arbeit aus der Verwaltung bedeutet für die Kundinnen und Kunden minutenweise Anlagerung von Arbeit. Aufgrund der überwiegenden Zuständigkeit der Frauen für die Haushaltsorganisation trifft diese Entwicklung wiederum überproportional Frauen. Die Dienstleistungsunternehmen verknappen so das Zeitbudget ihrer Kundschaft. Es entsteht der paradoxe Zustand, daß

trotz arbeits- und zeitsparender Technik der Zeitdruck und die Hektik im Privatleben steigen.
Der Trend zur Standardisierung von Dienstleistungen und zur Verlagerung dieser Arbeiten auf Computerendgeräte wird auch vom öffentlichen Dienst verfolgt. Beispielsweise im Arbeitsamt können Auskünfte aus einem Terminal, das in der Dienststelle aufgestellt ist, erfragt werden.

Zweifellos ist das System Bildschirmtext im Privatkundenbereich bisher wenig erfolgreich gewesen. Beim weiteren Ausbau der Fernmelde-Infrastruktur (Einführung von ISDN) und der damit möglichen Einrichtung von "Kommunikationsanschlüssen" in Privathaushalten werden sich jedoch Formen elektronischer Fern-Selbstbedienung wie Telebanking und Teleshopping vermutlich eher durchsetzen lassen. Zugleich stünde den Unternehmen eine Infrastruktur zur Auslagerung von Arbeit aus dem Betrieb bis in die Privathaushalte hinein zur Verfügung. Zwar haben sich die vielfach geäußerten Befürchtungen, daß Tele-Heimarbeit in breitem Maße zum Unterlaufen sozialversicherungspflichtiger Arbeitsverhältnisse genutzt werden könnte, bisher nicht bewahrheitet - der Einsatz des nur wenig leistungsfähigen Btx-Systems hat aber im Versicherungsgewerbe bereits zu einer veränderten Arbeitsteilung zwischen Innendienst und Außendienst geführt. (Vorwiegend männliche) Außendienstler wickeln nämlich einfache Verwaltungsarbeiten über Btx ab: Vertrags- sowie Adressenänderungen können direkt in den Rechner des Versicherungsunternehmens eingegeben werden. Das bedeutet Arbeitsplatzverlust für festangestelltes Personal (überwiegend Frauen) im Innendienst - mit der Folge, daß sozialversicherungspflichtige Arbeitsverhältnisse zurückgedrängt werden, denn im Außendienst sind vorwiegend freie Handelsvertreter eingesetzt.

3. Die Zukunft ist gestaltbar: Maßnahmen zur Sicherung beruflicher Perspektiven von Frauen

3.1. Anforderungen an Arbeitsorganisation und Qualifizierung

Das Ziel, die berufliche Gleichstellung von Frauen zu erreichen, ist nur durch zahlreiche Einzelmaßnahmen erreichbar. Die zähe Kleinarbeit betrieblicher InteressenvertreterInnen gehört dazu. Eine der wichtigsten Voraussetzungen für die berufliche Chancengleichheit von Frauen und Männern ist die Durchsetzung familienfreundlicher Arbeitszeiten. Während die Chancengleichheit in der Ausbildung durch Quotierung von Ausbildungsplätzen erreichbar ist, wird die Gleichstellung in der Arbeit selbst nur durch Eingriffe in die Arbeitsorganisation und durch Weiterbildungsangebote möglich sein. Für von Rationalisierung besonders bedrohte Beschäftigtengruppen müssen angepaßte Qualifizierungskonzepte entwickelt werden, die mit einer Beschäftigungsperspektive verbunden sind. So verspricht beispielsweise das Konzept "qualifizierte Assistenz" gegenüber dem der "autarken Sachbearbeitung" bessere Beschäftigungschancen für Frauen. "Qualifizierte Assistenz" heißt: Verlagerung qualifizierter Tätigkeiten in den Assistenzbereich. [4)] Mit diesem Konzept wird die Arbeitsteilung zwischen Sachbearbeitung und Querschnittfunktionen zwar aufrecht erhalten, diese Arbeitsteilung ist aber auf Kooperation, nicht auf persönliche Dienstleistung abgestellt und ermöglicht Qualifizierungs- wie Aufstiegschancen.

Während zunächst, von der bestehenden Arbeitsteilung ausgehend die Berufsperspektiven der heute berufstätigen Frauen durch angepaßte Maßnahmen verbessert werden müssen - und hier zählen kleine Schritte mehr als der große Wurf - sollen geschlechtsspezifische Arbeitsteilungsformen zukünftig abgebaut werden. Eine darauf ausgerichtete Arbeitsorganisation ist ebe so unabdingbar wie neue Berufsbilder und Stellenbeschreibungen. Dabei lie langfristig die Sicherung von Zukunftschancen in der Facharbeit bzw. Sachbearbeitung selbst, aber auch in neuen technikbezogenen - aber anwendungsnahen - Tätigkeitsbereichen (z.B. individuelle Datenverarbeitung und Betreuungsfunktionen). Gleichstellung von Frauen und Männern heißt: Arbeit in gleichen Tätigkeitsfeldern.

Wie schwierig und langwierig dieser Prozeß sein wird, läßt sich an den Verhandlungen über die Neuordnung der Büroberufe erkennen. Derzeit werden noch fast 3o.ooo Bürogehilfinnen in 2-jährigen Ausbildungsgängen ausgebildet. Die Ausbildung ist schreibtechnisch orientiert und eröffent kaum Chancen, Sachbearbeitungsaufgaben zu übernehmen. Derzeit werden nun die beiden bürowirtschaftlichen Ausbildungsberufe 'Bürogehilfin' und 'Bürokaufmann/-kauffrau' neu geordnet; in Zukunft soll es die zwei Berufe Kaufmann/-frau für Bürokommunikation und Kaufmann/-frau für Organisation geben. Beide Berufsbilder zielen auf eine zur selbständigen Sachbearbeitung hinführende Ausbildung in Industrie, Handwerk und Handel. Sie sollen dazu beitragen - zumindest in der Ausbildung - die Trennung in 'anspruchsvollere' und 'einfachere' Arbeiten aufzuheben. Qualifikationsinhalte, Anforderungen und Berufsabschlüsse sollen gleichwertig sein, die Ausbildungsdauer beträgt jeweils 3 Jahre. Es ist davon auszugehen, das die Berufsabschlüsse den Zugang zu allen kaufmännischen Weiterbildungsgängen ermöglichen.

Zu kritisieren allerdings ist die immer noch starke schreibtechnische

Orientierung und das Fehlen einer ausreichenden computertechnischen Grundbildung. Außerdem - die Reform wird auf sich warten lassen: Zur Zeit streiten sich die Vertragsparteien (Arbeitgeber und Gewerkschaften) über die Bedeutung von Stenografie-Kenntnissen für das zukünftige Berufsbild.

3.2. Anforderungen an eine persönlichkeitsförderliche Gestaltung von Arbeitsorganisation und Technik

Forderungen an die Gestaltung von Arbeit und Technik gelten selbstverständlich für Frauen und Männer gleichermaßen. Allerdings kommt diesen Forderungen im Hinblick auf das längerfristige Ziel der beruflichen Gleichstellung besondere Bedeutung zu. Dies gilt umso mehr, als die Technisierung von Kommunikation in besonderem Maße Tätigkeitsbereiche und Kompetenz von Frauen betrifft. Durch den Einsatz von Computer- und Nachrichtentechnik Betrieben und Verwaltungen wird persönliche Kommunikation zum Rationalisierungsobjekt; Kommunikation gilt dabei als ein zeitverbrauchendes Phänomen, das es zu rationalisieren, zu beschleunigen und berechenbar zu machen gilt.

Formen von Arbeitsorganisation, Technik und Arbeitsbedingungen, die die soziale Kommunikation und Kooperation ebenso wie Mitbestimmungsmöglichkeiten und Beschäftigungsperspektiven erhalten und verbessern, werden derzeit in den Betrieben kaum bedacht, geschweige denn realisiert. Ausnahmen ergeben sich bislang nur, wenn sich die betroffenen ArbeitnehmerInnen und Arbeitnehmer engagieren und zusammen mit Betriebsräten und Gewerkschaften für ihre Interessen an einer humanen und sozialen Gestaltung ihrer künftigen Arbeit einsetzen.

Dabei werden Forderungen gestellt wie:

- **Computersysteme sollen so als Arbeitsmittel eingesetzt werden, daß Fachkompetenz und Entscheidungsbefugnisse beim Menschen verbleiben.**
- **Persönliche Kommunikation soll durch Teamarbeit und Mischarbeit gefördert und nicht durch vernetzte Informations- und Kommunikationstechnik ersetzt werden.**
- **In der Arbeitsgruppe soll über die Aufgabenteilung selbst entschieden werden. Dabei sollen vorhandene und entwickelbare Qualifikationen berücksichtigt werden. Die Arbeitsgruppenmitglieder sollen sich beruflich weiterentwickeln können.**
- **Arbeitsabläufe und Informationsflüsse sollen Freiräume für selbständiges Handeln offen lassen.**
- **Entscheidungskompetenzen und Verantwortung sollen dezentralisiert werden: Entscheidungen sollen dort gefällt werden, wo das Problem in der Beratung/ Sachbearbeitung auftritt. EDV-Programme dürfen nicht so konzipiert werden, daß sie den ArbeitnehmerInnen die Entscheidung abnehmen oder verbindlich vorgeben.**

- **Eigenverantwortliche Arbeitsplanung, Arbeitsdurchführung und Eigenkontrolle der Arbeit sind zu erhalten oder zu schaffen, elektronische Überwachung des Arbeitsvollzugs ist auszuschließen.**
- **Es müssen Wahlmöglichkeiten bei Abfolge, Mittel und Weg der Aufgabenerfüllung vorhanden sein. Arbeitsrhythmus und -tempo sollen durch selbständige zeitliche Einteilung der Arbeit - im Rahmen des Arbeitsvertrages - mitbestimmt werden können.**
- **Einseitige Belastungen und Monotonie sind abzubauen bzw. zu vermeiden, d.h. es sind vielseitige Arbeitsanforderungen durch breite Aufgabenzusammenhänge - zu schaffen.**
- **"Benutzerorientierte" Software soll den ArbeitnehmerInnen Einflußmöglichkeiten im Sinne eines "benutzergeführten Dialogs" zur Verfügung stellen.**

Diese Anforderungen richten sich an das Systemdesign, eben nicht nur an die Benutzungsoberfläche von Dialog-Software. Mit dem Begriff von "Benutzerfreundlichkeit" den so mache Software-Ergonomen hegen, haben diese Anforderungen wenig gemein.

4.1. Wie können Frauen mit ihren Erfahrungen Computertechnik und ihre Anwendungsformen verändern?

Es ist müßig darüber zu streiten, ob Frauen genetisch oder sozialisationsbedingt einen anderen Zugang zur Technik haben. Allerdings lohnt sich der Streit darüber, ob es einen Sinn macht, unbedingt mit den Männern gleichziehen zu wollen.

Wenn der Umgang mit dem Lebendigen, Toleranz, Zuwendung zu Menschen, Kommunikationsorientierung - wie auch immer erworbene - weibliche Eigenschaften sind, dann sollten Frauen viel selbstbewußter als bisher diese Eigenschaften als Fähigkeiten begreifen und als Veränderungspotential für die Arbeits- und Lebensbedingungen nutzen. Diese Fähigkeiten sind Voraussetzung für die Entwicklung gebrauchswertorientierter Technik. Zugleich sind diese Fähigkeiten Voraussetzung für diskursive Entwicklungsmethoden, für demokratische Beteiligungsprozesse bei der Systementwicklung. Frauen als Technikentwicklerinnen und als Technikbenutzerinnen sollten es als besondere Herausforderung ansehen, weibliche Fähigkeiten in Systementwürfe einzubringen.

Es ist noch sehr viel Anstrengung notwendig, um den ökologischen und sozialen Umbau dieser Gesellschaft bewerkstelligen zu können. Es ist dringend erforderlich, danach zu fragen, welchem Zweck welche Technikentwicklung dienen soll und welche Forschungsziele eigentlich gesteckt werden. Aber auch die Begrenzung der Technikausdehnung, die Eingrenzung von Maßlosigkeit (z.B. der künstlichen Intelligenz), ist dringend geboten. Einige wenige Frauen in Forschungslabors werden dies nicht bewerkstelligen können, deshalb ist die Erhöhung des Frauenanteils in technisch-naturwissenschaftlichen

Andere - weibliche - Herangehensweisen können allerdings nur im gesellschaftlichen Konsens und in gemeinsamer Aktion durchgesetzt werden.Um weibliche Fähigkeiten in Forschung und Entwicklukng praktisch wirksam werden zu lassen, sollte eine besondere - im Sinne feministischer Traditionen - weibliche Ethik entwickelt werden.

4.2. Ist ComputerbeHERRschung für Frauen eine Möglichkeit nur Teilhabe an gesellschaftlicher Macht?

Natürlich geht es den Frauen, die "ihre Hälfte von der Welt" fordern, auch um Macht. Mit der häufig angestrengten Köpfezählerei in Führungspositionen ist die Realisierung dieser Forderung allerdings nicht zu bewerkstelligen. Die Karriereförderung von Frauen wirkt nämlich vorrangig als Anpassungsförderung. Offensichtliche Benachteiligungen sind sicher anzuprangern.
Es ist aber auch an der Zeit, danach zu fragen, wieso eigentlich zahlreiche Frauen die bisher von Männern besetzten Führungspositionen so unattraktiv finden, daß ihnen mit noch so guten Ratschlägen keine Aufstiegsorientierung anzudienen ist.
Gesellschaftliche Veränderungen zur Gleichstellung der Frauen und menschenfreundlichere Arbeits- und Lebensbedingungen werden sich aber nur dann verwirklichen lassen, wenn sich Frauen als Arbeitnehmerinnen, als Verbraucherinnen, als Bürgerinnen engagieren. Frauen - die überproportional betroffen sind, die aber ihre Interessen bisher noch relativ wenig artikulieren und vertreten - müssen sich viel stärker und auch vernehmlicher in die technologiepolitischen Auseinandersetzungen einmischen - und zwar in Betrieb, Alltagsleben und Politik.

1) vgl. Hoffmann, Ute, Computerfrauen. Welchen Anteil haben Frauen an Computergeschichte und -arbeit?, München 1987

2) Lorentz, Ellen, Büro 188o - 193o. Frauenarbeit und Rationalisierung, Frankfurt (IG Metall) 1984, S. 33 f.

3) Bahl-Benker, Angelika, Chips - Wegbereiter einer neuen Armut?, in: Vorgänge, Zeitschrift für Bürgerrechte und Gesellschaftspolitik, Heft 1/85, S. 88

4) vgl. Kiesmüller, T., Weltz, F., u.a., Arbeitsstrukturierung in typischen Bürobereichen eines Industriebetriebes (ASTEX) Projektträger "Humanisierung des Arbeitslebens" Schriftenreihe Forschung, Fb 512, Bd. I, Bremerhaven 1987

Technische Veränderungen an industriellen Frauenarbeitsplätzen

Veränderte Arbeitsbedingungen in ausgewählten industriellen Bereichen: Bestätigung der vorausgesagten negativen Wirkungen für die betroffenen Frauen?

Anne Röhm, Studiengang Produktionstechnik, Universität Bremen

Seit der Einführung und Durchsetzung angewandter Mikroelektronik in Industriebetriebe und Erwerbslandschaft der Bundesrepublik sind die Stimmen nicht verklungen, die Benachteiligungen, De- und Abqualifikation, verschlechterte oder geringe Zugangschancen sowie Verlust der Arbeitsplätze für erwerbstägige Frauen als Folge voraussagen. (W. Friedrich u.a. 1983/ C. Krebsbach-Gnath u.a. 1983/ L. Lappe I. u. Schöll-Schwinghammer 1978)

Von seiten der Betroffenen - erwerbstätige Frauen, Gewerkschaftsfrauen, engagierte Erwachsenenbildnerinnen und Forscherinnen - wird dagegen die Forderung aufgestellt, die Bedingungen für Frauen so zu verändern, daß die negativen Wirkungen der neuen Techniken für sie verhindert werden, bis hin zu der Annahme, daß der Einsatz neuer Techniken u.a. die Chance zur Um- bzw. Neubewertung industrieller Frauenarbeit bieten könnte. (S. Gensior 1984)

Die Realität in den Betrieben scheint eher die ersteren Stimmen zu bestätigen. Daher stellt sich die Frage nach den Realisierungschancen für die Forderungen der letzteren: Wie müssen technische Veränderungen aussehen, in welchen arbeitsorganisatorischen und betrieblichen Rahmen müssen sie eingebettet werden, um positive Wirkungen für in der Industrie erwerbstätige Frauen zu zeigen?

Technische Veränderungen

Mit technischen Veränderungen sind hier die auf Grundlage der Einführung von Mikroelektronik als Schlüsseltechnologie gemeint, die sich in der industriellen Produktion z.B. in Form von automatischen Transportstraßen, CNC-gesteuerten Werkzeugmaschinen, Industrierobotern und automatischen Montagesystemen zeigen.

Mit der Einführung von Mikroelektronik zeigen sich Veränderungen in den Produktionsverfahren herkömmlicher Produkte; sie führen zur Herstellung qualitativ neuer Produkte, was wiederum neue Formen von Produktionsverfahren nach sich ziehen kann. (J.-P. Weiß; L. Lappe in: E. Ulrich 1986)

Immer mitgedacht und für die Betrachtung von Arbeitsplatzveränderungen unabdingbar notwendig ist die Arbeitsorganisation - in der Struktur von Fließbandarbeit, Einzelarbeitsplätzen und Gruppenarbeit.

Frauenarbeitsplätze in der industriellen Produktion

Als industrielle Frauenarbeitsplätze werden diejenigen gekennzeichnet, die in der Produktion traditionell von Frauen besetzt sind. In den Produktionsbereichen Montage; Stoffumwandlung, Packen, Sortieren, Verpacken; Stoffverformung; Lager- und Materialwirtschaft ist die Mehrheit der im Industriesektor beschäftigten Frauen tätig. (H. Herrmann 1984)
Die Schwerpunkte dieser Frauenerwerbstätigkeit liegen dabei in den Industriebranchen Elektrotechnik, Feinmechanik und Optik, Textil und Bekleidung, Nahrung und Genuß, außerdem - aber mit geringerem Frauenanteil - in Chemie und Kunststoffverarbeitung sowie Maschinen- und Straßenfahrzeugbau. Hier verrichten Frauen im Fertigungsprozeß überwiegend un- und angelernte Tätigkeiten.

Diese als typisch zu bezeichnenden Arbeitsplätze in der industriellen Produktion können folgendermaßen klassifiziert werden: In diesem Bereich gilt die strikte, geschlechtsspezifische Arbeitsteilung. Diese schlägt sich nieder in Entlohnung, Lohnniveau (Lohngruppen) und im Berufszugang. Gleichzeitig findet eine Unterscheidung statt in sogenannte leichte und schwere Arbeit. Es wird unterschieden zwischen unqualifizierten (ungelernten bzw. angelernten) und qualifizierten Tätigkeiten. Nach diesen Unterscheidungsmerkmalen richtet sich die Zuweisung der Arbeitsplätze: Frauen packen, sortieren..., Männer bedienen Maschinen, transportieren... . Die Tätigkeiten der Frauen sind an denen der Männer definiert, diese "packen zu", jene machen "nur" die Fummelarbeit; Männer verrichten die schwere, Frauen die leichte Arbeit.

Wesensmerkmale dieser industriellen Frauenarbeitsplätze sind:

- Vor dem Hintergrund einer durchgängig tayloristischen Arbeitsorganisation finden hochgradig zerstückelte Arbeitsvollzüge statt, die nur geringe intellektuelle Anforderungen stellen.
- Repetetive Teiltätigkeiten stellen hohe psychisch-physische Anforderungen, insbesondere an die Dauerkonzentration.
- Erfordernis der einseitigen dynamischen Muskelarbeit und hohe Anforderungen an die Feinmotorik.
- Mehrfach belastende Arbeitsumgebungseinflüsse mit hohem Lärmpegel, schlechten Klima- und Lichtverhältnissen, zum Teil ungenügender ergonomischer Einrichtung der einzelnen Arbeitsplätze.
- Starke Begrenzung sowohl des Bewegungsals auch des Handlungs- und Entscheidungsspielraums; besonders bedingt durch Maschinenund damit Taktanbindung sowie hohe Akkordvorgaben.
- Durch die Unterbewertung der Leistung (gemessen an der Definition der Männerarbeitsplätze) und Nichtbeachtung der psychisch-physischen Mehrfachbelastungen Eingruppierung in die untersten Lohngruppen.
- Den hohen Akkord- und Taktbindungen entsprechen die Anzahl und Länge von Erholungspausen nicht im ausreichenden Maß.
- Geringe Erfordernisse an die Dauer der arbeitsbezogenen Ausbildung (was nichts aussagt über die schulische oder berufliche Ausbildung der beschäftigten Frauen).
- Im psychischen Bereich zusätzliche Belastung durch degradierende und diskriminierende Umgangsformen im Verhalten der Vorgesetzten. (C. Krebsbach-Gnath 1983/ P. Frerichs u.a. 1988/ J.P. Harbrecht u.a. 1988).

Prognosen aus vielzitierten Studien

Anhand der so charakterisierten gewerblichen Frauenarbeitsplätze fällt es nicht schwer, den Prognosen von Anfang der 80er Jahre und früher bzgl. der technisch-organisatorischen Veränderungen mit ihren Auswirkungen für Frauenarbeitsplätze zu folgen. Es wird davon ausgegangen, daß ein großer Teil dieser Arbeitsplätze bislang noch durch Mechanisierungslücken, Automatisierungssperren für Frauen gekennzeichnet ist. Diese werden von den neuen Techniken in Richtung Vollautomatisierung angegangen. Als Schwerpunkte für die Automatisierung ab Anfang der 80er Jahre werden besonders die Arbeitsfunktionen in Entwicklung, Fertigung und Verwaltung genannt. (W. Friedrich u.a.1983)
Demnach ist zu befürchten, daß - "typische Frauenarbeitsplätze mit geringen

Qualifikationsanforderungen durch die zunehmende Technisierung und Automatisierung reduziert werden, ohne daß den Frauen die Chance zur Höherqualifizierung geboten wird..." und, daß

- "das häufig niedrige Ausgangsqualifikationsniveau der Frauen und die bereits bestehende geschlechtsspezifische Segmentation innerbetrieblicher Arbeitsmärkte Bedingungen darstellen, die eher Polarisierungs- als Nivellierungstendenzen fördern." (W. Friedrich u.a. 1983/332)

Bisher wurden also die Auswirkungen der technischen und organisatorischen Umstrukturierungen überwiegend als negativ für die Arbeitsmöglichkeiten der Frauen eingeschätzt. Neuere Untersuchungen zeigen jedoch auf, daß für betriebliche Alternativen von technischen und arbeitsorganisatorischen Gestaltungen mit positiven Wirkungen differenzierte Untersuchungen nach Branchen und Unternehmensgröße notwendig sind. (P. Frerichs u.a.1988/ Ch. Jüngling u.a. 1988)
Hinzu kommt die notwendige Unterscheidung nach der Produktionsstruktur, die maßgeblich bestimmt wird von

- der Art und Vielfalt der Produkte,
- der Komplexität der Produkte und der Produktion,
- der Fertigung in kleinen und mittleren Serien,
- der Produktion in Einzel- oder Massenfertigung.

Im folgenden sollen daher ein Beispiel für die gängigen Prognosen und eines für eine positive Gestaltungsalternative dargestellt werden.

Automatisierung in der Nahrung-Genußmittel-Industrie

Mit der Einführung von neuen Techniken in diesen Produktionsbereichen werden die Mechanisierungslücken möglichst behoben, die Resttätigkeiten bleiben den Frauen vorbehalten. Die Produktion ist vor der Automatisierung hochgradig arbeitsteilig organisiert, vorherrschend ist die Fließbandproduktion mit eingegliederten und taktgebundenen Arbeitsplätzen in den Bereichen Aufgeben der Rohstoffe bzw. -produkte, Packen, Sortieren und Kontrollieren der Produkte sowie Endverpackung und -kommissionierung.

So zeigt die Automatisierung im Tiefkühlkostbereich - z.B. Fertiggerichte, Fisch, Fleisch - , daß mit zunehmendem Einsatz von Mikroelektronik gesteuerten Schneide-, Zubereitungs-, Pack- und Verpackungsmaschinen die Tätigkeiten der

Frauen verschwinden. Das Fließsystem bleibt als Organisation bestehen. Schon vorher installierte mechanisch angetriebene Maschinen, wie z.B. in der Verpakkung, bleiben bestehen oder werden in den automatisierten Fließprozeß eingegliedert. Mit der vollautomatischen Bearbeitung im Vor-, Pack- und Sortier- sowie Endbereich bleiben den Frauen nur noch der letztere und die stichprobenartige Qualitätskontrolle als Arbeitsplätze vorbehalten.
Die von ihnen vorher ausgeübten Tätigkeiten wie Packen, Sortieren entfallen. Die Bedienung, Einrichtung und Überwachung der Maschinen werden von Männern ausgeführt. Deren vorherige Tätigkeiten liegen in der Zuführung der Rohprodukte, eventueller Maschinenbedienung und -reparatur sowie -wartung. Allerdings werden die Rohstoffzuführung und Maschinenbedienung in der Vorautomatisierungsphase auch von Frauen ausgeführt, wenn erstere nicht als schwere Arbeit gilt und/oder es sich um Betriebsabteilungen handelt mit fast ausschließlich Frauenarbeitsplätzen. (vgl. dazu J.P. Harbrecht u.a. 1988)
So führt die Automatisierung zu einer Verdrängung der Frauen, die neu eingerichteten Maschinenarbeitsplätze mit anderen und erhöhten Qualifikationsanforderungen gehen an die Männer. Diese Veränderungen sind für die Frauen als negativ zu bewerten, einmal hinsichtlich der Beschäftigungswirkungen, zum anderen bleiben die Arbeitsvollzüge in der Endkomissionierung repetetiv, die Arbeitsorganisation ändert sich nicht.

Positive Gestaltungsansätze

Technisch-organisatorische Gestaltungen zugunsten der Frauen lassen sich aus der elektrotechnischen Industrie und aus der Automobilindustrie anführen (vgl. WSI-Mitteilungen 2/86 und 6/87). Zahlreiche Beispiele aus dem Bereich der Forschung "Humanisierung des Arbeitslebens" - z.B. teilautonome und autonome Montagegruppen, Insellösungen - zeigen auf, daß andere technisch-organisatorische Gestaltungen auch mit Einführung von mikroelektronisch gesteuerten Maschinen und Systemen möglich sind. Da nach wie vor rar und nicht zu verallgemeinern, kann im folgenden nur ein Einzelbeispiel dargestellt werden, die Herstellung von Motorkomponenten, einem Vormontagebereich der Automobilindustrie (vgl. dazu P. Frerichs).

Ursprünglich wurde bei der Herstellung der Motorkomponenten in Fließfertigung mit Arbeitsteilung produziert - Linienform, mechanische Transportstraßen, manuelle Montage. Mit der Automatisierung für die gesamte Produktionsabteilung konnte die Interessenvertretung gegenüber der Unternehmensleitung durchsetzen, daß mit der Einführung automatischer Herstellungsstationen das herkömmliche Konzept der Arbeitsteilung und reinen Fließfertigung abgeschafft wurde zugunsten eines Gruppenkonzepts. Dieses Konzept beinhaltet rotierende Tätigkeiten, d.h. Arbeitsplatzwechsel innerhalb der Gruppe mit dann unterschiedlichen Tätigkeiten und notwendiger Vorabqualifizierung für die verschiedenen Arbeitsplätze, einheitliche Entlohnung und Gewährleistung des Arbeitsplatzwechsels. Die Tätigkeiten umfassen:

- Teile einlegen in die Maschinen
- Nacharbeiten
- Führen automatischer Stationen
- Behebung von Beanstandungen und kleiner Störungen.

Die einzelnen Arbeiten unterscheiden sich hinsichtlich ihrer Qualifikationsansprüche. Gerade die letzten beiden sind kognitiv anspruchsvoll und erfordern neue Qualifikationen. Integriert in die Anlage mit automatischen Herstellungsstationen ist das ganzheitliche System "Anlagenführen". Voraussetzungen für die Umsetzung und Beibehaltung, auch langfristig, dieses Gruppenkonzepts sind

- die einheitliche Entlohnung
- die Kommunikations- und Kooperationsförderung
- das umfassende Qualifizierungsprogramm.

Von allen Maßnahmen müssen alle Beschäftigten in dieser Gruppe erfaßt und betroffen sein. Die letzten beiden Voraussetzungen können nur durch entsprechende Kurse, Seminare, Gespräche und Anleitungen erlernt werden. Hinzu kommt eine Beschäftigungspolitik, die die Einbeziehung der Frauen in diese Gruppe beinhaltet. Die schon in der manuellen Montage beschäftigten Frauen werden in die Gruppe übernommen und für alle Tätigkeiten qualifiziert und eingesetzt. (Die Tatsache, daß die Automatisierung dieses Produktionsbereiches als negative Folge starke Arbeitskräfteeinsparungen hatte, bleibt hier unberücksichtigt.)

Fazit: Worauf es ankommt.

Um bei technischen Veränderungen an industriellen Frauenarbeitsplätzen positive Wirkungen zu erreichen, darf also nicht nur der unmittelbare Produktionsablauf betrachtet werden, es sind vielmehr auch Arbeitsorganisation und betrieblicher Rahmen miteinzubeziehen. Eine Automatisierung mit Beibehaltung herkömmlicher Fließproduktion und hoher Arbeitsteilung muß zwangsläufig zu negativen Wirkungen für die betroffenen Frauen führen.

Wenn ein anderes Gestaltungskonzept zugunsten der Frauen durchgesetzt und eingeführt werden soll, müssen alle Beteiligten - insbesondere Unternehmensleitung, Planer, Personalabteilung, Interessenvertretung - das Konzept der rigiden tayloristischen Arbeitsteilung und die Zuordnung der Arbeitsplätze nach geschlechtsspezifischen Kriterien aufgeben.

Positive Technikgestaltung zugunsten der Frauen in qualitativer und quantitativer Hinsicht kann nur angenommen werden, wenn

- Partizipation der nicht-institutionellen und institutionellen Formen (Frauen selbst, Vertrauensleute, Betriebsleute),
- Qualifikation und entsprechende Möglichkeiten dazu,
- gleiche Entlohnung gewährleistet sind.

D.h. im betrieblichen Rahmen müssen von seiten der Unternehmensführung und Interessenvertretung geeignete Maßnahmen und Programme entwickelt und durchgeführt werden.

Hinzu kommt hinsichtlich der Erwerbstätigkeit von Frauen die Einbeziehung der subjektiven Wünsche, Empfindungen und Einschätzungen; ein Bereich der erst neuerdings ausdrücklich als notwendig angesehen wird. (R. Becker-Schmidt u.a. 1983/ P. Frerichs u.a. 1988/ Ch. Jüngling u.a. 1988) Das bedeutet, daß neben neuen und/oder anderen Formen von Technikgestaltung auch die sozialen und betrieblichen Rahmenbedingungen beeinflußt werden müssen. Zu berücksichtigen sind zudem die Lebensweisen der Frauen und ihre Wünsche nach und in der Erwerbstätigkeit.

Literatur

BECKER-SCHMIDT, Regina u.a.:
Arbeitsleben - Lebensarbeit - Konflikte und Erfahrungen von Fabrikarbeiterinnen.
Bonn: Vlg. Neue Gesellschaft 1983

FRERICHS, Petra; MORSCHHÄUSER, Martina; STEINRÜCKE, Margareta:
Fraueninteressen im Betrieb. Arbeitssituation und Interessenvertretung von Arbeiterinnen und weiblichen Angestellten im Zeichen neuer Technologien.
Köln: ISO-Institut zur Erforschung sozialer Chancen.
Abschlußbericht (Manuskript) April 1988

FRIEDRICH, Werner u.a.:
Technik und Frauenarbeitsplätze
- Ergebnissse der Vorstudie -.
Forschungsbericht HA 83-011 (BMFT).
München: Ifo - Insitut für Wirtschaftsforschung.
Köln: Institut für Sozialforschung und Gesellschaftspolitik.
(Manuskript) Juli 1983

GENSIOR, Sabine:
Zur Problematik der Um- und Neubewertung der Frauenarbeit beim Einsatz neuer Techniken.
S. 164-172 in: Soziologie und gesellschaftliche Entwicklung.
Verhandlungen des 22. Soziologentages in Dortmund 1984.
Hrsg. von B. Lutz.
Frankfurt/New York: Campus 1985

HARBRECHT, Jens-Peter; RÖHM, Anne; REUHL, Barbara:
Arbeitsbedingungen in der landseitigen Fischverarbeitung.
Endbericht.
Bremen: BIBA - Bremer Institut für Betriebstechnik und angewandte Arbeitswissenschaft an der Universität Bremen.
(Manuskript) November 1988

HERRMANN, Helga:
Frauenarbeit und neue Technologien.
Köln: Deutscher Instituts-Vlg. GmbH 1984

JÜNGLING, Christiane u.a.:
Möglichkeiten innerbetrieblicher Weiterbildung zur Verbesserung der Berufschancen von Frauen.
ISFM - Institut für sozialwissenschaftliche Forschung Marburg.
S. 16-19 in: SOTECH Rundbrief 14: Ansatzpunkte für eine emanzipierende Technikgestaltung?
Ministerium für Arbeit, Gesundheit und Soziales des Landes NRW (Hrsg.).
Düsseldorf: März 1989

KREBSBACH-GNATH, Camilla u.a. (Battelle); BIELENSKI, Harald u.a. (Infratest):
Frauenbeschäftigung und neue Technologien.
Sozialwissenschaftliche Reihe des Battelle-Instituts e.V. Bd. 8.
Hrsg.: J. Scharioth/ R. von Gizycki.
München/ Wien: Oldenbourg 1983

LAPPE, Lothar:
Technisch-organisatorischer Wandel und seine Auswirkungen auf die Beschäftigten in der Metallindustrie.
S. 43-87 in: ULRICH, E. und BOGDAHN, J.: Auswirkungen neuer Technologien.
Ergebnisse eines IAB-Seminars.
Beiträge der Arbeitsmarkt- und Berufsforschung 82.
Nürnberg 1986

LAPPE, Lothar; SCHÖLL-SCHWINGHAMMER, Ilona:
Arbeitsbedingungen und Arbeitsbewußtsein erwerbstätiger Frauen.
Forschungsbericht.
Göttingen: SOFI 1978

WEISS, Jörg-Peter:
Möglichkeiten und Grenzen von Branchenprognosen.
S. 16-19 in: ULRICH, E. u. BOGDAHN, J.: a.a.O.

WSI-Mitteilungen 2/1986.
WSI-Mitteilungen 6/1987 - Schwerpunktheft: Rationalisierung, Arbeitsmarktpolitik und Arbeitsgestaltung.
Hrsg.: Wirtschafts- und Sozialwissenschaftliches Institut des Deutschen Gewerkschaftsbundes GmbH, Düsseldorf.

Qualifikationsveränderungen im Rahmen des Einsatzes neuer Technologien im Bürobereich oder heißt die Technisierung von Büroarbeit Dequalifizierung von Frauenarbeit?

Sabine Heinig
Institut für Soziologie, Universität Münster

Erst als im Büro hoch arbeitsteilig organisierte, perspektivlose Arbeitsplätze geschaffen waren, stand auch Frauen der Weg in die "Schreibtischarbeit" offen. Diese Erklärung für den Einzug der Frauen in die frühere Männerdomäne Büro findet sich sowohl in der deutschen wie auch in der us-amerikanischen Industriesoziologie (vgl. Pirker 1961; Braverman 1977; Crompton, Reid 1982). Nicht zuletzt auf dem Hintergrund der Entwicklung in den 1970er und 1980er Jahren ist diese These sicherlich zu modifizieren, insbesondere für den Bereich der kaufmännisch-verwaltenden Arbeit. Zwar arbeiten Frauen auch im Büro auf den jeweils bereichspezifisch gefaßt "schlechteren Arbeitsplätzen" am unteren Ende der beruflichen Hierarchie: So weist die Berufsgruppe der Stenotypisten, zu denen Berufe wie StenotypistInnen, SekretärInnen und Schreibkräfte gehören, einen Frauenanteil von 97,4% auf[1] Frauen stellen aber gleichzeitig einen hohen Prozentsatz der Beschäftigten in der einfachen oder routinisierten Sachbearbeitung, teilweise nehmen sie Arbeitsplätze in der qualifizierten Sachbearbeitung ein. Es gibt nach wie vor geschlechtsspezifische Trennungslinien, die sich aber "nach oben" verschoben haben. Von daher ist es m.E. sinnvoller, von einer "Arbeitsplatzgraduierung" (Gottschall; Müller 1986:3) auszugehen. Indikatoren für einen "qualifizierten Einsatz" von Frauen sind m.E. dabei die relativ hohe allgemeine Schulbildung und die relativ gute berufliche Bildung, die Frauen im Bürosektor aufweisen: So ist der Anteil von Frauen mit Volksschulabschluß von 1970 bis 1982 um 16 Prozentpunkte zurückgegangen, gleichfalls zurückgegangen ist der Anteil der Frauen ohne berufliche Ausbildung (um 17 Prozentpunkte). Angestiegen ist im gleichen Zeitraum der Anteil von Frauen mit Realschlußabschluß um 10, mit Abitur um 6 Prozentpunkte, angestiegen ist gleichfalls der Anteil von Frauen mit einer Lehre, bzw. Berufsfachschulabschluß um 14 Prozentpunkte (Troll 1984:9). Im Unterschied zum industriellen Sektor liegt der Anteil von Frauen mit einem beruflichen Abschluß sehr hoch. Dieses Auseinanderfallen zwischen relativ hoher formaler Bildung der beschäftigten Frauen und der relativ geringen Bewertung von Frauenarbeit im Büro deutet darauf hin, daß nicht nur spezifische Belastungs- und Leistungspotentiale von Frauen ausgenutzt werden, sondern auch besondere Qualifikationen.

Der Schwerpunkt der gewerkschaftlichen Auseinandersetzung mit der Einführung von EDV in den Büros lag bisher auf einer Warnung insbesondere vor Dequalifizierungstendenzen und Arbeitsplatzabbau. Die bisherigen empirischen Untersuchungen deuten aber daraufhin, daß eine reine Dequalifizierungsthese nicht haltbar

---

[1] Die Zahlen beruhen auf eigenen Berechnungen nach Veröffentlichungen der Bundesanstalt für Arbeit (BfA), Unterabteilung Statistik, und beziehen sich auf das Jahr 1986.

ist. Im folgenden stelle ich Überlegungen zu meiner Ausgangsfragestellung an, wobei ich von folgenden Annahmen ausgehe:

1. Die Auswirkungen der neuen Technologien auf die Qualifikationsanforderungen sind zu einem großen Teil durch arbeitsorganisatorische Entscheidungen und durch die konkrete Auswahl und Ausgestaltung der eingesetzten Technik bestimmt. Dabei scheint zu gelten, daß die "ursprüngliche Autonomie, der Status und die Macht der Arbeitsgruppe ein genauerer Indikator der Auswirkungen neuer Technologien auf ihre Arbeitsplätze als irgendwelche immanenten Aspekte der Innovation" sind (Wood 1986:91).

2. Die Beantwortung der Frage nach Qualifikationsveränderungen hängt nicht zuletzt von dem zugrundegelegten Qualifikationsbegriff ab. In der angloamerikanischen Industriesoziologie und zunehmend auch in der hiesigen Frauenforschung wird der in empirischen Untersuchungen zugrundegelegte Qualifikationsbegriff als androzentrisch und damit als verkürzt erkannt (vgl. das Heft "Frauenforschung" 4/88). Die Gründe für die Thematisierung des Maßstabs von Qualifikation liegen m.E. zum einen in der Erfahrung, daß insbesondere in der Einführungsphase von EDV in starkem Maße auf "zusätzliches" Wissen der Beschäftigten zurückgegriffen wurde und wird. Zum anderen stellt sich zunehmend die Frage, ob sich nicht der Maßstab "gleiche Qualifikation", auf den sich betriebliche Frauenförderung als scheinbar geschlechtsneutrales Konzept eingelassen hat, als trojanisches Pferd erweist[2].

Ein methodisches Problem für die folgenden Überlegungen ergibt sich aus der Tatsache, daß bis jetzt kein Qualifikationsbegriff vorliegt, der die Defizite auf theoretischer Ebene aufgenommen und überwunden hat. Darüberhinaus wurden die bisherigen empirischen Untersuchungen auf der Basis eines eher verkürzten Qualifikationsbegriffs durchgeführt, sie müssen von daher z.T. gegen den Strich gelesen werden, z.T. liegen aber auch schlicht keine Ergebnisse vor, da die "richtigen Fragen" nicht gestellt wurden.

Zugrundegelegter Qualifikationsbegriff

Im folgende entwickele ich Aspekte eines umfassenden Qualifikationsverständnisses und versuche auf dieser Basis die Frage zu beantworten, ob Technisierung von Büroarbeit gleichzusetzen ist mit Dequalifizierung.

Grundsätzlich gilt, daß Qualifikationen zu einem großen Teil stillschweigend sind. Als methodische Konsequenz ihrer Erfassung ergibt sich von daher, daß die Beschäftigen als "ExpertInnen" zu befragen sind. Als weiteres methodisches Problem der Bestimmung

---

[2] Auch in der gewerkschaftlichen Diskussion wird zumindest in einigen Gewerkschaften die Frage nach dem Bewertungsmaßstab von Frauenarbeit gestellt, nachdem sich die Diskussion lange Zeit auf die Forderung "gleicher Lohn für gleiche Arbeit" konzentriert hat, die ja letztlich nur einklagbar ist in nicht geschlechtsspezifisch getrennten Arbeitsbereichen.

stellt sich die Tatsache dar, daß darüber, was als qualifizierte Arbeit gilt, verhandelt wird, Qualifikation also zu einem nicht unbeträchtlichen Teil eine soziale Konstruktion darstellt. Auf betrieblicher Ebene wird nun nicht nur zwischen Management und Beschäftigten sondern auch zwischen den Geschlechtern ausgehandelt (vgl. Cockburn 1983).

Der in der Arbeitsbewertung traditionellerweise zugrundegelegte Qualifikationsbegriff, der sich mit der Hierarchisierung in "un-, angelernte und gelernte" Kräfte sehr stark am formalen Berufs-(Bildungs)abschluß orientiert, erweist sich m.E. als unbrauchbar, die auf unterschiedlichen Ebenen abgeforderten Fähigkeiten zu erfassen[3]. Qualifikation ist als Totalität zu betrachten, wobei die Beschäftigten Einzelwissen in einen Kontext stellen. Ich möchte im folgenden zwischen Arbeits- und Erfahrungswissen unterscheiden, wähle also die Form des Qualifikationserwerbs als Unterscheidungskriterium, wobei andere Kriterien denkbar und in der Literatur zu finden sind.

* Das konkrete Arbeitswissen, auf Tätigkeiten und Situationen bezogen:
"Skilled labour can be objectively defined as labour which combines conception an execution and involves the possession of particular techniques" (Beechey 1982:63).

* Das Erfahrungswissen:
"Qualifikation entwickelt sich im Laufe der Zeit; eine Person, die gründlich Erfahrung erworben hat und die ihre Ausbildung weiterführt, weiß nicht nur, wie sie ihre Arbeit zu tun hat, sie ist auch geschickt." (Goodman; Perby 1986:12) Erfahrungswissen heißt nun allerdings nicht nur jenes Wissen, das auf Routinisierung und Habitualisierung bestimmter Arbeitspraktiken beruht (z.B. das Schreibmaschineschreiben). Ich halte es für sinnvoll, das Verständnis von Erfahrungswissen zu erweitern um die Kategorie "Sensibilität" als "Sinn für Qualität im Arbeitsprozeß", wobei Intelligenz und Urteil in Verbindung mit physischen Sinnen gebraucht werden, z.B. bei der Gestaltung einer Textseite durch eine Sekretärin (Goodman; Perby 1986:13).

Ein Resultat von Arbeits- und Erfahrungswissen ist die Fähigkeit, verschiedene und teilweise schwierige Situationen zu beurteilen und damit umzugehen. Auch hierbei handelt es sich um einen Aspekt von Qualifikation.

Frauenbüroarbeit und ihre Bewertung

Bevor ich auf Konsequenzen der Einführung von EDV auf Frauenbüroarbeit eingehe, gebe ich eine kurze Charakterisierung dieser Arbeitsstätte. Büroarbeit ist gekennzeichnet durch zwei Aspekte: Informationsbe- und verarbeitung als der eher sichtbare und Dienstleistungsarbeit innerhalb und außerhalb der Organisation als eher unsichtbarer Teil der Arbeit. Ich halte die Kennzeich-

---

[3] So hat z.B. Ken Kusterer nachgewiesen, daß "ungelernte ArbeiterInnen" über ein enormes nicht anerkanntes Wissen verfügen. Zu einem ähnlichen Ergebnis kommt Iris Bednarz-Braun in ihrer Studie über Arbeiterinnen in der Elektroindustrie.

nung als "reproduzierende Arbeit" (Rantalaiho 1983) für geeignet, das Charakteristische der Aktivitäten zu erfassen, das in der Aufrechterhaltung der sozialen Bezüge innerhalb der Firma und mit der Außenwelt besteht. Was die Bewertung von Frauenarbeit im Büro angeht, so gibt es folgende paradoxe Situation: Studien über die Arbeit von Sekretärinnen z.B. ergaben, daß persönlichkeitsbezogene Fähigkeiten (Organisationsvermögen, Menschenkenntnis) teilweise wichtiger sind als formale Kenntnisse wie Maschineschreiben, etc. In der Bewertung schlagen sich dagegen hauptsächlich die formalen Fähigkeiten nieder, noch dazu unterbewertet: So gilt Maschineschreiben immer noch als körperlich-mechanische Tätigkeit[4].

EDV-Einführung

Die Einführung von EDV in die Büros berührt bis jetzt im wesentlichen Prozesse der Informationsbe- und verarbeitung, so die systematische Speicherung und Prüfung größter Datenmengen, der mehr oder weniger direkte Zugriff auf Daten, die automatische Abwicklung von Rechen- und Schreibvorgängen, etc. Dieser sichtbare Aspekt von Büroarbeit war im wesentlichen auch Gegenstand empirischer Untersuchungen, als deren Hauptergebnisse im Hinblick auf Qualifikationsveränderungen festzuhalten sind:

Qualifikationsverschiebungen

Für die Gruppe der Schreibkräfte wird im allgemeinen von Qualifikationsverlusten ausgegangen. Für die Schreibkräfte, die sehr stark mit Textbausteinen bzw. -elementen arbeiten, ist sicherlich auf der einen Seite ein Verlust von Anforderungen an Rechtschreib- bzw. Zeichensetzungskenntnisse festzuhalten. Die Beschäftigten selber betonen dagegen teilweise erhöhte Anforderungen an Konzentrations- und Abstraktionsleistungen, die allerdings nicht entsprechend gewertet werden.

Auch für das recht große Fraueneinsatzfeld in der einfachen oder Routinesachbearbeitung wird im allgemeinen von einer Entwertung von Fachkenntnissen ausgegangen (vgl. Baethge; Oberbeck 1986). Die Abwicklung des Arbeitsgangs in der Massensachbearbeitung wird im wesentlichen vom System übernommen, dem/der SachbearbeiterIn verbleibt die Dateneingabe und die Übernahme der "krummen Fälle". Wird allerdings ein erweiterter Qualifikationsbegriff zugrundegelegt, so ist die Einschätzung ambivalenter. Gerade weibliche Angestellte erweisen sich als "erfolgreiche Trägerinnen technischer Innovation" (Gottschall 1988:44) mit der Bereitschaft und Fähigkeit, "sich den technischen Arbeitsmitteln zu stellen" (ebd.:43).

Auf dem Hintergrund der Schwierigkeit, Qualifikation "in Reserve zu halten", scheint mir allerdings im Bereich der Massensachbearbeitung eine offene Frage zu sein, was es für die Qualifika-

---

[4] Die "Chefsekretärin", in deren relativ privilegierter Stellung sich die Anerkennung persönlichkeitsbezogener Qualifikation niederschlägt, stellt eine Ausnahme dar, auf die wegen ihrer Sonderstellung nicht weiter eingegangen werden soll.

tionsentwicklung auf lange Sicht heißt, Fachwissen nur noch in "Ausnahmefällen" anzuwenden.

Qualifikationserweiterung

In einigen Bereichen der Privatwirtschaft, insbesondere in Versicherungen und Banken, zeichnet sich die Tendenz ab, daß die bis jetzt häufig von Frauen geleisteten Zuarbeiten (Aktualisierung von Datenbeständen, Schreibarbeit) ganz am SachbearbeiterInnenplatz erledigt werden können und sollen. Integrierte Sachbearbeitung erfordert sowohl technisches Wissen (Bedienungs- und BenutzerInnenkenntnisse) als auch Fachkompetenzen. Die arbeitsorganisatorische Integration läßt von daher eher auf erweiterte Qualifikationsanforderungen schließen.

Qualifikationsverluste

Von wirklichen Qualifikationsverlusten kann wohl am ehesten auf der Ebene der einfachen Sachbearbeitung gesprochen werden, für den Fall, daß die Behandlung der "glatten Fälle" auf EDV-Basis und der "krummen Fälle" arbeitsorganisatorisch entzerrt und unterschiedlichen Beschäftigten zugewiesen werden. Für den Schreib- und Sekretariatsbereich stellt sich die Frage, inwieweit der Gebrauch von Sensibilität in Form ästhetischen Empfindens bei der Gestaltung von Texten auf längere Sicht berührt wird. Goodman und Perby weisen auf eine weitere Konsequenz hin, die in Zusammenhang steht mit der veränderten Zeitperspektive, mit dem durch den Einsatz von EDV veränderten Verhalten gegenüber Zeit, das sie als "Momenthaftigkeit" der Arbeit bezeichnen. "Qualifikationen, die nicht formell als Teil der Tätigkeit definiert sind I...I, werden dann beeinflußt, wenn wenig Zeit ist, um irgend etwas neben jenen Teilen der Tätigkeit zu tun, die wohldefiniert sind." (Goodman; Perby 1986:22) Übertragen auf den Bereich der Büroarbeit, der durch Kunden-, MitarbeiterInnen- oder KlientInnenkontakte gekennzeichnet ist, kann die Problemstellung zugespitzt werden: Welche Auswirkungen hat der Einsatz von EDV, bei dem die Gefahr einer Strukturierung der Arbeitszeit durch die "schnellen Reaktionen" und knappen Zeitvorgaben des Programms gegeben sein kann, auf die Qualität der Dienstleistungsarbeit, bei dem es häufig darum geht, sich Zeit zu nehmen?

Zusammengefaßt heißt das:
Elektronische Datenverarbeitung wird im Büro häufig entlang der traditionellen Linien der geschlechtsspezifischen Arbeitsteilung eingeführt und verfestigt die Trennung in "qualifizierte" Männerarbeit und "geringqualifizierte" Frauenarbeit. Eine Technisierung von Büroarbeit führt allerdings nicht per se zu einer Dequalifizierung. Bisherige empirische Ergebnisse deuten daraufhin, daß es eher zu Qualifikationsverschiebungen kommt, wobei das Problem nicht zuletzt darin besteht, abgeforderte Qualifikationen, gerade in der Aneignung technischen Wissens, nicht zu benennen. Hierbei wird die traditionelle Nichtanerkennung von Qualifikationen, die Frauen im Büro einbringen, fortgesetzt.

Konsequenzen

Aus dem Gesagten ergeben sich m.E. für eine Frauenpolitik in Büros und Verwaltungen mindestens zwei Konsequenzen:
Zum einen geht es um eine offensive Benennung der von Frauen tatsächlich abgeforderten und eingebrachten Qualifikationen. Findet keine Debatte über die Kriterien der Bewertung von (Frauen)Büroarbeit statt, so ist davon auszugehen, daß sich die unentgeltliche Nutzung der von Frauen eingebrachten Fähigkeiten verstärkt. Die Forderung nach einer **Politisierung des Qualifikationsbegriffs** bezieht sich sowohl auf die herkömmliche Büroarbeit als auch auf die im Zuge der Technisierung neu abgeforderten Qualifikationen.

Zum anderen geht es um eine Neuzuschneidung von Arbeitsplätzen. Frauen, die auf die Verrichtung von Zu- und Hilfsarbeiten beschränkt worden sind, muß die Möglichkeit gegeben werden, sich Sachbearbeitungskenntnisse anzueignen. Die gewerkschaftliche Forderung nach qualifizierter Mischarbeit erscheint auf dem Hintergrund der vorhandenenen "Überschußqualifikationen", die Frauen aufgrund ihrer hohen formalen Bildung mitbringen, als erfolgversprechend. Gleichzeitig geht es um eine stärkere Beteiligung von Frauen bei der Besetzung der Arbeitsplätze in der integrierten Sachbearbeitung.

Die derzeitige Umbruchsituation, in der die Unternehmen zur Einführung von EDV auf die Akzeptanz und aktive Mitarbeit der Beschäftigten angewiesen sind, in der zumindest teilweise auf Seiten der Arbeitgeber mit neuen Arbeitszuschnitten experimentiert wird, ist m.E. eine nicht zu unterschätzende Chance für eine solche **qualitative Arbeitspolitik**. Die technischen Voraussetzungen sind aufgrund des "offenen Charakters" der neuen Technologien allemal gegeben.

Literatur:

Baethge, Martin; Oberbeck, Herbert (1986): Zukunft der Angestellten. Neue Technologien und berufliche Perspektiven in Büro und Verwaltung. Frankfurt am Main, New York.

Bednarz-Braun, Iris (1983): Arbeiterinnen in der Elektroindustrie. Zu Bedingungen von Anlernung und Arbeit an gewerblich-technischen Arbeitsplätzen von Frauen. München.

Beechey, Veronica (1982): The sexual division of labour and the labour process: a critical assessment of Braverman. In: Wood, Stephen Ed.: The Degradation of Work. London. Pp.54-73.

Braverman, Harry (1977): Die Arbeit im modernen Produktionsprozeß. Frankfurt am Main, New York.

Cockburn, Cynthia (1983): Brothers. London.

Crompton, Rosemary; Reid, Stuart (1982): The deskilling of clerical work. In: Wood, Stephen Ed.: The Degradation of Work? London. Pp.163-178.

Goodman, Sara Ellen; Perby, Maja Lisa (1986): Computerisierung und Qualifikation bei Frauenarbeit. In: Kolm, Paul; Wagner, Ina Hg.: Frauen, Arbeit und Computerisierung. Linz. S.10-29.

Gottschall, Karin (1988): Rationalisierung und weibliche Arbeitskraft. In: Frauenforschung 4/1988. S.39-46.

Gottschall, Karin u.a. (1989): Weibliche Angestellte im Zentrum betrieblicher Innovation. Schriftenreihe des BMJFFG, Band 240. Stuttgart.

Heinig, Sabine (1988): Frauen und neue Technologien im Büro oder Wenn das Tippen zum Geschlechtsmerkmal wird. In: Heinig, Sabine; Lenz, Ilse Hg.: Schöne Neue Frauenwelt. Münster.

Institut Frau und Gesellschaft Hg. (1988): Frauenforschung Heft 4. Hannover.

Kusterer, Ken C. (1978): Know-how on the Job: The Important Knowledge of "unskilled" Workers. Boulder.

Pirker, Theo (1962): Büro und Maschine. Zur Geschichte und Soziologie der Mechanisierung der Büroarbeit, der Maschinisierung des Büros und der Büroautomation. Tübingen.

Troll, Lothar (1984): Auf dem Weg in die Bürogesellschaft. Büroberufe im Wandel. In: Materialien aus der Arbeitsmarkt- und Berufsforschung (MatAB) 1984. Nürnberg.

TELEARBEIT - DER ARBEITSPLATZ VON MORGEN
Realität und Perspektiven dezentraler Computerarbeit

Monika Jaeckel / Gabi Kowalski
Deutsches Jugendinstitut, 8 München 90, Freibadstr. 30, BRD

I. THEORIE

PROBLEMSTELLUNG

Die voranschreitende Computerisierung und Technisierung des Alltags, der Freizeit und der Berufswelt ist Gegenstand vieler Untersuchungen und angeregter Diskussionen. Noch nie fand eine so rasante Entwicklung und Veränderung in allen Bereichen des Lebens statt, wie sie heute durch die NEUEN MEDIEN und NEUEN TECHNOLOGIEN ausgelöst wird. Sie erobern mehr und mehr den Menschen sowie dessen Umfeld und durchdringen zunehmend die gesamte Arbeitswelt.

Die ersten Folgen sind bereits jetzt erkennbar:Steigende Arbeitslosigkeit durch wachsende Rationalisierung; Dequalifikation und Monotonisierung der Büroarbeit allgemein und auf Sachbearbeiterebene. Es sind vor allem die traditionellen Frauenberufe (zu 53%) wie beispielsweise Textverarbeitung, einfache Sachbearbeitung und Verwaltungstätigkeiten, auf die sich die neuen Technologien negativ auswirken(1). Bedenkt man ferner die überwiegend starren Büroarbeitszeiten, so verwundert es nicht, daß zunehmend mehr Frauen bereit sind, das Risiko einer eher ungesicherten selbstständigen, dezentralen Tätigkeit mit dem Computer aufzunehmen. Das Potential für Telearbeit ist somit groß und wächst weiter. Mehr und mehr Frauen und Männer benutzen die neue Computertechnologie um selbstbestimmt und flexibel unter qualifizierten Arbeitsbedingungen eigenverantwortlich zu Hause arbeiten zu können.

Die häufigste Form der Telearbeit in Deutschland ist zur Zeit die als "Selbstständiger" oder als "Freier Mitarbeiter", wobei sich das On-Line-Arbeiten, aufgrund mangelnder Technik und zu hoher Kosten, mit Ausnahme einzelner Versuche, noch nicht durchgesetzt hat.

ZUR TERMINOLOGIE : TELEARBEIT

Die in der Literatur, der Presse und in der Wissenschaft verwendeten Bezeichnungen für TELEARBEIT sind uneinheitlich. In diesem Kontext sprechen die einen von dezentraler Arbeit, Fernarbeit oder Datenfernverarbeitung, die anderen von informationstechnisch gestützter Heimarbeit, dezentraler Heimarbeit, elektronischer Heimarbeit, Computerheimarbeit und Teleheimarbeit. Die Wortverbindungen mit "Heimarbeit" implizieren den rechtlichen Status eines Heimarbeiters nach dem Heimarbeitergesetz, wohingegen die Begriffe "dezentrale Arbeit" oder "Fernarbeit" arbeitsrechtlich auf eine Arbeitnehmerstellung hindeuten(2). Deswegen soll hier die diesbezüglich neutrale und wertungsfreie Bezeichnung TELEARBEIT verwendet werden, worunter im allgemeine die Organisationsform der TELEARBEIT ZU HAUSE angesprochen ist.

Unter TELEARBEIT wird die Erwerbstätigkeit an einem externen, organisatorisch dezentralen Arbeitsplatz unter Einsatz der neuen Informations- und Kommunikationstechnologien verstanden. Sie wird im wesentlichen durch die drei folgenden Faktoren determiniert:

- RÄUMLICHE SITUATION, d.h. der Arbeitsplatz liegt dezentral und ortsunabhängig vom Auftraggeber,

- ARBEITSPLATZTECHNOLOGISCHE SITUATION, d.h. die Arbeitsleistung wird primär auf modernen, elektronischen Datenverarbeitungsgeräten (i.d.R. Personal Computer) erbracht,

- KOMMUNIKATIONSTECHNISCHE SITUATION, d.h. es wird entweder on-line (mit direkter Verbindung zum Zentral-Computer z.B. per Telefonmodem) oder off-line (Speichern der erstellten Leistung auf z.B. Diskette) gearbeitet(3).

RECHTLICHER STATUS

Der arbeitsrechtliche Status des Telearbeiters kann mit der geltenden Rechtssprechung nicht eindeutig geklärt werden, wiewohl man versucht Kriterien zu entwickeln, die eine juristische Bestimmung ermöglichen. Grundsätzlich kann eine arbeitsrechtliche Einordnung der Telearbeiter in Arbeitnehmer (hat die meisten Schutzrechte), arbeitnehmerähnliche Personen wie Heimarbeiter (nach dem HAG, sozialer Schutz unzureichend) und freie Mitarbeiter (Abgrenzung zum selbstständigen Unternehmer ist fließend) sowie Selbstständige (sind arbeitsrechtlich nicht geschützt, Gefahr hier: es kann sich nur um formale Selbstständigkeit handeln, wodurch der Telearbeiter hauptsächlich von einem Auftraggeber abhängig ist) vorgenommen werden, wobei größtenteils eine exakte Zuordnung diffizil erscheint(4).

REALITÄT UND POTENTIAL DER TELEARBEIT

Telearbeit ist heute schon wesentlich mehr verbreitet, als offiziell bekannt. Die Tendenz der Unternehmen, sich eine flexible, freie Mitarbeiterschaft zu halten wächst zunehmend, vor allem bei großen Konzernen, wie informelle Kontakte zeigen. Es wird überwiegend off-line gearbeitet, da die technischen Möglichkeiten und die Übertragungsqualität noch nicht ausreichen, ganz zu schweigen von den Kosten, die der Telearbeiter meist selbst zu tragen hätte. Erst die flächendeckende Einführung des ISDN wird an diesem Zustand etwas ändern können. Weitverbreitet ist bereits das Arbeiten mit dem Computer und dem Telefaxgerät.

Da das Spektrum der für Telearbeit geeigneten Berufe groß ist, kann kein eindeutiges Anforderungs- und Qualifikationsprofil für Telearbeit erstellt werden. Von den technischen Voraussetzungen her ist JEDER BILDSCHIRMARBEITSPLATZ EIN POTENTIELLER TELEARBEITSPLATZ, also auslagerbar! Dem steht jedoch ein großer organisatorischer Mehraufwand gegenüber, den die Masse der deutschen Unternehmer noch scheut, wenngleich auch sie einen gewissen Bedarf an flexiblem Arbeitspotential haben - wie sich zeigt - und Telearbeit ihnen eine Möglichkeit bietet, den Fixkostenblock zu senken(5).

II. P R A X I S

VORSTELLEN DER BEIDEN EMPIRISCHEN UNTERSUCHUNGEN

Das Ziel der Untersuchungen COMPUTERHEIMARBEIT* - DIE WIRKLICHKEIT IST HÄUFIG ANDERS ALS IHR RUF ; G.Erler/M.Jaeckel/ J.Sass; DJI Mai 1987 (* hiermit ist nicht der arbeitsrechtliche Status gemeint, vielmehr wurde diese Bezeichnung von den Telearbeitern selbst verwendet) und TELEARBEIT - AUSWIRKUNGEN AUF DIE SOZIALE INTERAKTION ; G.Kowalski; LMU Oktober 1987 lag in der Beantwortung folgender Fragestellungen:

* Ergeben sich mit der Einführung der neuen Computer- und Informationstechnologien und den damit möglichen dezentralen Arbeitsformen neue Perspektiven für die Verbindung und Bewältigung von Familie und Arbeit?
* Was sind die Chancen, die Belastungen, die Risiken?
* Welche konkreten Erfahrungen gibt es mit Telearbeit?
* Hat Telearbeit Auswirkungen auf die soziale Interaktion?
* Welche gesellschaftlichen und sozialpolitischen Konsequenzen ergeben sich aus dieser neuen Arbeitsform für die Zukunft ?

Die Antworten fielen teils verblüffend und ganz anders aus, als in den Hypothesen angenommen, beide Studien bestätigen sich jedoch gegenseitig, da sie zu den gleichen Ergebnissen kommen. Die hier zusammengefaßten Aussagen und Grundtrends werden durch die internationalen Ergebnisse im Europäischen Vergleich bestätigt. (Die DJI-Studie steht im Zusammenhang mit einer europäischen Vergleichsstudie zum Thema TELEWORKING (6)).

ERGEBNISSE

In unseren beiden Studien beurteilen die Telearbeiter, Frauen wie Männer,ihre Wahl dieser dezentralen Arbeitsform als einen Schritt nach oben auf ihrer Karriereleiter, als Möglichkeit mehr Verantwortung, mehr Autonomie und Flexibilität zu haben sowie mehr und neue Fähigkeiten zu entwickeln,als das normalerweise in der stark strukturierten und hierarchischen Bürowelt möglich ist. Nur eine Minderheit (Frauen: 18%; Männer: 5%) würden ihre Telearbeit gegen eine Arbeit im Büro tauschen; 90% der Befragten empfinden ihre Arbeit als sehr befriedigend. 63% der Frauen sind der Meinung,daß Telearbeit ihre Arbeitszufriedenheit und Selbstachtung erhöht hat. Die Frauen beschreiben ihre Entscheidung, das "Büro" zu verlassen, meist als Protest gegen die Dequalifikationstrends in diesem Sektor.

Zweidrittel der Frauen und Dreiviertel der Männer glauben,daß Telearbeit zu Hause ihre beruflichen Chancen verbessert hat; beide Geschlechter beurteilen ihre Arbeit als qualifiziert, interessant und sehen darin eine Herausforderung, wenngleich das Stressniveau sehr hoch ist.

Obwohl die männlichen und die weiblichen Telearbeiter ihre Computerarbeit zu Hause als qualifizierter als ihre Arbeiten davor beschreiben, steigen die Männer auf einer wesentlich höheren Ebene ein und kommen auch weiter. Die Mehrheit der Telearbeiterinnen ist im Feld des allgemeinen "Desk-top-publishing"anzusiedeln,während die Männer in die Programmentwicklung sowie den Consulting- und Trainingsbereich gehen. Hiermit wird bestätigt,daß die Frauen eher im LOW-ABSTRACTION-BEREICH bleiben und die Männer auch bei Telearbeit den Bereich der ULTRA-HIGH-ABSTRACTION-ARBEITEN einnehmen, obwohl sich gerade hier neue Möglichkeiten und Qualifikationsmuster ergeben könnten.

Vor allem die Frauen sehen in Telearbeit eine Möglichkeit Beruf und Familienleben besser zu vereinbaren, da ihnen diese Arbeitsform die dafür nötige Flexibilität im allgemeinen bietet. Sie wollen" da sein" wenn ihre Kinder / ihre Familien sie brauchen. Das gilt für die Mütter von Kleinkindern ebenso wie für die Mütter schulpflichtiger Kinder. Noch immer gibt es in der Bundesrepublik Deutschland keine ausreichenden Kinderbetreuungsmöglichkeiten - Horte und Kindergartenplätze - auch die Schulzeit (Halbtags-Schulsystem!) ist selbst für eine halbtags arbeitende Mutter meist problematisch und nicht ausreichend, um Beruf und familiäre Pflichten befriedigend kombiniern zu können, da sich Schul- und Arbeitszeit kaum decken. (z.B. in England: die Ganztags-Schule)

Die Flexibilität,die Telearbeit bietet,wird einerseits sehr positiv beurteilt, verlangt andererseits aber auch ein Höchstmaß an Selbstdiziplin. Arbeit und Familie unter einem Dach zu haben, kann zu großen Spannungen und in einigen Fällen zu ernsthaften Konflikten mit dem Partner führen.

Die Arbeitszeit der Telearbeiter ist sehr unterschiedlich und irregulär. Sie schließt Abend- und Nachtarbeit ebenso ein, wie die Arbeit am Wochenende. Dennoch arbeiten selbst die Vollzeitarbeiter im Durchschnitt nicht mehr als 6 Stunden täglich. In Spitzenzeiten werden jedoch bis zu 18 Stunden und wenn nötig mehr gearbeitet. ("...manchmal habe ich auch schon die ganze Nacht durch gearbeitet, um den Job fertig zu machen.") Der Stress bei dieser Arbeitsweise ist sehr groß. Häufig führt das zu physischen oder psychischen Krisen (Gesundheit, Partnerschaft),die zu einer Änderung anregen : entweder wurde die Arbeit aufgegeben oder es wurden spezielle Maßnahmen eingeführt, um eine bessere Balance zwischen Arbeit und Privatleben zu haben.

Die Frauen berichten, daß ihre Arbeit mehr Anerkennung und Respekt durch den Partner und die Kinder erfährt, seit sie zu Hause am Computer arbeiten; zum einen bedingt durch die Technologie und ihre Fähigkeit damit umzugehen , zum anderen durch die Kundenkontakte sowie einfach dadurch, daß die Arbeit für die Familie sichtbar wurde.

Die Männer in unseren Untersuchungen empfinden die soziale Isolation wesentlich stärker als die Frauen, denen besonders die Kollegenkontakte und der Austausch mit anderen Telearbeitern fehlt.

Eindeutig zeigen die Ergebnisse der Studien , daß sich das Verhältnis Arbeitszeit : Freizeit dramatisch verändert. Die Freizeit geht gegen Null; die Frauen haben nach ihren Aussagen "...praktisch keine Zeit mehr..." für sich selbst zur Verfügung.

Ein großes Problem stellt für alle Telearbeiter die soziale Sicherung dar. Etwa 90% der Befragten arbeiten "frei" oder selbstständig und erhalten keinerlei Sozialleistungen. Auch die Möglichkeiten,die hier durch private Versicherungen gegeben sind, sind unzureichend und meist viel zu teuer - ohnehin nicht für diese Einkommensklasse von durchschnittlich 1.500 DM bis 2.500 DM monatlich (bei den Frauen) konzipiert. Die befragten Männer verdienen wesentlich besser: ab 2.500 DM bis 10.000 DM im Monats - durchschnitt.

Telearbeit -gleich ob von Frauen oder Männern ausgeübt - hat keinen Einfluß auf die klassische Rollenverteilung im Haushalt. Die zu Hause telearbeitenden Männer beteiligen sich nicht mehr am Haushalt, sie springen lediglich in Notfällen mehr bei der Kinderbetreuung mit ein. Sie ziehen eine wesentlich klarere Trennlinie zwischen Arbeit und Familie als ihre weiblichen Kollegen.

Es zeigte sich, daß die Telearbeiterinnen einen ganz anderen Zugang zur Arbeit mit dem Computer haben, als die Telearbeiter. Sie steigen i.d.R. völlig autodidaktisch ein, ein "...Sprung ins kalte Wasser..." und "...probieren es einfach aus...". Von den Computer-Kursen und -Manuals halten die Frauen eher weniger.

Die Mehrheit unserer Befragten plädieren für eine Mischform von Telearbeit zu Hause und im Büro.

HANDLUNGSBEDARF

Diese Fallstudien im Großraum von München zeigen den Bedarf einer Änderung des sozialen Sicherungssystems und neuer Formen der finanziellen Absicherung eines Basisauskommens, um die steigende Anzahl derer zu erfassen, die vom vorhandenen System nicht berücksichtigt werden. Hier ist einfach eine Aktualisierung und Anpassung an die neuen Verhältnisse erforderlich.

Die Ergebnisse unserer Befragungen machen deutlich, daß neue Formen der Zusammenarbeit und Aushilfe untereinander gewünscht werden, Möglichkeiten des kollegialen und berufsspezifischen Austauschs, eine Lobbybildung sowie im besonderen ein Telearbeiter-Netzwerk. Erste Treffen der Telearbeiterinnen in München haben dieses ganz besondere Interesse unterstrichen:

> Der Erfahrungsaustausch war sehr angeregt, man diskutierte Abrechnungsmodi, Kundenerfahrungen, Software- und Hardware-Problematiken, persönliche Krisen, Steuern und andere Themen. Wiederholt wurde der Wunsch nach einem bundesweiten Netzwerk und einer Lobby geäußert.

Das brachte uns dazu, ein Folge-Projekt mit eben diesen Zielen und Inhalten zu konzipieren, das planungsmäßig im Frühjahr 1990 beginnen soll.Ein die Telearbeiterinnen unterstützendes Netzwerk soll ins Leben gerufen werden, um diese Problematik öffentlich zu machen, um den Frauen die nötige Unterstützung zu geben, ihre Interessen zu aggregieren in einer Lobby und um zu zeigen, daß sich Frauen in den Feldern der NEUEN TECHNOLOGIEN behaupten und durchsetzen können. Ferner sollen hier Aus- und Weiterbildungsmöglichkeiten angeboten werden, Informationen über Fragen wie gesundheitliche Gefahren, technologische Entwicklungen etc.. Zudem will dieses Projekt bessere Arbeits- und Sozialversicherungsbedingungen für die Frauen ermöglichen und sie in ihren Ideen und Forderungen unterstützen.

Explorative Studien in anderen europäischen Ländern ergänzen das Modellprojekt. In der Bundesrepublik wird ein besonderer Forschungsschwerpunkt auf den "erfolgreichen Telearbeiterinnen" liegen.

Die Untersuchungsgruppe

Die erste Untersuchung wurde im Herbst 1986 und die zweite sich anschließende Untersuchung wurde im Sommer 1987 im Großraum München/ Augsburg durchgeführt. Insgesamt wurden 42 weibliche und 28 männliche Telearbeiter befragt, die einen standardisierten Fragebogen erhielten. Einem Intensiv-Interview, das 90 Minuten dauerte, wurden 25 Frauen und 16 Männer unterzogen. Hinzu kamen 4 Gruppendiskussionen, an denen 26 weibliche und 8 männliche Telearbeiter teilnahmen.

Die Mehrheit (63%) der Befragten ist verheiratet,31% sind alleinstehend und 16% geschieden. 70% der Frauen haben Kinder, 60% der Kinder sind im Alter zwischen 2 Wochen und 6 Jahren gewesen. Die meisten der Telearbeiter waren zwischen 25 und 35 Jahre alt (67%) die älteste Frau war 47 und der älteste Mann war 55 Jahre alt. Die Mehrheit übte schon über 4 Jahre Telearbeit aus (69%), die längste angegebene Zeit waren 12 Jahre.

Die meisten Frauen hatten eine kaufmännische Ausbildung (65%), etwa ein Drittel hatten einen Hochschulabschluß.Als"Freiberufler" oder "Selbstständiger" arbeiten zwischen 80% und 90% der Frauen, mit einer durchschnittlichen Wochenarbeitszeit von 28 Stunden; die längste angegebene Zeit waren 58 Wochenstunden incl. Wochenende.

Die Untersuchungsgruppe wurde vor allem über eine Anzeigenaktion in zwei Münchener Tageszeitungen und einer überregionalen Computerzeitschrift ermittelt.

LITERATUR

1) vgl. Enquete-Komission: Zwischenbericht "Neue Informations- und Kommunikationstechniken", Drucksache 9/2442,Bonn 28.3.83, S. 106.

2) vgl. Kilian, W.; Borsum, U.; Hoffmeister, U.: Telearbeit und Arbeitsrecht, Forschungsbericht im Auftrag des Bundesministers für Arbeit und Sozialordnung, Hannover 1986, S. 3 sowie

vgl. Küfner-Schmitt, I.: Die soziale Sicherheit der Telearbeiter, Spardorf 1986, S. 12.

3) vgl. Empirica: Workshop Telearbeit und Behinderte, Bonn 1985, S. 2.

4) vgl. Küfner-Schmitt, I.: a.a.O., S.96 ff.

5) vgl. Wawrzinek, S.; Fröschle, H.-P.: Schaffung dezentraler Arbeitsplätze unter Einsatz von Teletex, Zwischenbericht des Frauenhoferinstituts für Arbeitswirtschaft und Organisation, Stuttga1rt 1985, S. 44 ff.

6) vgl. Moran, R.; Tansey, J.: Telework: Women and Environments, Dublin 1986, Studie i.A. der European Foundation for the improvement of living and working conditions.

VERÄNDERT DIE INFORMATIONSTECHNOLOGIE DIE STELLUNG DER FRAU AUF DEM ARBEITSMARKT?

Anna-Maija Lehto

Statistisches Zentralamt Finnland

Postfach 540
SF-00101 Helsinki, Finnland

In den letzten zehn Jahren ist viel über die Auswirkungen der modernen Technologie auf das Arbeitsleben diskutiert worden. Vor allem wurde erörtert, wie viele Arbeitsplätze verschwinden werden, wenn neue, arbeitskräftesparende Technologien eingeführt werden. Auf der anderen Seite wurde auch über die Stellung der Frau im Wirtschaftsleben nachgedacht. Mit anderen Worten: bei der Betrachtung des Erwerbslebens wurde eingesehen, daß den Geschlechtern eine unterschiedliche Stellung eingeräumt werden müsse.

Dieser Aspekt wurde auch bei der Beurteilung der Auswirkungen der Informationstechnologie in Betracht gezogen. Die Entwicklung der Beschäftigungslage wurde besonders für die Frauenberufe als besorgniserregend beurteilt. Das ist eine Folge davon, daß Datenverarbeitung am stärksten in Frauenberufen, vor allem in der Büroarbeit, eingesetzt wird. Düstere Prognosen für Frauen wurden vor allem in den späten siebziger und frühen achtziger Jahren veröffentlicht.

Die Voraussagen über die Auswirkungen der neuen Technologie auf die die Beschäftigungslage haben sich in den achtziger Jahren deutlich in ihrem Charakter geändert. Es wird nun nicht mehr damit gerechnet, daß die Büroautomation die Nachfrage nach Arbeitskräften katastrophal senken wird. Nach wie vor wird aber in vielen Artikeln die Arbeit von Frauen als sehr verwundbar und anfällig für die Einflüsse technischer Veränderungen gesehen (Greve 1987, Tijdens et. al. 1988).

Die Stellung der Frau auf dem Arbeitsmarkt wird nicht mehr nur unter dem Aspekt des Rückgangs der Arbeitsplätze gesehen, sondern es wird auch analysiert, inwiefern sich die Stellung der erwerbstätigen Frauen verändert.

Die Stellung der Frau auf dem Arbeitsmarkt wird zudem von solchen Faktoren bestimmt wie Teilzeitbeschäftigung, Kurzarbeit, zeitlich befristete Arbeitsverhältnisse und sog. Distanzarbeit, d. h. Arbeit zu Hause am Computerterminal. Auf der anderen Seite sind mit dieser Problematik auch die Fragen nach den Aufstiegsmöglichkeiten, der Teilnahme an beruflicher Schulung, nach betriebsinternen Versetzungen und allgemein nach der Organisation der Arbeit und den Einflußmöglichkeiten der Beschäftigten verknüpft. Die Analysen sind auch dahingehend präzisiert worden, daß man in ihnen die unterschiedliche Entwicklung der verschiedenen Wirtschaftsbereiche im technischen Wandel berücksichtigt.

Auf der anderen Seite sind die Bedingungen der technischen Entwicklung in den einzelnen Ländern unterschiedlich. Mit dem Problem der Frauenbeschäftigung ist die Frage nach der internationalen Arbeitsteilung verbunden: Beispiele sind die Verlegung der elektronischen Industrie in die Entwicklungsländer oder die Erledigung von einfachen, neue EDV-Technologie nutzenden Abspeicherungsarbeiten in Ländern mit niedrigen Lohnkosten.

Ein Problem bei der Betrachtung der gegenseitigen Beziehung der Stellung von Frau und Mann auf dem Arbeitsmarkt und des technischen Wandels ist die Knappheit von statistischen Zahlen und Untersuchungsergebnissen. Frühere, nur auf Spekulationen basierende Schätzungen sind indes nach Möglichkeit später durch unternehmensbezogene Untersuchungen und umfangreiche Umfragen in Unternehmen über die Auswirkungen auf die Beschäftigung ersetzt worden (siehe Greve 1987, S. 43).

Ebenso fehlt ein Überblick über den Umfang der Anwendung von Informationstechnologie in den meisten Ländern. In dieser Hinsicht bilden die nordischen Länder eine positive Ausnahme, denn die Statistikbehörden Finnlands, Schwedens und Norwegens haben anhand von Materialien, die alle Beschäftigten repräsentieren, Daten über die Nutzung von Informationstechnologie gesammelt. Aus Finnland stehen bereits Daten zweier Zeitpunkte (1984 und 1987) für die Beurteilung der Veränderungen zur Verfügung.

Der Durchbruch der Informationstechnologie in Finnland

Die neue Technologie hat sich in Finnland sehr rasch durchgesetzt. Als 1984 die erste Bestandsaufnahme über ihre Anwendung vorgenommen wurde, waren 17 Prozent der Arbeitnehmer Anwender der neuen Informationstechnologie. 1987 war dieser Anteil bereits auf 32 Prozent gestiegen.

Betrachtet man weibliche und männliche Lohnempfänger getrennt voneinander, so stellt man fest, daß in Finnland überraschend viel Informationstechnik besonders in der Arbeit der Frauen angewandt wird. 1984 waren 54 Prozent von allen Anwendern der neuen Technologie weiblichen Geschlechts. Drei Jahre später, in der Untersuchung von 1987, war der Anteil der Frauen etwas gesunken, aber sie bildeten mit 51 Prozent immer noch die Mehrheit.

In der früheren Untersuchung von 1984 wurde festgestellt, daß von den Berufsgruppen die Tätigkeiten in den Sektoren Verwaltung, Bürotechnik, Handel und Technik am stärksten computerisiert waren. In den anderen Berufsbereichen war der Einsatz von Informationstechnologie mit 9 Prozent noch ziemlich gering. Den neuen Ergebnissen zufolge hat sich das Wachstum sehr stark in den Bereichen fortgesetzt, in denen die neue Technologie auch früher schon am stärksten vertreten war. So benutzen zum Beispiel von den Beschäftigten in den Bereichen Verwaltung und Bürotechnik nun bereits 69 Prozent einen eigenen Computer als Arbeitsgerät. Auch in der Industriearbeit ist der Anteil gestiegen, aber nur auf 19 Prozent.

Bezüglich der Frauenberufe hat der technische Wandel in den letzten Jahren besonders stark die bürotechnischen Arbeiten betroffen. Auch in der Gruppe der professionelleren Berufe ist der Wandel enorm gewesen: Neue Anwendungen sind vor allem in den Bereichen der Gesundheitspflege und Lehrtätigkeit in Gebrauch genommen worden, also in Bereichen, wo vor 1984 so gut wie keine Informationstechnologie eingesetzt wurde.

Besonders groß ist der Unterschied zwischen Männern und Frauen in der Industriearbeit. Während 1987 von den 84 000 in industriellen Berufen tätigen Männern 20 % die neue Technologie in ihrer Arbeit anwandten, betrug der Anteil der Frauen nur 13 %. Die Zahl der männlichen Anwender war um 44 000, die der weiblichen Anwender nur um 6 000 gestiegen.

Bei den männlichen Lohnempfängern ist der Anteil der Anwender jedoch am stärksten im Bereich der Verwaltung gewachsen. Besonders die Männer in leitender Position sind im Verlauf dieser drei Jahre gründlich computerisiert worden.

Die Einführung von Informationstechnologie hat bei den Frauenberufen deutlich weniger solche Aufgaben betroffen, für die eine besondere Ausbildung gefordert wird, als bei den Männerberufen. Dies wird auch an der Art der Arbeitsaufgaben ersichtlich, die anhand des Materials von 1984 untersucht wurden. Die Männer programmieren und wenden in vielseitiger Weise fertige Software an, während für die Frauen Abspeicherungsarbeiten typischer waren.

Diese Differenz tritt auch zutage, wenn man die Ausbildung der Anwender vergleicht. Von den Frauen haben 32 % nur eine Hauptschulausbildung. Bei den Männern ist diese Gruppe deutlich kleiner: 23 %. Der Unterschied hat sich seit dem früheren Untersuchungszeitpunkt etwas ausgeglichen, was wohl darauf zurückzuführen ist, daß der Einsatz von Informationstechnologie in der Industriearbeit von Männern zugenommen hat. Dennoch gibt es unter den weiblichen Lohnempfängern eine recht große Gruppe (in Finnland ca. 100 000 Personen) von Anwendern der neuen Technologie, die nur einen Hauptschulabschluß vorweisen kann. Dies ist zu beachten, wenn die Inhalte, die Entwicklung und der eventuelle Bedarf der Schulung für EDV-technische Arbeiten erörtert wird.

Für die EDV-Arbeit der Frauen ist neben der Konzentration auf die Ebene der unteren Angestellten auch der Umstand typisch, daß bei ihnen die Anwendung der Datentechnik einen größeren Anteil an der Gesamtarbeit einnimmt als bei den Männern. 1987 verbrachten 43 % der weiblichen Anwender mindestens die Hälfte ihrer Arbeitszeit an ihren Computern, während bei den männlichen Anwendern dieser Anteil nur 23 % betrug.

Über die Auswirkungen auf die Beschäftigungslage

Die Stellung der Frau auf dem Arbeitsmarkt wird heute nicht mehr nur unter dem Aspekt des Rückgangs der Arbeitsstellen gesehen, sondern es wird auch differenziert, in welcher Weise sich die Stellung der erwerbstätigen Frau verändert. Es wird differenziert danach gefragt, wie die weiblichen Arbeitnehmer der verschiedenen Wirtschaftsbereiche oder hinsichtlich ihrer Ausbildung unterschiedliche Frauengruppen mit dem Wandel klarkommen (Werneke 1983, Volst & Wagner 1988, Madison & Coates 1988, Tremblay 1988).

In den 80er Jahren hat man das Denken des technologischen Determinismus aufgegeben. In den Schriften der 80er Jahre ist bereits zu sehen, daß sich die Auswirkungen des technischen Wandels nicht von den anderen Faktoren wie den Veränderungen der Arbeitsorganisation im allgemeinen, zum Beispiel von verschiedenen Strategien der Leitungs- und Arbeitsorganisation, trennen lassen. Auch hinsichtlich der Beschäftigungslage wird der technische Wandel nur als ein Teil der Veränderung neben der übrigen Entwicklung der Wirtschaft und Konjunktur gesehen.

In dem 1988 erschienenen Artikel "Technology and Employment" des Employment Outlooks der OECD wird festgestellt, daß die Prognosen, denen zufolge der technische Wandel bei den Büroarbeiten die Beschäftigungslage verschlechtern würde, falsch waren (Employment Outlook 1988, S. 190). Heutzutage hält man es sogar für möglich, daß die Büroarbeit mengenmäßig noch etwas zunehmen wird. Die Abspeicherungsarbeiten werden indes in der Zukunft stark abnehmen, wenn optische Lesegeräte für die Computertechnik besser nutzbar gemachen werden und die Nutzung von Datennetzen erweitert wird.

Die Auswirkungen auf die Beschäftigungslage wurden bei der Untersuchung nicht nur durch die Frage nach den personellen Veränderungen am eigenen Arbeitsplatz, sondern auch durch einen Vergleich der Ausbreitung der Informationstechnologie in den verschiedenen Wirtschaftsbereichen mit dem sich aus den Statistiken ergebenden Bild über die Beschäftigungsentwicklung in den Bereichen geklärt.

Den Angaben aus den Interviews zufolge hatten sich die Personalstärken zu beiden Untersuchungszeitpunkten in der Weise geändert, daß die Zahl des Personals an den Arbeitsstellen der Angestellten zugenommen und an den Arbeitsstellen der Arbeiter abgenommen hatte.

Auch den Angaben aus der Statistik zufolge ist die Zahl der weiblichen Angestellten, besonders in den Bereichen Gesundheitspflege, Sozial- und Unterrichtswesen deutlich gestiegen. Auch in den Büroberufen ist die Zahl der weiblichen Lohnempfänger weiter gestiegen. Die Industriearbeit ist indes ständig zurückgegangen. Von den Frauen arbeiten in Finnland nur noch 12 % in der Industriearbeit.

Die weibliche Industriearbeit ist unabhängig von der Anwendung von EDV-Technologie zurückgegangen, denn von den spürbarsten Reduzierungen war die Textil- und Bekleidungsindustrie betroffen, bei der die neue Technologie bislang nur sehr wenig eingesetzt wurde.

Die Zahl der männlichen Lohnempfänger ist im ganzen gesehen etwas kleiner geworden. Am meisten zurückgegangen ist die Zahl der Industriearbeiter. Die Reduzierungen scheinen Bereiche zu betreffen, in denen die neue Technologie bis heute am meisten eingesetzt wurde: die Holzveredlungsindustrie und die Metallindustrie. Das grafische Gewerbe bildet indes eine Ausnahme. Die Anzahl der Arbeiter ist in diesem Bereich trotz der Ausbreitung der Informationstechnologie leicht angestiegen.

Die neuen Formen der Beschäftigung

Sowohl in der Diskussion über die Auswirkungen der Technologie als auch in weiterem Sinn bei der Erörterung der neuen "Flexibilitätsforderungen" des Arbeitsmarktes wird häufig auf die sog. neuen Formen der Beschäftigung verwiesen. Das Schwergewicht hierbei liegt auf solchen Erscheinungen wie Teilzeitarbeit und Gelegenheitsarbeit, und besonders bei der Informationstechnologie spricht man davon, daß die Distanzarbeit, die von zu Hause aus erledigt werden kann, zunimmt.

Teilzeitarbeit ist einer der Faktoren, an denen die außergewöhnliche Stellung der finnischen Frauen sichtbar wird. Während in Finnland nur 11 % der Frauen eine Teilzeitarbeit haben, beträgt der entsprechende Anteil in den übrigen nordischen Ländern 40 bis 50 %.

In der Diskussion über die Auswirkungen der Technik hat man darauf hingewiesen, daß wenn die neue Technik auch nicht direkt Arbeitslosigkeit verursacht, sie doch zumindest zu einer Zunahme der Teilzeitarbeit führt (Madison & Coates 1988, S. 92). Besonders auf dem Banksektor und im Handel wird eine solche Entwicklung für wahrscheinlich gehalten. Auch in Finnland hat die Teilzeitarbeit der Frauen gerade in diesen Bereichen etwas zugenommen.

Die Anwendung der Informationstechnologie an sich steht nicht in einem Zusammenhang mit der Teilzeitarbeit, oder der Zusammenhang ist eher ein umgekehrter. Während in Finnland von allen Lohnempfängern 7 % Teilzeitbeschäftigte waren, waren von den Anwendern der Informationstechnologie 1987 nur 3 % teilzeitbeschäftigt.

Neben der Entwicklung der Beschäftigungslage bei den Angestellten ist die zu Hause zu erledigende EDV-Arbeit, die sog. Distanzarbeit, ein zweiter Bereich, wo die Prognosen über die Auswirkungen der Informationstechnologie nicht eingetroffen sind. Vor zehn Jahren nahm man an, daß sich diese Art der Arbeit sehr rasch ausdehnen wird. Man glaubte, daß besonders Frauen gern Haushaltsarbeit, Kinderpflege und Arbeit am Computer miteinander kombinieren würden. Dies ist jedoch nicht geschehen. Die Distanzarbeit, unter der außer der Arbeit zu Hause auch die EDV-Arbeit in bestimmten Naharbeitszentren verstanden wird, ist zumindest in den europäischen Ländern kaum über das Experimentierstadium hinausgekommen.

Für die Arbeitnehmer ist das Problematische an der Distanzarbeit, daß ihre arbeitsrechtliche Stellung nicht sachgemäß festgelegt worden ist. In Finnland ist diese Situation dieselbe wie in den meisten anderen Ländern. Wenn die Distanzarbeit am Computer in Zukunft zunimmt, so bringt dies vor allem eine Schwächung der Stellung der Frau mit sich. Problemfaktoren sind unter anderem der Verlust der sozialen Vergünstigungen, Isolation und begrenzte Aufstiegsmöglichkeiten.

In einer australischen Untersuchung wurde festgestellt, daß die Vorteile der Distanzarbeit nur bei anspruchsvollen Arbeiten zum Tragen kamen, zum Beispiel bei Programmierarbeiten. Bei routinemäßigen Arbeiten, wie sie in hohem Maße von Frauen erledigt werden, kamen hingegen die Nachteile der Distanzarbeit stärker zur Geltung. (Wajcman et. al. 1988)

Ausbildung und Stellung auf dem Arbeitsmarkt

Der hohe Bildungsstand der finnischen Frau hat nicht dazu geführt, daß die Frau auch ansonsten im Arbeitsleben gleichberechtigt wären. Dies haben unter anderem viele Untersuchungen über die Entlohnung gezeigt. Die unterschiedliche Wertschätzung von Frauen- und Männerarbeit hat sich kaum geändert, den Wandlungen im Arbeitsleben zum Trotz. Ist es wirklich so, daß - wie bisweilen behauptet wurde - auch der technische Wandel nur die Ungleichwertigkeit reproduziert, die zwischen der Stellung von Mann und Frau bisher bestanden hat?

Ein charakteristischer Zug im Wandel des Arbeitslebens besteht darin, daß die Bedeutung von Umschulung und Fortbildung zugenommen hat. Dies ist eine ganz natürliche Folge des technischen Wandels, denn der Gebrauch der neuen Arbeitsmittel und die Erledigung der neuen Arbeitsaufgaben sind in irgendeiner Weise zu lernen.

Die Herausforderungen, die diese erwachsenen Menschen zu erteilende Schulung stellt, sind besonders groß aus dem Grund, da der Strukturwandel des Arbeitslebens am handgreiflichsten diejenigen berührt, die keine berufliche Grundausbildung haben. Dies gilt sowohl für die Arbeitskräfte, die in der Industrie freiwerden, als auch für solche Angestellte, die routinemäßige Tätigkeiten ausüben, zum Beispiel im Handel oder im Büro.

Die Wettbewerbsfähigkeit der Frauen ist, was die Arbeitsplatzschulung anbelangt, bislang schwächer gewesen als die der Männer. Dies gilt sowohl für diejenigen, die Informationstechnologie einsetzen, als auch für sämtliche Erwerbstätigen. Am deutlichsten tritt der Unterschied bei den unteren Angestellten und Arbeitern zutage.

Für die am Arbeitsplatz erteilte Schulung ist es typisch, daß sie mehr denjenigen Personen zugute kommt, die von vornherein schon über eine gute Ausbildung und Position verfügen. Signifikant ist, daß die Unterschiede innerhalb der Gruppe der weiblichen Lohnempfänger diesbezüglich größer sind als unter den Männern. Mit anderen Worten: Die weiblichen Angestellten der oberen Ebene sind hinsichtlich der Arbeitsplatzschulung gegenüber den Männern so gut wie gleichberechtigt. Die übrigen Frauen sind es jedoch nicht.

Fazit

In diesem Artikel sollten einige charakteristische Züge zur Stellung der Frau auf dem Arbeitsmarkt vorgebracht werden, von denen man annehmen kann, daß sie mit dem technischen Wandel zusammenhängen.

Ein positives Faktum hinsichtlich der Stellung der Frau war, daß die Büroarbeit nicht in dem vorausgesagten Umfang abgenommen hat. Allerdings hat sich das Wachstum in den letzten Jahren etwas verlangsamt und der Schwerpunkt der Nachfrage nach Arbeitskräften auf gut ausgebildete Angestellte verlagert.

Positiv für die Frauen war auch die Tatsache, daß die Distanzarbeit am Datenterminal bei weitem nicht so rasch zugenommen hat wie man vorhergesagt hatte. Die finnischen Gesetze bieten heutzutage noch keine ausreichende Sicherung für die Stellung von zu Hause Arbeitenden.

Bei der Umstrukturierung des Arbeitslebens in Finnland war es ferner positiv für die Frauen, daß unsichere und zeitlich begrenzte Arbeitsverhältnisse, etwa Gelegenheits- und Teilzeitarbeiten, nicht sehr häufig geworden sind.

Ein eindeutig negativer Zug war der Rückgang der Nachfrage nach Arbeitskräften in der Industrie, von dem Männer wie Frauen betroffen wurden. Die Arbeitsplätze der Frauen in der Industrie wurden auch durch andere Faktoren als die Entwicklung in der Technologie verringert. Dafür spricht der deutliche Rückgang in der Textil- und Bekleidungsindustrie.

Zwischen Frauen und Männern bestanden sehr große Unterschiede darin, bei welchen Aufgaben in den Angestelltenberufen die Informationstechnologie angewandt wurde. Bei der Arbeit von Frauen spielten Abspeicherungsarbeiten und die Übertragung von früheren maschinegeschriebenen Texten auf Textverarbeitungsgeräte eine große Rolle. Alarmierend für die Beschäftigungslage der Frauen ist, daß Anwendungen dieser Art als vorübergehend gelten und gerade diese Arbeitsphasen von neuen Geräten beseitigt werden.

Viele Faktoren weisen darauf hin, daß sich die Frauen an der Weiterentwicklung ihrer Fachkenntnisse zumindest in dem gleichen Umfang wie die Männer beteiligen müßten, um sich ihre heutige Position zu bewahren oder zu verbessern. Dies ist jedoch nur den weiblichen Angestellten der höheren Ebene gelungen. Die übrigen Frauen haben etwas von der Stellung eingebüßt, die sie durch die Gleichwertigkeit der Grundausbildung erreicht haben. Dies ist sehr deutlich an den Unterschieden zwischen den Frauen und Männern bei ihrer Beteiligung an der Weiterbildung am Arbeitsplatz zu erkennen.

Quellen

Greve, R. (1987): Women and information technology: A European overview. In: Davidson, M. J. - Cooper, C. I. (Hrsg.): Women and information technology, a series in Psychology and Productivity at work. Great Britain 1987.

Kortteinen, Matti - Lehto, Anna-Maija - Ylöstalo, Pekka (1986): Tietotekniikka ja suomalainen työ (Datenverarbeitungstechnologie und finnische Arbeit). Statistisches Zentralamt, Untersuchungen 125.

Madison, Mary Ann - Voates, Vary T. (1988): Women, work and technology: The labour market. In: Tijdens et al (Hrsg.): Women, work and computerization.

Microsyster (1987): Not over our heads - women and computers in the office. Konferenzbericht, London.

OECD (1987), Recent labour market trends, Employment Outlook, OECD, Paris.

Paukert, Liba (1984): The employment and unemployment of women in OECD countries. OECD, Paris.

Tijdens, Kea - Jennings, Mary - Wagner, Ina - Weggelaar, Margaret (Hrsg.): Women, work and computerization: forming new alliances. IFIP-Conference, North Holland, Amsterdam 1988.

Trembley, Diane G. (1988): Technological change, internal labour market and women's jobs - An analysis based on the case of banking sector. In: Tijdens et al (Hrsg.): Women, work and computerization.

Veränderungen der Arbeitssituation von Frauen in der bremischen Verwaltung durch den verstärkten Einsatz von Personal Computern im Bereich der Text- und Sachbearbeitung

Gisela Schwellach, Gabriele Winker
Beratungszentrum im
Rechenzentrum der bremischen Verwaltung

Rahmenbedingungen

In der bremischen Verwaltung begann im April 1988 mit einer zeitlichen Verzögerung von mehreren Jahren gegenüber der Privatwirtschaft der forcierte Einsatz von Personalcomputern im Bereich der Text- und Sachbearbeitung.

Beim Technikeinsatz wird versucht, einen für alle Beteiligten gangbaren Weg zwischen Rationalisierungsbemühungen und sozialverträglicher Technikgestaltung zu gehen. Erklärtes politisches Ziel ist die Erhöhung der Verwaltungseffektivität, die Verbesserung der Arbeitsbedingungen für die Beschäftigten und der Dienstleistungen für die BürgerInnen. Die Technikeinführung findet auf der Grundlage einer im Sinne der Beschäftigten weitreichenden Dienstvereinbarung statt, in der arbeitswissenschaftliche Erkenntnisse ihren Niederschlag finden. Mithilfe dieser Dienstvereinbarung sollen nicht nur negative Folgen der Technikeinführung aufgefangen werden, sondern auch die Gestaltung humaner Arbeitsbedingungen unterstützt werden. Um alle Beteiligten dafür begleitend zu qualifizieren, wurde ein umfassendes Beratungs- und Schulungssystem aufgebaut, das die Schwerpunkte Organisation, Qualifikation und Technik umfaßt und den Prozeß der Einführung in seiner gesamten Wechselwirkung unterstützen soll.

Diskrepanz zwischen Anspruch und Realität

Dem Anspruch, die Interessen der Beschäftigten gleichrangig neben den anderen erklärten politischen Zielen zu berücksichtigen, konnte bisher die Realität trotz der positiven Rahmenbedingungen nicht gerecht werden. Dies zeigt sich besonders bei der - innerhalb der Hierarchie - schwächsten Beschäftigungsgruppe, den Schreibkräften. Im folgenden werden kurz die in der Dienstvereinbarung benannten Ziele aufgeführt und anschließend die Probleme aufgezeigt, die sich in der Realität ergeben:

Anspruch:
Laut Dienstvereinbarung muß die Gestaltung des Einsatzes der Datenverarbeitung die Anreicherung und Erweiterung der Arbeitsinhalte und die ganzheitliche Aufgabenwahrnehmung durch die MitarbeiterInnen ermöglichen. Konkretisierend wird betont, daß das Ziel einer optimalen Arbeitsgestaltung im Zusammenwirken mit den Arbeitsplatzrechnern ist:
- Routinearbeiten abzubauen und Arbeitsinhalte anzureichern,
- den Handlungsspielraum des einzelnen Beschäftigten zu erweitern und damit die Möglichkeit zur Entfaltung der individuellen Fähigkeiten zu fördern,
- hierarchisch-bürokratisch überbetonte Prinzipien in der Aufbauorganisation zu beseitigen.

Aus diesen Vorstellungen ergibt sich in der Dienstvereinbarung für den Schreibbereich die Festlegung, beim Einsatz von Arbeitsplatzrechnern bis spätestens Oktober 1991 überall Mischarbeitsplätze einzurichten und zwar auch für Teilzeitkräfte. Dies bedeutet, daß nur dort computergestützte Textverarbeitung zum Einsatz kommt, wo zusätzlich zu Schreibtätigkeiten qualifizierte Verwaltungstätigkeiten zugemischt werden (qualifizierte Mischarbeit) und ein Wechsel von Arbeiten am Bildschirm mit bildschirmfreien Tätigkeiten gewährleistet ist (Belastungsabbau). Diese Regelung entstand u.a. deshalb, weil mittelfristig damit zu rechnen ist, daß SachbearbeiterInnen im Rahmen einer ganzheitlichen Aufgabenbearbeitung einen großen Teil Ihrer Schreiben direkt an ihrem PC erfassen, korrigieren und ausdrucken.

Zur Umsetzung der aufgeführten Umorganisation ist in der Dienstvereinbarung die rechtzeitige und umfassende Beteiligung der MitarbeiterInnen bei der Gestaltung ihrer Arbeitsplätze und Arbeitsbedingungen festgeschrieben.

Realität:
Die Umsetzung der genannten Ziele sieht in der Praxis anders aus. In der Regel sind bei den entscheidenden Besprechungen zwar PersonalratsvertreterInnen, nicht aber die direkt betroffenen MitarbeiterInnen

beteiligt. Hierarchische Strukturen werden auch beim Technikeinsatz nicht in Frage gestellt und verhindern eine gleichberechtigte Beteiligung der Betroffenen, besonders dann, wenn sie wie die Schreibkräfte am untersten Ende der Hierarchie stehen. Projektgruppen zur Vorbereitung des Technikeinsatzes sind die Ausnahme und werden von Verwaltungsleitern dominiert. Der Aufbau von Arbeitskreisen, in denen die Betroffenen ihre Arbeit überdenken und neu strukturieren, wird mit dem Argument des Zeitmangels nicht vorangetrieben.

Trotz verbaler Betonung der Notwendigkeit einer umfassenden Organisationsänderung ist bisher keinerlei Änderung der Aufbauorganisation im oben genannten Sinne konkret geplant bzw. umgesetzt worden. Es gibt zahlreiche verbale Bekenntnisse zur Mischarbeit, aber kaum einen Arbeitsplatz, an dem ein reiner Schreibarbeitsplatz im Rahmen von Technikeinführung zu einem qualifizierten Mischarbeitsplatz umorganisiert wurde. Es fehlen derzeit immer noch Aussagen der zuständigen Stellen, ob und wann eine Höhergruppierung bei Mischtätigkeit möglich ist. Diese Realität führt bei bis zu acht Stunden Schreibarbeit vor dem Bildschirm zu höheren physischen und psychischen Belastungen als beim konventionellen Arbeiten mit der Schreibmaschine und zu Unzufriedenheiten der schreibenden Kolleginnen. Selbst die in der Dienstvereinbarung festgeschriebene zehnminütige Pause nach 50 Minuten Arbeit wird oft nicht eingehalten. Es gibt Klagen über Augenbeschwerden, Rücken- und Nackenverspannungen, Schwierigkeiten, nach der Arbeit abzuschalten. Darüberhinaus führt diese Form des Textverarbeitungseinsatzes statt zum Abbau von zerstückelten Arbeitsinhalten und zur Qualifizierung der Schreibenden zum Aufbau neuer Hierarchien durch Einführung von Koordinatorenstellen. Diese Koordinatoren oder auch Systemadministratoren erstellen Textbausteine, Formulare oder Makros und richten Adress- und Batchdateien ein. Die Schreibkräfte setzen die Bausteine nur noch zusammen oder füllen am PC Formulare aus, was Dequalifizierungstendenzen beinhaltet. Die Koordinatoren sind - trotz zu Beginn gleicher Schulung wie die Schreibkräfte - zu 90 % Männer. Dies läßt sich neben der größeren Selbstsicherheit von Männern und dem stärkeren männlichen Durchsetzungsvermögen aus dem geschlechtsspezifische Umgang mit Technik erklären. Männer spielen mehr am Gerät, probieren ohne vorheriges Nachdenken aus, während Frauen nach dem Sinn fragen und anwendungsbezogener mit Technik umgehen. Diese Unterschiede werden in den meisten Schulungskursen kaum problematisiert, was diese geschlechtsspezifische Arbeitsteilung aufrechterhält.

Zusammenfassend kann festgehalten werden, daß sich die Arbeitsbedingungen in der bremischen Verwaltung bisher nicht verbessern und sich die Arbeitsbedingungen der Schreibkräfte sogar verschlechtern, da durch die beschriebene Diskrepanz die Technikeinführung auf Kosten der Schwächsten, auf Kosten der Kolleginnen im Schreibbereich stattfindet. Eine Bereicherung von Arbeitsinhalten im Rahmen der Technikeinführung findet nur bei den in der Regel männlichen Koordinatoren statt. Die Einführung einer weiteren Hierarchieebene wirkt sich darüberhinaus auch für die Effizienz und die Dienstleistungsqualität der Verwaltung kontraproduktiv aus, da mit teils sogar zusätzlichem Personal und hohen Technikkosten die gleichen Ergebnisse produziert werden. Denn es sind oft die männlichen Koordinatoren, die technikzentriert an die Umstellungsarbeiten herangehen, ihre Lösungen in schnellerer und besserer Technik suchen und sich selten für Aufgabenkritik und Arbeitsneugestaltung interessieren.

Gründe für die sich verschlechternden Arbeitsbedingungen von Kolleginnen im Schreibbereich

Der PC-Einsatz findet technikzentriert statt. Trotz anderslautender verbaler Äußerungen steht nicht die Arbeitsorganisation im Vordergrund. Die Behördenleitungen wollen primär Technik haben. Arbeitsgestaltung ist ein notwendiges Übel, was laut Dienstvereinbarung zumindest auf dem Papier stattfinden muß. Vorherrschend ist das männliche Prinzip im Umgang mit Technik: Zunächst werden PC's angefordert, dann kümmert man sich um die Auswirkungen. Es fehlt eine umfassende vorausschauende Arbeitsgestaltung, aus der sich dann Technikunterstützung für genau bestimmbare Arbeitsaufgaben ableiten läßt.

Technisch ausgerichtet ist auch das Qualifizierungssystem. Während es in verhältnismäßig kurzer Zeit gelungen ist, ein umfassendes Schulungsprogramm für das Arbeiten am PC aufzubauen, fehlen notwendige fachliche Qualifizierungsangebote, ohne die qualifizierte Mischarbeit und eine ganzheitliche Aufgabenwahrnehmung sich nicht realisieren lassen. Während die technische Ausbildung Pflicht ist, gibt es nur wenige Angebote, bei denen sich Verwaltungsleiter, Personalvertretung, SachbearbeiterInnen und Schreibkräfte Hilfestellungen holen könnten, wie sie ihren Aufgabenbereich im Sinne humaner Arbeitsbedingungen konkretisieren können.

Während in der Privatwirtschaft flexible Arbeitsstrukturen sowie höhere Durchschnittsqualifikationen der Belegschaften zur ökonomischen Überlebenschance werden, wird in der öffentlichen Verwaltung an den traditionellen tayloristischen Ansätzen festgehalten. Die Qualifikation und Arbeitszufriedenheit der Angestellten wird in der öffentlichen Verwaltung ebensowenig bewertet wie die Qualität der den BürgerInnen gebotenen Dienstleistungen. Für die Verwaltungsleiter ist eine Veränderung der Arbeitsorganisation zu arbeitsintensiv und könnte ihre Position schwächen. Zeitaufwendige Weiterbildung der Schreibkräfte und gleichzeitige Veränderungen in der eingespielten Hierarchie sind nicht in ihrem Interesse.

Auch zwischen SachbearbeiterInnen und Schreibkräften gibt es Interessenkonflikte. Die SachbearbeiterInnen müßten Teile ihrer bisherigen Tätigkeit an Schreibkräfte abgeben und dafür Formulare und kurze Texte, die direkt aus ihrer Arbeit entstehen, am PC selbst ausfüllen und erstellen. Das ist nicht in ihrem Interesse. "Hilfe, ich werde zur Schreibkraft", ist eine weit verbreitete Angst. Dabei ist die Angst vor Dequalifizierung und damit einhergehend Abgruppierung objektiv nicht zu fassen. Es werden nur bisher von ihnen manuell vorgeschriebene oder diktierte Texte jetzt über PC erstellt. Was sich hinter den Bedenken der SachbearbeiterInnen tatsächlich verbirgt, ist die Angst vor der Nivellierung von Hierarchien und damit vor dem Wegfall von Machtempfinden zumindest gegenüber den noch weiter in der Hierarchie unten stehenden weiblichen Schreibkräften.

Obwohl die meisten Frauen, die am PC schreiben, qualifizierte Mischarbeit wünschen, gibt es keine spürbare organisierte Fraueninteressenvertretungspolitik innerhalb der bremischen Verwaltung. Die Personalvertretung ist bei ihrer Mitentscheidungsbefugnis fachlich oft überfordert, vertritt in der Regel Gruppeninteressen der SachbearbeiterInnen und Techniker und bezieht die direkt betroffenen MitarbeiterInnen in die verwaltungspolitischen Gestaltungsprozesse zu wenig ein.

Ansatzpunkte zur Verbesserung der Arbeitssituation der Kolleginnen

Um Mischarbeit zu erreichen, ist es notwendig, die Festlegung von Aufgaben für die einzelnen Beschäftigten einer gesamten Verwaltungseinheit neu zu treffen und nicht nur einzelne Arbeitsplätze zu betrachten. Dabei sollten nicht nur die bestehenden Aufgaben neu verteilt werden, sondern auch neue Aufgaben und veränderte Dienstleistungsangebote des öffentlichen Dienstes sollten verstärkt in die Überlegungen mit einbezogen werden.

Ohne umfassende und rechtzeitige Beteiligung der Betroffenen ist keine positive Arbeitsplatzgestaltung möglich. Sie sind ExpertInnen ihrer Arbeitssituation und sind stärker als bisher in die Entwicklung und Umsetzung alternativer Ansätze der Arbeitsgestaltung einzubeziehen. Dafür ist die im wesentlichen repräsentative Struktur der Personalvertretung durch neue Formen der direkten Partizipation und Mitbestimmung zu ergänzen. Die auch von gewerkschaftlicher Seite noch praktizierte Stellvertreterpolitik sollte in Richtung Beteiligungspolitik weiterentwickeln werden.

Zur Absicherung der MitarbeiterInnenbeteiligung können Projektgruppen gebildet werden, die während der Arbeitszeit unter Hinzuziehen von ExpertInnen die geplanten Umstellungskonzepte entwickleln und den Einführungsprozeß gestalten und kritisch begleiten. Dieses Vorgehen bedarf in der Vorbereitungs- und Umstellungsphase genügend Zeit. Notwendig ist die Einstellung von Entlastungskräften. Die Zusammensetzung solcher Projekt- oder Beteiligungsgruppen ist so zu gestalten, daß auch die am Ende der Hierarchie stehenden Schreibkräfte dort Einfluß nehmen können. Dort kann ein sozialer Prozeß der Zusammenarbeit aller Betroffenen in Gang gesetzt werden, in dessen Verlauf auch Interessenkonflikte zwischen SachbearbeiterInnen und Schreibkräften direkt und offen ausgetragen werden können. Diese Art der Auseinandersetzung, die den gewohnten hierarchischen Prinzipien entgegensteht, benötigt jedoch unabhängige BeraterInnen bzw. SupervisorInnen. Diese BeraterInnen könnten u.a. die Aufgabe haben, allen Interessen Raum und Gehör zu verschaffen und die innnerhalb der Projektgruppe indirekt wirkenden Mechanismen aufzudecken.

Positive Erfahrungen wurden in der bremischen Verwaltung mit den ersten Ansätzen von Workshops und BenutzerInnengruppen gemacht, in denen auch nach dem Technikeinsatz Erfahrungen ausgetauscht werden. Dies ist gerade für Frauen sehr wichtig und produktiv, da sie dort aus ihrer tendenziellen Vereinzelung heraustreten, sich gegenseitig Mut machen und ihre Ansprüche an ihre Arbeitsumgebung formulieren können.

Die Funktion der KoordinatorInnen sollte unter dem Gesichtspunkt eines möglichst ganzheitlichen Arbeitens auch am PC neu überdacht werden.

KoordinatorInnen sollten nicht aus zentralen DV-Abteilungen kommen, sondern aus dem Bereich, wo die Personalcomputer eingesetzt werden, d.h., daß Aufgaben der KoordinatorInnen im Schreibbereich von den Frauen dort selbst wahrgenommen werden. Nur so kann gewährleistet werden, daß die Arbeitsergebnisse nicht technikzentriert werden und den Praxisanforderungen entsprechen.

Die zentrale Voraussetzung zur Verbesserung der Arbeitssituation ist die Qualifizierung der Betroffenen. Diese sollte neben technischer, fachlicher und verwaltungsorganisatorischer Weiterbildung auch Unterstützung des Selbstbewußtseins und der Durchsetzungsfähigkeit der KollegInnen beinhalten. Die Projektgruppenarbeit sollte gerade dabei als Lernfeld betrachtet werden. Frauenspezifische Schulungsangebote haben sich bewährt, weil dort der geschlechtsspezifische Umgang mit Technik problematisiert werden kann.

Ausblick

Inwieweit es in der bremischen Verwaltung gelingt, sozialförderliche Gestaltungsalternativen umzusetzen, hängt entscheidend davon ab, ob die Beschäftigten in Zukunft die reale Chance erhalten bzw. sich nehmen, ihre Arbeitsbedingungen mitzubestimmen und an Umstellungskonzepten mitzuwirken, oder ob MitarbeiterInnenbeteiligung weiterhin eine schönklingende Worthülse bleibt.

Qualifizierte Mitbestimmung im Bereich der eigenen Arbeitsbedingungen kann die Kompetenz aller Beschäftigten erhöhen, kann zur Höherqualifikation, gerade auch für Frauen beitragen, und kann mittelfristig zu einer Demokratisierung der Arbeitsverhältnisse führen.

WIE KANN DIE ARBEIT VON FRAUEN IM BÜRO DER ZUKUNFT AUSSEHEN?
- FRAUENFÖRDERPOLITIK DURCH ARBEITSGESTALTUNG -

Angelika Bahl-Benker
Anne von Soosten-Höllings

IG Metall Vorstandsverwaltung
Abt. Automation/Technologie/HdA
Frankfurt am Main

1. Ausgangssituation: Frauen im Büro

Von der Anwendung der Informations- und Kommunikationstechniken zur Rationalisierung der Erwerbsarbeit sind die Frauen in den Büros besonders betroffen. Ist doch das Büro - seit langem und voraussichtlich auch in Zukunft - zum einen einer der Haupteinsatzbereiche der IuK-Techniken, zum anderen nach wie vor der wichtigste Beschäftigungsbereich der Frauen: ca. 35% der erwerbstätigen Frauen haben heute einen Arbeitsplatz im Büro (TROLL, 7).

Die Mehrzahl dieser Frauen arbeitet als Sekretärinnen, Kontoristinnen, Schreibkräfte, kaufmännische Angestellte und teilweise auch noch als Datenerfasserinnen am 'unteren Ende der Bürohierarchie'.

Dieser Bereich war in den 70er Jahren, als beispielsweise die Schreibarbeit zentralisiert und zur 'Textverarbeitung' wurde, erstes 'Einfallstor' der Bürorationalisierung und Computertechnik. Die Verbreitung von Bildschirmarbeit mit all ihren Belastungen betraf zunächst vor allem die Frauen.

2. Entwicklungen zum 'Büro der Zukunft'

Inzwischen zielt nun die Strategie der Bürorationalisierung nicht mehr nur auf einzelne Tätigkeiten, sondern ganze Aufgaben- und Funktionsbereiche werden mittels neuer Informations- und Kommunikationstechniken umstrukturiert.

Dies zeigt sich gerade am Einsatz der neuen Bürotechniken wie PCs, Büro- und Kommunikationssysteme und an den damit verbundenen Integrations- und Vernetzungsprozessen.

Diese sind Grundlage und 'technische Bausteine' für die Vorstellungen vom 'Büro der Zukunft' der meisten Rationalisierungsexperten und Techniker. Zentraler Begriff ist hierbei das Ziel einer Verringerung von 'Medienbrüchen'. Das soll durch multifunktionale und vernetzte DV- und Bürotechniken erreicht werden, die Einmalerfassung und anschließende durchgängige elektronische Bearbeitung ermöglichen: vom Zugriff auf Informationen (Dateien) über die Erstellung von Dokumenten (Texten, Grafiken etc.) bis hin zur Weiterleitung an betriebsinterne und externe Empfänger und letztlich zur Archivierung. Geplant ist, dadurch sowohl die Durchlauf- und Bearbeitungszeiten zu verringern als auch die Qualität der Arbeitsprodukte zu verbessern.

Nun finden sich in der Büroarbeit zweifelsfrei viele Beispiele für umständliche Arbeitsabläufe, die disfunktional und gleichzeitig für die Beschäftigten ärgerlich sind und durch einen gezielten Einsatz neuer Bürotechniken tatsächlich verbessert werden könnten.

Ansatzpunkte, Konzepte und Verlauf der meisten Prozesse der Neustrukturierung und -organisation von Büroarbeit sind jedoch in der Regel wenig geeignet, wirkliche 'Verbesserungen' auch aus der Sicht der Beschäftigten und gerade auch für die Arbeitssituation der Frauen zu erreichen.

3. Rationalisierung von Frauenarbeit und Beschäftigungsperspektiven

Erfassung von Texten und Daten, Erstellung, Weiterleitung und Archivierung von Dokumenten, Annahme von Aufträgen etc. sind nach der bestehenden Arbeitsteilung in den Büros 'typische Frauenarbeit'. Genau hier setzen nun die neuen Bürotechniken an (s. o.), was in diesem Bereich einen neuen Rationalisierungsschub bewirkt.

Schon Anfang der 80er Jahre zeichnete sich ab:

"Die im Büro tätigen Frauen verlieren Beschäftigungsmöglichkeiten. So geht bei einer wachsenden Zahl von Beschäftigten im Bürobereich der Anteil der Frauen zum ersten Mal seit 20 Jahren zurück.
Das Risiko, arbeitslos zu werden, wächst ebenfalls hauptsächlich in den Domänen der Frauen: dem Infrastrukturbereich und dem Dienstleistungsbereich der Büros ...

Die Frauen müssen sich zusätzliche (...) und andere Aufgabenfelder innerhalb der Büros erschließen, wenn sie nicht auf Dauer in einer zunehmend technisch orientierten Bürogesellschaft ins Hintertreffen geraten wollen."

(TROLL, 1)

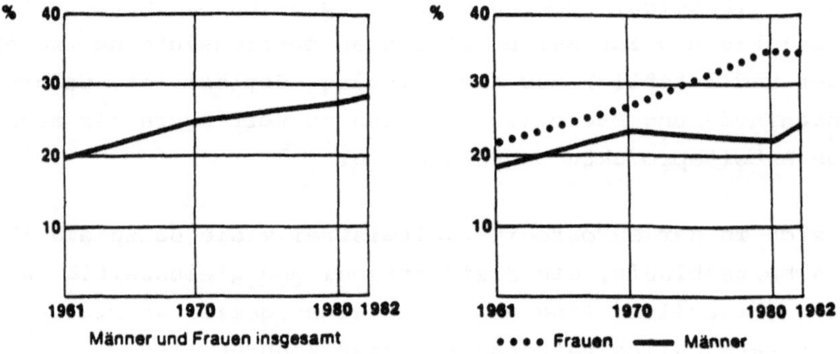

Abb. 1: Anteil der Beschäftigten in "Büroberufen" an allen Erwerbstätigen in den Jahren 1961, 1970, 1980 und 1982 (TROLL, 6)

Auch wenn sich diese Tendenz in den vergangenen Jahren eher abgeschwächt hat (neuere detailliertere Untersuchungen der Bundesanstalt für Arbeit liegen dazu allerdings noch nicht vor), bleibt doch festzuhalten:

- seit Jahren sind von den arbeitslosen Angestellten ca. 70% Frauen;

- in vielen Betrieben wird mit steigendem Technikeinsatz die Frauenarbeit in den Büros verringert (vgl. Abschnitt 6 sowie Fallbeispiele in: IG Metall, 1989 a, b, c).

Bei der Suche nach den Ursachen geraten Organisationskonzepte und personalpolitische Strategien ins Blickfeld.

4. Neue Techniken - alte Konzepte

Die bei Umstrukturierungen vorherrschenden Organisations- und Personalkonzepte führen zur Ausgrenzung von Frauenarbeit:

- Wenn beim Einsatz von integrierten Systemen und neuen Bürotechniken Funktionen neu strukturiert, wenn Arbeitsteilung und -organisation neu geschnitten werden, geschieht dies häufig zu Lasten der Frauen. Denn das vorherrschende Konzept zur Arbeitsorganisation, die sog. 'Autarke Sachbearbeitung', sieht vor, daß künftig die - überwiegend männlichen - Sachbearbeiter Arbeiten wie Textverarbeitung, Übermittlung von Briefen etc. gleich selbst am Terminal, am PC o.ä. machen. Ein Beispiel für entsprechende Organisationskonzepte zeigt Abb. 2.

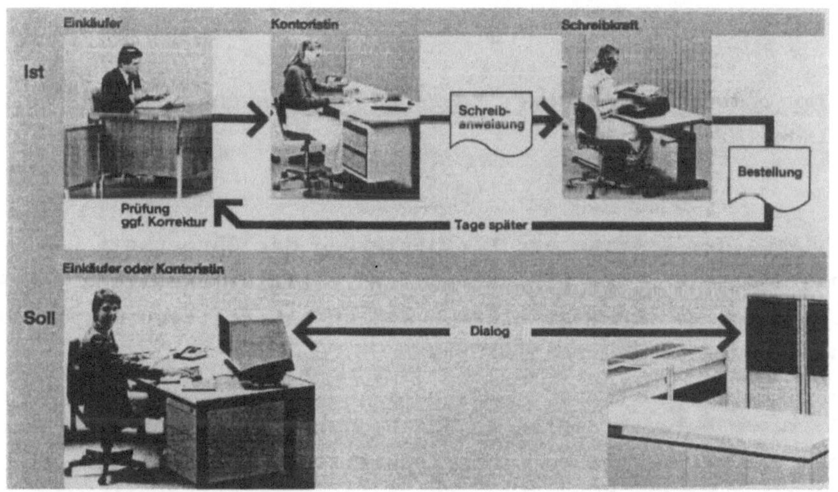

Abb. 2: Veränderungen in der Aufgabenstruktur bei der EDV-unterstützten Bestellabwicklung im On-Line-Verfahren

"Die bisher von Einkäufern veranlaßte Ausstellung von Schreibanweisungen und das Schreiben der Bestellungen durch Schreibkräfte entfällt. Die Funktion wird ersetzt durch die Aufnahme des Dialogverkehrs mit dem System ..."
(GRABENDÖRFER, 20)

Die strukturell schwache Stellung der weiblichen Angestellten am 'Ende der Bürohierarchie' ermöglicht die Durchsetzung dieses Konzepts mit (schein)rationalen Argumenten. Mögliche Alternativen werden in der Regel nicht gedacht, geschweige denn umgesetzt.

- Hinzu kommt die generelle Benachteiligung von Frauen im Rahmen betrieblicher Personal- und Qualifizierungspolitik.

  Des weiteren werden häufig 'schleichend' Personalstrukturen zu Lasten der Frauen verändert. Beispielsweise wurden in einem Automobilwerk in den technischen Planungsabteilungen aufgrund neuer Aufgaben die Sachbearbeiter (Techniker) um ca. 100 % aufgestockt, die Zahl der Frauen in 'Assistenzfunktionen' aber blieb gleich (vgl. IG Metall 1989 b).

Wenn diese Entwicklungen so weiterlaufen, werden Frauen bei zukunftsbezogenen Tätigkeiten - gerade auch bei solchen mit neuen Techniken - systematisch benachteiligt, und es verschlechtern sich sowohl ihre Arbeitsbedingungen als auch ihre Beschäftigungsperspektiven drastisch.

5. Es geht auch anders: Konzepte für menschen- (und frauen-)freundliche Alternativen

Im Rahmen der Ansätze zur Humanisierung der Büroarbeit und der Gewerkschaftspolitik für eine humane und soziale Gestaltung von Arbeit und Technik werden nun seit einigen Jahren Alternativen der Arbeitsgestaltung diskutiert und realisiert.

- So wurde beispielsweise im HdA-Projekt "Arbeitsstrukturierung in typischen Bürobereichen eines Industriebetriebs" (ASTEX) bei der BMW AG München eine Konzeption "Kooperative Arbeitsteilung/qualifizierte Assistenz" als Alternative zum "Autarken Sachbearbeiter" entwickelt und umgesetzt (vgl. KIESMÜLLER, WELTZ u. a.).

- Im Rahmen der Arbeiten des HdA-Gestaltungsprojekts der IG Metall wurden zusammen mit Betriebsräten und betroffenen Beschäftigten in einer Reihe von Betrieben neue Konzepte zur Arbeitsgestaltung, Personalstrukturentwicklung und Qualifizierung entwickelt. Eines der Ziele dieser neuen Konzepte war, für die und mit den Frauen in den Büros Beschäftigungsperspektiven, qualifizierte Arbeit und akzeptable Arbeitsbedingungen zu verankern. Im Mittelpunkt standen hier jeweils neue Tätigkeitsbilder sowie Qualifizierungskonzepte.

  Die Überlegungen zur Arbeitsorganisation wie zur Qualifizierung orientierten sich daran, den Frauen berufliche Entwicklungsperspektiven als 'Fachfrauen für Büroarbeit/-technik' zu eröffnen. Das Beispiel (vgl. Abschnitt 6) verdeutlicht die zentralen Aspekte.

6. Ein Beispiel aus einem Großbetrieb der Elektroindustrie

Der Betrieb wollte in der Arbeitsvorbereitung Bürosysteme einsetzen; die Sachbearbeiter sollten künftig ihre Texte (z. B. Montage- oder Bedienungsanweisungen) - einschließlich technischen Zeichnungen - selbst daran erstellen.

Bedienungsanweisung für Fertigungsmittel
IST - Ablauf

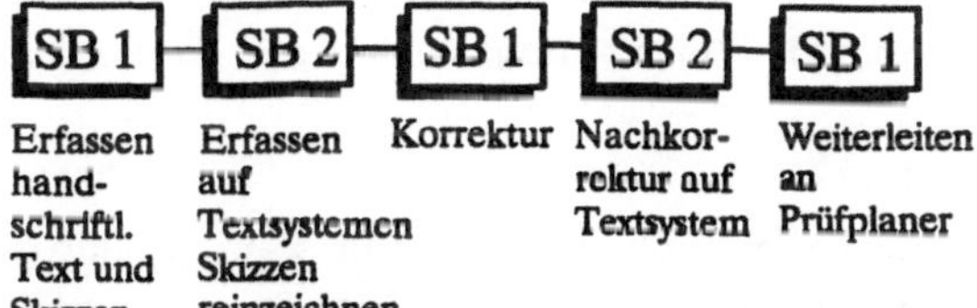

ERLÄUTERUNGEN:

Eine Bedienungsanweisung ist ein längerer Text mit Zeichnung. Bei der Erstellung werden Daten benötigt,die in zentralen (technischen) DV - Systemen enthalten sind.

SB1 = Sachbearbeiter/ Techniker u.ä.
SB2 = Sekretärin/Kontoristin/ Technische Zeichnerin

Bedienungsanweisung für Fertigungsmittel
SOLL - Ablauf

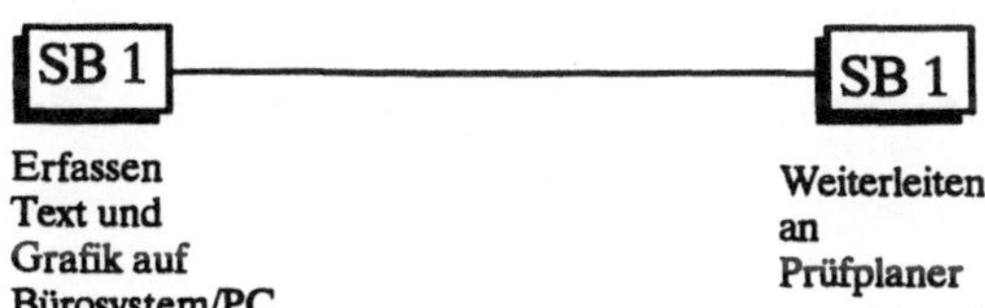

Abb. 3: Soll-Konzept

Der Betriebsrat und Kolleginnen und Kollegen aus der Abteilung besprachen zusammen mit dem HdA-Gestaltungsprojekt der IG Metall in einer Reihe von Gruppendiskussionen dieses Konzept; diskutiert wurden die zu erwartenden Auswirkungen auf die verschiedenen Beschäftigtengruppen (Techniker, Kontoristinnen und Schreibkräfte) sowie positive und negative Aspekte der bisherigen Arbeit und Arbeitsteilung. Dann setzen die Arbeitnehmer/innen dem Vorschlag des Betriebes ein eigenes Konzept entgegen, das (unter anderem!) folgende Tätigkeitsbilder für die Zukunft vorsieht:

- Die Sachbearbeiter bleiben Fachleute in ihren technischen Fachaufgaben (= Arbeitsvorbereitung) und übernehmen nur teilweise Arbeiten am

Dafür genügt es, wenn sie dessen Grundfunktionen beherrschen.

- Die Kontoristinnnen/Schreibkräfte werden 'Fachfrauen für (neue) Bürotechnik'. Sie übernehmen den überwiegenden Teil der Arbeiten am Bürosystem. Dafür benötigen sie zum einen fachliche Qualifikationen, um selbständig einzelne Sachbearbeitungsaufgaben erledigen zu können; zum anderen müssen sie das Bürosystem voll beherrschen lernen. Dies ist auch die Voraussetzung für eine neue Funktion: sie sollen in der Abteilung 'Betreuungsfunktionen' für die neuen Systeme übernehmen und die anderen Nutzer der Bürosysteme unterstützen.

Bei der Erarbeitung dieser Vorschläge, die dann jeweils als Forderungen des Betriebsrats mit dem Arbeitgeber verhandelt wurden, gab es eine Reihe von Schwierigkeiten, Durststrecken und Widerstände. Ebensowenig lief die Umsetzung von selbst. So versuchte beispielsweise der Betrieb hartnäckig, die (qualifizierte) Betreuungsfunktion bei den Sachbearbeitern zu verankern ...

Aber auch wenn die Umsetzung noch nicht abgeschlossen ist, sondern noch viel Ausdauer und Phantasie erfordert und weiter erfordern wird:

- In diesem Betrieb ist damit die betriebliche Diskussion über die zukünftige Frauenarbeit im Büro eröffnet worden.

- Die Arbeitnehmer/innen haben angefangen, sich <u>selber</u> mit diesen Fragen auseinanderzusetzen.

- Die Arbeitnehmerseite hat die zukunftsbezogenen Konzepte in die Diskussion gebracht und auf ihre praktische Durchsetzung gedrungen.

7. <u>Frauenförderpolitik durch Arbeitsgestaltung</u>

In den vergangenen Jahren sind eine ganze Reihe von Ansätzen zur Frauenförderung (vor allem Frauenförderpläne in Betrieben und Verwaltungen) sowie zur Qualifizierung von Frauen für neue Techniken in Gang gekommen. Bei letzteren stehen jeweils die Ausweitung von Qualifizierungsmöglichkeiten (neue Angebote, neue Berufsbereiche) sowie der Abbau von Zugangsbarrieren im Vordergrund. Beides sind überaus wichtige Ansätze, reichen aber nicht aus, solange die <u>Arbeitsplatzstrukturen</u>

nicht verändert werden. Deshalb ist eine Ergänzung und Erweiterung durch Arbeitsgestaltung notwendig, die gezielt Fraueninteressen aufnimmt. (Zu dieser Einschätzung kamen beispielsweise auch GÄRTNER, KREBSBACH-GNATH.)

Die in den Abschnitten 5 und 6 beschriebenen Konzepte und Erfahrungen sind hierfür erste Beispiele. Sie haben zum Teil eher defensiven Charakter, und sie sind sicher noch nicht ausreichend.

Vor dem Hintergrund der gegenwärtigen Berufsstrukturen von Frauen einerseits (vgl. Abschnitt 1) und den Entwicklungstendenzen von Arbeitsstrukturen andererseits (vgl. Abschnitte 2 und 3) führt u. E. jedoch kein Weg daran vorbei, Frauenförderung und Frauenpolitik im Bereich der Arbeitsstrukturen zu intensivieren. Dies wird allerdings letztlich nur Durchsetzungschancen haben, wenn sich die betroffenen Frauen selbst stärker für ihre Interessen und damit auch für eine 'frauenspezifische Technologiepolitik von unten' engagieren.

8. Literatur

Gärtner, H. J., Krebsbach-Gnath, C.:
Berufliche Qualifizierung von Frauen zur Verbesserung ihrer Berufschancen bei der Einführung neuer Technologien.
Stuttgart, Berlin, Köln, Mainz 1987 (Schriftenreihe BmJFFG, Band 215)

Grabendörfer, P.:
Gestaltung von Arbeitsinhalten im Hinblick auf Mischarbeitsplätze, in: Tagungsband des IAO/Fraunhofer Gesellschaft 'Rationalisierungsreserven im Büro erkennen und nutzen'. Stuttgart 1982

IG Metall a:
Werkstattbericht "Büro- und Kommunikationssysteme. Neue Techniken - neue Arbeit?". Frankfurt 1989

IG Metall b:
Werkstattbericht "Die Arbeit von Sekretärinnen, Kontoristinnen und Schreibkräften im Büro von heute und morgen". Frankfurt 1989

IG Metall c:
Werkstattbericht "Gestaltung von Arbeit und Technik in einem dezentralisierten Handwerks- und Dienstleistungsbetrieb". Frankfurt 1989

IG Metall d:
Werkstattbericht "Einführung von Büro- und Kommunikationssystemen. Arbeitgeberstrategien und Ansatzpunkte für Betriebsratsarbeit.
Frankfurt 1989

Kiesmüller, T., Weltz, F., Bollinger, M., Ehrmüller F., Sahelijo, T.:
Arbeitsstrukturierung in typischen Bürobereichen eines Industriebetriebes (ASTEX). Forschungsberichtsreihe HdA, Bremerhaven 1987

Troll, L.:
Auf dem Weg in die Bürogesellschaft - Büroberufe im Wandel.
Materialien aus der Arbeitsmarkt- und Berufsforschung, 1/84

Computereinsatz im Büro - Mischarbeit als neue Berufsperspektive für Schreibkräfte?

Karin Bergdoll
Universität Bremen,
wissenschaftliche Mitarbeiterin im Forschungsprojekt "Organisationsentwicklung und computerunterstützte Sachbearbeitung in der bremischen Sozialhilfeverwaltung" (Projekt PROSOZ)

Seit Beginn der Computerisierung der Büros und des Trends zur Integration von Text- und Datenverarbeitung am Sachbearbeiter-Arbeitsplatz wird über die Zukunft der Schreibkräfte beraten. Als glücklichste Lösung gilt seither die Umwandlung der "Nur-Schreib-Arbeitsplätze" in qualifizierte Mischarbeitsplätze. Immer wieder ist auch der Versuch unternommen worden - ob als Projekt zur Humanisierung der Arbeit von Bonn gefördert oder im schlichten Verwaltungsalltag angestrebt - in diesem Sinne Frauenarbeitsplätze zu humanisieren und zu retten. Bisher ist unserer Kenntnis nach keine der Bemühungen, für eine größere Gruppe von Schreibkräften über einen längeren Zeitraum qualifizierte Mischarbeit zu etablieren, erfolgreich gewesen.

Warum ist es so schwierig, qualifizierte Mischarbeitsplätze für Schreibkräfte zu schaffen?

Die Diskussion wird in erster Linie mit dem Anspruch geführt, für die große Gruppe von Arbeitnehmerinnen, deren Arbeitsplätze durch Technologieeinsatz gefährdet sind, eine zukunftsträchtige Berufsperspektive zu eröffnen. (Es kann also nicht darum gehen, Einzellösungen zu suchen, d.h, hier und da, gemeinsam mit gutwilligen SachbearbeiterInnen qualifizierte Arbeiten an die Schreibkräfte abzugeben, um einzelnen Schreibkräften einen Arbeitsplatz zu erhalten oder zu verschönern.) Erst in zweiter Linie geht es bei der Diskussion über qualifizierte Mischarbeit um den Abbau von Arbeitsbelastungen für die Schreibkräfte, die ausschließlich schreiben. Als qualifizierte

Mischarbeit gilt die Verbindung von Schreibtätigkeit und qualifizierter Verwaltungsarbeit. Unter qualifizierter Verwaltungsarbeit sind z. B. Arbeiten zu verstehen, die ganzheitlich gestaltet sind (im Gegensatz zu zerstückelten Einzeltätigkeiten), einen Überblick über die Arbeitsabläufe des Betriebes gewähren, Handlungs- und Ermessensspielräume beinhalten und Verantwortlichkeiten für die Verrichterin festlegen.

Derartige Versuche sind gescheitert, weil es nicht gelungen ist, qualifizierte, für absehbare Zeit vor weiteren Rationalisierungsmaßnahmen geschützte Verwaltungsarbeiten für Schreibkräfte aus dem Gesamtarbeitsprozeß herauszulösen. Dem stehen arbeitsorganisatorische und tarifrechtliche Schwierigkeiten, festgelegte Qualifizierungsabschlüsse, Ängste und hierarchisches Denken der SachbearbeiterInnen entgegen.

Solange im Bereich der Sachbearbeitung noch keine "entwickelte" EDV (z. B. Dialogsysteme, Arbeitsplatz-PC) eingesetzt ist, können erfahrungsgemäß noch einzelne Arbeitsblöcke, die nicht zum Kern der Sachbearbeitung gehören und deren Verlagerung daher keine negativen qualifikatorischen und tarifrechtlichen Folgen für die SachbearbeiterInnen nach sich zieht, aus der Sachbearbeitung ausgegliedert und auf die Schreibkräfte übertragen werden. Es ist jedoch häufig absehbar, daß viele dieser Arbeiten auf der nächsten Technisierungsstufe - z. B. der Einführung von automatischer Datenverarbeitung am Sachbearbeitungsarbeitsplatz - wegfallen oder von der SachbearbeiterIn nebenbei am PC miterledigt werden. Diese Art der Mischarbeit beinhaltet zwar Qualifizierungsmomente und kann zeitweilig einen Belastungsabbau für die Schreibkräfte, die bisher ausschließlich geschrieben haben, bewirken, weist jedoch keinen Weg in eine berufliche Zukunft.

Mit der zunehmenden Technisierung der qualifizierten Sachbearbeitung fallen nicht zum Kernbereich gehörende Arbeitsblöcke oftmals dem Computer zum Opfer, werden also automatisch, hinter dem Rücken der Beschäftigten, erledigt oder erfordern bei der Bearbeitung am Computer kein Wissen und Nachdenken mehr. Einfachere Arbeiten, die zum Kernbereich der Sachbearbeitung gehören, sind häufig nicht aus dem computerisierten Arbeitsablauf herauszulösen oder herauszuhalten, ohne daß disfunktionale Arbeitsorganisationen entstehen. Zudem werden die Arbeiten, die zum Kernbereich der Sachbearbeitung gehören, von den SachbearbeiterInnen eifersüchtig für sich selbst beansprucht.

Hierarchisches Denken, Besitzstandswahrung und Ängste vor Benachteiligung verhindern eine neue Arbeitsteilung.

Das Beispiel PROSOZ

Im folgenden sollen am Beispiel des Humanisierungsprojektes "Organisationsentwicklung und computerunterstützte Sachbearbeitung in der bremischen Sozialhilfeverwaltung" (Projekt PROSOZ) einige objektive und subjektive Schwierigkeiten beim Versuch der Gestaltung von qualifizierten Mischarbeitsplätzen demonstriert werden: Bereits zu Projektbeginn war abzuschätzen, daß bei der Einführung einer computerunterstützten Sachbearbeitung in der Sozialhilfeverwaltung sich nicht nur die Arbeitsbedingungen der SachbearbeiterInnen verändern würden. Die computerisierte Arbeit würde sich auch auf die Schriftguterstellung und damit die Arbeitssituation der Schreibkräfte auswirken. Im Zuge der Umstrukturierung der Sachbearbeitung sollten daher im Schreibdienst qualifizierte Mischarbeitsplätze eingerichtet werden. Um dies zu ermöglichen, mußten zum einen Verwaltungstätigkeiten für Schreibkräfte definiert werden und zum anderen die Zeiten für die Schriftguterledigung im Schreibdienst merklich gekürzt werden, um Freiräume für die Sachbearbeitung der Schreibkräfte zu gewinnen.

Die Zusammenstellung von qualifizierten Verwaltungstätigkeiten für Schreibkräfte stieß bei den SachbearbeiterInnen auf erhebliche Schwierigkeiten und Vorbehalte. Es wurde die Durchlöcherung des in Bremen weitgehend realisierten Konzeptes einer ganzheitlichen Sachbearbeitung befürchtet. (Ganzheitliche Sachbearbeitung bedeutet in diesem Fall, daß alle auf eine KlientIn bezogenen Arbeiten von einer SachbearbeiterIn erledigt werden.) Die SachbearbeiterInnen sahen für sich die Gefahr der Dequalifizierung, wenn Kernbereiche ihrer Arbeit auf die Schreibkräfte übertragen würden. Vor allen Dingen waren viele der Überzeugung, daß Schreibkräfte (trotz vorgesehener Qualifizierungsmaßnahmen) nicht in der Lage seien, den Anforderungen der Sachbearbeitung gerecht zu werden und zudem kein Interesse an qualifizierterer Arbeit haben. ("Die wollen doch nur schreiben!")

Die zweite Hürde für die Entwicklung qualifizierter Mischarbeitsplätze war die anhaltende Weigerung der SachbearbeiterInnen, Texte, die vorher im Schreibdienst geschrieben worden waren, selbst am eigenen PC zu schreiben. Dadurch sollten zum einen die Schreibkräfte entlastet werden, zum anderen sollten unnötige Unterbrechungen, Verzögerungen und Doppelarbeiten, die durch das Weiterleiten von (kurzen) Texten in den Schreibdienst entstehen, ausgeschaltet werden. Der Arbeitsablauf sollte also insgesamt flüssiger gestaltet werden.

Ursache für die massiven Vorbehalte der SachbearbeiterInnen gegenüber dem Schreiben am PC war vor allem das ausgeprägte hierarchische Denken in Verwaltungen, die Weigerung (geschlechtsspezifische) Arbeitsteilungen in Frage zu stellen. "`Tippen' ist Sache der Schreibkräfte", und "für's `Tippen' werden wir nicht bezahlt", waren häufig geäußerte Redewendungen. Erst in zweiter Linie wurde auf die Gefahr einer Dequalifizierung durch die Übernahme von Schreibarbeiten und die Gefahr einer Ausweitung der Bildschirmarbeit auf über 50% des Arbeitstages hingewiesen.

Die Chance, in dem derzeit sich vollziehenden, tief in die herkömmlichen Arbeitsstrukturen der Verwaltungen eingreifenden Technisierungsprozeß, durch radikales Umdenken zu einer neuen Aufteilung der Gesamtarbeit zu kommen, ist in den eingefahrenen, unbeweglichen Verwaltungen relativ gering. Mit dem Ziel der Umgestaltung, d. h. Anreicherung der monotonen ständig von Rationalisierungen bedrohten (Frauen)Arbeitsfelder, können sich die nicht direkt Betroffenen gar nicht oder nur in Ausnahmen identifizieren. Das Beharren auf den eigenen Privilegien, geschlechtsspezifischen, diskriminierenden Arbeitsteilungen hat lange Tradition. Innovatives Denken ist nicht gefragt und wird in der Regel bereits beim Verdacht erster Ansätze durch bürokratische Restriktionen erstickt.

Allgemeine Befürchtungen vor negativen Auswirkungen und konkrete Ängste, z. B. vor der Verschlechterung der eigenen Arbeitsbedingungen durch eine Durchlöcherung der ganzheitlichen Sachbearbeitung, vor Dequalifizierung und finanzieller Herabgruppierung, können sich nur so lange halten, wie die Diskussion um eine veränderte Arbeitsteilung nicht aufgenommen und in konstruktive Konzepte umgesetzt wird. So kann z. B. die ganzheitliche Sachbearbeitung in dem heute in den Sozialen Diensten diskutierten Sinne nicht als "Dogma"und als das "einzig Optimale" für alle Beteiligten gelten. Es sind durchaus gleichwertige Konzepte denkbar und realisierbar, die von einer Aufteilung der großen Menge qualifizierter Arbeitszusammenhänge, die bei der Bearbeitung eines "Falles" anfallen, ausgehen, ohne daß für SachbearbeiterInnen und KlientInnen der Sozialen Dienste Nachteile entstehen.

Ergebnis und Kompromiß der Diskussion um die Gestaltung von qualifizierten Mischarbeitsplätzen im Schreibdienst der Wirtschaftlichen Sozialhilfe in Bremen war schließlich das Konzept der Stadtteilgruppen-Sekretariate.1) Den SachbearbeiterInnen-Stadtteilgruppen werden Schreibkräfte zugeordnet, die einen Teil der Texte (die längeren) der SachbearbeiterInnen schreiben und fallunabhängige, nicht auf die KlientInnen bezogene Verwaltungstätigkeiten verrichten. Die Verwaltungsarbeiten entsprechen nur zum Teil den Qualifikationsanforderungen. Zur Einarbeitung der Schreibkräfte in die Sachbearbeitung ist eine 4-wöchige Qualifizierungsphase vorgesehen. Die SachbearbeiterInnen werden einen Teil ihrer Texte selbst am PC schreiben. Das Konzept ist als Übergangslösung zu betrachten. Eine qualifizierte Berufsperspektive für Schreibkräfte stellt es nicht dar.

Trotz der dargestellten, verallgemeinerbaren Schwierigkeiten wird das Konzept der qualifizierten Mischarbeit in den Verwaltungen weiterhin erprobt und für eine sinnvolle Perspektive gehalten. Für uns stellt sich inzwischen die Frage, ob die Entwicklung derartiger Frauenarbeitsplätze - vorausgesetzt sie gelänge - überhaupt eine anzustrebende Berufsperspektive darstellt.

Die Informations- und Kommunikationstechnik provoziert die Integration der Textverarbeitung in die Sachbearbeitung, so daß Schreibarbeiten für Schreibkräfte zunehmend verschwinden. Vor allem ist es aber inzwischen kaum mehr einsehbar, warum wenig qualifizierte Frauenarbeitsplätze mühsam erhalten werden sollen! (Vielleicht weil es sich um Frauenarbeitsplätze handelt?) Bietet nicht vielmehr der Aufstieg in die qualifizierte Sachbearbeitung, verbunden mit fach- und technikspezifischer Ausbildung (verbunden mit betrieblichen und überbetrieblichen Förderplänen für Schreibkräfte) eine lohnenswerte Perspektive?

---

1) Das Konzept wurde nach langen Diskussionen auf einer Personalversammlung der Beschäftigten der Wirtschaftlichen Sozialhilfe in einer Kampfabstimmung zur Erprobung freigegeben.

Die Diskussion dieser Frage hat im PROSOZ-Projekt unabhängig von der Konzipierung von Mischarbeit zunehmend größeren Raum eingenommen. Der Mischarbeit im Schreibdienst oder der Bereitstellung von Assistenzaufgaben für Schreibkräfte wird, wie oben bereits erwähnt, von den direkt Beteiligten inzwischen der Stellenwert einer Übergangslösung eingeräumt. Als langfristige Perspektive wird ein anderes Modell, nämlich der Aufstieg in die Sachbearbeitung, verfolgt: Zum einen der reguläre Aufstieg in die Sachbearbeitung der bremischen öffentlichen Verwaltung, verbunden mit dem dreijährigen, während der Arbeitszeit zu absolvierenden, Verwaltungslehrgang und dem Abschluß als Verwaltungsfachangestellte. Zum anderen wird von der PROSOZ-Arbeitsgruppe Schreibkräfte ein einjähriger Lehrgang erarbeitet, der zu einem Aufstieg speziell in die Sozialhilfesachbearbeitung berechtigen soll. Der Lehrgang wird den Arbeitszeiten der Halbtags-schreibkräfte angepaßt. (In der Sozialhilfeverwaltung arbeiten z. Zt. ca. die Hälfte der Schreibkräfte halbtags). Mit der Entwicklung derartiger Kurse ist die Konzipierung von (in der Sozialhilfeverwaltung Bremen bisher selten vorfindbaren) Halbtagsarbeitsplätzen für die SachbearbeiterInnen, die nur halbe Tage arbeiten können/wollen verbunden. Die eingeschränkte, nur auf die Wirtschaftliche Sozialhilfe bezogene einjährige Ausbildung wird angeboten, weil sich herausgestellt hat, daß für viele Schreibkräfte aufgrund familiärer Verpflichtungen eine dreijährige Ausbildung als Dauerbelastung nicht zu bewältigen ist. Den ausgebildeten SozialhilfesachbearbeiterInnen soll aber die Möglichkeit geboten werden, sich in Anschlußlehrgängen umfassender zu qualifizieren.

Neue Berufsbilder

Eine weitere Berufsperspektive für Schreibkräfte wird seit einiger Zeit von DGB und Arbeitgeberverbänden des privaten und öffentlichen Bereichs diskutiert. Es sollen neue Berufsbilder für die derzeitigen Bürogehilfinnen, Stenosekretärinnen, Büroassistentinnen, Bürokauf"männer" erarbeitet werden. Verhandelt wird z. B. über Ausbildungsberufe als Kauffrau/mann für Organisation bzw. Kauffrau/mann für Bürokommunikation. Angestrebt wird damit die berufliche Verknüpfung von fachlichem Grundlagenwissen und Qualifikationen im Bereich der Informations- und Kommunikationstechniken.

Diese Modelle sind u. E. hervorragend dazu geeignet, trotz gegenteiliger Beteuerungen und Forderungen der Gewerkschaften, neue minderqualifizierte Frauenarbeitsplätze zu schaffen, Arbeitsplätze, die unterhalb der Sachbearbeitungsebene angesiedelt sind. Es hat den Anschein, daß nur so viel Fachwissen und technisches Wissen vermittelt werden soll, wie unbedingt notwendig ist, um die neuen Bürotechniken bedienen zu können. So entstehen neue "zeitgemäße" Assistenzarbeitsplätze für Frauen. Die qualifizierte Technik- und Facharbeit landet oder verharrt, wie eh und je, auf den überwiegend männlich besetzten höheren Hierarchieebenen. Die geschlechtsspezifische Arbeitsteilung bleibt unangetastet.

FRAUEN UND NEUE TECHNIKEN IN BÜRO UND VERWALTUNG

- EIN UNTERSTÜTZUNGSANGEBOT FÜR FRAUEN UND PERSONALVERTRETER -

Brigitte Bojanowsky
Akademie des Deutschen Beamtenbundes
Technologieberatungsstelle

Gotenstr. 27, 5300 Bonn 2

Das Gesamtprojekt

Die rechtzeitige Aufklärung der Beschäftigten über Planungen sowie Auswirkungen neuer Informations- und Kommunikationstechniken (IuKT) auf Arbeitsplätze, Arbeitsinhalte und Qualifikationsanforderungen ist eine wesentliche Voraussetzung menschengerechter Gestaltung neuer Techniken.

Den Personalvertretern kommt in diesem Zusammenhang entscheidende Bedeutung zu. Sie sind als Interessenvertreter die primären Ansprechpartner der von Technikfolgen Betroffenen. Qualifizierte Interessenvertretung setzt aber umfassendes und gründliches Wissen über alle mit der Einführung und dem Betrieb neuer IuKT verbundenen Fragen und Problemlösungsmöglichkeiten voraus.

Der sehr große Unterstützungsbedarf seitens der Personalvertreter und der Beschäftigten hat den Anstoß für dieses Projekt gegeben, das den Aufbau eines Informations- und Beratungsnetzes zur Unterstützung von Personalvertretern bei der Einführung neuer IuKT in der öffentlichen Verwaltung zum Gegenstand hat. Das Thema "Frauen und neue Techniken" ist ein Bestandteil dieses Projekts.

Mit dem geplanten Informations- und Beratungsnetz sollen die Personalvertreter in die Lage versetzt werden, Chancen und Risiken neuer IuKT besser erkennen zu können, die Interessen der Beschäftigten angemessen zu vertreten und bei der Gestaltung humaner Lösungen mitzuwirken.

Die Vorphase des Projekts (10/86 - 02/88), die vom Bundesministerium für Forschung und Technologie im Rahmen des Aktionsprogramms "Humanisierung des Arbeitslebens" gefördert wurde, diente in erster Linie der Erhebung der Vermittlungsinhalte. Dabei wurde besonderer Wert darauf gelegt, die Personalvertreter als künftige Benutzer des Systems von Anfang an einzubeziehen.

Das im Aufbau befindliche Unterstützungssystem gliedert sich in die drei komplementären Bausteine Information, Beratung und Schulung, zwischen denen vielfältige Interaktionen bestehen.

Das Projektthema "Frauen und neue Techniken"

Im Rahmen des geplanten Informations- und Beratungsnetzes werden unter dem Projektthema "Mitarbeitergruppen und neue Techniken" spezielle Angebote für bestimmte Beschäftigtengruppen erarbeitet, um den jeweils spezifischen Bedingungen und Problemen Rechnung zu tragen.

In Gesprächsrunden und Befragungen betonten Personalvertreter und Betroffene immer wieder die Wichtigkeit differenzierter Angebote für einzelne Mitarbeitergruppen. Als sehr dringlich wurden spezielle Angebote für Frauen angesehen, da gerade typische Frauenarbeitsplätze in Büro und Verwaltung vom Einsatz neuer IuKT besonders betroffen seien. 1) Aus diesem Grund wurde in der Vorphase als ein inhaltlicher Schwerpunkt die Probleme und Erfahrungen von Frauen bei Einführung und Einsatz neuer IuKT gewählt.

Das Angebot: Erfahrungsaustausch und Informationspakete

Gegenstand des frauenspezifischen Angebots der Akademie des Deutschen Beamtenbundes ist die Erstellung von Informationspaketen und die Konzeption und Durchführung von Gesprächsrunden, die dem Erfahrungsaustausch dienen sollen. Mit diesem Angebot werden zwei

---

1) Vgl. z.B. Jäckle-Sönmez, Y., Die Bedeutung des technologischen Wandels für Frauenarbeitsplätze. Eine Literaturanalyse, Ministerium für Arbeit, Gesundheit, Familie und Sozialordnung Baden-Württemberg (Hrsg.), Stuttgart 1986

grundlegende Ziele verfolgt:

Zum einen sollen Personalvertreter über frauenrelevante Fragestellungen umfassend unterrichtet werden, damit sie als Interessenvertreter dafür sorgen können, daß bei Technikeinführungsprozessen die speziellen Bedürfnisse von Frauen Beachtung finden und Humanisierungsaspekte im Vordergrund stehen.

Zum anderen werden die vom Technikeinsatz betroffenen Frauen unmittelbar angesprochen mit dem Ziel, deren Problembewußtsein zu erhöhen und die Eigeninitiative zu fördern.

Sowohl die betroffenen Frauen als auch ihre Personalvertreter brauchen Informationen über Chancen und Risiken neuer IuKT sowie über Maßnahmen, die zur Sicherung von Arbeitsplätzen, zu einer Verbesserung der Arbeitsbedingungen und der Chancen auf dem Arbeitsmarkt führen können.

Die vom Technikeinsatz betroffenen Frauen selbst sind die besten Experten ihrer Arbeitssituation. Ihre Erfahrungen sollen genutzt werden. Dies geschieht in erster Linie im Rahmen von Gesprächsrunden und Befragungen. Des weiteren wird laufend die zu diesem Thema erschienene Literatur, insbesondere einschlägige empirische Untersuchungen, ausgewertet.

Die auf diese Art und Weise gesammelten Informationen werden aufbereitet und den Personalvertretern und den betroffenen Frauen mit Hilfe des geplanten Unterstützungsnetzes sowie konventioneller Medien (z.B. Checklisten) zur Verfügung gestellt. Ferner bilden sie auch die Basis für eine qualifizierte Beratung und für die Konzeption und Durchführung von Schulungen.

Im Rahmen der Gesprächsrunden haben die Frauen die Möglichkeit, ihre Erfahrungen, die sie mit neuen Techniken gemacht haben, auszutauschen. Von Bedeutung ist dabei, daß sich der Erfahrungsaustausch vor allem auf die konkrete Situation am Arbeitsplatz konzentriert.

Mit diesen Veranstaltungen wird auch das Ziel verfolgt, den Frauen und ihren Interessenvertretern Unterstützung im Sinne einer "Hilfe zur Selbsthilfe" zu geben. Diese Gesprächsrunden sollen zur Entwicklung von Problembewußtsein beitragen und Anregungen für die

Durchführung solcher Veranstaltungen in eigener Regie geben.

Ergebnisse des Erfahrungsaustauschs

Insgesamt fanden bisher ein behördenübergreifender Erfahrungsaustausch sowie drei behördeninterne Gesprächsrunden statt. Der behördenübergreifende Erfahrungsaustausch wurde im Rahmen einer Hauptversammlung der Bundesfrauenvertretung des DBB durchgeführt, da die Vertreterinnen der Mitgliedsverbände eine Vielzahl unterschiedlicher Frauenarbeitsplätze repräsentieren. Die behördeninternen Gesprächsrunden wurden in einem Bundesministerium sowie in zwei Bundesämtern durchgeführt.

Als Ergebnis dieser Veranstaltungen ist festzuhalten, daß die Probleme der Frauen hauptsächlich aus den Merkmalen typischer Frauenarbeitsplätze, der Stellung in der behördlichen Hierarchie und der geringen Vertretung in den Personalräten resultieren. Diese Probleme werden durch frauenspezifische Arbeits- und Lebensbedingungen (z.B. Doppelbelastung durch Beruf und Haushalt, Berufsunterbrechungen) noch verstärkt.

Deutlich wurde, daß vom Einsatz neuer Techniken vor allem typische Frauenarbeitsplätze, also Schreibdienst, Sekretariat, Datenerfassung und einfache Sachbearbeitung betroffen sind, da sie aufgrund ihrer Struktur (Routinetätigkeiten, geringe Entscheidungs- und Handlungsspielräume) stark rationalisierungsanfällig sind. 1)

Die Gespräche konzentrierten sich auf Fragen der Information über und Beteiligung am Technikeinführungsprozeß, auf Fragen der Qualifikation, Schulung und Einarbeitung und schließlich auf die mit dem Technikeinsatz verbundenen organisatorischen Änderungen. Zu nennen sind hier insbesondere die Auswirkungen auf Arbeitsinhalte und neuartige Belastungssituationen.

Die Praxis der Information und Beteiligung der vom Einsatz neuer

---

1) Vgl. Reichwald, R., Nippa, M., Die Büroaufgabe als Ausgangspunkt erfolgreicher Anwendungen neuer Informations- und Kommunikationstechnik, in: Information Management 2/88, S. 16 ff.

Technologien betroffenen Frauen wurde von den Teilnehmerinnen unterschiedlich beurteilt. Ihre Erfahrungen reichen von einer frühzeitigen Unterrichtung und Einbeziehung bis hin zur Information am Tag der Installation, wobei anzumerken ist, daß die erste Variante eher die Ausnahme darstellt. Aber selbst bei einer rechtzeitigen Einbeziehung stehen die Betroffenen häufig vor dem Problem, sich nicht kompetent beteiligen zu können, da es ihnen an Wissen über neue Techniken und deren Auswirkungen fehlt.

Der Hauptgrund für die oft mangelhafte Beteiligung von Frauen wird darin gesehen, daß die von der Technikeinführung besonders betroffenen Frauenarbeitsplätze in der betrieblichen bzw. behördlichen Hierarchie unten angesiedelt sind.

Die jeweilige Ausgestaltung von Schulung und Einarbeitung stellt für die Teilnehmerinnen eine sehr wichtige Einflußgröße hinsichtlich der Akzeptanz neuer Techniken dar. Die vom Arbeitgeber vorgesehenen Schulungs- und Einarbeitungsmaßnahmen (für Frauen und Männer) werden häufig als nicht ausreichend angesehen. Eine zusätzliche Belastung für Frauen stellt die meist nicht frauengerechte Ausgestaltung von Schulungsmaßnahmen dar. Aufgrund der Doppelbelastung erwerbstätiger Frauen durch Beruf und Haushalt haben Frauen Probleme, Lehrgänge zu besuchen, zumal wenn diese mehrtägig sind, an den Wochenenden und nicht am Heimatort stattfinden. Dies gilt insbesondere für die große Zahl der aus familiären Gründen teilzeitbeschäftigten Frauen. Ferner wird vermutet, daß Arbeitgeber wegen der erwarteten Berufsunterbrechungen nicht im selben Umfang in Frauen investieren wollen wie in Männer.

Im Hinblick auf die Auswirkungen neuer Techniken auf Arbeitsinhalte und Belastungssituation wurden unterschiedliche Beobachtungen gemacht. Werden ergonomische Erkenntnisse berücksichtigt, Pausenregelungen eingehalten usw., dann führt der Einsatz neuer Techniken oft zu Verbesserungen der Arbeitsbedingungen, da man zuvor den Büroarbeitsplätzen nur wenig Aufmerksamkeit geschenkt hat.

Teilweise wird von den Teilnehmerinnen bemängelt, daß die Arbeitsinhalte durch den Technikeinsatz monotoner geworden sind (vermehrte Eingabetätigkeit, Arbeiten mit Textbausteinen). Große Gefahr besteht nach Auffassung der Mehrzahl der Frauen für Arbeitsplätze im Bereich Schreibdienst und Datenerfassung. Es wird zunehmend beobachtet, daß Sachbearbeiter Personalcomputer bekommen und Eingabetätigkeiten und Textverarbeitung selbst übernehmen. Um langfristig Weiterbeschäftigungsmöglichkeiten für Mitarbeiterinnen des Schreibdienstes und der Datenerfassung zu gewährleisten, sind nach Auffassung der Frauen intensive Fortbildungsmaßnahmen im Bereich neuer Techniken notwendig. Andererseits wird berichtet, daß der Einsatz neuer Techniken zu einer Anreicherung der Arbeitsinhalte geführt hat, indem Mischarbeitsplätze geschaffen wurden.

Die Diskussion dieses Themenbereichs macht deutlich, daß die geschilderten Auswirkungen von der jeweiligen organisatorischen Ausgestaltung abhängen und nicht nur eine Frage der eingesetzten Technik sind.

Die inhaltliche Unterstützung bei den behördeninternen Gesprächsrunden bestand hauptsächlich darin, die Probleme in der eigenen Behörde deutlich werden zu lassen und - falls vorhanden - geeignete Lösungskonzepte aus anderen Behörden als Diskussionsgrundlage vorzustellen bzw. die Entwicklung von Lösungskonzepten anzuregen.

Die Ergebnisse der bisherigen Veranstaltungen sowie die Vielzahl von Anfragen, ob auch in anderen Behörden die Durchführung eines Erfahrungsaustauschs unterstützt werden könne, zeigen den großen Bedarf an solchen Angeboten.

Deutlich wurde auch, daß die selbständige Entwicklung von Lösungsvorschlägen bzw. die Beurteilung von der Dienststelle vorgelegter Konzepte bei Technikvorhaben durch entsprechendes Informationsmaterial unterstützt werden muß. Diesem Informations- und Beratungsbedarf soll mit dem geplanten Informationspaket "Frauen und neue Techniken" Rechnung getragen werden.

Ausblick

Es ist geplant, das Unterstützungskonzept für die Durchführung eines behördenübergreifenden bzw. behördeninternen Erfahrungsaustauschs ständig weiterzuentwickeln. Eine unabdingbare Voraussetzung hierfür ist die laufende Evaluation durch Befragungen.

Das bereits erwähnte Informationspaket wird u.a. Erfahrungsberichte, Checklisten zu frauenspezifischen Problemen, Empfehlungen für die Durchführung eines Erfahrungsaustauschs, Hinweise auf geeignete Schulungsangebote für Frauen und aktuelle Literatur beinhalten.

Das hier vorgestellte Angebot zum Thema "Frauen und neue Techniken" soll im Sinne einer "Hilfe zur Selbsthilfe" dazu beitragen, daß die betroffenen Frauen und ihre Personalvertreter aktiv an der Gestaltung des technischen Wandels mitwirken und die mit dem Technikeinsatz für Frauen verbundenen Chancen und Risiken besser einschätzen können.

Zukunftswerkstätten und Informatik - ein Weg zur Demokratisierung der Zukunft

Doris Angela Zimmermann

Die Zukunft geht uns alle an. Und was alle angeht, können nur alle lösen.
(frei nach Dürrenmatt)

... die am weitesten verbreitete Geisteskrankheit unserer Zeit ist die Überzeugung der einzelnen, daß sie machtlos seien.
(Joseph Weizenbaum)

1. Was sind Zukunftswerkstätten?

Die Idee der Zukunftswerkstätten entstand etwa Mitte der 60er Jahre. Sie war Ausdruck eines aufkeimenden Unbehagens über die Besetzung und Verplanung der Zukunft durch wenige mächtige, einseitige Interessengruppen in Wirtschaft und Industrie, Staat und Militär, Regierung und Parteien. So gründete der Zukunftsforscher Robert JUNGK in Wien das "Institut für Zukunftsfragen" und befragte junge Arbeiter und Angestellte über ihre Wünsche für die Welt von morgen. Diese ersten Versuche erwiesen sich als sehr schwierig, weil JUNGK erkennen mußte, wie nachhaltig die Bedürfnisse und Sehnsüchte, Vorstellungen und Ideen der vielen Ungefragten durch Autoritätsgläubigkeit, eigene Mutlosigkeit und Konsumhaltung verschüttet waren und "wie sehr die Passivität der Bürger aus der Phantasiefeindlichkeit der gesellschaftlichen Umwelt zu erklären ist." (Jungk/Müllert 1985, 27)

Im Laufe eines mehrjährigen Experimentierens mit der Methode der **Zukunftswerkstatt** bildete sich etwa Mitte der 70er Jahre ein spezifischer Werkstattypus heraus mit den folgenden drei Phasen:

1. **Kritik- und Beschwerdephase**

   Hier werden Unmut, Kritik, negative Erfahrungen zum Thema der Werkstatt geäußert und aufgezeichnet und schließlich zu Themenkreisen geordnet.

2. **Phantasie- und Utopiephase**

   In dieser Phase wird auf die Kritik mit eigenen Wünschen, Träumen, Vorstellungen, alternativen Ideen geantwortet; die interessantesten Vorschläge werden ausgewählt und in kleinen Arbeitsgruppen zu möglichen und unmöglichen, utopischen Entwürfen ausgearbeitet.

3. **Verwirklichungs- und Praxisphase**

   Diese Phase soll in die Realität mit ihren Machtverhältnissen, Gesetzen und Verordnungen zurückführen.

Hier werden Durchsetzungschancen für die Entwürfe geprüft und Ansatzpunkte zur Überwindung der Hindernisse herausgefunden. Ziel ist es, eine Aktion oder ein konkretes Projekt zu planen.

Zentrales Anliegen der Werkstattmethode ist das Bestreben um die **Demokratisierung der Zukunft**, weil Zukunft alle angeht und die Entscheidungen darüber nicht wenigen Planern, Experten und Politikern überlassen werden können und dürfen. "Ziel der Arbeit in Zukunftswerkstätten ist, jeden interessierten Bürger in die Entscheidungsfindung miteinzubeziehen ... Wir wollen dem einzelnen Mut machen und ihm zeigen, daß er durchaus über große Ziele mitreden kann. Denn auch seine Erfahrungen und die daraus erwachsenden Wünsche sind für die Gestaltung der Zukunft wichtig." (Jungk/Müllert 1985, 20 f) Nach dem Verständnis der Autoren ist die Zukunftswerkstatt ein Forum, in dem sich die Betroffenen und/oder Interessierten bemühen, wünschbare, mögliche und unmögliche Zukünfte zu entwerfen und Durchsetzungschancen aufzuspüren. Hier lernen die Teilnehmer/innen, selbständig neuartige Lösungen und Perspektiven für ihr(e) Problem(e) zu entwickeln, neue Wege aufzuzeigen und sie gegenüber Autoritäten, Experten und Politikern selbstbewußt zu vertreten. Durch das Vertrauen in die Kompetenz der Teilnehmenden, das eigene Mitdenken und Mitplanen sowie das kollektive Bemühen um Alternativen werden demokratische Elemente tragfähig; in diesem Sinne sind Zukunftswerkstätten ein Baustein für mehr Mitsprache und Mitbestimmung. (Jungk/Müllert/Geffers/Solle 1988).

Der besondere **Arbeitsstil** einer Zukunftswerkstatt zeichnet sich gegenüber gewohnten Seminar- und Diskussionsformen beispielsweise durch folgende Merkmale aus: hierarchiefreier Raum, verschiedene Methoden der Visualisierung, Kreativität und des Brainstormings, gruppengerechte Vorgehensweisen (z. B. Wechsel zwischen Plenums- und Gruppenarbeit), spezifische Auswahlverfahren (z. B. Punktvergabe, Rubrizierung); hier können Menschen auch mit gegensätzlichen Meinungen konstruktiv zusammenarbeiten. Die **Moderator(en)innen** sind keine Experten für Lösungen und Patentrezepte; vielmehr leiten sie die Gruppe an, stellen Fragen, bestärken und unterstützen sie behutsam; sie sind nach sokratischem Verständnis "Hebamme" der Gedanken anderer. (Müllert/Solle/Geffers 1988). Die **Themen** sollten - je nach Problembereich - so konkret wie möglich ausgewählt, auf eingegrenzte Fragestellungen oder Aspekte zugeschnitten und präzise formuliert werden. Im Prinzip können Zukunftswerkstätten überall dort stattfinden, wo es um die Entwicklung von Phantasie für "soziale Erfindungen" geht (Jungk/Müllert 1985) - gerade auch im Zusammenhang mit Technik.

2. Informatik und soziale Verantwortung

Informatiker, Ingenieure, Techniker, Wissenschaftler - die männlichen Formen spiegeln leider die Realität wider - erforschen neue Technikpfade, entwickeln neue Technologien, konstruieren und bauen Techniken für die nahe und ferne Zukunft. DV-Experten, Organisatoren und Manager in den Unternehmen und Verwaltungen planen und entscheiden über deren Einsatz und Anwendungsformen. Wissenschaft und Wirtschaft verändern so die Bedingungen gesellschaftlichen Lebens mehr oder weniger nachhaltig, d. h. sie machen **Politik** mit ihren Mitteln (Beck 1986, 71 f). Wer aber fragt sie nach dem Sinn, nach den Folgen und Risiken ihres Tuns? Wer kontrolliert diese wenigen "Schicksalsmacher" (Jungk/Müllert) und Zukunftsgestalter? Fragen sie sich selbst, für wen sie das tun und wem das nützen soll?

Seien sie nun beteiligt an der Entwicklung einer neuen Chip-Generation, der KI-Forschung (Künstliche Intelligenz), der Erstellung komplizierter Software, der Planung und Errichtung neuer Netzinfrastrukturen, an der Installierung komplexer DV-Systeme oder der Durchsetzung umfassender Rationalisierungsvorhaben - sicher ist die Arbeit eines jeden einzelnen nur ein winziger Baustein einer wissenschaftlich-technischen Entwicklung, die sich innerhalb eines unüberschaubaren und nahezu unkontrollierten, arbeitsteilig organisierten Geflechts wissenschaftlicher, ökonomischer und politischer Interessen, Macht- und Entscheidungsstrukturen sowie eines hochspezialisierten Wissenschaftssystems vollzieht, in welchem sich kaum einzelne Personen als "Verursacher" und/oder "Verantwortungsträger" ausmachen lassen. Hier aber liegt das Kernproblem: Informatiker beispielsweise arbeiten zweifelsohne in gesellschaftlichen Schlüsselpositionen; sie sind - wie andere auch - eingebunden in dieses Geflecht aus Elfenbeinturm-Wissenschaft, ökonomisch bedingten Abhängigkeiten, Expertensprache, Zeit- und Konkurrenzdruck.

Auf der anderen Seite verursachen die offenkundigen Bedrohungen, wahrnehmbaren Risiken und möglichen Gefährdungen der neuen Informations- und Kommunikationstechniken Ängste und Ohnmachtsgefühle bei den Arbeitnehmer(n)innen, Verbraucher(n)innen und Bürger(n)innen (vgl. z. B. Zimmermann/Zimmermann 1988), die als Betroffene so wichtiger Zukunftsentscheidungen nicht gefragt und viel zu spät informiert werden. Die vermutlich einzige realistische Chance, die aus diesem Dilemma herausführen kann, ist die **Demokratisierung** von Entwicklungs- und Entscheidungsprozessen. Dies haben inzwischen viele Menschen in allen gesellschaftlichen Bereichen erkannt - hier einige Beispiele: die Auseinandersetzung um die "Zukunft der Arbeit" in der sog. "post-industriellen Gesellschaft", die Diskussion um die Beteiligung/Mitbestimmung von Arbeitnehmer(n)innen bei betrieblichen Rationalisierungsmaßnahmen, die Forderung nach einer neuen Technik- und Zukunftsethik u. ä. m. Auch innerhalb der Informatikergemeinde - mit Joseph WEIZENBAUM als deren bekanntestem Kritiker - gibt es mittlerweile erste Ansätze und Überlegungen, den technikzentrierten, mechanistischen Zukunftsperspektiven und -visionen neue Wege des Denkens gegenüberzustellen und alternative Nutzungsmöglichkeiten zu entwickeln wie z. B. die thematische Verknüpfung von "Computer und Gesellschaft/Arbeit" in einigen Informatik-Fachbereichen der Universitäten (etwa in Berlin, Hamburg, Dortmund, Bremen), in der Gesellschaft für Informatik (GI), im Forum Informatiker für Frieden und gesellschaftliche Verantwortung (FIFF), in der Enquête-Kommission "Technikfolgenabschätzung" des Deutschen Bundestages, im Institut für Kommunikationsökologie (IKÖ) u. a.

Wenn auch die hier aufkeimenden Ansätze zu neuen Wegen des Denkens, zur Entfaltung alternativer Lösungsmöglichkeiten i. S. einer **humanen** und **sozialen** Orientierung im Bereich der Informatik ermutigen, so ist dennoch Skepsis angebracht. Die Themen und Inhalte der unzähligen Tagungen, Messen, Kongresse, Fachausschüsse, Arbeitskreise, Kooperationszirkel o. ä. in Wissenschaft, Wirtschaft und Politik, die Glitzerwelt der CEBIT, die erdrückende Fülle an Literatur und Veröffentlichungen zu den sog. neuen Informations- und Kommunikationstechniken wie auch die gegenwärtige Rationalisierungspraxis in den Unternehmen dokumentieren die nach wie vor herrschende Technikauffassung: Technikeuphorie bei Erfindern und Anwendern, die Faszination und Mystifizierung der sog. "Künstlichen Intelligenz", das Leitbild einer exklusiven Problemlösungskompetenz der neuen Techniken, der verbreitete Glaube an die "Objektivität" und "Wertneutralität" der Computertechnik, das mechanistische Menschenbild in den Köpfen von Ingenieuren, Wissenschaftlern, Technikern und Managern - dies sind nur einige Merkpunkte auf der Skala einer menschen- und lebensfeindlichen Technikorientierung, in der die Frage nach der **sozialen Verantwortung** ausgeklammert ist.

Wie der Soziologe Ulrich BECK in seinem Buch "Risikogesellschaft" (1986) schreibt, können und dürfen jedoch die (lebens)bedrohlichen Folgen wissenschaftlich-technischer Entwicklung auch innerhalb der Wissenschaftspraxis nicht mehr ausgeblendet werden. "Nicht der Klapperstorch bringt die Folgen - sie werden **gemacht**. Und zwar ... auch und gerade **in den Wissenschaften selbst**." (284) In seinem "Plädoyer für eine Lerntheorie wissenschaftlicher Rationalität" entwickelt er erste Ansätze für eine künftige Wissenschaftspraxis, die die "Lernfähigkeit" und die "Spezialisierung auf den Zusammenhang" zu Forschungsprinzipien erheben (293 ff). Dies bedeutet - hier bezogen auf die Informatik -, daß sie wissenschaftlich-technische Varianten entwickelt, die Raum für **Irrtümer** und **Korrekturen** läßt und ihre bisherige isolierte und hochspezialisierte Erkenntnispraxis auf den **Zusammenhang** (neu) bezieht.

Wie kann das vorherrschende - und weitgehend "männlich" geprägte - Selbstverständnis der Informatik in Wissenschaft und Praxis aufgebrochen und verändert werden? Auf diese zentrale Frage gibt es bisher keine eindeutigen Antworten und schon gar keine Patentrezepte. **Eine** Möglichkeit, dies herauszufinden, die Zukunft einer wünschbaren, human- und sozialorientierten wissenschaftlich-technischen Entwicklung neu zu denken und Gestaltungsalternativen aufzuspüren, sind: **Zukunftswerkstätten.**

3. Zukunftswerkstätten für Informatiker/innen

Insbesondere das nordrhein-westfälische Landesprogramm "Mensch und Technik - Sozialverträgliche Technikgestaltung" (1984 - 1988) hat zumindest in Ansätzen das Denken in Richtung **Bürgerbeteiligung** und **alternativer Gestaltungsformen** gefördert wie auch die Diskussionen darüber auf eine breitere Plattform gestellt. Eines der über hundert Einzelprojekte war das Projekt "Zukunftswerkstätten zu menschengemäßer Informations- und Kommunikationstechnik". Von 1986 - 1988 wurden 28 Zukunftswerkstätten mit ca. 500 Personen aus allen Bevölkerungsgruppen durchgeführt; darunter auch einige "Moderatorenwerkstätten", in denen die Teilnehmer/innen das Anleiten ("Moderieren") solcher Werkstätten praktisch einübten (Jungk/Müllert/Geffers/Solle 1988). In einer dieser Werkstätten beschäftigten sich Informatiker/innen beispielsweise mit der Frage: "Wie sieht sozialorientierte Informatiker/innen-Arbeit aus?" (25. - 27.03.88 in Marl/NRW). Nach einer kritischen Bestandsaufnahme entwickelten die Teilnehmer/innen verschiedene Utopien und setzten sie in konkrete Vorhaben um, an ihren Arbeitsplätzen oder in ihrem Lebensumfeld, z. B.: die Umgestaltung des Arbeitsplatzes, die Suche nach einem "sozialorientierten Arbeitsplatz" und die Zusammenarbeit mit Gleichgesinnten, die Errichtung einer "Job-Info-Börse", das Schreiben von Fortsetzungsgeschichten oder Dialogtexten per Mail-Box, die Beschreibung von auch Laien verständlichen Arbeitsabläufen in den Betrieben, die direkte Kontaktaufnahme eines Programmierteams mit den Anwendern ihrer Programme u. a. m. (Protokoll 25. - 27.03.1988).

Insgesamt zeigen die Ergebnisse solcher und ähnlicher Zukunftswerkstätten, daß es keine (!) generelle Ablehnung neuer Informations- und Kommunikationstechniken gibt. Gleichwohl wird als zentrale Forderung die Einbeziehung der Technik in einer **menschengemäßen Weise** erhoben; sie soll von allen Arbeitnehmer(n)innen und Bürger(n)innen durchschaubar und nicht dominant sein; vorrangig ist bei allen Teilnehmenden das ausgeprägte Bedürfnis nach direkten menschlichen Kontakten, dem Austausch von Gedanken, Ideen und Erfahrungen, nach gemeinsamem Lernen und Tun u. a. m. (Jungk/Müllert/Geffers/Solle 1988). Das heißt: Die Kritik an den vorherrschenden wissenschaftlich-technischen und wirtschaftlichen Entwicklungs- und Verwertungsbedingungen, der Nachweis bedrohlicher Fehlentwicklungen und damit der Irrationalität gegenwärtiger Forschungs- und Anwendungspraxis bedeutet keineswegs das Ende der Informatik, sondern eine Herausforderung zu neuen Wegen des Denkens und Forschens.

Inzwischen werden Zukunftswerkstätten an vielen Orten des Landes und zu den unterschiedlichsten Themen erprobt. Im Fachbereich für Informatik der TU Berlin beispielsweise wurde eine Zukunftswerkstatt zu alternativen Ansätzen bei der Entwicklung und dem Einsatz von DV mit "künstlicher Intelligenz" durchgeführt. Das Thema "Auf dem Weg in die Wissenseiszeit" richtete sich an Personen, die sich mit der Entwicklung und dem potentiellen Einsatz von Expertensystemen beschäftigten und gegenüber den allgemeinen Verwertungsbedingungen der Informatik Bedenken hatten. Die Teilnehmer/innen (Informatiker, Gewerkschafter u. a. Interessierte) problematisierten nicht nur allgemeine und spezifische Folgen; sie erkannten auch ihre **eigene Verantwortung** für die Auswirkungen auf die Betroffenen (Arbeitnehmer/innen, Bürger/innen). Als Konsequenz daraus formulierten sie den Anspruch, die Betroffenen bereits bei der Systemplanung und -entwicklung einzubeziehen und zu unterstützen, und das heißt: ihre Bedürfnisse und Wünsche ernstzunehmen und sie in dem gesamten Prozeß von der Entwicklung bis zur Anwendung als kompetente Partner mit**gestalten** zu lassen. (Schlag 1987)

Die Frage, welche konkreten Ergebnisse Zukunftswerkstätten bisher für die Informatik erbracht haben, ist wissenschaftlich noch nicht untersucht und läßt sich gegenwärtig kaum einschätzen. Es ist freilich zu vermuten oder besser: zu hoffen, daß die wenigen Informatiker/innen, die bisher an Zukunftswerkstätten teilgenommen haben, zumindest in Ansätzen die Problematik der vorherrschenden - weitgehend "männlich" geprägten - Forschungspraxis in der Informatik selbst wie auch in deren Anwendungsfeldern im Zusammenhang mit ihrer eigenen Arbeits- und Lebenspraxis erkannt haben. Nicht der große Entwurf einer "Alternativen Informatik" ist das Hauptanliegen von Zukunftswerkstätten für Informatiker/innen, sondern mit Phantasie und Mut in kleinen Schritten praktisch zu werden: als "Experimente kollektiver Problemlösungen" (Müllert 1989) zu einer **sozial verantwortbaren Informatik**. Deshalb sollten Zukunftswerkstätten - auch ohne wissenschafliche Absegnung ihrer "Relevanz" - zum Bestandteil einer jeden (Hochschul-)Ausbildung gehören.

4. Computertechnik und Zukunft: ohne oder mit Frauen?

Die Frage, ob (Computer-)Technik geschlechtsspezifische Charakteristika aufweist, ist vor allem von der feministischen Wissenschafts- und Technikforschung untersucht worden. Die Vermutung, Wissenschaft und Technik sei in einer besonderen Weise "männlich" geprägt, wurde perspektivisch verknüpft mit männlichen Körpererfahrungen und Phantasien, welche Männer auf "die Maschine" projizierten. Schließlich kulminiert dieser Topos bei einigen radikalen Feministinnen in einer fundamentalistischen, endgültig biologisch-deterministischen Position, die "Einsicht in den wahrhaft (?, d. Verf.) menschen-, natur- und frauenfeindlichen Charakter des Technopatriarchats" (Mies 1985, 225) erfordere. Als "logische" Konsequenz müsse daher Technik in toto abgelehnt werden - eine Position, wie sie sich in der "Aufforderung zur Verweigerung" (Mies), in der Haltung "Ohne uns" (Frauengruppe gegen Computer-Herr-schaft 1984) oder in der Aussage "Für uns Frauen gibt es keine menschliche Zukunft in diesem 'Technopatria'" (beiträge zur feministischen theorie und praxis 1983, 5) widerspiegelt.

Eine andere Richtung zur Frage der Aneignung von Computertechnik wird in Untersuchungen zur Vermittlung von Computerkenntnissen in Schulen und aus den Erfahrungen von Computerkursen für Frauen deutlich, die auf "frauenspezifische Zugangsweisen zu Computern" verweisen. Ohne an dieser Stelle einzelne Ergebnisse und Thesen zu diskutieren (vgl. den Überblick in Hoffmann 1987), bleibt festzuhalten, daß die Behauptung vom "männlichen" Geschlecht "der" Technik wie auch die These eines spezifischen "weiblichen Zugangs" zum Computer bei weitem noch nicht hinreichend erforscht sind. Vor einer allzu raschen geschlechtsspezifischen Dichotomisierung von Wissenschaft und Technik, vorschnellen Verallgemeinerungen und vermeintlich "logischen" Konsequenzen ist nachdrücklich i. S. einer falsch verstandenen "Reduktion von Komplexität" zu warnen.

Eine radikale Verweigerungshaltung, wie sie in manchen Beiträgen und feministischen Zirkeln anklingt, ist töricht und gefährlich zugleich, zum einen, weil sie unrealistisch ist, zum anderen deshalb, weil sich Frauen von vornherein der Chance (und auch Macht) beraubten, die derzeitigen Entwicklungs- und Verwertungsbedingungen von Wissenschaft und Technik in ihrem Sinne zu beeinflussen, zu kontrollieren und mitzugestalten: Zukunftsgestaltung bliebe auch weiterhin eine männliche Domäne. Dies bedeutet freilich nicht eine Aufforderung zum unkritischen Mitmachen oder unreflektierten Einmischen von Frauen in wissenschaftliche und ökonomische Technikfelder i. S. einer Anpassung an "männliche" Standards. Worum es letztlich - vor allem auch in der Informatik - geht, ist die Entwicklung und Anwendung von Techniken, die sich - und das gilt für **beide** Geschlechter gleichermaßen - an humanen und sozialen Kriterien orientiert. Hierzu Perspektiven zu entwickeln und Utopien zu entwerfen, kann und darf nicht das Privileg von Experten und (feministischen) Expertinnen sein, sondern sie können sich nur in einem **demokratischen Prozeß** herausbilden. **Zukunftswerkstätten** können dabei **eine** Methode sein, denn hier kann die geschlechtsspezifische Dichotomie, wie sie beispielsweise aus vielen Veranstaltungs- und Diskussionsritualen bekannt ist, tatsächlich weitgehend überwunden werden. Hier können Frauen und Männer gemeinsam an einer sozial verantwortbaren Informatik "werkeln" - eine Chance, die die Frage "ohne oder mit Frauen" beantwortet.

Zitierte Literatur:

Beck, U.: Risikogesellschaft. Auf dem Weg in eine andere Moderne. Frankfurt/M. 1986

beiträge zur feministischen theorie und praxis. Neue Verhältnisse in Technopatria 9/10, hrsg. v. Verein Sozialwissenschaftliche Forschung und Praxis für Frauen, Köln 1983

Frauengruppe gegen Computer-Herr-schaft: Ohne uns. In: Neue Medien und Technologien - wie damit umgehen? Beiträge zu einer Strategiedebatte, Berlin 1984

Hoffmann, U.: Computerfrauen. Welchen Anteil haben Frauen an Computergeschichte und -arbeit? München 1987

Jungk, R., Müllert, N. R.: Zukunftswerkstätten. Wege zur Wiederbelebung der Demokratie, München 1985, 2. Aufl.

Jungk, R., Müllert, N. R., Geffers, S. G., Solle, A.: Zukünfte 'erfinden' und ihre Verwirklichung in die eigene Hand nehmen. Was Bürgerinnen und Bürger in Zukunftswerkstätten entwickeln und vorschlagen, Ratingen/Wuppertal/Berlin Nov. 1988. So-Tech-Projekt "Zukunftswerkstätten zu menschengemäßer Informations- und Kommunikationstechnik" (1986 - 1988)

Landesinstitut für Schule und Weiterbildung (NRW) (Hrsg.): Zukunftsphantasien - (K)ein modischer Trend? Reader zum Lern-Konzept Zukunftswerkstatt, Soest 1987

Mies, M.: Neue Technologien - wozu brauchen wir das alles? Aufforderung zur Verweigerung. In: Huber, M., Bussfeld, B. (Hrsg.): Blick nach vorn im Zorn. Die Zukunft der Frauenarbeit, Weinheim/Basel 1985

Müllert, N. R., Solle, A., Geffers, S. G.: Zukunftswerkstätten, verstehen - üben - anleiten, Ratingen/Wuppertal Mai 1988 (Erprobungsfassung)

Müllert, N.: Eigene Zukunftsvorstellungen entwickeln und verwirklichen. Über Möglichkeiten von sozialer Phantasie und Erfindungen. In: Philipzig, H., Zimmermann, B. (Hrsg.): Mit Mut und Phantasie. Neue Technik gestalten! Alternativen einer ArbeitnehmerInnenorientierten Weiterbildung, Hamburg 1989

Protokoll der Zukunftswerkstatt "Wie sieht sozialorientierte Informatiker/innen-Arbeit aus?" vom 25. - 27.03.88 in Marl; erstellt von: Zukunftswerkstätten, Ratingen 1988

Schlag, R.: Alternative Ansätze zu Entwicklung und Einsatz von Datenverarbeitung mit künstlicher Intelligenz, Berlin 1987 (hrsg. v. Sprecher des FB Informatik <20> der TU Berlin)

Zimmermann, D. A., Zimmermann, B.: Bildschirmwelt. Die neuen Informationstechniken und ihre Folgen, München 1988

Themenschwerpunkt B:

Technische Zivilisation, Computerkultur, Computerkunst

Eros im Abwind. Zur geschlechtsspezifischen Konstitution technischer Kreativität.

Dr. Doris Janshen
TECHNISCHE UNIVERSITÄT BERLIN
Inst. f. Sozialwissenschaften
in Erziehung und Ausbildung
Franklinstr. 28-29 / FR 4-5
1000 Berlin 10

Daß Frauen zu Retterinnen der Zivilisation berufen seien, gehört zu den wiederkehrenden Leitideen der Frauenbewegung. Nicht nur der neuen, sondern bereits schon der alten Frauenbewegung. Der zerstörerischen Gigantomanie des patriarchalen Zivilisationsprojektes setzten die Schwestern von gestern die Position der "geistigen Mütterlichkeit" entgegen. Die wärmende und heilende Kraft der mütterlichen Liebe müsse sich über die Familie hinaus in die öffentlichen Räume der Gesellschaft verallgemeinern, um - so der Gedanke - die Gesellschaft von den Wunden zu heilen, die durch (Männer) Wissenschaft, Technik und Krieg geschlagen würden. Weiblichkeit wurde als komplementäre Gegenenergie zum nicht ausbalancierten Konzept der Männlichkeit verstanden. Sich selbst mit der Technik der Industrialisierung zu befassen, ja, sie sich im Zuge der Öffnung der Hochschulen womöglich gar anzueignen, das kam den Kämpferinnen von gestern bei aller Bildungsbeflissenheit kaum in den Sinn. Nunmehr, nach zwei Weltkriegen und beflügelt von der Einsicht, daß das "zivile Wettrüsten" (Mettler-Meibom) qua Technik und Wissenschaft heute ähnlich zerstörerische Wirkungen für Mensch und Welt zeitigt wie in früheren Zeiten nur die Kriege selbst, ist die Schlußfolgerung nicht unangemessen, daß das Gegengift der "geistigen Mütterlichkeit" nicht gewirkt hat, wenn nicht gar in der Bescheidung aufs nur Weibliche das patriarchale Komplott unter füttert hat.

Dennoch wurde diese Vorstellung mit neuem Gesicht und anderen Kleidern in den wissenschaftlichen und intellektuellen Kreisen der Neuen Frauenbewegung wiederentdeckt und reaktiviert. Die Beziehungsfähigkeit von Frauen habe dem in Einsamkeit und Freiheit wütenden Manne etwas entgegenzusetzen. An mehr Weiblichkeit könne doch die

Welt genesen. Bezogen auf die Technik kam damit immerhin auch eine neue Variante des alten Gedankens auf: Frauen verkörpern nicht nur durch ihr bloßes Da- und Anderssein die Alternative, sondern legen selbst Hand an, schaffen geschlechtsspezifisch Eigenes anstatt ihre - wie immer - weiblichen Wünsche an die Tatkraft der männlichen Techniker zu delegieren. Es entstand die Vision von der weiblichen Maschine.

Nicht nur Männer, nein, auch Frauen in den technischen Fächern verweigern sich dieser - einstweilen noch! - Utopie. Die Kohärenz der technischen Konstruktion sei so wenig sozial bedingt wie die Logik der mathematischen Beweisführung, lautet der Tenor der Gegenargumentation. Rücken wir einzelne technische Konstrukte ganz nah vor unser Auge, schauen wir z. B. eine Brücke an, so können wir in der Tat kaum davon ausgehen, daß morgen oder übermorgen Brückenkonstruktionen anders berechnet werden, nur weil ein paar Frauen mehr daran beteiligt sind.

Doch treten wir auch einmal einen Schritt zurück. Betrachten wir unterschiedliche zivilisatorische Projekte aus der Distanz, so können wir nicht umhin festzustellen, daß Analyse, Interpretationen und Verwertung von Abläufen in der Natur sehr unterschiedlich sein können, ohne daß das positivistische Kriterium von wahr oder falsch wirklich greift. Das gilt z. B. für den Vergleich der chinesischen und abendländischen Medizin. Oder ziehen wir auch in Betracht, daß die Relativitätstheorie nicht dazu geführt hat, alle früheren mathematischen und physikalischen Erkenntnisse hintenanzustellen, oder gar "falsch" werden zu lassen. Naturwissenschaftliche und soziale Erkenntnisse und Interpretationen scheinen doch nicht so weit auseinanderzuliegen, wenn unterschiedliche intellektuelle Verfahren, zu zwar jeweils unterschiedlichen, aber doch umsetzungsfähigen Erkenntnissen gelangen. Solche Unterschiede können nicht unabhängig vom konstituierenden sozialen Milieu gedacht werden.

Die strukturierende Kraft kultueller Kontexte und Normen kommt mehr noch im Anwendungsbereich sogenannter Basistechnologien zum Tragen. Ich habe mir dies selbst zur Erfahrung gemacht. Vor einigen Jahren analysierte ich die Implementationsstrategien für IuK Technologien in den Alltagsbereich und verglich dabei europäische, besonders bundesdeutsche, mit japanischen Zielsetzungen und Planungen. Es zeigte sich in verblüffend eindeutiger Weise, daß diese Technologien wie-historisch frühere auch-bestehende soziale Strukturen eher bestätigen und verstärken anstatt komplementär zu beschwichtigen. In diesem Fall bestärkte ein und dieselbe Technik in Japan die Tendenz zu ultrastabilen und damit unbeweglichen Kommunikationsstrukturen, während sie in unserem Land - Stichwort Kabelfernsehen und alles, was an interaktiven Diensten dazugehört - zu Recht Besorgnis zu den zukünftigen Anonymisierung, Vereinzelung und Vereinsamung des Menschen aufkommen läßt. Bezogen auf eben denselben Themenkomplex, die Technisierung des persönlichen Alltags nämlich, machte ich auch in bezug auf geschlechtsspezifische Unterschiede entsprechende Erfahrungen. Ich hatte Gelegenheit, mit zwei unterschiedlichen Projektgruppen, - die eine fast ausschließlich von Männern besetzt, die andere nur von Frauen - eine Konzeption für die Nutzung interaktiver Telekommunikationssysteme für den Alltagsbedarf zu entwickeln. Jedes Mal mit der Absicht, mit Hilfe von Technik und Organisation die Kommunikationsprobleme bestimmter sozialer Gruppen zu lindern. Unverkennbar fiel es Frauen leichter, die kommunikationsstiftenden Potenzen der Technik zu nutzen, während Männer sich stärker, aber ohne sich dessen bewußt zu sein, auf den isolierenden Aspekt der Information fixierten. (Janshen, 1980)

Die bisher entwickelte Argumentation liefert Indizien dafür, daß Großstrukturen der technischen Zivilisation durch kommunikative Stile, dominante habituelle Prägungen mithin, geprägt werden. Die soziale Befindlichkeit kollektiver Subjekte verlagert sich in die technischen und soziotechnischen Kreationen hinein. Dies muß mithin auch für die kollektive Subjektivität von Frauen und Männern gelten. Doch hier muß einstweilen zu Buche schlagen, daß nicht alle gesellschaftlichen Gruppen sich "ihrer" Technik versichern können. Wie bekannt sind Frauen in das zivilisatorische Komplott zwar eingebunden, aber sie sind weit davon entfernt, als Gestalterinnen einer Technischen Alternative in Erscheinung zu treten. Denken wir demnach über die geschlechtsspezifische Konditionierung technischer Kreativität nach, so haftet der Analyse in bezug auf Männer das Gütekriterium des Faktischen an, während der Gedanke an eine weibliche Technikzivilisation mit dem Stigma des nur Möglichen behaftet ist.

Zu den Männern daher zunächst, zu ihren Eigenschaften und Wünschen, die sie in ihre scheinbar so neutralen technischen Kreationen verlagern. Technische Erfindungen sind nicht nur das Ergebnis von Planungen oder Übermacht gesellschaftlicher Systeme und Strukturen, sondern auch auf Projektionen ihrer Macher zurückzuführen, auf deren Wünsche, Gefühle und Ängste. Dieser Gedanke ist für viele erläuterungsbedürftig. Deshalb möchte ich eine Position aufgreifen, die nicht vorschnell als nur "konservativ" verworfen sein sollte: Arnold Gehlen explizierte seine Auffassung, daß die Technologien, die wir heute besitzen, Ausdruck von Omnipotenzphantasien sind, die sich an unseren körperlichen Vermögen, richtiger unseren körperlichen Unvermögen orientieren. Die Fernsehkamera sieht mehr und besser als unser Auge, Telegraphie schärft das Gehör über unendliche Entfernungen, Fliegen dokumentiert einen gattungsmäßigen Neid auf die Vögel und erfüllt einen Menschheitstraum. Solch ein Denkansatz erscheint mir plausibel, wird doch bis in die Sprache hinein deutlich - Felsnase, Knie des Waschbeckens, Meeresarm usw. - daß die Erfahrung menschlicher Körperlichkeit Deutungen unserer sozialen Umwelt ins Bild setzt.

Der Versuch des Mannes, sich gegenüber der Nachrangigkeit der Frau großartig abzusetzen, berief sich in vorindustriellen Gesellschaften auf das Primat der Muskelkraft und der Orientierung im Raum. Der Mann zieht hinaus ins Weite und schützt durch die Kraft seiner Muskeln die an das Haus gebundene Frau, die ihre Kinder liebevoll, aber mit schwachen Armen umsorgt. So wollte es das patriarchale Klischee. Mann zu sein ist daher assoziiert mit der Lust an der Körperkraft und der Beherrschung immer größerer Räume. Körpergefühl und persönlich/kollektive Zielsetzungen der Aneignung und Beherrschung der Welt verbünden sich miteinander und entdecken den Kopf und das Werkzeug als Instrumente zur Potenzierung der eigenen Potenz. Mit anderen Worten: die Technik, und insbesondere die der industriellen Gesellschaft stellte sich in den Dienst solcher Selbstdefinition und solcher Wünsche.

Die Beweise für diese These liegen auf der Hand: Die Dampfmaschine z.B. wurde zum Inbegriff von Kraft, aber auch - wenn wir etwa an die koloniale Flotte von Wilhelm II. denken zum Symbol für die Aneignung des Raumes. Schon vor der Industrialisierung unserer Gesellschaft diente Technik der männlichen Aneignung des Raumes - z.B. über die Straßen für Krieg und Handel -, erst recht nun aber über die Potenzierung der Kraftmaschine Mann über die Vervielfältigung von Energie: mit Auto, Eisenbahn, Schiff und schließlich der Rakete zur Aneignung des Weltalls.

Wie sehr diese Techniken die Selbstwahrnehmung des Mannes bestätigten, tritt deutlich hervor, wenn wir uns vergegenwärtigen, daß Frauen zu eben dieser Zeit der kolonialen Expansion mit größter Entschiedenheit an das Haus gefesselt wurden. Vor gut hundert Jahren war es z.B. den besseren Damen der Berliner Gesellschaft nicht einmal gestattet, auf den Balkon ihres Hauses zu treten, es sei denn, sie riskierten den gutbürgerlichen Ruf. Frauen waren zu dieser Zeit besitzloser Besitz des bürgerlichen Mannes, der mit Hilfe der industrialisierten Techniken Besitz und Eigentum zu steigern wußte, und damit seine soziale und politische Macht vergrößerte. Frauen waren mehr denn je zuvor auf Ohnmacht und Konstruktivität des Beziehungslebens verpflichtet, während Männer sich mit der Etablierung stehender Heere sowie den dazu gehörenden Techniken der Zerstörung auf das Geschäft der Destruktivität recht expertenhaft einstimmten. Heute sind weltweit 40 % aller Ingenieure in der Rüstungsindustrie beschäftigt. Die Selbstwahrnehmung des Mannes in seiner ganzen Männlichkeit zentriert sich um die gesellschaftlich legitimierte Form des Tötens. In dem Bedürfnis Herr über Leben und Tod zu sein, werden Waffen, d.h. Techniken eingesetzt, um Frauen als Gebärerinnen und der daraus resultierenden Macht über Leben und Tod "übersehen" zu können. Historisch betrachtet sieht es so aus, als verliehe das Töten mehr noch als das Zeugen ein Bewußtsein, ja, das Glück, männlicher Potenz.

Mein Reden von der technischen Potenzierung der Potenz ist doppelbödig. Es meint nicht nur die Omnipotenzphantasien des auf Expansion drängenden Mannes, sondern auch die angstvolle Besetzung des Männlichsten am Männchen, sprich des männlichen Genitals. Beständige Bezwingungsenergien und unerschöpfliche (Zer)streuung werden diesem empfindlichen Organ abverlangt. Überfordert delegiert es, - Freud hat es uns sorgfältig beschrieben - die Überforderung an den herrschaftssüchtigen Kopf, wenn es sie Orte der Bezwingung sucht und flicht. Ja, auch flieht. Denn wie anders wäre es zu erklären, daß die Schleichwege der Lust auch weg vom Ort der Behauptung hin ins scheinbare Abseits der technikbezogenen Projektion führen. Der in die Kopflust entführte Mann des Abendlandes phantasiert Natur und Maschine weiblich und beweist sich auch ihnen gegenüber als ganzer Mann. Männlichkeit bestätigt sich nicht nur im Umgang mit dem gefährlich bedürftigen Körper der Frau, sondern auch im sexualisierten Vorgang der Naturerkenntnis und Beherrschung der Maschine. Wie sehr Weiblichkeit und Maschine faszinieren beweisen die Konnotationen von Frau und Maschine: Angefangen bei den allgeorischen Darstellungen der Technik oder dem berühmten Foto der Bardot auf der schweren Maschine (dem Motorrad) bis hin zu den leicht bekleideten Kühlerfiguren der Autoausstellung.

So zeigt sich: Technik, Macht und Männlichkeit sind im Verbund. Aber Eros ist im Abwind. Der besessene Techniker sucht seine keuschen und verschwiegenen Orte der Lüsternheit und meidet die angestammten Plätze gesellschaftlich legitimierter Lust. Wie sehr diese These,greift hat die Arbeit von Brian Easlea nachdrücklich ins Bewußtsein gehoben: Diesem britischen Atomphysiker kommt das Verdienst zu, die Entstehungsgeschichte der schrecklichsten Vernichtungswaffe, der Atombombe, von ihren Ursprüngen her nachvollzogen zu haben. In seinem Buch "Fathering the Unthinkable" holt er weit aus und reflektiert zunächst die Wissenschaftstheorien des 17. und 18. Jahrhunderts als Penetrationsphilosophie (Easlea 1986). Etwa die Bacons. Ähnliche theoretische Versatzstücke entdeckt er zuhauf in den Reflexionen der großen Uranforscher - bei Curie, Rutherford, Oppenheimer, Szialiard und vielen anderen. Es verblüfft, wie unverblümt jene männlichen Wissenschaftler, die im wahrsten Sinne des Wortes bis ins Innere der Natur, bis zum Atom in zerstörerischer Absicht vordrangen, ihre intellektuellen Energien durch Assoziationen vom Eindringen und Penetrieren in die weiblich phantasierte Natur und Materie antrieben. Mater und materia hängen offenbar sich nur sprachgeschichtlich beieinander! Aussagen dieser Art finden sich in großer Fülle im ersten Teil des Buches, und fast möchten sich Leserin und Leser ermüdet abwenden, da verblüfft die Folgerichtigkeit der Metaphorik nach der Zündung der ersten Bombe. Immer wieder setzen sich Bilder von der weltgeschichtlichen "Geburt" durch, und die Bomben werden liebevoll als "Söhne" assoziiert. "Little boy" hieß das erste Kind dieser phallischen Geburt.

Was an diesem Buch so ungemein beunruhigt, ist die Tatsache, daß die geschlechtsbezogene Zerreißung der kulturellen Verantwortung für Leben und Tod Mechanismen der kompensatorischen Aneignung befördert, die oberflächlich betrachtet, unter Gebärneid figurieren. Was sich als Neid oder Konkurrenz verwirklicht, ist aber auch Ausdruck des fehlgeschlagenen Versuches, die Spannung zwischen Leben und Tod, zwischen Frauen und Männern durch das Ineinanderzwingen, das Identisch-Machen komplementärer Pole zu zerstören, nicht aber im menschlichen Leben produktiv werden zu lassen. Die Erotik zwischen Frauen und Männern ist damit ihrer elementaren Spannung beraubt. Und eine Technik, die dazu beiträgt, die Spannung zwischen Leben und Tod zu zerstören, anstatt sie produktiv auszutragen, erzeugt einen suchtartigen Sog in den Untergang. Und immer wieder neu macht sich der Mann dabei die Technik zu Diensten.

Der männliche Mann nimmt die Technik in die Hand, um seine Männlichkeit zu bestätigen und seine Ohnmacht gegenüber dem Weiblichen zu beschwichtigen. Die Milieus, in denen Technik entsteht, sind daher mehr als andere Erwerbsbereiche durch die Stereotype von Männlichkeit bestimmt. Das Berufsbild des Ingenieurs z.B., das vor etwa hundert Jahren in der ersten Phase der Industrialisierung entstand, wird immer wieder mit Merkmalen beschrieben, die mit der gesellschaftsüblichen Definition von Männlichkeit korrespondieren. Von Wagemut, Erfindergeist, Risikobereitschaft, Selbstaufgabe, Optimismus, Aktivität (Hortleder 1973) ist immer wieder die Rede. Diesel hat sich sogar dahin verstiegen, im 'Ingenieurtrieb' als einem hervorstechenden Habitusmerkmal zu sprechen.

Der hiermit beschriebene Zusammenhang von männlicher Selbstbestätigung und technischer Kreativität bedingt eine professionelle Kooptation, die entsprechende sozialpsychologische Merkmale zu einem ruflichen Habitus zusammentreten läßt. Mit größtem Nachhall ist dies aus einer kritischen Perspektive von Brämer und Nolte (1983) formuliert worden. Sie belegen, daß eine technische Begabung sich in früher Jugend durch soziale Verhaltensmuster zu erkennen gibt. Kommunikationsunwilligkeit gehört dazu, außerdem eine Haltung, die die Auseinandersetzung mit toten Gegenständen bevorzugt und dem konfliktträchtigen und damit unsicheren Umgang mit Menschen aus dem Wege geht. Frühe Identifikationen mit der durch den Vater zumeist verkörperten und bewunderten Männlichkeit sowie das Ausweichen vor einer Auseinandersetzung mit der durch die Mutter repräsentierten Weiblichkeit McClelland 1983) befördern das Bedürfnis nach einer homosozialen Bündnisschaft nur mit Männern und einen intellektuellen Habitus, der auf Bezwingung der Materie und Maschine abzielt

(Garbrecht 1980). Liebesbeziehungen werden in der Jugend entsprechend spät und selten eingegangen. Das Weibliche ist eher eine Bedrohung für die männliche Selbstdefinition, weniger eine lustvolle und bereichernde Bestätigung. Die Abwehr weiblicher Beziehungskompetenz schlägt sich nieder in der scheinbaren Entblößung der Technik von sozialen Zielsetzungen und einer inneren Verweigerung gegenüber einer Verantwortung für die Technikentwicklung.

Nun zu den Frauen. Wie steht es um ihre Möglichkeit der zivilisatorischen Alternative? Alle Antworten sind hier schwierig. Zunächst weil die Handvoll Frauen, die sich seit Beginn des Jahrhunderts unter die Techniker der Universitäten mischten, schwerlich solches leisten konnte. Denn das wissen wir inzwischen ja durch mancherlei Forschung belegt, daß kleine soziale Gruppen in einer dominanten Kultur ihre besonderen Eigenschaften und Fähigkeiten - wie schön und attraktiv sie auch sein mögen - kaum zur Geltung bringen können. Nicht nur das. Wie nicht zuletzt die bereits angeführten wissenschaftsphilosophischen Theorien des 17./18. Jahrhunderts belegen, ist auch das zivilisatorische Projekt des modernen Mannes von langer Hand vorbereitet. Technische Konstrukte erwachsen allmählich aus einem kulturellen Klima, sind kaum das Ergebnis eines voluntaristischen Aktes Einzelner. Selbst eine schnelle Hochquotierung von Frauen in den Ingenieurwissenschaften und in der Informatik z.B. wäre noch keine Garantie für eine zivilisatorische Wende, für die Sprengung des zivilisatorischen Komplotts. Dazu gehört mehr als nur die weibliche Hand am Werkzeug.

Nur vor diesem Hintergrund solcher Einschränkungen möchte ich einige Forschungsergebnisse zum Weiterdenken anbieten, die unter anderem in einem Projekt über die Situation von Frauen im Ingenieurberuf erarbeitet wurden (Janshen/Rudolph 1987). Die Frage nach den Indizien für eine qualitative Veränderung des zivilisatorischen Projektes leitet u.a. die Gespräche mit Ingenieurinnen des Maschinenbaus und der Elektrotechnik an. Natürlich fragten wir sie daher auch nach ihrem Umgang mit der Technik:

Technik macht Spaß - dieser Eindruck überwiegt bei der Lektüre jener Aussagen, die sich auf den Umgang mit der Technik beziehen. Nicht zufällig fällt des öfteren das Wort "Spaß". Einer macht es "Spaß, ein Problem zu lösen", eine andere spricht von dem "Spaß, Abläufe vor mir zu sehen und begreifen zu können, die dann zu irgendeinem Ergebnis führen, z.B., daß eine Maschine funktioniert". In solchen Äußerungen äußert sich nicht unbedingt Geschlechtsspezifisches, im Gegenteil, eine ganze Reihe von Aspekten, die für die "Faszination an der Technik" angeführt wurde, hätten auch von Männern genannt sein können.

Für Männer, Ingenieure in diesem Fall, wurde bereits wiederholt eine kämpferische Beherrschungslust im Umgang mit der Technik nachgewiesen (Hermanns 1984:167). Dies kann sich in dem Vergnügen äußern, eine besonders starke oder schnelle Maschine steuern zu wollen, ebenso aber auch in dem Drang, durch intellektuelle Leistungen ein Chaos zu lichten, z.B. wenn ein ganz besonders intelligentes Programm den Computer zu außerordentlichen Leistungen zwingt. Eine solche Neigung für große, wenn nicht gar gigantomanische Technik ist durch unsere Gespräche mit den Ingenieurinnen selten belegbar, aber immerhin, auch sie ist zitierbar.

Das emotionale Bedürfnis, sich gegenüber einer starken Technik dominant zu verhalten, ist auch bei Frauen erkennbar, häufiger jedoch ist das Vergnügen an der "kleinen Technik". Feinwerktechnik wird von Maschinenbauerinnen auffallend häufig als Spezialisierungsinteresse benannt. Der hier nur angedeuteten Tendenz entspricht auf einer anderen Ebene, daß die ganz große Hingabe an die Sache eher Skepsis, wenn nicht gar Angst auslöst. Das Bild vom süchtigen Programmierer hat die Runde gemacht und provoziert immer wieder eine entschiedene Abgrenzung gegenüber diesem als typisch männlich eingestuften Verhalten. Was die Ingenieurin aus dieser Perspektive von ihren männlichen Kollegen unterscheidet, ist demnach weniger die Art des Antriebs für die Kommunikation mit der Technik als vielmehr die geringere Entschiedenheit bzw. Bereitschaft, in der "Sache" aufzugehen.

Wo bleiben dann also die Unterschiede zwischen dem männlichen und weiblichen Umgang mit der Technik? Sind sie überhaupt erkennbar? Doch, sie sind es.

Sie zeigen sich am deutlichsten bei der sozialen Interpretation von Technik, in bezug auf all das, was unter das Stichwort "Technikbewertung" fällt. Ingenieurinnen wollen auffallend häufig ihren Arbeitseinsatz auf "gute" Zwecke beschränken, d.h. sie haben z.B. eine hohe Priorität für Medizintechnik und eine große Ablehnung für den Rüstungssektor. Dieser Zug konnotiert mit einer unverhältnismäßigen Bereitschaft, trotz aller Begeisterungfür die Technik, die Folgen für Mensch und Gesellschaft in Denken und Arbeiten einzubeziehen.

Ist also doch am weiblichen Wesen die Technik zu genesen? Nein, so einfach ist es nicht.

Die Ausnahmefrau "Ingenieurin" hat mit dem üblichen Mann "Ingenieur" zumindest in den frühen Jahren ihrer Sozialisation eines gemeinsam: die Bewunderung für männliche und eine latente oder sogar bewußte Ablehnung für alles, was in dieser Gesellschaft herkömmlich als weiblich definiert wird. Viele der von uns Befragten wären als Kind oder Mädchen lieber ein Junge gewesen, nicht ein einziger der Männer hat je in seinem Leben für entsprechende Umkehrung votiert. Was sich darin ausdrückt: dieselbe Leidenschaft kann für beide Geschlechter nicht dieselbe sein.

Ingenieure können sich in allem beruflichen und privaten Handeln als Mann bestätigen und daraus die Kraft für die Gestaltung einer männlichen Zivilisation schöpfen. Ingenieurinnen dagegen beziehen zunächst aus der Irritation gegenüber dem eigenen Geschlecht die Freiheit, geschlechtsunübliche Wege einzuschlagen. Als Pionierinnen haben wir ihnen entsprechend zu danken. Doch es ist auch der Preis zu sehen. Sowohl im Beruf als auch im Privaten. Weder das Weibliche noch das Männliche kann kraftvoll ausgelebt werden. Sie haben selten Kinder, leben oft ohne Partner und können doch nicht über berufliche Erfolge kompensieren, da im Laufe des Lebens der dem Weiblichen verpflichtete kommunikative Habitus als Durchsetzungsschwäche zu Buche schlägt. Für die Durchsetzung eines weiblichen Projektes der Zivilisation mangelt es an der erotischen Entschiedenheit fürs sogenannte Weibliche. Auch den Frauen!

Diese Formulierung mag mancher Technikerin übel aufstoßen. So erinnere ich noch einmal daran, wie sehr die Kreativität der Kraftmaschine Mann auf der erotischen Besetzung von Macht, Herrschaft und Zerstörung beruht. Daß Frauen solcher Eros nicht beflügeln kann, zeigt auch die Biographie dieser Ingenieurinnen. Mir scheint es von einer nicht zu unterschätzenden Bedeutung zu sein, daß keine der von uns befragten Frauen in ihrer Bewunderung fürs Männliche so weit ging, daß eine Lust an der Zerstörung in die eigene Biographie eingeschlagen hätte. Fast alle haben auch mit dem Spielzeug von Jungen hantiert, aber nicht eine einzige hat Kriegsspielzeug ins "Emanzipationskonzept der frühen Jahre" integriert. Ich halte diese unbewußte Haltung für eine sehr bedeutsame Tatsache, und schließe daraus, daß ein "anderes Begehren" die Wende für die technische Zivilisation einleiten müßte.

Daß die homosozialen Zusammenschlüsse von Männern durch den Zuzug von Frauen entwertet und geschwächt werden, ist bekannt. Insofern ist die quantitative Zunahme von Frauen z.B. auch in der Informatik, der zentralen technischen Disziplin der Gegenwart, nicht zu unterschätzen. Die Basistechnik der sogenannten Informationsgesellschaft ist nicht mehr die simple Kraftmaschine, nein, die Leistungen dieser auch Kommunikation und Organisation thematisierenden Maschinerie spricht das traditierte Geschlechtsprogramm von Frauen an: Beziehung. Es scheint mir bislang mitnichten ausgemacht zu sein, ob Frauen die Kommunikationsmaschine der Gegenwart entschiedener und Weichen setzend in die eigenen Hände nehmen werden. Oder wird diese Technik ihre tradierten Fähigkeiten erschüttern? Eines jedoch scheint mir sicher zu sein: eine Wende wäre an die lustvolle

Besetzung all jener Eigenschaften verbunden, auf die wir in den vergangenen Jahrhunderten als Ohnmachtskonzept verpflichtet wurden. Beziehungslust statt Beziehungsarbeit. Und das gilt nicht nur für die Frauen in den genannten Professionen. An die Stelle des zivilisatorischen Komplotts ist eine neue zivilisatorische Komplizenschaft zu setzen. Der Rekurs aufs "Weibliche" vollzieht sich nicht selbsttätig, sondern in der Selbstverpflichtung von Menschen auf ein geschlechtspolitisches Programm, das weiter greift und letztlich zu einer Enthematisierung der Geschlechtsspezifik führen wird. Vision ist nicht die "weibliche Maschine", sondern die zivilisatorische Alternative, für die die Bilder nocht nicht entworfen sind.

Literaturangaben:

Brämer, R./Nolte, G.: Die doppelte Bedrohung: Über das beiderseitige Angstverhältnis von Naturwissenschaft und Frauen. In: Wager, I. (Hrsg.): Frauen und Naturwissenschaft. Zeitschrift für Hochschuldidaktik, Jg. 7/1983, Nr. 4

Easlea: Väter der Vernichtung. Männlichkeit, Naturwissenschaftler und der nukleare Rüstungswettlauf. Reinbek 1986

Garbrecht, D.: Das System der Gewalt. In: Wechselwirkung, Mai 1980, S. 41 ff.

Hermanns, H.: Berufsverlauf von Ingenieuren in biographischer Perspektive. In: Kohli, M./Robert, G. (Hrsg.) Biographie und soziale Wirklichkeit. Neue Beiträge und Forschungsperspektiven. Stuttgart 1984.

Hortleder, G.: Das Gesellschaftsbild des Ingenieurs. Frankfurt/M. 1973.

Janshen, D.: Rationalisierung im Alltag der Industriegesellschaft. Vernunft und Unvernunft neuer Kommunikationstechnologien am Beispiel Japans. Frankfurt/New York 1980.

Janshen, D./Rudolph, H. e.a.: Ingenieurinnen. Frauen für die Zukunft. Berlin 1987.

COMPUTER UND STRATIFIKATION

H.Gerhard Beisenherz
Deutsches Jugendinstitut
MÜNCHEN

I. Stratifikation und Technik

Als hartnäckiges traditionalistisches Erbe des Patriarchats erweist sich seit langem die Stratifikation der Berufswelt anhand der Dichotomie "männliche versus weibliche Arbeit". Diese Dichotomisierung von Arbeit führt durch die Abwertung weiblicher Arbeit zu einer sozialen Asymmetrie. Dies gilt sowohl in Hinblick auf die funktionale Arbeitsteilung - Kinderbetreuung etwa wird schlechter bezahlt als Metallverarbeitung - als auch in Blick auf die hierarchische Arbeitsteilung: auf den oberen Sprossen der Karriereleiter findet man deutlich weniger Frauen als weiter unten. Hinzu kommt noch, daß typischerweise Frauen für gleiche Arbeit schlechter bezahlt werden. Wir fassen daher hier diese Formen der Benachteiligung unter dem Begriff der Stratifikation zusammen.

Ausgangspunkt des folgenden Beitrags ist die Tatsache, daß "die Technik" für die Begründung dieser stratifizierenden Asymmetrie eine zentrale Rolle spielt. Offenkundig ist dies für die funktionale Arbeitsteilung: Die Technisierung der Dienste ist allenfalls in einem Anfangsstadium, Männerberufe dagegen sind in der Regel seit langem durch Technik bestimmt, oft dienen sie direkt ihrer Entwicklung und Wartung.Auch Lohndifferenzen bei gleicher Arbeit werden gelegentlich - wenn auch weniger explizit - mit unterschiedlicher Technikkompetenz begründet, und zwar meist implizit durch den Verweis auf unterschiedliche Ausbildung. Auch werden die unterschiedlichen Chancen auf der Karriereleiter der Arbeitswelt reüssieren zu können, zunehmend durch Verweise auf Technikkompetenz begründet.[1]

Technik spielt freilich in diesem Legitimationskomplex heute eine andere Rolle als noch vor zwei Jahrzehnten.Stratifikation wird sich in Zukunft immer weniger auf die Analogie zwischen "weiblich versus männlich" einerseits und "Technik versus Nicht-Technik" andererseits stützen können, löst sich aber gleichwohl nicht auf. Ihr ideologischer Bezug auf Technik verlagert sich vielmehr in die Technik hinein. Diese These soll nun weiter ausgeführt werden.

In einer Untersuchung zum Computern von Kindern und Jugendlichen im Alter zwischen 10 und 16 Jahren, die primär auf die Rolle dieses Gerätes in der Sozialisation von Intensivnutzern abzielte, haben wir Anhaltspunkte dafür gefunden, daß sich zumindest im Sozialisationsbereich eine neue Dichotomie im Technikumgang abzeichnet,deren Übertragbarkeit in andere Bereiche - insbesondere die Reproduktion - uns sehr plausibel erscheint. Ich kann an dieser Stelle weder das Material noch die Auswertung ausbreiten, die die folgende Interpretation angeleitet und gestützt haben.[2] Stattdessen möchte ich nur die neue Form der Dichotomisierung herausarbeiten, sowie weiterführende Überlegungen anstellen über die Mechanismen der sozialisatorischen Verankerung dieser Dichotomie in der Geschlechtsidentität. Es liegt auf der Hand, daß damit auch eine Erklärung für den mittlerweile bekannten Befund über unterschiedliche Umgangsweisen von Frauen und Männern mit dem Computer intendiert wird. Der heute weitgehend unbestrittene Befund lautet: Frauen gehen mit dem Computer pragmatischer, zweckbezogener, nüchterner und distanzierter um. Sie befleißigen sich letztlich einer größeren Ökonomie in der Nutzung des Gerätes. Demgegenüber sind Männer und besonders auch Jungen eher von einem identifikatorischen Umgangsstil geprägt. Sie sind fasziniert, nutzen das Gerät als Selbstzweck, nähern sich ihm experimentell und zeichnen sich häufig durch hohe Autonomie bis Idiosynkrasie im Umgang mit demselben aus.[3] Ich gehe also von der Richtigkeit dieser Befunde aus und frage dann nach den sozialisatorischen Voraussetzungen und Gründen für diesen Unterschied sowie dem legitimatorischen Stellenwert im Stratifikationskomplex.

II. Die "Technische Situation" als Ersatz für Zugangs- und Exklusionsregeln.

Die Nutzung des Computers erfolgt in ganz unterschiedlichen Kontexten, Konstellationen und mit verschiedenen Intentionen, immer aber ist sie bezogen auf das, was ich eine "technische Situation" nennen möchte. Denn im Hintergrund der routinisierten Nutzung des Computers steht immer die Möglichkeit des Auftauchens eines Problems, durch das der der routinisierte Gebrauch unterbrochen ist. Unter einer "technischen Situation" verstehe ich also eine Situation, in der typischerweise mehrere Personen physisch (oder zumindest auch psychisch) anwesend sind, die Handlung durch ein Problem strukturiert ist, das durch einen technischen Gegenstand konstituiert wird, und die Interaktion durch dieses Problem fokussiert wird.Solche technischen Situationen ergeben sich gerade bei der Nutzung von Computern sehr häufig. Dies ist zum einen sicher durch die gegenwärtige Einführung bedingt. Aufgrund des hohen Entwicklungstempos sowohl im Hardware- als auch im Softwarebereich bleibt aber diese Einführungsphase in gewissem Umfang ein Dauerzustand, und damit ergibt sich hier auch eine sehr große Häufigkeit von technischen Situationen. Diese sind freilich nicht auf den Computer beschränkt. In diesem Kontext sind sie nur häufiger und auffälliger geworden. Tatsächlich aber sind sie ein dauerhafter Begleiter fast aller technischen Gegenstände im Alltag.

Meine These ist nun weiter, daß sich der Alltag in der Nachkriegszeit erstens durch eine rasante Zunahme technischer Situationen verändert hat und daß zweitens die geschlechtspolarisierende Funktion technischer Situationen an die Stelle der traditionellen Differenzierung mittels Technik getreten ist, die sich primär durch Zugangs- und Ausschlußregeln etabliert hatte. Um anhand eines sozial besonders bedeutsamen technischen Gerätes ein Beispiel zu geben: Früher differenzierte schon die Berechtigung zum Autofahren hinreichend zwischen Mann und Frau. Der Führerscheinbesitz war bis auf wenige Ausnahmen eine Domäne des Mannes. Heute hat sich die Nutzung des Autos generalisiert. Eine Differenzierung anhand der Geschlechtertrennung findet dagegen in der Regel im wesentlichen in mit dem Auto verbundenen technische Situationen statt, also insbesondere bei Reparaturen, aber auch bei Situationen, in denen es beispielsweise um die Anschaffung eines Autos geht. Handlungen und Entscheidungen in solchen Situationen setzen dann neben der Bedienerkompetenz noch weiteres Wissen oder spezifische technische Fertigkeiten voraus.

Was eine technische Situation ist, hängt freilich nicht nur von der Situation als solcher ab, also insbesondere nicht nur von dem jeweils aufgeworfenen technischen Problem, sondern auch vom soziohistorischen Kontext, in dem die Situation auftritt. So erinnern etwa viele Reklamebilder insbesondere aus den 50er und 60er Jahren daran, daß etwa die Autopanne auf einer leeren Landstraße eine technische Situation war - die alleine mit dem Auto fahrende Frau wartet am Straßenrand auf den "Kavalier", der ihre Autopanne beheben soll -, eine Situation, die heute durch die Routinsierung der Pannenhilfe einerseits und die Universalisierung der Kenntnisse zur Pannenbehebung andererseits deutlich ihren Charakter als "technische Situation" verloren hat.

Der Begriff der technische Situation erlaubt es , unseren Befund über die neue Form der Dichotomisierung, die sich bei der Computernutzung zeigt, zu präzisieren: Technik erweist sich heute nicht schon allein durch Zugangs- und Exklusionsregeln,die die Nutzug geschlechtsspezifisch eingrenzen, sondern erst durch die soziale Verhaltensdifferenzierung als geschlechter-polarisierend, die sie vermittels der "technische Situation" ermöglicht.[4] Diese geschlechtsdifferenzierende Wirkung der technischen

Situation zeigt sie nicht nur in dieser Situation selbst (vgl. dazu unten) sondern darüber hinaus auch im routinisierten Nutzerverhalten im Alltag, d.h. außerhalb der durchregulierten und kontrollierten Arbeitszusammenhänge.

Es ist dann im weiteren diese Tauglichkeit der "technische Situation" für die Geschlechterpolarisierung, die rückwirkend in spezifischen Kontexten auch den jeweiligen Nutzungsstil bestimmen kann. technische Situationen zeichnen sich in der Regel dadurch aus, daß in ihnen entweder eine funktionierende Technik überhaupt erst konstruiert wird, oder daß zumindest eine vorhandene und in ihrem funktionalen Ablauf gestörte Technik wieder funktionsfähig gemacht werden soll.Immer aber ist die technische Situation eine solche, in der jeweilige Technik für die Nutzung noch nicht, nicht mehr oder im Augenblick nicht zur Verfügung steht. Aus der Perspektive des routinemäßigen Nutzers ist sie eine Störung im Alltag. Folglich zielt der routinisierte, zweck-instrumentelle Gebrauch von Technik im Alltag und in der Produktion in der Regel darauf ab, den Eintritt einer "technische Situation" zu vermeiden. Dieses Störungsvermeidungsverhalten ist zumindest immer dort angebracht, wo der Technikeinsatz nach Maßgabe ökonomischer Effizienzkriterien und Wirtschaftlichkeitsgesichtspunkten erfolgt.

III. Technik als Medium für riskantes Handeln

Daneben gibt es freilich eine wie ich meine zunehmende Reihe von Möglichkeiten, technische Gegenstände auch im Alltag quasi als Selbstzweck zu nutzen. Dann tritt die routinisierte, zweck-instrumentelle Nutzung der Apparate und Geräte zurück hinter einer möglichen Nutzungsform, die das immanente Risikopotential von Technik auszuloten versucht, indem bis an die "Bruchgrenze" des normalen Funktionierens herangegangen wird. Solche Formen der Nutzung technischer Geräte und Apparate könnte man als "typisch männlich" bezeichnen. Wichtig ist bei dieser Typisierung aber, daß eine solche geschlechtsspezifische Nutzungsform von Technik nicht mit der jeweiligen Technik als solcher verbunden ist, sondern von spezifischen Nutzungssituationen abhängt. Männlicher und weiblicher Technikgebrauch - und dies gilt ganz besonders beim Computer in der Sozialisationsphase - unterscheiden sich dann schon von vornherein häufig dadurch, daß solche Nutzungssituationen, in denen der Übergang zur "technische Situation" quasi experimentell ständig erprobt wird, von Mädchen und Frauen überhaupt nur seltener aufgesucht bzw. produziert werden.

In diesem Nutzerverhalten konvergieren zwei historische Bestimmungsmomente männlicher Technikaffinität: der risikosuchende Stil, der historisch natürlich primär im Kontext der Waffenhandhabung und als Teil des Heldenmythos entwickelt wurde[5], und die Technik-Identifikation als "homo faber", die in der sozialen Definition der Technikgenese als männlichem Projekt wurzelt. Die Gefahr des Risikosuchenden Nutzungsstils ist hier das Umkippen in die technische Situation, die dann die Demonstration von Männlichkeit qua Technik-Kompetenz erlaubt. Die Verknüpfung ergibt sich dadurch, daß die durch die technische Situation indizierte Störung das Risiko darstellt, das im riskanten Nutzungsverhalten gesucht wird. Ihre besondere Attraktivität liegt darin, daß sie die Demonstration von Technik-Kompetenz auf der Ebene des Generierungswissens erlaubt.

Der "risiko-explorative" Umgangsstil mit Technik bestimmt heute noch das moderne Männlichkeitsideal und wird schon in der Primärsozialisationsphase - also in der Phase bis zur Pubertät - in der Geschlechtsidentität der Jungen verankert . Diese schon früh einsetzende Differenzierung im Umgang mit technischen Artefakten und "proto-technischen" Gegenständen von Buben und Mädchen wird nicht zuletzt über die ausdifferenzierte Spielzeugkultur der Kinder vermittelt. Mit dieser Unterscheidung läßt sich z.B. zwanglos die schon von Erikson beobachtete unterschiedliche Handhabung von Bauklötzen durch Jungen und Mädchen erklären, ohne daß man hierzu auf psychoanalytische Assoziationen - etwa nach dem Muster der Phallus-Symbolik - zurückgreifen muß. Das Bauen von Türmen - die Präferenz der Jungens - ist eben "risikoreicher" als das Aufstellen von Umhegungen und Mauern.[6] Auf dieser Stufe der Entwicklung spielt allerdings die Technikkompetenz im engeren Sinne noch eine geringe Rolle: eine Verknüpfung dürfte sich aber in folgenden Punkten nachweisen lassen, wofür wir in unserer Empirie auch mehrfach Anhaltspunkte gefunden haben: die Technikaneignung auf der Ebene der Technikgenese erfolgt zunächst rekonstruktiv, d.h. indem Technik nicht funktional genutzt, sondern auseinandergenommen und wieder zusammengesetzt wird. Ein solcher explorativer Umgang wird aber durch den risikoträchtigen Umgangsstil eher gefördert als durch den sachlich-funktionalen. Nicht umsonst lautet eine unausrottbare Erziehungsmaxime: durch Schaden wird man klug.

Erst in der Phase der adoleszenten Identitätsbildung wird dann auf der Ebene des nunmehr erreichten kognitiven Entwicklungsstandes die in der Primärsozialisation auf der Basis des männlichen Helden-Mythos grundgelegte Technikaffinität der Jungen transformiert in eine Technikkompetenz, die sich in der technischen Situation entfalten und darstellen kann. Empirisch trifft eine solche Entwicklungsdarstellung natürlich bei weitem nicht für die Gesamtheit der männlichen Jugendlichen zu. Dennoch prägt eine so gedeutete Rolle der Technikkompetenz den Definitionssatz von

Männlichkeit entscheidend mit. Ich komme im letzten Teil darauf zurück, daß mit dem Computer eine Technikentwicklung erreicht ist, der dieses - empirisch immer schon brüchige - Vorstellungsbild über die Affinität von Technik und Männlichkeit endgültig obsolet macht.

IV. Die technische Situation als reflexive Institution

Bisher ist offengeblieben, welche Strukturen der technischen Situation letztlich dafür verantwortlich sind, daß sie eine Geschlechtsdifferenz des Umgangsstils induzieren, die asymmetrisierend wirkt. Ein Verständnis dieses Punktes ist aber wesentlich für die Frage nach dem Einfluß der Technik auf die Geschlechtsidentität, insbesondere im Hinblick auf die Frage, inwieweit der Computer die traditionalen Funktionen der technischen Situation heute nicht weitgehend aushöhlt.

Die Asymmetrie, die die technische Situation in ritualisierter Form aufzuführen gestattet, ist die Relation der Hilfsbedürftigkeit. Diese kann konkret natürlich nur inszeniert werden, wenn in dieser Situation einer dem anderen hilft; für die Aufrechterhaltung und Etablierung der Geschlechtsbilder reicht freilich auch die bloß imaginierte Hilfe beim Erwerb technischer Kompetenz. Technik liefert so den Anlaß und das Material für eine Art der männlichen "Helferneurose",die man als komplementäres Ritual zur "Learned helplessness" ansehen mag. In ihr drückt sich in transformierter, auf ein technisches Zeitalter angepaßter Form das traditionelle Schema aus, das von der körperlichen Überlegenheit einerseits, den diese umrankenden Ritterlichkeitsvorstellungen andererseits, ausging. [7]

Grundlage dieses Helfersyndroms ist eine spezifische Zugangsweise zur Technik,die freilich nicht naturalisiert werden darf.Vielmehr ist Technik im Sinne von Goffman als eine reflexive Institution zu begreifen , die die Abhängigkeits-Asymmetrie in technische Situationen genau dadurch schafft, daß sie sie über Kompetenz-Differentiale voraussetzt.Indem der alltägliche Umgang mit Technik immer schon als Ritual zur Darstellung männlicher Überlegenheit betrachtet wird,erzeugt dieser dann auch seine faktischen Grundlagen.
Analog zum riskanten Umgangsstil, der ja Unverletzbarkeitsphantasien voraussetzt und diese zugleich nährt, also in der Verlängerung frühkindlicher narzistischer Größen-Ich-Projektionen wurzelt, erzeugt die technische Situation die Kompetenzunterschiede, von deren Existenz sie ausgeht, genau dadurch, daß sie sie als vorhanden unterstellt. Ohne die schon vorgängig unterstellte weibliche Hilfsbedürftigkeit würde sich der Kompetenzunterschied - zumindest in dieser Form - nicht ergeben. Indem

man die technische Situation als eine reflexive Institution begreift, wird somit deutlich, daß das, was den Unterschied begründen soll, sozial nur deshalb generiert wird, weil der Unterschied - hier männliche Überlegenheit - immer schon vorweg unterstellt wird.

Sozialisationstheoretisch bedeutet dies: die vorgängige Orientierung an technische Situationen bewirkt für die männliche Rolle eine Technikaneignung, die es erlaubt, in diesen Situationen einen technischen Kompetenzvorsprung als Hilfsressource und damit zur Demonstration von Überlegenheit einzusetzen. Dies setzt eine Orientierung auf die technischen Funktionsweisen voraus, und aus dieser ergibt sich dann eine Blickrichtung auf die Variationsmöglichkeiten des Einsatzes, die Variabilität der Funktion, ihre technischen Voraussetzungen, die konkrete Beschaffenheit der Teile, das Ineinandergreifen mechanischer Abläufe und anderes mehr.

V. Zur Simulation von technischer Kompetenz am Computer

Die Analyse des Computerumgangs von Jugendlichen zeigt aber noch ein Weiteres: die Bedeutsamkeit der technische Situation tritt hier möglicherweise deshalb so klar in Erscheinung, weil sich ihre Stimmigkeit schon verflüchtigt, weil beim Computer ein historisch überkommenes Schema der Geschlechterpolarisierung quasi am falschen Objekt sich abmüht. Darin zeigt sich die technologisch bedingte Obsolenz eines auf Technik zugerichteten Männlichkeitsideals. Denn im Computer vollendet sich der Rückzug der Technik aus der Alltagswelt, so wie andererseits seine Ausweitung ein Schub der "Veralltäglichung" von Technik darstellt [8]. Die Funktionsweise dieser Technologie ist nämlich im Alltag überhaupt nicht mehr anschaulich nachvollziehbar; der hierarchische Aufbau der verschiedenen Sprachebenen hin bis zur benutzerfreundlichen Oberfläche bedeutet im umgekehrter Richtung gelesen zugleich die Elimination des Technischen im eigentlichen Sinne aus dem Alltag. Noch in der Unterscheidung von Hardware und Software wird dieser Sachverhalt eher verschleiert als auf den Begriff gebracht. Denn schon die Hardware ist ja hart nur insofern, als sie nicht beliebig veränderbar ist. Sie ist aber weich, insofern sich ihre Funktionsweise nicht mehr auf der Ebene von Kraft-, Bewegungs- und Energieübertragungen erschließt, sondern selbst schon auf derjenigen der Informationsverarbeitung, der Daten und logischen Operationen verankert ist. Daher ist nur noch dem Spezialisten das Technische am Computer überhaupt sichtbar zu machen. Dem Alltagsauge - ob männlich oder weiblich - bieten sich dagegen dort, wo es Technik erwartet, nur noch Bilder an .

Diese Situation führt nun gerade in der Sozialisationsphase dazu, die

Aneignung des Computers nach dem Muster der männlichen Technik-Aneignung zu simulieren - womit nicht gesagt sein soll, daß es nicht Einzelfälle von artistischer Computeraneignung und Frühprofessionalisierung gibt. Die oben im Zusammenhang mit der technische Situation geschilderten Besonderheit des Umgangs zeigen sich dann auf der Ebene der Nutzung selbst, ohne daß es dabei zu einer technischen Aneignung käme. Die Struktur der Technologie, ihre Verfügbarkeit für beliebige Programme sowie die hierarchische Schachtelung von Sprachebenen erlauben die Simulation des Verhältnisses von technisch-physikalischem Prozeß und Funktionserfüllung auf der Benutzerebene selbst. Dieser Simulationslogik folgt ein Großteil der männlichen jugendlichen Computernutzung. Zur Stützung dieser Aneignungssimulation kann der Nutzer dann auf einen breiten Kranz von Accessoires zurückgreifen, die sich mittlerweile um den PC herum etabliert haben, vor allem natürlich auf den Zeitschriftenmarkt. Was der jugendliche Computer-Nutzer dort findet, erhöht in der Regel weniger sein technisches Verständnis für den Computer als vielmehr seine Darstellungskompetenz als Computerfachmann. Dazu zählt nicht bloß ein ausuferndes Vokabular über technische Ausstattungen und Varianten, das nur ein Funktionswissen, aber kein Verständnis über das Funktionieren transportiert. Vielmehr gehört dazu ganz besonders auch die Fähigkeit, sich anhand technischer Parameter bewertend im neuen Disneyland der Technikwunder zu orientieren. Die viel zitierte "Computerkultur" Jugendlicher hat wohl überhaupt nur dadurch etwas mit "Kultur" im traditionellen Sinne zu tun, als hier tatsächlich eine eigenständige Welt entstanden ist, die sich fortlaufend durch den Vollzug von funktional nicht ableitbaren Bewertungen reproduziert

Der Computer läßt aber in der Regel nicht nur den Anspruch auf technische Kompetenz leerlaufen, er transformiert auch den Charakter des riskanten Umgangs. Auch das Risiko existiert nur noch als simuliertes Risiko. Weder das Gerät noch der Bediener kann ja in der Regel in eine riskante Realsituation gebracht werden. Als Substitut dafür fungiert dann der Absturz. Darauf weist allein schon die Wortwahl für dieses Phänomen hin. Diesen kann man auf vielfältige Weise herbeiführen, und mit ihm verbindet sich auch ein Restrisiko: das Risiko verlorener Arbeitsmühe. Aber dies zu vermeiden, lernt jeder Nutzer ja fast zu allererst. Damit erweist sich der Computer als die risikolose Technologie schlechthin, so daß die Versuche von Jungens, durch das Produzieren von Abstürzen dem Computer eine Aura technischer Gefahr zu verleihen, den Charakter magischer Beschwörungen annehmen. Technische Kompetenz jedenfalls vermitteln diese Versuche überhaupt nicht mehr. In der Rätselhaftigkeit eines jeden Absturzes zeigt sich vielmehr die Transzendenz der physikalischen Prozesse im Computer gegenüber dem Handlungsbewußtsein des Benutzers.

Damit können wir folgendes - sicher verkürzendes - Resümee ziehen: die Primärsozialisation von Kindern betreibt heute stärker als je zuvor in der Vergangenheit Geschlechtspolarisierung und Ausbildung von Geschlechtsidentität vermittels differentieller Funktionalisierung von Technik in technische Situation Beim Versuch der Aneignung des Computers - als dem fortgeschrittensten Exponat gesellschaftlicher Technik - läuft dann dieses mit der technische Situation verknüpfte Muster leer. Jungens flüchten sich dann in einen - letztlich disfunktionalen - Prozeß der Simulation technischer Aneignung. Darin werden sie durch das kommerzielle Angebot von Accessoires unterstützt, die die Etablierung einer "Computerkultur" erlauben. Die technische Stratifikationsstrategie steht damit am Ende nur noch auf einem Bein: dem Abglanz, den der männliche Spezialist auf die Spezies Mann als Ganze wirft.

ANMERKUNGEN UND LITERATUR:

1.vgl. hierzu den Aufsatz von SOLOMON,Jolie:Business World is Smaller for Women.In:The Wall Street Journal/Europa vom 8.6.88,p.7

2.das wird ausführlich in dem Ende 89 erscheinendem Forschungsbericht"Computern zwischen Schule und Familie" derFall sein.

3.vgl. z.B.:FAULSTICH-WIELAND,A.:Computer und Mädchenbildung.In:SCHÖLL,I.-/KÜLLER,I.(Hrsg.):Microsisters.Berlin1988;SCHIERSMANN,CHR.:Zugangsweisen vonMädchen und Frauen zu den neuen Technologien-Eine Bilanz vorliegender Untersuchungsergebnisse.In:ifg Frauenforschung.Doppelheft 1+2,1987,S.5-.24.;HEJL,P.,KLAUSER;g./KÖCK,W.K.:"Computer Kids":Telematik und sozialer Wandel.LUMIS,Sonderreihe BandI,1988,S.86-94.

4.Dies gilt wegen der Gleichzeitigkeit des Ungleichzeitigen natürlich nur im eingegrenzten Maße.Natürlich lassen sich noch genügend traditionalistische Beispiele finden.Aber das ist hier nicht der Punkt.

5. Vgl. zu diesem Punkt etwa THEWELEIT,K.:Männerphantasien.Bd.2.Männer körper - zur psychoanalyse des weissen terrors,ibd.S.144-247.Reinbeck 1980.

6.vgl. dazu ERIKSON,E.H.:Kinderspiel und politische Phanasie.Frankfurt 1978,ibd.S.24-33 und ders.:Identität und Lebenszyklus,Frankfurt 1966

7.Technische Situationen konstituieren somit heute einen wesentlichen Faktor in dem, was Goffman als "courtesy complex" analysiert hat.Vgl.GOFFMAN,I:The Arrangements of the Sexes.In:Theory and Society,1977,p.3-28.

8. Vgl. zu diesem Punkt etwa die Beiträge in dem Tagungsband:Verbund Sozialwissenschaftliche Technikforschung.Mitteilungen Heft 4,1988.München.Die Dialektik von "Veralltäglichung" von Technik und Rückzug derselben scheint mir bisher generell zu wenig bedacht.

DER UNTERSCHIED, DER EINE UMGEBUNG SCHAFFT

Eva Meyer
Institut für theoretische Biowissenschaften
Universität Witten/Herdecke
Stockumerstr.10, D-5810 Witten-Annen

Der Unterschied, der eine Umgebung schafft, zählt auf die Anti-Repräsentation der Zeichen und findet in "der Frau" den Ort, von dem aus jedes Zeichen durch ein Maximum an Distanz hindurch sich zu sich selbst verhalten kann. Weder Denotation noch Konnotation, sowohl Zirkularität als auch Antinomie: Software-Design nicht als Modellierung, sondern als Realitätskonstruktion. Hier beginnt es mit Gertrude Stein:

"Mir gefiel der Unterschied zwischen Alleinsein Nicht-Alleinsein und Nicht-Dran-Denken. Das gab der Frau eine Umgebung", schreibt Gertrude Stein. Auch mir gefällt *der Unterschied, der eine Umgebung schafft* ; und so soll ihm nachgegangen werden.

Vielleicht soll ihm auch vorangegangen werden. Denn dieser Unterschied ist doppelt und gegenläufig. Es ist der Unterschied zwischen Alleinsein und Nicht-Alleinsein und der Verwerfung der Alternative als solcher im Nicht-Dran-Denken. Nicht eigentlich ein Unterschied ist, was sich nicht mehr damit begnügt, das oppositionelle Denken zu bestätigen, sondern den Übergang vorzeichnet, mit dem ein Nicht-Alleinsein in ein Alleinsein eingreifen kann und es *in Geschriebenes* übergehen läßt.

Das ist nicht der Übergang von hier nach dort, keine Übertragung, die hier aufzuschreiben hätte, was sich dort abgespielt hat. Vielmehr handelt es sich darum, schneller oder auch langsamer zu sein, als derjenige Teil in einem selbst, der genau daran denkt: an das Selbst und all diese Geschichten , die es im Sinn hat, um die Arbeit der Schrift zu vereiteln.

Diese aber wäre wie der Igel in *Der Hase und der Igel* immer schon vorher da, wenn sie sich ein bestimmtes Vergessen ihrer selbst zugibt und ein unbestimmbares Doppel daraus hervorgehen läßt. Unabhängig davon, ob es von hier ausgeht, um dort anzukommen oder umgekehrt. Weil es einen doppelten Anfang hat und daher keinen Anfang und auch kein Ende und also immer auch noch nachher da ist. Und vergißt, was Gleichzeitigkeit vortäuscht: namentlich die Präsenz eines Zeichensystems, die von jeder empirischen Gleichzeitigkeit bereits vorausgesetzt wird. Und wartet, bis sich jede noch so erinnerte Zurückhaltung mit sich selbst entzweit und *in Unterhaltung* übergeht.

Und so unterhält Gertrude Stein sich damit, sich ihr Leben zu erzählen. Dieses Erzählen ist deshalb autobiographisch, weil sie es *sich* erzählt, weil sie es *für sich* und *vor sich hin* erzählt, das was passiert, wenn man seinen Platz aufgibt und zur Öffnung des Raumes selber wird. Das ist immer mehr als was schon gesagt wurde, mindestens auch noch die Tatsache selbst, daß es gesagt wurde, die ganz und gar auf das gewöhnlich Geschriebene zählt und diese außergewöhnliche Bewegung wahrt, die von einem zum andern geht, ohne sich ihnen gemein zu machen, ohne ihnen in der Totalität des Gesagten diesselbe Geschichte, die Vergangenheit Aller, das eigene Leben, noch irgendjemandes Leben zu unterstellen. Die vielleicht einzige Möglichkeit seine Biographien ins Spiel zu bringen ist *Jedermanns Autobiographie*. Wo Gertrude Stein zu Dashiell Hammett sagte:

"Im neunzehnten Jahrhundert haben die Männer beim Schreiben alle möglichen Männer und die in großer Anzahl erfunden. Die Frauen dagegen konnten niemals Frauen erfinden sie haben die Frauen immer nach sich selbst gestaltet brilliant oder bekümmert oder heroisch oder schön oder verzweifelt oder sanft, und niemals konnten sie irgend eine andere Art Frau gestalten. Von Charlotte Bront bis hin zu George Eliot und viele Jahre später noch war das so. Jetzt im zwanzigsten Jahrhundert sind es die Männer die das tun. Alle Männer schreiben über sich selbst, immer sind sie selbst so stark oder schwach oder geheimnisvoll oder leidenschaftlich oder trunken oder beherrscht aber immer sind sie es selbst wie das die Frauen im neunzehnten Jahrhundert gemacht haben. Jetzt machen Sie das auch immer warum eigentlich. Er sagte das ist einfach. Im neunzehnten Jahrhundert waren die Männer selbstsicher, die Frauen nicht, aber im zwanzigsten Jahrhundert haben die Männer keine Selbstsicherheit und so müssen sie sich wie Sie sagen schöner machen interessanter, von allem mehr, und können keinen anderen Mann gestalten denn sie müssen sich an sich selbst festklammern weil sie keine Selbstsicherheit haben. Ich habe jetzt fuhr er fort sogar daran gedacht einen Vater und einen Sohn zu gestalten um zu sehen ob ich auf diese Weise noch eine andere Person gestalten kann. Das ist interessant sagte" Getrude Stein.

Interessant finde ich daran vor allem, daß neuerdings die Männer es sein sollen, die sich von nun an und "auf diese Weise" eines biologischen Modells zu bedienen, sich daran zu erinnern hätten, um von sich selbst auf anderes kommen zu können. Während die Frauen längst schon und nicht mehr in Anlehnung an Genealogie und Geschichte damit beginnen können, Unterschiede im Text selbst zu inszenieren. Das, was den Unterschied beim Schreiben ausmacht und Erzählen ohne zu erzählen heißt, weil es auf das zählt, was beim Schreiben passiert und genau das zu lesen aufgibt: Den Unterschied, der nicht erzählt werden kann, einfach deshalb, weil er geschrieben worden sein wird. Und eine Umgebung schafft, die sich nicht länger mit der Ebene "wirklicher" Begebenheiten kurzschließen muß, weil sie diese selbst aufschiebt und also dahingestellt lassen kann, was mit der Verbindung zweier Worte im Text passiert. Keine noch so aufklärerische Absicht wird sich je daran messen können: an der Lebendigkeit, die passiert und eben nicht erinnert wird.

Daran soll durchaus einmal erinnert werden. Daß es bei Getrude Stein mit "einer Rose" angefangen hat. "Eine Rose ist eine Rose ist eine Rose ist eine Rose". Und während "Eine Rose ist eine Rose", wie Brinnin sagt, "das Gleichgewicht der meisten Menschen nicht wesentlich" stört und "sogar wie 'Geschäft ist Geschäft' manchen Menschen einfach als schlichte Vernunft erscheinen" mag, so ist mit dem Satz " Eine Rose ist eine Rose ist eine Rose ist eine Rose" eine "literarische Straße" (Brinnin) betreten, die der Wiederholung alle Bestätigung und Erklärung nur hinzufügt, um sie in Emphase und Beharren zu überschreiten.

Von nun an ist wohl schlichte Vernunft, aber keine Verallgemeinerung mehr möglich. Und wer noch meint, daß "die Strenge der Urteilskraft, angewendet auf Rosenzucht,..einen Dichter nur zugrunde richtet", der kann sich von Paul Valéry gesagt sein lassen, daß genau darüber etwas in Erstaunen gerät, was er "mein Leben selbst" nennt und "darauf hinausläuft, einen ganzen Weg nochmals zu suchen, nochmals zu finden, als hätten ihn nicht bereits so viele andere gezogen und durchlaufen", um zu sehen, "ob der angeführte Gegensatz existiert und in welcher Weise er lebendig wird". Nichts weniger als allgemein ist diese Lebendigkeit, die, wenn sie passiert, niemals aufs Ganze geht, sondern aus dem Einen vieles macht.

Alles über die Frau Gesagte muß von dieser Besonderheit her bearbeitet werden. Denn nie kann man in der Gegenwart des verblaßt Reflexiven wissen, wozu sie fähig ist: sich selbst so ins Bild zu bringen, daß ihr Bild der Regel eines Bildzusammenhanges entspricht, wie es durch Emphase und Beharren hindurch sich zu sich selbst verhält. Und wie Gertrude Stein möchte, daß es "sich bewege wie alles sich bewegt, nicht bewege wie Emotion bewegt sondern sich bewege wie alles das sich wirklich bewegt sich bewegt".

Das wäre eine andere Wirklichkeit, die - losgelöst von aller Spekularität und eigensinnigen Kräften folgend - einen neuen Zusammenhang herstellt: die strenge Ungebundenheit. Ungebunden vor allem dann, wenn es um Ziel und Wert, um Sinn und Zweck im allgemeinen geht. Streng aber besonders da, wo es um das Beharren auf der freischwebenden Existenzberechtigung des Einzelnen geht.

Zunächst einmal des Wortes, das es aus dem Zusammenhang einer bestimmten Aussage herauszulösen gilt, um im Nicht-Dran-Denken die normale Funktion des Wortes, das, was man unter Logik und Semantik versteht, zu hintergehen und ein anderes Funktionieren zum Vorschein zu bringen: die unbestimmbaren Spannungsmomente des Verbalkörpers, die von dieser oder jener Beschaffenheit herrühren, von diesem oder jenem Gewicht und: *von einer ganz bestimmten Widerstandskraft*.

Das heißt schon: Lokalität gegen Kausalität auspielen, das Regionale gegen das Globale, was keinesfalls provinziell ist, wenn man ständig dazu bereit ist, den Standpunkt zu wechseln. Genau dazu bedarf es der strengen Ungebundenheit und kann einen schon in eines der "Bildwerke des Daidalos" verwickeln, von denen Platon sagt, daß sie den "Vorstellungen" zuzurechnen wären, die "davongehen und fliehen", "wie ein herumtreiberischer Mensch" und "nicht eben sonderlich viel wert" seien, "bis man sie bindet durch begründendes Denken". Bei Platon kann man begründet nach Larissa kommen nur durch die Erkenntnis, daß da oder da der Weg gehen müsse. Demnach läge die Wahrheit im Objekt: dem richtigen Weg, daran die Erkenntnis gebunden bleibt und in eben diesem Gebundensein ihren Wert findet.

Mithin kreuzen sich zwei Gegensatzpaare: wahr und falsch in den Objekten und gebunden und ungebunden in den Subjekten, was Gertrude Stein auf einen ganz anderen Weg bringt: "Ich weiß nicht wohin ich gehe aber ich bin auf meinem Weg und, dann plötzlich nun vielleicht nicht plötzlich aber vielleicht doch weiß ich wohin ich gehe und es gefällt mir nicht daß es so ist. Deshalb gibt es so etwas nicht wie eins und eins" , sondern auch noch ein Drittes und Viertes. Mindestens - und darin folge ich Gertrude Stein unbedingt - gibt es außer Diesem oder Jenem auch noch die Frage, ob es mir gefällt oder nicht gefällt.

Das hängt nicht mehr nur vom - gebundenen oder ungebundenen - Subjekt ab, sondern greift ein in die Wahrheit des Objekts, in dem Maße, wie es das radikale Außen von Subjekt und Objekt aufweist. Jenes Nicht-Dran-Denken, dessen Mechanik sich hinter Logik und Ontologie auf die Mechanik der Freudschen Primärvorgänge - Verdichtung und Verschiebung - besinnt, aber nicht ohne *den Stil* zu bewahren und damit jene strenge Ungebundenheit, die auch noch die Opposition Bewußtes/Unbewußtes hintergeht und nach einer ganz anderen Herrschaft verlangt: "Vielleicht wird eine Herrschaft die weder Mechanik noch Leben ist beginnen und etwas sein", schreibt Gertrude Stein und stellt damit vor, was nicht so sehr beherrscht, als ordnet und durchspielt: *die Frage des Stils* und damit jene strenge Ungebundenheit, die sich einem aufzwingt: die einen verstehen macht, daß man sich versteht, indem man sich auf ihn versteht.

Je schwieriger es ist, darüber zu sprechen, desto selbstverständlicher ist es, wenn es passiert. Wenn die Schrift passiert, ohne daß da jemand oder niemand, auch nicht Du oder ein Anfang da wäre. Nichts, das mich daran erinnern würde, was ich sagen wollte und Alles, das mich daran erinnert, Fragen des Typs: Was wolltest Du eigentlich sagen, zu mißtrauen und damit der gleichsam natürlichen Verallgemeinerung, die im Übergang von der Adressierung an ein Publikum zu dem, was man im Hinblick darauf beim Schreiben beobachten sollte, begriffen wäre. Um stattdessen ein Ich wie Dich einzuführen und auf das merkt, was passiert, weil man es tut und sich nicht erinnert, sich nicht daran erinnert, was gesagt werden soll. Wie wenn es von jemand Anderem gesagt werden würde.

"Sie würden es lächerlich finden, - schreibt Paul Valéry - wenn jemand, den Sie nach seinem Namen fragen, antwortete: 'Mein Name ist der, der Ihnen am besten gefällt.' Sie würden solch eine Antwort lächerlich finden. Und wenn der Betreffende dann noch hinzufügte: 'Ich habe jeden Namen, den Sie mir gerne geben würden, und das ist mein wahrer Name', so würden Sie ihn für verrückt halten. Und dennoch sollten wir uns vielleicht gerade an das gewöhnen; die Unbestimmbarkeit ist ein positives Faktum geworden, ein positives Wissenselement."

Unbestimmbar vor allem da, wo es die Identitätspräsentation aufschiebt und *die Unterhaltung* wiedereinführt. Das, was sich dadurch bestimmt, daß es ohne zu wissen gewußt wird, weil es aus der Vertrautheit von Worten und Rhythmen entsteht und nicht etwa, weil es irgendetwas besagen würde. Was uns endlich auf *die Umgebung* bringt. Jenem Ort des Wohlbefindens, der von nun an und ohne weiteres Zutun als positives Wissenselement eingeführt wird.

Denn wenn dem Einzelnen das Allgemeine abgeht, dann gefällt es sich wohl in der Umgebung. Um sich darin einzubetten, um sich davon abzugrenzen, kurzum: um eine Beziehung zu haben, deren Richtung nach keiner Seite hin ausschließlich wäre. Im Anbetracht einer verallgemeinernden Funktion der Wörter, die durch Abwesenheit glänzt, wäre dies möglich. Denn die Vereinzelung, die z. B. dem Stein lesenden Brinnin eine Erfahrung bereitet, "die dem mehrtägigen Leben in einem Haus aus lauter Lochkarten gleichkommt", kann unvermittelt und eben durch diese Abwesenheit im Allgemeinen "etwas ganz Neuartiges" durchgehen lassen: "einige wenige Strahlen hellen Tageslichts zwängen sich langsam durch die gestanzten Löcher, einige wenige Rhythmen ertönen" und schaffen eine Umgebung, die - weit davon entfernt eine Verallgemeinerung zu sein - gleichwohl beharrlich in alles übergeht.

Schon wären die Lochkarten zum Quartett gemischt und auf den Kammerton A eingestimmt. Noch ehe man weiß, daß man - womöglich - nichts von Musik versteht, wiederholt man sie schon auf gut Glück, um mit dem Anfang anzufangen, um mit jedem einzelnen Anfang anzufangen, einzig und allein vom Wunsch zusammengehalten, Ich und Du und Jeden und Alles in ein Spiel zu verwickeln, das nur dann abstürzt und sich in Komplikationen erschöpft, wenn man versucht, eine dieser Positionen zu bevorzugen, eine andere auszuschliessen.

Es ist, als wolle man keiner von Beiden die Hand zuerst reichen, um nicht die Gefühle der Anderen zu verletzen. "Die beste Lösung" fällt Alice ein, als sie dem begriffsstutzigen und untergehakten Paar Einerseits und Andererseits, wie in Tweedledee und Tweedledum verkörpert, begegnet und beiden gleichzeitig die Hand gibt - und schon mit ihnen im Kreis herumtanzt. "Alice schien das ganz natürlich. Und sie war auch kein bißchen überrascht, als plötzlich Musik erklang." Und "plötzlich fiel mir auf, daß ich ja sang,...es geht ein Rundgesang in unserem Kreis herum, fidibum... - Keine Ahnung, wann ich damit eigentlich anfing, aber lange habe ich es jedenfalls gesungen, sehr lange."

Wie es gefällt und beliebig vermehrt um das Lustmoment der Bewegung, jetzt, da das Dritte zum ersten Mal anwesend ist und die Rolle des ausdrücklich Mehrdeutigen übernimmt, das - im Gegensatz zum untergehakten Paar - auf Armlänge gehalten wird, wohl weil es von der anderen Seite des Spiegels kommt und soeben noch seinen Namen verloren hat, - und von daher in Schwung bringt, wo vorher starre Polarität geherrscht hat. Im Zeichen der Drei können schon unterschiedliche Distanzen ertanzt werden und wenn "Viermal rundherum genügt", wie Tweedledum sagt, so deshalb, weil damit nicht nur die Wiederholung des Zeichens der Drei, sondern auch die seines Umlaufgedankens abgeschritten und *in der Regel* durchgeführt wäre.

1 - 2 - 3 ist demnach in der
1. Runde: 2 - 3 - 1, in der
2. Runde: 3 - 1 - 2, in der
3. Runde: 1 - 2 - 3, und in der
4. Runde: 2 - 3 - 1.

Diese aber wäre wie der Igel in *der Hase und der Igel* immer schon vorher da, wenn sie nicht nur die vergangene Wiederholbarkeit enthält, sondern auch und zugleich *vorgibt*, wie sich etwas ereignen soll. Dieses Wie ist immer auch ein Wo, wenn jede der drei Anfangspositionen auch noch eine schräge Abfolge bewirkt und für die dritte Abfolge noch eine vierte Runde zulegen muß, damit der *orthogonale Zusammenhang* (Gotthard Günther) der unterschiedlichen Distanzen für jeden Einzelnen der Drei geordnet und durchgespielt werden kann. Und wenn dabei Positionen aus der Verkettung fallen, so deshalb, weil ihre Ordnung anfangs- und endlos ist: weil sie *eine winklige Erörterung* ist. So entsteht eine Umgebung, die sich in der Drei zum ersten Mal auftut und die horizontale Bewegung in der Zeit auf die vertikale im Raum ausweitet und ins Geviert einschreibt, was zum Einzelnen gehört.

"Ich mußte herausfinden, was es war, das in dem Einzelnen steckte, und mit dem Einzelnen meine ich alle. Ich mußte bei allen herausfinden, was in ihnen aufregend war, und ich mußte es herausfinden durch die Intensität der Bewegung, die in jedem von ihnen vor sich ging", schreibt Getrude Stein anläßlich ihrer Porträts, deren eines, Ada, in Liebe herausgefunden wurde und die geglückte Unterhaltung der Freundinnen vorführt:

"Sie wurde glücklicher als irgendein anderer Mensch, der damals lebte. Es fällt leicht, dies zu glauben. Sie erzählte es jemandem, der jede Geschichte, die reizvoll war, liebte. Jemandem, der lebte und der beinah stets lauschte. Der, der liebte, erzählte davon, daß er jemand sei, der damals lauschte. Der, der liebte, erzählte damals Geschichten, die einen Anfang, eine Mitte und ein Ende hatten. Ada war damals diejenige, und ihr ganzes Leben war damals ein einziges Erzählen von Geschichten, die bezaubernd waren, ein einziges Lauschen auf Geschichten, die einen Anfang, eine Mitte und ein Ende hatten. Zittern war Leben, Leben war Lieben, und einer war damals der andere. Gewiß liebte damals dieser eine diese Ada. Und gewiß war damals Adas ganzes Leben glücklicher durch das Lieben, glücklicher als es jemals ein anderer sein könnte, der war, der ist, der jemals leben wird."

Eine merkwürdige Zeitlosigkeit stellt sich ein, die daher rührt, daß sich die Bewegung einer verbalen Einzelheit in ein System von Rhythmen kompositioneller Möglichkeiten überträgt, das kompliziert und künstlich bleibt, anstatt jene Geburten, die man "Ideen" nennt, hervorzurufen. Weil sie Jedem und Dir verbunden bleibt und von Keinem von Beiden entbunden werden möchte - und also *rechtzeitig* vermeidet, was Allgemeinheit stiften könnte. Weil sie eine *Rechtzeitigkeit* ist, eine "eingebettete Rechtzeitigkeit (timeliness embedded)", wenn man Annetta Pedretti folgt: "Going back in time there was a self-evidence, and seeing that we cannot speak about the bounds of such self-evidence, perhaps there still is a self-evidence, in which beyond addressing you, adressing any you, I would have been addressing everybody, and speaking for everybody (and so for nobody), I would have said 'it is..'. And I would have said, it is...timelessly and in general the case that such and such."

Ein Zurückgehen in der Zeit, das keine Erinnerung ist, in dem Maße, wie Gertrude Stein sich nicht erinnert, sich nicht daran erinnert, wer sie ist. Wer sie war - , das ist niemals umstandslos zu vermitteln mit - wer sie ist. Wenn jeder zeitliche Zusammenhang in eine räumliche Trennung übergeht, die jene Zeitlosigkeit im Allgemeinen bewirkt und aber doch summarisch und sofort mitgeteilt werden kann. "Zeitlos und allgemein, nicht im Zusammenfallen mit dem Anderen, sondern in sich selbst und durch sich selbst (oder, um eine ältere Selbstevidenz zu bemühen, zeitlos und allgemein und wahr nicht im Vergleich, sondern in sich selbst)", - darin sieht Annetta Pedretti die Möglichkeit einer kybernetischen Beschreibung "where coincidence coincides" gegeben; nicht ohne hinzuzufügen, daß die jeweiligen Emphasen "all dessen", was sich da beschreibt, der jeweiligen Spezifizierung durch den Leser harren, der damit eingeladen ist, seine Entscheidungen im Durchlauf zu modifizieren.

Im Durchlauf aber heißt: im Verein mit einer räumlichen Trennung, darin Aussagen eine so große Entfernung zu überwinden haben, daß sie von keiner Begriffsschablone mehr eingeholt werden können, wenn sie dem Strukturelement der beliebigen Vermehrung zu folgen beginnen. Dieses aber wäre in der Zahl gegeben, die im Gegensatz zur begrifflichen Sprache den retrograden Schritt angibt, der noch das "Nicht-Dran-Denken" einholt und als Zählgrenze wiederholt, um *von da aus* "die Unbestimmbarkeit" als "positives Faktum", als "positives Wissenselement" einzuführen.

Darin sieht sich das Selbst, in diesem lebendigen Ereignis selbst, das zwar nicht kontinuierlich erzählt werden kann, sich aber doch diskontinuierlich summarisch und sofort mitteilt, *wie es als solches zählt* und also zu *Jedermanns Autobiographie* wird. "Jedenfalls", so Gertrude Stein, "Autobiographie ist einfach ob es einem gefällt oder nicht Autobiographie ist einfach für alle und jeden und deshalb soll dies jedermanns Autobiographie werden." Und: "Alles ist eine Autobiographie aber dies war eine Unterhaltung."

Literatur:

John Malcolm Brinnin, Die dritte Rose, Stuttgart o.J. (The Third Rose, Boston, Toronto 1959)

Gotthard Günther, Identität, Gegenidentität, Negativsprachen, in: Beyer(Hg.), Hegel-Jahrbuch, Köln 1979

Annetta Pedretti, Where Coincidence Coincides - coining a notion of cybernetic description? in: Cybernetics and Systems Research, R. Trappl (ed.), New York-Amsterdam-Oxford 1982

Platon, Menon, in: Sämtliche Werke 2, Reinbek bei Hamburg 1957

Gertrude Stein, Die geographische Geschichte von Amerika oder die Beziehung zwischen der menschlichen Natur und dem Geist des Menschen, Frankfurt 1988 (The Geographical History of America or the Relation of Human Nature to the Human Mind, New York 1936)

\- Jedermanns Autobiographie, Frankfurt 1986 (Everybody's Auto biography, New York 1937

Paul Valéry, Zur Theorie der Dichtkunst, Frankfurt 1962

KRITISCHE AUSEINANDERSETZUNG MIT "GANZHEITLICHEN" INFORMATIKKONZEPTEN

Christel Kumbruck, Kassel

Wenn vom Computer in den Medien und im Alltagssprachgebrauch die Rede ist, ist die strikte Trennung von Mensch und Dingen aufgehoben. Heißt das, daß der Computer eine eigene Existenzweise hat, die uns darauf verweist, daß die abendländische Entweder-oder-Dichotomie antiquiert ist, daß Dingen auch Beseelung zukommt und der Mensch ebenfalls Ding- bzw Maschinencharakter hat? Denn - so der allgemeine Sprachgebrauch -
man kann einem Computer etwas sagen
ein Computer weiß etwas
ein Computer hat Alltagsverstand
ein Computer kann lernen
ein Computer sieht
ein Computer versteht
ein Computer entscheidet
ein Computer hat eine mentale Welt, er denkt usw.
Die Reihe ließe sich beliebig fortsetzen. Es sind psychologische Termini, die typisch menschliche Umgangsweisen mit Mitmenschen und Umwelt bezeichnen. Die Verwendung gleicher Termini für das Verhältnis Mensch-Mensch bzw. Mensch-Maschine induziert Analogie. Doch die Analogie hat ihre Grenzen: So wird unter Verstehen aus der "Sicht" der Maschine nicht Einfühlungsvermögen, Annäherung an die Welt des zu verstehenden Menschen gemeint, sondern möglichst eindeutiges lexikalisches Verstehen.
Aus Erfahrungen Lernen und Lernen im Sinne von Hineinwachsen in eine berufliche Rolle wird Faktensammlung und Programmierung von Standardstrategien. Erlebnisdimensionen bezüglich Raum, Zeit und Qualitäten werden zu einem Modell aus bloßen Quantitäten.

Insbesondere auch die Begriffe Kommunikation und Dialog im Zusammenhang mit Aktivitäten am Computer werden irreführend verwendet: Aus dem Austausch zwischen zwei gleichberechtigten menschlichen Partnern werden maschinell gesteuerte Vorgaben bezüglich Zeit, Inhalten und formalen Bedienungsweisen, die der Mensch erfüllen muß.

Entsprechendes ließe sich für die anderen Begriffe ausführen.
Die im Alltagsverständnis übliche Aufhebung des Mensch-Computer-Antagonismus wird von den Informationstheoretikern auch offensiv für die Wissenschaft vertreten. Sie plädieren für ein "tertium comparationis zwischen Mensch und Maschine" (Heyer 1987,

S. 279). In diesem Sinne propagieren sie einen Paradigmawechsel in ihrer Wissenschaft wider das mechanistische reduktionistische Weltbild (Vgl. Kemke 1988, S. 146). Angesagt sind Holismus, Ganzheitlichkeit statt Reduktionismus, Strukturalismus statt Mechanismus, Selbstregulation und Fließgleichgewicht statt Statik, Konnektionismus statt Eindimensionalität und Linearität. Heißt das, daß sich hinter diesen Begrifflichkeiten die Entwicklung zu einer wissenschaftlichen Methode anzeigt, mit der - ganz im Sinne von Ganzheit - das bisher stets vernachlässigte Andere, dem Mechanismus bzw. Reduktionismus zum Opfer Gefallene erfaßt wird?
Mit dem Anderen sind in den Wissenschaften all jene Sachverhalte gemeint, die nicht einer Kategorie eindeutig zuordenbar waren und deshalb keine Berücksichtigung innerhalb einer Theorie fanden, aber auch Empathien, die um die Objektivität des Untersuchers zu wahren, als Störvariablen eliminiert werden mußten. Vor allem ist davon aber das weibliche Geschlecht, das in den Wissenschaften im allgemeinen als nichtexistent oder a-normal behandelt wird, betroffen. Hier zwei Beispiele:
Für Rattenversuche werden männliche Ratten benutzt mit der Begründung, daß der 4-Tages-Zyklus der Weibchen die Experimente komplizieren würde. Die implizite Unterstellung ist, daß die Männchen die Spezies repräsentieren.
Der Entwicklungspsychologe Piaget hat das Phasenmodell der Entwicklungsstufen des Kindes hin zum abstrakten Denken anhand von Untersuchungen an Jungen entwickelt. Auch der Psychologe Kohlberg hat seine Theorie der Entwicklung des moralischen Bewußtseins auf der Grundlage von Beobachtungen und Gesprächen mit Jungen entwickelt. Mädchen bzw. deren kognitive Entwicklung wird dann im Vergleich zu dieser männlichen Norm als "unterentwickelt" betrachtet.
Solchen offensichtlichen "Vergeßlichkeiten" in den Wissenschaften stehen eine Vielzahl weniger eindeutiger Beispiele gegenüber, die jedoch ebenfalls an der männlichen Norm ausgerichtet sind. Hier ist zum Beispiel in der Molekularbiologie das Master-Molekül-Konzept zu nennen; menschliche hierarchische Machtverhältnisse werden in die Natur hineininterpretiert (Vgl. Keller 1986). Bedeutsam an dieser Master-Theorie ist die Vorstellung, daß ein und nur ein Element bestimmend ist und hierauf alle Veränderungen rückführbar sind - wechselseitige Beeinflussung oder zeitweise Umkehrung dieses Prinzips sind nicht vorgesehen. Keller weist anhand der Ergebnisse der Genetikerin McClintock nach, daß die von dieser entdeckte genetische Transposition lange Zeit von der Wissenschaft nicht akzeptiert werden konnte, weil sie der Vorstellung der DNS-Vorherrschaft widersprach. Eine solche auf Hierarchien basierende Master-Theorie impliziert also immer auch die Ignorierung der Ausnahme von der Regel, d.h. der Differenz zugunsten der Eindeutigkeit bzw. - im philosophischen Jargon - der Identität. Eine solche Theorie ist eine androzentrische Theorie, weil sie die patriarchale Perspektive spiegelt, nicht jedoch zwangsläufig eine adäquate Abbildung der Sachverhalte darstellt, die sie vorgibt, zu erklären.

Kern der klassischen Wissenschaftstheorie ist die Identität; hieraus sind die beiden grundlegenden Dogmen der Wissenschaften abzuleiten, nämlich Objektivität und Wißbarkeit. Objektivität richtet sich gegen die wechselseitige Beeinflussung von Untersuchungssubjekt und -objekt; Wißbarkeit postuliert die Identität von Forschungstheorie und untersuchtem Phänomen. Wenn ich nun nach Veränderungen der Prämissen der Wissenschaft in Kybernetik und Informationstheorie im Sinne eines Paradigmawechsels frage, dann zielt diese Frage ganz genau auf den androzentrischen Blickwinkel, von dem aus das Andere, die Differenz keine Berücksichtigung findet, sondern als nicht-existent oder a-normal der herrschenden Norm bzw. dem Identitätspostulat zum Opfer fällt. Diese Frage hat im Rahmen Computer-Wissenschaften durchaus ihren Sinn. Denn der Computer als Projektion dieser Wissenschaften arbeitet auf der Basis der formalen Logik: Hier gerade gelten die Axiome der Identität, des Widerspruchs und des Ausschlusses des Dritten - die Allgemeingültigkeit beanspruchenden Formeln der Ignorierung der Differenz.

Die klassische Informationstheorie bewegt sich im Rahmen dieser Eindeutigkeit, da die in ihr zu realisierenden Programme durch im vornherein festzulegende eindeutige "Wenn-dann-Zuordnungen" zu charakterisieren sind. Die Basis der Künstlichen-Intelligenz-Systeme, auch die der mit große Hoffnungen verbundenen Systeme der 5. Generation, ist die Prädikatenlogik. Sie umfaßt Junktoren und Quantoren, d.h. sie ist um die Möglichkeiten der Wahrscheinlichkeitsrechnung bereichert. Aber auch letztere Möglichkeiten sind - darauf sei hingewiesen - erst einmal Zukunftsmusik. Bisherige, den Künstliche-Intelligenz-Systemen zugrunde liegende Programmiersprachen wie PROLOG müssen auf die Nutzung von Quantoren verzichten; sie bewegen sich auch weiterhin im Rahmen der maschinellen Möglichkeiten, die durch zwei Spannungszustände realisiert werden können.

Dieser Tatbestand bewegt die "progressiveren" Informationstheoretiker wie Hofstadter oder Winograd dazu, diese Maschinen als nicht-intelligent zu bezeichnen. Bei allen Unterschieden dieser Autoren ist ihnen doch eines gemeinsam; sie sehen keinen prinzipiellen Unterschied zwischen dem - wie sie es ausdrücken - "System Mensch" und dem System Maschine. Hofstadter identifiziert eine Mensch und Maschine gemeinsame "hardware", Intelligenz bzw. das wesentliche Kennzeichen derselben - seiner Meinung nach - Intention, ist lediglich eine Frage der Komplexität der Meta-Ebene bzw. "software". Winograd bezeichnet die Grenzen der beiden "Systeme" als fließend; seiner Meinung nach kommt es vor allem darauf an, eine maschinelle "software" zu konzipieren, die es dem Menschen ermöglicht, die maschinellen Aktivitäten in die menschlichen intelligenten Aktivitäten zu integrieren, den Computer als Projektion seiner selbst zu benutzen. Z.B. soll der Mensch in der Mensch-Computer-Interaktion den Eindruck haben, daß die Maschine "versteht", damit er sie in seiner üblichen Kommunikationsweise nutzen kann. Programmunterbrechungen sollen es dem Nutzer erlauben, innerhalb eines Problemlösungsprozesses die Ebenen zu wechseln (Vgl. Winograd 1986, S. 164ff).

Wer sich allerdings de facto auf wen einstellt, also die Maschine auf den Menschen oder der Mensch auf die Maschine, bleibt der zukünftigen Praxis überlassen.

Winograd begründet seine Vorstellung des Kontinuums von der Maschine zum Menschen hin mit der Utopie, daß zukünftig zu entwickelnde Computer im Gegensatz zu den bisherigen offene Systeme sein werden, die nicht programmiert sind, sondern strukturdeterminiert. Das Zauberwort heißt "autopoietisches System" - ein Begriff aus der Kybernetik (Vgl. Winograd S. 99ff). Die neue Wissenschaftrichtung, die solche Systeme konzipieren will, ist der neuere Konnektionismus (Zur Geschichte des Konnektionismus vgl. Heyer 1987). Es handelt sich hierbei um eine Kognitionswissenschaft, die auf physikalischen Ergebnissen der neueren Thermodynamik (vgl. Prigogine/Stengers 1986) basiert, die man nach Quantenmechanik und Relativitätstheorie die dritte Grundlagenrevolution nennt. Von Bedeutung ist dabei vor allem die Vorstellung, daß Erkenntnisprozesse vom Genom bis zum Gehirn explizit als physikalische, neurale Prozesse begriffen werden (vgl. Kiefer 1986, S. 70). Das neue Paradigma dieser Wissenschaftsrichtung heißt Selbstorganisation - Selbstorganisation der Systeme, die Träger dieser Erkenntnisprozesse sind.
Vorreiter der Vorstellung selbstorganisierter kognitiver Netze sind der chilenische Biologe Maturana sowie der Kybernetiker von Foerster, auf die sich auch Winograd beruft (Vgl. Winograd 1986, S. 38). Ihre Beiträge sollen im folgenden Berücksichtigung finden. Sie gehen von drei Postulaten aus:

1. Die Sinnesreizrezeptoren können nur quantitativ, nicht jedoch qualitativ erkennen. Das, was der Mensch demzufolge meint, zu erkennen, ist lediglich seine Interpretation.
2. Wahre Erkenntnis ist relativ. Wir können eigentlich gar nichts erkennen. Dies ist auch die Formel des klassischen Solipsismus, aus dem sich Kybernetiker - des "Rückfalls bewußt" - dadurch retten, daß sie auf einen die Einseitigkeit der relativen Erkenntnis ausgleichenden Partner verweisen. Nach Foerster ist deshalb "erkennen = errechnen einer Wirklichkeit" im ursprünglichen Sinn des Wortes "computar = zusammen überlegen" (Vgl. Foerster 1985, S. 44f). Die Erkenntnis kann dann als wahr gelten, wenn die des einen und des anderen Erkennenden identisch sind (ebd.S. 59).
3. Postulat der kognitiven Homöostase: "Das Nervensystem ist so organisiert - oder organisiert sich selbst so -, daß es eine stabile Wirklichkeit errechnet.

Dieses Postulat bedingt "Autonomie", das heißt "Selbst-Regelung", für jeden lebenden Organismus, wobei "Autonomie gleichbedeutend mit Regelung der Regelung" ist. (Foerster 1985, S. 57f.)Scheinbar werden hier keine Absolutkeitspostulate im Sinne einer Mastertheorie ausgesprochen. Scheinbar hat somit das Andere Platz in dieser relativen Ordnung, ja wird geradezu als Regulativ benötigt. Scheinbar wird jedem Eigenständigkeit, Autonomie zugebilligt. Biologische Grundlagen des Lebens haben scheinbar das Sagen.

Doch man sollte sich nicht vorschnell zufrieden geben und insbesondere auch im Hinterkopf behalten, daß diesen Theoretikern die Machbarkeit offener Systeme vorrangiges Ziel ist.
Mit dem ersten Postulat wird die Reduktion der Erkenntnis auf physikalische Eigenschaften, die von Zuständen des Zentralnervensystems (ZNS) realisiert werden, ausgesprochen. Es ist dies die "hardware", die ob ihrer scheinbaren Physis als neue Materie - Protomaterie - im Gegensatz zur klassischen toten Materie angesehen wird. Die klassische Hierarchie des Geistes über die Materie ist unter scheinbar materialistischen Vorzeichen wiederhergestellt. Denn es wird in der Gefolgschaft von Maturana davon ausgegangen, daß die den Denkabläufen entsprechenden physiologischen Hirnabläufe durch Kausalgesetzlichkeit, logische und Wahrscheinlichkeitsgesetze determiniert werden, was zugleich auch für die damit identischen psychischen Phänomene gilt" (Rensch 1978, S. 54). Hofstadter bringt es auf den Punkt, wenn er von der Logik als Zentraldogma spricht (vgl. Hofstadter 1985, S. 569). Die neue "Mastertheorie" heißt demzufolge "formale Logik".
Ihr unterstellt ist damit auch das weibliche Prinzip - das mit den Metaphern Matrix - Mutter - materielle Materie belegt ist.[1] Das einzig materielle der Protomaterie ist jedoch die maschinelle Funktion, on-off, der Formalismus, auf den sich angeblich jegliches Erkennen reduzieren läßt. Ob sich jedoch die geistige Tätigkeit des Menschen darauf reduzieren läßt, ist eine pragmatische Unterstellung, die jeglicher Grundlage entbehrt.
Der Anerkennung der Bedeutung des Anderen im Erkenntnisakt, also sowohl den materiellen Aspekt des Objekts wie den reflexiven des Subjekts gleichwertig zu behandeln, wird mit diesen Begrifflichkeiten erneut ausgewichen.
Dies impliziert auch das zweite Postulat: Die subjektiven, qualitativen Erkenntnisse sind nichtig. Sie sind lediglich "Innenansicht noch nicht durchschauter, aber durchaus objektiver Vorgänge im Gehirn" (Vollmer 1978, S. 97). Emotionen als untrennbarer Bestandteil subjektiver Erkenntnis werden als "Epiphänomen" bzw. gar "Störfaktor" angesehen (vgl. Dörner 1976 und Dörner u.a.1983). Das eigentliche Subjekt des Erkenntnisvorgangs ist damit nicht das Individuum mit seinen spezifischen Gefühlen, Fähigkeiten, seiner Lebensgeschichte, sondern das "transzendente", d.h. darüber stehende Subjekt System, in dem sich das empirische Subjekt Mensch spiegelt (Innenansicht). Der Gleichheitsgedanke von maschineller und menschlicher "software" wird hier genährt - entscheidender hierfür ist die System "hardware", und die funktioniert in beiden Fällen binär, d.h. nach den Gesetzen der formalen Logik und der Wahrscheinlichkeitsrechnung.
Die den Frauen gnädigerweise in unserer Gesellschaft zuerkannten Fähigkeiten emotionaler und intuitiver Erkenntnisgewinnung erfahren mit dieser Theorie aufs Neue eine fundamentale Abwertung [1].

Das dritte Postulat proklamiert die Autonomie des Systems gegenüber dem empirischen Subjekt und der zu erkennenden Umwelt - Erkennen "bricht" sich nicht an den Bezügen des Individuums zur Umwelt, sondern regelt sich selbst, d.h. errechnet Wirklichkeit selbst, deren Grenzen lediglich durch die Wirklichkeit anderer Systeme bestimmt wird. Hierzu führt Kiefer in einem Artikel zum Konnektionismus aus:

"Ein wichtiger Aspekt von Wissen und von IV-Prozessen als aktivem Wissen ist Idiosynkrasie bzw. Subjektivität. Jenseits einer bestimmten Komplexitätsschwelle ist jedes IV-System, egal, mit welcher Hardware es realisiert ist, ein Subjekt, es realisiert Verstehensprozesse, Lernprozesse, Planungsprozesse usw., die an seine Existenz und die damit gegebene "perspektivische" Sicht der Welt gebunden sind." (Kiefer 1986, S. 73).

Autonomie und Selbstreferenz sind also zwei Seiten einer Medaille, in der das Andere lediglich als Regulativ, nicht jedoch im schöpferischen Sinne benötigt wird. Wir kennen dieses Verfahren bereits aus der Hypothesenprüfung in der Wissenschaft anhand des Postulats der intersubjektiven Überprüfbarkeit der Erkenntnisse. Nur wenn weitere Forscher die ursprünglich aufgestellte Hypothese bestätigen, kann sie als "wahr" aufrechterhalten bleiben; kommen sie zu anderen Ergebnissen, gilt sie als widerlegt. Denn es gibt nur "wahr" und "falsch". Gleichheit bzw. Identität der Untersuchungsbedingungen bzw. der forschenden Subjekte ist Voraussetzung, so daß immer wieder das gleiche Ergebnise dupliziert wird. Abweichungen führen zur Falsifikation der Theorie oder müssen als unwichtig ignoriert werden. Die Theorie ist demzufolge autonom gegenüber den materiellen Grundlagen, die ihr zugrunde liegen.

Auch der Begriff der Selbstreferenz greift auf einen natürlichen, stereotyperweise [1] mit dem weiblichen Prinzip identifizierten Begriff zurück, nämlich den des Zyklus, der nun im maschinellen Sinne ge- bzw. verwendet wird. Der weibliche Zyklus - so wurde anfangs am Beispiel der Rattenforschung gezeigt - wird als Störfaktor angesehen. Denn er konstituiert sich gerade nicht durch Reproduktion von Gleichförmigkeit, auch nicht durch ein labiles Gleichgewicht von Gegensätzen, sondern durch Schaffung von Neuem, z.B. Leben, aus der Komplementarität heraus.

Das den natürlichen Zyklus charakterisierende Prinzip der Differenz steht somit konträr dem Differenz gerade ausschließenden Struktur-Determinismus bzw. der Zirkelschlüssigkeit der kybernetischen Theorie gegenüber, die als Autonomie der Umwelt gegenüber verkleidet sind.

Autonomie so beleuchtet, meint deshalb auch noch einen psychologischen Mechanismus, nämlich Autonomie gegenüber der Matrix als Natur und "Mutter" [1].

Dieser Mechanismus ermöglicht die Fiktion, daß man(n) autonom - unabhängig von der Matrix sei, d.h. ein echt anderes Prinzip hat innerhalb der selbstregulativen Gedankenwelt keinen Platz. Hier entpuppt sich der "Dialog mit der Natur" (Prigogine/Stengers 1988) als Machbarkeitswahn in der Variante, die Verantwortung für die menschlichen Übergriffe an die Natur und ihre "selbstreferentiellen Kräfte" zu delegieren.

Ich gehe im folgenden auf die Vorstellungen der Konnektionisten über die praktische Realisierung von selbstreferentiellen Datenverarbeitungskonzepten ein:

"Assoziative Beziehungen zwischen Repräsentationen von Entitäten der realen Welt, die im Eingabe-/Ausgabeverhalten der Systeme widergespiegelt sind, entsprechen in konnektionistischen Modellen eher einer statistischen Korrelation als einer exakten 'wenn-dann'-Beziehung und genauen 1:1-Abbildung." (Kemke 1988, S. 146)

Die Frage, ob Wissen eine Entsprechung in Repräsentationen hat, sei hier ausgeklammert (Vgl. Heyer u.a. 1986). Grundlage des Erkennens und Verstehens ist in diesem Modell keine vitale Beziehung zwischen erkennendem Medium und Umwelt, sondern die Festlegung einiger Beziehungen als statistische Größen:Reduktion derselben also auf Quantitäten.

Das Postulat der Relatitivät der Erkenntnis wird im Rahmen dieses Modells zur Akzeptanz des Nutzers gegenüber den maschinellen Ergebnissen benötigt. Interessant ist noch die Realisierung von Selbstreferenz, die im menschlichen Kognitionsprozeß in der Dynamik von Intentionen und Lernen erfolgt.

"Dem Phänomen des Lernens, das auf einer Modifizierung der Gewichtung der Verbindungen beruht, kommt in konnektionistischen Modellen eine besondere Bedeutung zu, ..." (Kemke 1988, S. 144)

"Aufgrund der speziellen Struktur konnektionistischer Modelle ist in diesen Systemen ... selbständige Kategorien- oder Konzeptbildung möglich". (ebd. S. 147).

Auch Lernen ist hier ein rein formaler Akt der Veränderungen der statistischen Beziehungen mit dem Ergebnis taxonomischer Kategorienbildung, die ja gerade durch eindeutige Zuordnungen von Aspekten zu Klassen und durch Ausschluß der Differenzen erfolgt. Zwischentöne, wechselseitige Abhängigkeiten, informelle Informationen haben hier keinen Platz, d.h. die formale Logik prägt auch das konnektionistische bzw. "ganzheitliche" Modell.

Das wäre nicht weiter dramatisch, wenn nicht weiterhin - trotz des angekündigten Paradigmenwechsels - die Vorstellung der Identität, hier von menschlichem Denken und maschineller "Abbildung", aufrechterhalten bliebe. Denn - so Becker-Schmidt - Identifizierung ist der Feind der Differenz.

Und so bleibt ein weiterer Gedanke offen: Die in den Wissenschaften produzierten Ideen werden durch den Alltagsverstand assimiliert, d.h. sie werden Allgemeingut. Die Fragen nach dem Wie und nach der Wechselseitigkeit dieses Prozesses müssen hier ausgespart bleiben. Sicher ist nur, daß auf diesem Wege wissenschaftliche Ideologien nicht auf den Elfenbeinturm ggf. weltfremder Ideenproduzenten beschränkt bleiben, sondern Denkgebäude, Raster, Rollenklischees aufgeweicht, aber auch restauriert werden können. Anzeichen für die Aufnahme der neuen "ganzheitlichen", aber die Differenz aussparenden Theorien in den Alltagsverstand wurden eingangs aufgezeigt.

Anmerkung

1) Auf die Frage, ob Stereotype nur den Herrschenden nützende Vorurteile sind oder eine reale - gesellschaftliche oder gar biologische - Grundlage haben, kann hier nicht eingegangen werden. Bedeutsam für den Zusammenhang ist jedoch die Tatsache, daß es diese Metapher Natur als Frau gibt und sie zur Unterdrückung und Ausbeutung dieser Ressourcen dient (vgl. Merchant 1987).

Literatur

BECKER-SCHMIDT, R.: Frauen und Deklassierung. In: BEER, U. (Hg.) Klasse Geschlecht. Bielefeld 1987

DÖRNER, D.: Problemlösen als Informationsverarbeitung. Stuttgart 1976

DÖRNER, D. u.a. Lohhausen, Bern 1983

FOERSTER, H.v.: Das Konstruieren einer Wirklichkeit. In: WATZLAWICK, P. (Hg.) Die erfundene Wirklichkeit. München 1985

HEYER, G.: Kognitive Wissenschaft. In: Zeitschrift für Philosophische Forschung 41/1987

HOFSTADTER; D. Gödel, Escher, Bach: Stuttgart 1985

KELLER, E.F.: Liebe, Macht und Erkenntnis. München 1986

KEMKE, C.: Der neuere Konnektionismus. In: Informatik-Spektrum 11/1988

KIEFER, D.: Wissen und Intelligenz. In: HEYER, G. u.a. (Hg.) Wissensarten und ihre Darstellung. Berlin 1986

MERCHANT, C.: Der Tod der Natur. München 1987

PRIGOGINE, I./STENGERS, I.: Dialog mit der Natur. München 1986

RENSCH, B.: Wahrnehmung und Denken in erkenntnistheoretischer Sicht. In: HEJL, P. u.a. (Hg.) Wahrnehmung und Kommunikation. Frankfurt 1978

VOLLMER, D.: Grundlagen einer projektiven Erkenntnistheorie. In: HEJL, P. u.a.(Hg.) Wahrnehmung und Kommunikation. Frankfurt 1978

WINOGRAD, T.: Unterstanding computers and cognition. Norwood 1986

Der Computer als soziale Transformationsmaschine

Renate Genth

1.- Der Computer ist eine soziale Transformationsmaschine, weil er die technisch-maschinelle Lösung für zahlreiche Widersprüche und Probleme der modernen Gesellschaften anbietet und diese Lösungsform als angemessen und bequem akzeptiert wird, da sie von sozialen, politischen und individuellen Anstrengungen entlastet.

2.- Der gesamte Technikeinsatz, die Maschinisierung der Welt, ist fast durchgehend nach dem Verfahren geschehen: trial und kein error. Was sich als Irrtum hätte herausstellen können, wurde zum Zwang der Anpassung oder einer neuen technisch-maschinellen Lösung überantwortet. Im Computer bündelt sich diese Verfahrensweise. Die Menschen - vor allem die Frauen - waren stets noch nicht so weit und mußten erst dahingebracht und erzogen werden, sich den Geräten anzupassen. Um diesen Anpassungsprozeß zu vollziehen, mußten sie ihr Verhalten, ihr Denken und Fühlen entsprechend der maschinellen Anforderungen modellieren lassen, bzw. selber modellieren, also sich selbst zum Objekt der Anpassung machen, zum aktiven Objekt werden.

Diese Anpassung geschieht in der Regel über die mimetische Angleichung an die maschinellen Vorgänge und an die Notwendigkeiten und Zwänge, die die jeweilige Bedienungsanleitung mit sich bringt, schließlich aber auch an die Funktionen, die das Gerät erfüllt. Wenn ich also davon spreche, daß der Computer bestimmte kulturelle Wirkungen ausübt, dann ist das in diesem Sinn gemeint. Denn das Gerät kann begreiflicherweise seine Wirkungen nur entfalten, wenn die BedienerInnen die geforderte mimetische Angleichung vollziehen. Durch die mimetische Angleichung an die von außen gesetzten Erfordernisse und Zwänge entwickelt sich das Subjekt zum aktiven Objekt der Mittäterschaft und verzichtet dabei in der Regel auf Selbstbestimmung, auf Selbst- und Eigenverantwortung. Es nimmt das Angebot an technisch-maschinellen Lösungen an, weil andere Möglichkeiten als zu schwierig empfunden werden.

3.- Wenn es um Maschinentechnik geht, sind Frauen zumeist ambivalent. In der Regel fehlt ihnen die Faszination an Maschinen. Sie sind ihnen eher fremd. Frauen haben erklärtermaßen mehr Lust an lebendigen Begegnungen und sind bisher erheblich weniger vom leblosen Automatismus fasziniert, ja, können bei maschinellen Menschenimitationen Ekel verspüren. Das Verhältnis der Frauen zu Maschinen reicht zumeist von Ablehnung bis zu nüchterner Distanz. Und diese Distanz ermöglicht Frauen gegenüber Maschinen einen kritisch reflektierten Blick.

4.- Auf der anderen Seite können Frauen auf Technikkritik ablehnend reagieren und weisen oft auf die Erleichterungen hin, die ihnen die Haushaltstechnik gewährt. Außerdem sind Informations- und Kommunikationsmaschinen bei Frauen sehr beliebt. Radio, Telefon und Fernseher werden auch von Frauen bedenkenlos angewandt. Die Neigung,zwischen sich und die Welt Maschinen zu schieben, wird von Frauen durchaus geteilt. Auch die Bewegungsmaschinen wie Auto und Flugzeug sind von Frauen voll akzeptiert. Nur den Kraft- und Explosionsmaschinen bringen Frauen in der Regel Unverständnis entgegen. Wenn es um Gebrauch und Einschätzung von maschinellem Gerät geht, sind Frauen mindestens vier Aspekte wichtig: Vergnügen und Bequemlichkeit, Nützlichkeit und Einfachheit in der Handhabung. Frauen nutzen Maschinen handwerklich als simpel zu hantierende Werkzeuge, die sie zu ihrer Entlastung anwenden können. Damit haben sie Distanz zu strikt maschinenförmigem Verhalten in ihrem Alltagsleben einigermaßen gewahrt. Ein Beispiel ist der Staubsauger. Obwohl es sich um eine Maschine handelt - um ein mit elektrischer Energie funktionierendes System -, wird das Gerät in den Händen der Frauen zu einem Handwerkszeug, einem Mittel zur Verfolgung eines konkreten Zwecks. Der Vorgang bleibt überschaubar. Das Ergebnis wird unmittelbar sichtbar. Die Betätigung des Geräts bleibt einfach. Das Gerät funktioniert zwar als Maschine, ist eingepaßt in ein großes Maschinensystem (Elektrizität) und kann auch nicht jenseits seines Funktionsmechanismus zu einem beliebigen Werkzeug umgedeutet werden. Aber die Anpassung der menschlichen Tätigkeit an die maschinellen Funktionsprinzipien ist noch relativ gering.
Daß Frauen diese Funktionsprinzipien als fremd empfinden, zeigt sich, wenn die Maschine ihre Funktion versagt. Nach aller Erfahrung legen Frauen nicht selber Hand an. Sie rufen nach einem Experten, der in der Regel ein Mann ist. Denn im Fall einer Reparatur ist es notwendig, sich in die Funktionsprinzipien hineinzudenken, sie zu kennen und zu erkennen, weil man sie sich zu eigen gemacht hat.
Neben Bequemlichkeit, Nützlichkeit und Einfachheit in der Anwendung spielen für Frauen auch Vergnügen und Unterhaltungswert eine Rolle, wenn sie zwischen sich und die Welt Maschinen schieben lassen. Während Männern offensichtlich die Betätigung, Funktion und der Effekt von Kraft-, Explosions- und auch Tötungsmaschinen ein erhebliches Vergnügen bereitet, geht es Frauen mehr um Kommunikation, Gespräche und Phantasie, also um Telefon, Radio und Fernseher.

Doch in den bisherigen geschlechtspezifischen Neigungen gibt es längst Verschiebungen. Der Computer als neue Maschine, die als Universalmaschine die Möglichkeiten aller anderen Maschinen in sich enthält, sei es durch Funktion, Steuerung, Simulation oder Abbildung, bündelt schon vor-

handene Tendenzen und bringt sie zur Vollendung.
5.- Der Computer soll zum Alltagsgerät werden. Und auch viele Frauen sind bereit, diese neue Technologie zu akzeptieren. Zwar provoziert der Computer immer noch ambivalente Reaktionen bei Frauen. Das Spektrum ist breit und reicht von strikter Ablehnung, die immer seltener wird, und einfachem Desinteresse über die distanzierende Bemerkung, es handele sich ganz einfach um ein Werkzeug, ein Instrument, bis hin zur Faszination und zur koketten Erklärung, daß "er" eine Art Liebhaber sei. Bisweilen werden alle Haltungen im selben Interview geäußert.
Jedenfalls gehen Frauen mit den Informations- und Kommunikationsmaschinen und eben auch mit dem Computer sehr lernfähig und routiniert um, wenn man sie läßt. Und je jünger sie sind, desto müheloser geschieht das, zum einen, weil sie bereits selbstverständlich mit Maschinen aufgewachsen sind, und zum anderen, weil die von allen Sinnlichkeiten bereinigte Denkweise der mathematischen Logik durch keine Lebenserfahrung irritiert wird.
Was Frauen viel weniger interessiert als Männer, ist die ständige Konzentration auf den Komparativ, der für Männer eine große Rolle spielt. Bei ihnen liegt die Betonung auf der Überbietung. Das beruht darauf, daß der Computer für Männer nicht selten der personalisierte Rivale ist, an und mit dem sie ihr Konkurrenzverhalten nimmermüde abarbeiten können. Hinzu tritt auch das Interesse an Wirksamkeit, Macht und Kontrolle ("Man kann etwas bewirken und erhält eine Antwort.") Darauf allerdings verweisen auch Frauen. Ebenso äußern auch Männer ihr Interesse an Kommunikationsmöglichkeiten, aber die sind nicht an sich wichtig, sondern nur als sozial vermittelbarer Zweck für die Tätigkeit an der Maschine. Deshalb muß die Kommunikation auch politisch, wirtschaftlich etc. begründet werden. Die Zwecke werden für das männliche Verhalten am Computer zur beliebigen Spielvorgabe für das Superspiel mit dem Rivalen, das hohe soziale Anerkennung genießt.
Das pur formale mathematische Spiel kann viele Frauen irgendwann langweilen. Denn bei ihnen entsteht immer noch hartnäckig die Frage nach Nutzen und Bedeutung, die Inhaltsfrage. Aber am Spiel haben auch sie Vergnügen. Und am Computer dürfen sie sozial konzessioniert spielen.
6.- An dieser Maschine ändert sich das geschlechtspezifische Verhalten. Es nimmt neue Formen an. Denn: vor dem Computer und am Computer sind alle gleich. Diese Maschine fordert den immer gleichen Zugang, und die Geschicklichkeit daran gründet vor allem auf der Fähigkeit, sich auf die algorithmische Denkweise einzulassen. Es gibt keinen geschlechtspezifischen Zugang - allenfalls etwas mehr oder weniger Distanz oder Identifikationsbereitschaft. Diese Gleichheit des Zugangs hat vielfache Konse-

quenzen, vor allem für Frauen, wenn der Computer zu einer alltäglichen Vernetzungsmaschine wird. Die Ideologie des geschlechtspezifischen Dualismus erfährt eine weitgehende Erosion. Der unterschiedliche Zugang zur und Einlaß in die öffentliche Welt verändert sich ebenso, wie ein Teil der geschlechtspezifischen Arbeitsteilung. Die soziale Geschlechtsbestimmung wird tendenziell abgeschafft für Frauen, d.h. die soziale Festlegung und die Bestimmungskataloge, was weiblich in den verschiedenen Lebensaltern sei und welchen Ausdruck die Geschlechtspezifik jeweils zu nehmen hat. Der gesamte soziale Zumutungskatalog der "Gender" gehört dazu. Wenn sich eine Gesellschaft massenhaft an den Computer setzen und sozial durch diese Maschine organisieren und angleichen läßt, durch den maschinellen Zugang zueinander, dann enthüllen sich Absurdität und Künstlichkeit der Gender-Bestimmungen für den Einzelnen und werden abgelöst, und nicht so sehr dadurch, daß dieser Zusammenhang erkannt und benannt wird, sondern schlicht über die Angleichung des Zugangs und des Verhaltens. Die soziale Rezeptur, was weiblich sei und was nicht, erscheint dann zunehmend als periphere individuelle Entscheidung.
Dieser Effekt des Computers löst selbstverständlich noch nicht das Machtproblem zwischen den Geschlechtern. Das Machtgefälle bleibt zunächst unangetastet. Allerdings verliert die geschlechtspezifische Macht der Männer vollends ihre Legitimität. Damit perfektioniert der Computer auch nur wieder eine vorhandene soziale Tendenz. Die Frage lautet, wie lange läßt sich Macht in hochindustrialisierten Staaten ohne Legitimität halten, wenn Frauen entschlossen sind, dieses Problem einer sozialen und politischen Lösung zuzuführen?
7.- Der Computer stellt also auch die technisch-maschinelle Lösung für diesen traditionellen Widerspruch zwischen den Geschlechtern der bürgerlichen Gesellschaft dar. Das ist seine demokratische Wirkungskraft. Gleichzeitig macht er deutlich, daß die Ausdrucksformen, die dieser Widerspruch genommen hat und die sozial erzwungen wurden, künstliche Konstruktionen sind, die durch eine technisch-maschinelle Lösung aufzuheben sind. Die neue Konstruktion der Verhaltensweisen aber beansprucht keinerlei Bezug mehr zu Naturbestimmungen. Sie verhehlt nicht, daß sie ein künstliches soziales Produkt ist, im Gegensatz zu bisherigen sozialen, ideologischen und religiösen Behauptungen, die sich stets auf die Natur bezogen haben. Der Computer stellt auf dem gesellschaftlichen Entwicklungsweg eine Abstraktion 3.Ordnung dar, oder auch eine neuartige Weiterentwicklung des sozialen Dualismus. Es entsteht scheinbar eine neue triadische Ordnung; z.B. aus dem Gegensatz Dummheit - Intelligenz wird Dummheit - natürliche Intelligenz - maschinelle, bzw. künstliche Intelligenz. Dieses neue Konstrukt, das eine neue Welt darstellen und nach Absicht ei-

niger prominenter KI-Vertreter der organischen Welt buchstäblich den Garaus machen soll - "Die Illusion macht das Denken effektiv", sagt Marvin Minsky - , beginnt zunächst als mehr oder minder dilettantische Nachahmung vorhandener organischer oder sozialer Vorgänge. Die freundlich zurückweisende Aussage des Erdgeistes im "Faust" kann da als Motto gelten:"Du gleichst dem Geist, den du begreifst, nicht mir." Dennoch gewinnt diese Simulation weitgehende Bedeutung für die Maschinisierbarkeit der Gesellschaft. Maschinisierbar ist prinzipiell alles, was bereits im Denkprozeß nach dem maschinellen Konzept entstanden ist, was also bereits künstliches Konstrukt ist. Die bürgerliche Gesellschaft aber ist vor allem auch unter diesem Konzept entstanden. Die Grenzen sind also weniger abzusehen, als die Möglichkeiten.

Darüber hinaus gewinnt die Simulation auch aufklärerischen Erkenntnischarakter. Der Computer ist ein Spiegel, in dem eine soziale Partiallogik als Totallogik anschaulich wird. Wichtig für Frauen ist z.B., daß Männer am Computer nimmermüde Vergewaltigungs- und Folteraktionen auf dem Bildschirm durchführen können; Gewalt gleich serienweise. Aber es bleibt die Simulation der Vergewaltigung. Sie vergewaltigen und foltern ihre Imaginationen und nicht wirkliche Frauen. Unschwer läßt sich daraus folgern, daß sie auch bisher ihren Imaginationen Gewalt angetan haben. Die realen Frauen werden und wurden gezwungen, das konkrete Material der männlichen Gewaltphantasien abzugeben. Am Computer wird der Vorgang um das traditionelle Material auf die imaginative Wirklichkeit dieses Männerbegehrens reduziert. Die Männer bleiben mit ihren Vergewaltigungsimaginationen allein. Der Vorgang ist auf seine Wahrheit reduziert. Die Gewalt verbleibt bei dem, der sie in sich trägt und ausagieren will. Damit verdeutlicht der Computer technisch-maschinell, berechenbar und reproduzierbar und damit unabweisbar, daß Vergewaltigungen aus rein männlichen Wahn- und Gewaltwünschen resultieren, wie Frauen wissen und oftmals gesagt haben. Der Computer als Simulationsmaschine also beweist, wie in einer Laborsituation, daß der Gewaltvorgang ein männlicher Regelkreis ist, in dem Frauen dazu gezwungen werden, als männliches Wahnbild zu funktionieren.

8.- Der Computer aber macht Affekte nicht nur sichtbar, er saugt sie auch auf. Dieser Vampireffekt wird immer wieder dargestellt, mit Aussagen, wie:"Ich fühle mich hinterher ganz leer, ausgelaugt". Eine durch Computer vernetzte Gesellschaft wird wahrlich nicht an einem Überschuß an Affekten leiden. Bei der abnehmenden education sentimentale, also einer Erziehung zur Gestaltung von Affekten, und zunehmender Verwahrlosung zu Gewalt, ist das keine bedeutungslose Wirkung. Wie es allerdings mit der Lebenskraft einer Gesellschaft zunehmend erkalteter Individuen aussieht, ist eine andere Frage, die allerdings das eher periphere menschliche Individuum für sich selber lösen muß.

9.- Allerdings macht die Maschine die Gewalt auch effektiv und mächtig, vor allem wenn der Computer an Kraft- und Explosionsmaschinen gekoppelt wird. Und da finden die Horrorvorstellungen von Kritikern, wie etwa Weizenbaum, ihr Zentrum. Da soll der Kitsch des Science-Fiction-Wahns zum Modell für die Wirklichkeit werden. Da soll die ablaufende Tragödie gigantisiert werden. Aber vielleicht wird es doch die Posse zur Tragödie?!

10.- Der Computer stellt die technisch-maschinelle Lösung einer ganzen Reihe weiterer, allerdings miteinander zusammenhängender Dualismen dar. Ich will sie in diesem Rahmen nur aufzählen: Formelle und informelle Arbeit, Hand- und Kopfarbeit, Öffentlichkeit und Häuslichkeit - die Privatheit ist ja bereits aufgehoben zugunsten einer Freizeit -, Spiel und Arbeit, Lust und Disziplin, Nicht tangiert wird allerdings der Widerspruch von Produktion und Reproduktionsarbeit. Eines allerdings läßt sich mit Sicherheit sagen: je mehr Frauen den Computer als Hauptsache in ihr Leben eingliedern, desto bedürftiger werden auch sie, was die psycho-physische Reproduktion angeht. In diesem Bereich stößt die technisch-maschinelle Lösungsform, die von dieser Gesellschaft so bevorzugt wird, allerdings auf ihre Grenzen.

11.- Bedeutete bisher der Fortschritt der Maschinenentwicklung gleichzeitig einen zunehmenden Verdinglichungs- und Todesprozeß der Welt, eine Sklerotisierung der Erde, so kehrt der Computer diesen Prozeß wie in einer Schleife um. Die Maschinisierung erfaßt den denkspezialisierten Urheber am Ausgangspunkt des Vorgangs: im Denk-, Imaginations- und Handlungsvorgang selber. So kann der Computer auch für viele der Selbstentzug aus der Welt bedeuten, ihr Rückzug aus der belebten Welt, soweit sie noch vorhanden ist. Der Automatismus ersetzt das Lebendige. Der Welt jedenfalls bringt das geringeren Schaden, zumal wenn der Computer die Bedienung anderer Maschinen zeitweilig ersetzt, beispielsweise wenn junge Männer mehr am Computer sitzen als im Auto herumfahren.

12.- Der Computer ergreift den Denkvorgang und wandelt ihn um. Jeder Gedanke, jeder denkende Handlungschritt muß durch die Schleuse des Algorithmus getrieben werden. Anders ausgedrückt: die Gedanken werden zermahlen und vom Computer synthetisch neu zusammengesetzt. Es ist das Primat des Handelns über das Denken, denn im Handeln wird Vorgefundenes immer verändert und zerstört. Die Menschen denken handelnd und handeln nicht denkend. Für Naturwissenschaft und Technik ist das selbstverständlich, denn ihnen liegt eine operationale, eine Handlungstheorie zugrunde. Wenn man der den Computerwissenschaften eigentümlichen Neigung folgt, sich in Bio-Metaphern auszudrücken, so läßt sich sagen, daß es der in den Kopf projizierte Verdauungsvorgang ist, der Bauch im Kopf oder der Kopf im Bauch, denn die Verarbeitung von Substanzen findet nach aller Erfahrung im Verdauungsprozeß statt. Es ist die Industrialisierung des Denkens, die ja auch vor allem eine gigantische und systematische Verarbeitung der Welt bedeutet. Die Faszination des Computers beruht ja auch darauf, daß hier scheinbar das Wissens- und Bildungsprivileg abgeschafft wird. Kinder machen schnelle Tellerwäscherkarrieren. Das Versprechen, der Computer sei ein Nürnberger Trichter, durch den Intelligenz für alle käuflich und konsumierbar sei, lockt viele an. Daß damit noch keine Deutungsfähigkeit erworben wird, soll tunlichst verschwiegen werden. Denn die stellt sich erst durch vielfältige Erfahrung her. Aber der Computer stellt eben die technisch-maschinelle Lösung des Wissensprivilegs her. Und zur technisch-maschinellen Lösung gehört immer auch ein Altersverbot. Für Menschen bedeutet das ein Erfahrungs- und Reifeverbot. Auch hier perfektioniert der Computer nur eine Tendenz: die Neigung zu Autobahnkarrieren mit Lichthupe und ohne Tempolimit. Und das heißt: es gibt ebenso ein Jugendverbot, also ein Verbot, auf allen möglichen Abwegen Erfahrungen zu suchen. Mit dem Kinderspiel am Computer wird de facto die frühe Kinderarbeit etabliert.

Der Computer verändert das Denkvermögen, wenn er zum Alltagsgerät wird. Lebenserfahrung und Empfindung werden ausgegliedert. Denn das algorithmische Denken stellt nur eine sehr enge Partiallogik dar. Denken aber ist vor allem ein Wahrnehmungs- und Deutungsvorgang, die Erkenntnis von Bedeutung. Vernünftiges Denken ist z.B. vernehmendes, wahrnehmendes Denken. Mit Begriffen nimmt man wahr, z.B. ob man traurig, unglücklich, niedergeschlagen, melancholisch oder trübsinnig ist, oder schlicht und modern depressiv, worin alle anderen Zustände unterschiedslos untergehen. Die differenzierte Wahrnehmung von unterschiedlichen Empfindungen, Erfahrungen und Zuständen wird zunehmend beseitigt zu einer peripheren Angelegenheit von gebildeten Sonderlingen. Im homogenisierten Zentrum werden sich vorhandene Denkverbote noch ausweiten, wenn sie mit der Maschinisierung in Konflikt treten könnten. Das trifft vor allem auch Frauen. Gerade sie waren bisher in ihrer Fähigkeit, lebendig zu denken aus Erfahrungen und Empfindungen, noch nicht so eingeschränkt und daher noch sehr kritikfähig gegenüber den Denkverboten der rationalen algorithmischen Denkweise. Sie haben sie als Partiallogik erkannt und sich angeeignet. Aber die Neigung, sie als herrschende Totallogik zu übernehmen und die damit einhergehenden Denkverbote zu akzeptieren, verbreitet sich neuerdings auch unter Frauen, vor allem wenn sie auf Computer als Karrieremaschine setzen. Kritische Fragestellungen werden unwillig und genervt abgewiesen. Die Lust am Denken weicht der Lust an der Teilhabe. Frauen lassen sich auch von der Rationalisierung des Denkens ergreifen. Und Rationalisierung beinhaltet immer ein Verbot der anderen Möglichkeiten. Aber nur wenn Frauen eine kritisch reflektierte Distanz einhalten, können sie mit Vernunft den Computer bedienen.

Themenschwerpunkt C:
Fachfrauen im Bereich der Datenverarbeitung

Frauenarbeit und Professionalisierung in technikwissenschaftlichen Berufen[1]

Bettina Schmitt, TH Darmstadt

Die noch relativ junge Disziplin Informatik erschien zunächst als Chance für Frauen, Zugang zu hochqualifizierten technischen Berufstätigkeiten zu finden. Während Frauen gerade in den sog. "klassischen" Ingenieurwissenschaften Elektrotechnik und Maschinenbau traditionell in extremer Weise unterrepräsentiert sind (Frauenanteil im Studium: 2 - 3%, im Beruf: unter 1%), erreichte ihr Anteil im Informatikstudium im WS 1982/83 bundesweit 17 ,2%[2]. Gerade auch angesichts der großen Nachfrage am Arbeitsmarkt war zu erwarten, daß sich diese relativ günstige Situation im Beruf fortsetzen werde.

Seit 1983 ist der Frauenanteil im Informatikstudium jedoch rückläufig (bei weiterhin steigenden absoluten Zahlen für Frauen und Männer). Die Zahlen für das WS 1986/87 weisen allerdings wieder einen leichten Anstieg des Frauenanteils unter den Studien*anfängerInnen* aus (16,3%), während der *Studentinnen*anteil nochmals zurückgegangen ist[3]. - Angesichts dieser Zahlen mag es verfrüht sein, generell von einem rückläufigen Trend zu reden, es kann aber auch nicht mehr umstandslos von einer stabilen bzw. wachsenden Beteiligung der Frauen ausgegangen werden.

Dem korrespondieren ambivalente Einschätzungen der beruflichen Situation: Berufstätige Informatikerinnen bestätigen zwar die guten Chancen von Frauen beim Berufs*einstieg*, weisen aber gleichzeitig darauf hin, daß *im* Beruf noch keineswegs Gleichheit zwischen Männern und Frauen erreicht sei. Ihre Kritik bezieht sich auf die Möglichkeiten zu Aufstieg und Karriere, auf subtile Mechanismen der Diskriminierung und Zurücksetzung von Frauen, auf sich abzeichnende innerberufliche Segregierungen von Tätigkeitsfeldern nach Geschlecht sowie auf weiterhin bestehende Schwierigkeiten hinsichtlich einer Vereinbarung von Beruf und Familie (Roloff 1989, u.a.).

Für die sich hier andeutende erneute Zurückdrängung der Frauen werden bisher mehrere Erklärungsansätze diskutiert. - Ein Erklärungsansatz, den ich hier weiter verfolgen möchte, verweist auf mögliche Zusammenhänge zwischen Professionalisierungsprozessen und der Beteiligung von Frauen: Informatik - so wird argumentiert - war zu Beginn ihrer Entwicklung unbelastet von überkommenen, männlich geprägten Traditionen und festgefügten Strukturen und daher nach vielen Seiten offen. Diese innerdisziplinäre bzw. -berufliche Offenheit wurde verstärkt durch die Expansion des Berufsfeldes und die wachsende Nachfrage nach Arbeitskräften sowie durch ein gesell-

1 Die folgenden Ausführungen enthalten Teile des theoretischen Konzepts sowie erste Ergebnisse meiner laufenden Dissertation, die unter dem Arbeitstitel "Beteiligungschancen und Barrieren für Frauen in der Informatik" am Fachbereich Gesellschafts- und Geschichtswissenschaften der TH Darmstadt angefertigt wird.

2 Inklusive Doktorandinnen, Lehramtsstudentinnen und Fachhochschulstudentinnen. Quelle: Statistisches Bundesamt, Fachserie 11: Bildung und Kultur, Reihe 4.1: Studenten an Hochschulen

3 Neuere Zahlen liegen leider nicht vor. Quelle wie oben.

schaftliches Klima[4], das Studium und Berufstätigkeit von Frauen ermutigte, gerade auch in "unkonventionellen" Bereichen. In dem Maße, in dem im Zuge von Professionalisierungsprozessen in der Informatik eine Differenzierung und Institutionalisierung von Ausbildungsgängen, Tätigkeitsbereichen und Berufsbildern stattfindet, könnten sich unter der Hand Strukturen und Geschlechtstypisierungen durchsetzen, die eine Zurückdrängung der Frauen bewirken. Zudem werden Annäherungsprozesse zwischen Informatik und den Ingenieurwissenschaften beobachtet[5], die eine Parallelisierung auch hinsichtlich der Beteiligungschancen von Frauen befürchten lassen.

Das Professionalisierungskonzept

Das Konzept der *Professionen* und der *Professionalisierung* entstand ursprünglich in den 1930er Jahren in den angloamerikanischen Sozialwissenschaften und wurde später in der Bundesrepublik v.a. im Rahmen der Berufssoziologie rezipiert und weiterentwickelt (Hesse 1972, Beck/Brater 1978, u.a.). Es bezieht sich auf die akademischen Berufe *(Professionen)*, die sich seit der Mitte des 19. Jahrhunderts herausgebildet haben und durch eine Reihe gemeinsamer Merkmale charakterisiert sind, wie wissenschaftlich fundierte Fachkompetenz, eine bestimmte Berufsethik, Verbandsbildung, relativ hohes Einkommen und gesellschaftliches Prestige; weitere Kennzeichen sind ein ausdifferenziertes Berufsfeld und die Institutionalisierung entsprechender Ausbildungsgänge.

Professionalisierung meint zunächst den Prozeß der Entwicklung einzelner (qualifizierter) Berufe, in dessen Verlauf diese den Status von Professionen zu erlangen suchen. In einer übergreifenden, makrosoziologischen Perspektive bezieht sich Professionalisierung darüberhinaus auf Veränderungen der Berufsstruktur einer Gesellschaft insgesamt, d.h. auf die Zunahme von Zahl und Bedeutung von Professionen in einer bestimmten Phase der historisch-gesellschaftlichen Entwicklung.

Um das Professionalisierungskonzept auf aktuelle berufliche Entwicklungsprozesse übertragen zu können, müssen daher auch Veränderungen der gesellschaftlichen Rahmenbedingungen berücksichtigt werden. Als eine wichtige Rahmenbedingung ist die Erweiterung der sozialstrukturellen Basis der akademischen Berufe zu nennen, die wiederum teilweise auf Veränderungen im Bildungssystem und in der Bildungsbeteiligung zurückzuführen sind. Hierzu gehört nicht zuletzt eine veränderte *Bildungs- und Erwerbsbeteiligung der Frauen*, d.h. auch ihr zunehmender Anspruch auf Teilhabe an hochqualifizierter Berufsarbeit.

Der Prozeß der Professionalisierung einzelner Berufe wird wesentlich von den Angehörigen dieser Berufe selbst bzw. von deren Verbänden vorangetrieben, in Auseinandersetzung mit anderen gesellschaftlichen Interessengruppen (Arbeitgeber/Klienten) und dem Staat. Dabei geht es um den Ausbau der fachlichen und beruflichen Kompetenzen und deren Absicherung auf dem Arbeitsmarkt sowie um die Durchsetzung von Erwerbs- und Prestigeinteressen der Berufsangehörigen.

In diesem Prozeß bedienen sich die Berufsangehörigen bestimmter Mittel und Strategien. Dazu zählen etwa die Einflußnahme auf die Ausbildungsgänge oder die Entwicklung eines Berufsbildes

4 Ende der 60er/Anfang der 70er Jahre; zu denken ist hier an Bildungsexpansion und Reformpolitik.

5 Mit der Verwendung des Begriffs *technikwissenschaftliche Berufe* im Titel dieses Aufsatzes soll eine vorschnelle Gleichsetzung resp. Subsumierung der Informatik unter die Ingenieurwissenschaften jedoch gerade vermieden werden.

und eines beruflichen Selbstverständnisses, das sowohl als Regulativ "nach innen" wie als Mittel der Selbstdarstellung "nach außen" wirkt.

Meine These lautet nun, daß diese Strategien hinsichtlich des Zugang neuer Berufsmitglieder und deren innerberuflichen Entfaltungs- und Aufstiegsmöglichkeiten nicht geschlechtsneutral wirken. Vielmehr vermute ich, daß in den Professionalisierungsprozeß - unbewußt - stereotype Vorstellungen von "typisch männlichen" (resp. "weiblichen") Eigenschaften, Fähigkeiten sowie Lebensmustern eingehen, die eine tendenzielle Diskriminierung von Frauen bewirken können.

Dabei lassen sich Auswirkungen in zwei Dimensionen annehmen, nämlich zum einen strukturelle Behinderungen von Frauen, etwa über erschwerten Zugang zu Ausbildungsgängen, erhöhte Qualifikationsanforderungen oder über Arbeitsbedingungen, Leistungsanforderungen und Karrieremuster, die an der "männlichen Normalbiographie" orientiert sind und eine Vereinbarkeit von Beruf und Familie erschweren. Zum anderen behindert ein berufliches Selbstverständnis bzw. ein beruflicher "Habitus", der mit "männlichen" Charaktereigenschaften korreliert, die Entwicklung einer eigenständigen Identität von Frauen im Beruf. - Dies soll im folgenden ausgeführt werden:

Strukturen der Frauenerwerbsarbeit in hochqualifizierten Berufen

Die sozialwissenschaftliche Frauenforschung hat die geschlechtliche Arbeitsteilung als grundlegend für die Stellung von Frauen in Gesellschaft und Erwerbsleben analysiert: Die geschlechtliche Arbeitsteilung in industriell-kapitalistischen Gesellschaften beruht auf der Trennung von Produktions- und Reproduktionsbereich und weist den Frauen primär die Arbeit in Haus und Familie zu (Beck-Gernsheim 1976, Ostner 1978, u.a.). Der "weibliche Lebenszusammenhang" (Prokop 1976) gerät in Gegensatz zu beruflichen Strukturen, die eine "männliche Normalbiographie" voraussetzen, d.h. Lebensmuster von Menschen, die von Reproduktionsarbeit freigestellt sind und sich ganz dem Beruf widmen können. Diese grundlegende Arbeitsteilung wird überformt und gestützt durch kulturelle Zuschreibungen und ein sozial strukturiertes Geschlechterverhältnis, das das Leben von Männern und Frauen auf subjektiver und objektiver Ebene prägt (Hagemann-White 1985, Knapp 1987, u.a.); dieses Geschlechterverhältnis impliziert auch bestimmte Machtstrukturen zwischen den Geschlechtern.

Gerade hochqualifizierte Berufe und Professionen sind, mehr als andere, "Anderthalb-Personen-Berufe" (Beck-Gernsheim); sie verlangen nicht nur "den ganzen Mann", sondern auch eine (Ehe-)Frau im Hintergrund, die ihm die Haus- und Familienarbeit abnimmt und darüberhinaus seine psychische und emotionale Reproduktion sichert. Für die Frauen bedeutet dies zunächst Anpassung an die Anforderungen des Berufs des Mannes, wie hohe zeitliche Belastung, zeitliche und räumliche Flexibilität bzw. Mobilität. Eine eigene qualifizierte Berufstätigkeit ist unter diesen Umständen nur sehr bedingt möglich.

Zum Zeitpunkt der Entstehung von professionalisierter Berufsarbeit im 19. Jahrhundert stand diese aber auch nicht zur Debatte. Frauen waren - in Deutschland bis 1909 - nicht zum Studium zugelassen und daher von vorneherein von akademisch fundierter Berufsarbeit ausgeschlossen. Zugleich war weibliche Erwerbsarbeit gerade in den bürgerlichen Schichten, aus denen sich die Professionsangehörigen rekrutierten, gesellschaftlich nicht erwünscht und - wenn überhaupt - nur in ausgesprochenen "Frauenberufen" (Erzieherin, Sozialarbeit, Krankenpflege) möglich.

Für das Ingenieurwesen kommt hinzu, daß hier, anders als in den Naturwissenschaften, keine akademisch-wissenschaftliche Tradition bestand, an der Frauen - wenn auch außerhalb der Universitäten - hätten teilhaben können. Im 18. und 19. Jahrhundert war es zumindest einer kleinen Gruppe von Frauen aus dem Bürgertum möglich gewesen, sich in gelehrten Zirkeln mit den Ergebnissen der neuen Wissenschaften zu beschäftigen, ohne daß sie dieses Interesse freilich in eine geregelte wissenschaftliche Berufstätigkeit umsetzen konnten. Im Ingenieurwesen, dessen Ursprünge in Handwerk und Militär liegen und dessen Akademisierung erst gegen Ende des 19. Jahrhunderts stattfand, hatte es diese Möglichkeit nicht gegeben.

Heute bestehen für Frauen formal gleiche Bedingungen hinsichtlich der Zulassung zu Studium und Beruf. Gerade im Bildungsbereich haben Frauen in den letzten 20 Jahren Chancen für sich nutzen und ausbauen können. - Neben der weiterhin bestehenden ungleichen Verteilung von Männern und Frauen auf Fächer und Berufsbereiche zeigt sich aber auch - wie oben bereits für die Informatik angedeutet -, daß *im Beruf* noch keine Gleichheit zwischen den Geschlechtern erreicht ist; deren Durchsetzung stößt an Grenzen, die letztlich wiederum in der Struktur der geschlechtlichen Arbeitsteilung begründet sind. Frauen können den gegebenen, an männlichen Lebensmustern orientierten beruflichen Standards solange nicht als Gleiche genügen, wie sie allein für Haus- und Familienarbeit zuständig sind und daher in einem ungleichen Lebenszusammenhang stehen (Roloff 1989, Clemens/Metz-Göckel/Neusel/Port 1986). Zugleich spiegelt die ungleiche Verteilung von Männern und Frauen auf hierarchische Berufspositionen auch die gesellschaftlichen Machtverhältnisse zwischen den Geschlechtern wieder[6].

Aktuelle Entwicklungstendenzen in der Informatik

Berufliche Anforderungen und Arbeitsbedingungen, die als typisch für hochqualifizierte Berufe gelten können (hohe zeitliche Belastung, Zwang zu Flexibilität und Mobilität etc.), sind auch in der Informatik verbreitet. Sie werden möglicherweise noch verstärkt durch den Mangel an Arbeitskräften, der die Beschäftigten unter zusätzlichen Arbeitsdruck setzt. Die Antizipation dieser Bedingungen und der sich daraus ergebenden Schwierigkeiten könnte dazu beitragen, Mädchen und Frauen von einer entsprechenden Studien- und Berufswahl abzuhalten.

Zugleich finden innerberufliche Differenzierungen und Segregierungen statt, die zu Ungleichheiten in der Verteilung von Männern und Frauen auf Tätigkeitsfelder und Hierarchiepositionen führen (Roloff 1989). - Dabei deutet sich ein Ineinandergreifen und ein kompliziertes Wechselverhältnis der Interessen und Strategien von Berufsverband, Betrieben und Arbeitgebern und der Frauen selbst an: Während die Professionsangehörigen auf die Einhaltung beruflicher Anforderungen und "professioneller Standards" drängen, um die eigene Leistungsfähigkeit unter Beweis zu stellen, orientieren die Betriebe ihren Personaleinsatz an tradierten Strukturen der. - auch geschlechtsspezifischen - Verteilung von Arbeitskräften. Die Frauen schließlich antizipieren *und* reproduzieren die

[6] Damit soll kein einfacher Determinismus unterstellt werden. Über die Mechanismen, über die sich die gegebenen Machtverhältnisse reproduzieren (oder auch verändern können), ist hier noch nichts ausgesagt.

gegebenen Strukturen, indem sie z. T. von vorneherein begrenzte Karriereambitionen entwickeln und ihr Berufsverhalten stattdessen auf Möglichkeiten einer gewünschten Vereinbarung von Beruf und Familie ausrichten. Solange sie dies als jeweils einzelne tun, werden die beruflichen Strukturen dadurch nicht in Frage gestellt.

Differenzierungsprozesse im Ausbildungssektor

In der professionssoziologischen Literatur wird die Einflußnahme auf die Ausbildungsgänge als eine zentrale Strategie der Professionalisierung und internen Segregierung eines Berufsfeldes beschrieben (Hesse 1972, u.a.). Neben dem Nachweis der beruflichen Kompetenz der Professionsangehörigen durch formalisierte Ausbildungsabschlüsse kann auf diesem Weg auch eine Kanalisierung von Konkurrenz erfolgen. So dient die Institutionalisierung hierarchisierter Ausbildungsgänge dazu, potentielle Konkurrenten auf untergeordneten Positionen festzuhalten und zugleich die eigene herausgehobene Stellung zu sichern. Für das Ingenieurwesen kann gezeigt werden, daß die Zweiteilung der Ausbildung in Hochschul- und Fachhochschulstudiengänge (früher Fachschulausbildung), an der bis heute seitens des VDI hartnäckig festgehalten wird, weniger in inhaltlichen Anforderungen der Berufstätigkeit, sondern in Interessen der Hierarchisierung und des Statuserhalts begründet ist (Dreßen 1977).

Ähnliche Prozesse lassen sich auch im Berufsfeld Informatik/Datenverarbeitung beobachten. Ein - m. E. sehr deutliches - Beispiel dafür, wie sich solche Prozesse quasi "unter der Hand" auch gegen Frauen wenden können, sind die hier gegenwärtig in Fülle entstehenden neuen Ausbildungs-, Umschulungs- und Weiterbildungsprogramme. Diese Programme sind z. T. unterhalb der akademischen Ebene angesiedelt (etwa als Ausbildungsalternative für AbiturientInnen), während sich ein anderer Teil als Umschulungsangebot an arbeitslose HochschulabsolventInnen verschiedener Fächer richtet. - Ich vermute nun, daß über diesen Weg anteilmäßig mehr Frauen zum Berufsfeld Informatik/Datenverarbeitung kommen als über das reguläre Fachstudium: Zum einen ist die Studierneigung bei Frauen noch immer geringer als bei Männern, und Frauen tendieren seit einigen Jahren wieder stärker dazu, direkt nach dem Abitur eine Berufsausbildung zu absolvieren, wenn auch z. T. mit dem Ziel eines anschließenden Studiums. Zum anderen sind Frauen gerade in jenen Studienfächern überproportional vertreten, die besonders von der Akademikerarbeitslosigkeit betroffen sind (Geistes- und Sozialwissenschaften, Lehramt). Schließlich ist die Arbeitslosenquote von Frauen in *allen* Bereichen höher als die der Männer. - Wenn man davon ausgeht, daß zumindest mittelfristig die höheren beruflichen Positionen von diplomierten InformatikerInnen besetzt werden, würde dies bedeuten, daß die mit der Institutionalisierung der neuen Ausbildungsgänge einhergehende interne Differenzierung des Berufsfeldes eine Hierarchisierung impliziert, die Frauen tendenziell wiederum auf die unteren Ränge verweist.

In diesem Zusammenhang ist noch das Modellversuchsprogramm der Bad Harzburger "Wirtschaftsakademie für Lehrer" zu erwähnen, in dem gegenwärtig Ausbildungsberufe für drei neue Assistent*innen*berufe erprobt werden (CIM-Assistentin, Software- und Kommunikationsassistentin). Unter der Zielsetzung, Frauen an qualifizierte Berufstätigkeiten im Bereich der neuen Technologien heranzuführen, wird hier von vorneherein eine Zuordnung der Assistenzberufe zu Frauen vorgenommen, die dann möglicherweise auch auf andere, geschlechtsneutral ausgeschriebene Ausbildungsgänge abfärbt. Zudem drängen sich hier Parallelen zu den älteren technischen Assistenzberufen, etwa der Elektrotechnischen Assistentin oder der Ingenieurassistentin, auf, die erstmals in den 1940er Jahren speziell für Frauen geschaffen wurden.

Geschlechtstypisierung technischer Berufsarbeit

Die hier angesprochene implizite Zuordnung von Berufen zu einem Geschlecht verweist schließlich auf einen weiteren Mechanismus der Segregierung zwischen und innerhalb von Berufsfeldern: In der Frauenforschung ist der Begriff der *"Geschlechtstypisierung"* entwickelt worden, um die qualitative Charakterisierung und Zuordnung von Berufs- und Tätigkeitsfeldern als "männlich" oder "weiblich" zu bezeichnen (Beck-Gernsheim 1976, Willms-Herget 1985)[7]. Geschlechtstypisierungen von Berufen basieren auf umfassenderen Männlichkeits- und Weiblichkeitsstereotypen, die sich historisch entwickelt haben, kulturell definiert sind, und die auch Vorstellungen von "männlichen" resp. "weiblichen" Interessen, Fähigkeiten und "Arbeitsvermögen"[8] beinhalten. Sie drücken sich aus in Berufsbild und beruflichem Selbstverständnis und erhalten Bedeutung über die berufliche Fachöffentlichkeit hinaus. Auch wenn die tatsächlichen Interessen, Fähigkeiten und Dispositionen von Frauen und Mädchen in solchen Zuschreibungen nicht aufgehen, prägt die geschlechtstypische Charakterisierung von Berufsfeldern doch ihre Ausbildungs- und Berufswahl. Umgekehrt beeinflußt sie auch die Einstellungen und das Verhalten von Lehrern, Berufsberatern, (potentiellen) Arbeitgebern und Kollegen, was ein Durchbrechen der so gesetzten Schranken erschwert.

Geschlechtstypisierungen von Berufen beziehen sich vordergründig auf die Inhalte der jeweiligen Berufsarbeit. Sie korrelieren aber auch mit dem gesellschaftlichen Status des Berufs bzw. der beruflichen Position und somit wiederum mit den Machtverhältnissen zwischen den Geschlechtern.

Für das Ingenieurwesen besteht eine besonders krasse Entgegensetzung von "männlicher" Arbeit, wie sie im traditionellen beruflichen Selbstverständnis konzipiert ist und sich im "Habitus" der Ingenieure ausdrückt, und den gesellschaftlichen Stereotypen von "Weiblichkeit". Dahinter steht ein Konzept von Technik, das diese einerseits mit "Männlichkeit", mit als "männlich" stereotypisierten Eigenschaften (wie körperliche Kraft, Aktivität, Kreativität, Mut etc.), andererseits aber auch mit sozialer Macht assoziiert (Cockburn 1989). Dieses Konzept, verbunden mit den oben angesprochenen beruflichen Traditionen und Strukturen, könnte erklären, warum gerade in den "klassischen" Ingenieurberufen bis heute so hohe Zugangsbarrieren für Frauen bestehen, auch wenn sich die realen Bedingungen und Anforderungen der Ingenieurarbeit verändert haben.

Bezogen auf die Informatik wäre demnach zu fragen, inwieweit Elemente dieses traditionellen Konzeptes in aktuelle Professionalisierungsprozesse eingehen, wo neue, Frauen aber wiederum

7 Im Gegensatz dazu bezieht sich quantitative Geschlechtstypisierung" auf die relative Beteiligung von Männern und Frauen an bestimmten Berufsfeldern. Bzgl. der qualitativen Dimension spricht Cockburn (1989) auch von der "Vergeschlechtlichung" von Berufen.

8 Zum Konzept des "weiblichen Arbeitsvermögens" vgl. Beck-Gernsheim 1976, 1980, Ostner 1978, zur Kritik Knapp 1987

ausschließende Geschlechtstypisierungen entstehen, oder ob die anfängliche Offenheit des Fachgebietes genutzt werden konnte, um diesen Prozessen eine andere Richtung zu geben, die eine weniger starre Typisierung impliziert.

Gleiche Teilhabe von Männern und Frauen an allen Berufen und Berufspositionen ist aber erst dann möglich, wenn nicht nur geschlechtstypische Zuschreibungen abgebaut, sondern auch die Strukturen der Berufsarbeit und die dahinter stehenden Strukturen des Geschlechterverhältnisses in Richtung auf eine tatsächliche Chancengleichheit der Frauen verändert werden. Gerade weil die Frauen in der Informatik als qualifizierte Arbeitskräfte gebraucht werden, haben sie hier die Chance, entsprechende Ansätze zu initiieren; diese müssen aber letztlich eingebettet werden in umfassendere gesellschaftliche und politische Veränderungsstrategien.

Literatur

Beck, Ulrich/Michael Brater: Berufliche Arbeitsteilung und soziale Ungleichheit. Eine gesellschaftlich-historische Theorie der Berufe, Frankfurt/New York 1978

Beck-Gernsheim, Elisabeth: Der geschlechtsspezifische Arbeitsmarkt, Frankfurt 1976

Clemens, Bärbel/Sigrid Metz-Göckel/Aylâ Neusel/Barbara Port (Hg.): Töchter der Alma Mater. Frauen in der Berufs- und Hochschulforschung, Frankfurt/New York 1986

Cockburn, Cynthia: Die Herrschaftsmaschine. Geschlechterverhältnis und technisches Know-how, Berlin/Hamburg 1989

Dreßen, Hermann Josef: Die Hierarchisierung der Ingenieurberufe. Zur sozialen Konstruktion von Berufshierarchien am Beispiel der Abgrenzung von diplomierten und Fachschulingenieuren in Deutschland um die Jahrhundertwende. In: Beck, Ulrich/Michael Brater (Hg.): Die soziale Konstitution der Berufe, Bd. 1, Frankfurt 1977

Hagemann-White, Carol: Zum Verhältnis von Geschlechtsunterschieden und Politik. In: Kulke, Christiane (Hg.): Rationalität und sinnliche Vernunft. Frauen in der patriarchalen Realität, Berlin 1985

Hesse, Hans A.: Berufe im Wandel. Ein Beitrag zur Soziologie des Berufs, der Berufspolitik und des Berufsrechts, Stuttgart ^{2}1972

Knapp, Gudrun-Axeli: Arbeitsteilung und Sozialisation. Konstellationen von Arbeitsvermögen und Arbeitskraft im Lebenszusammenhang von Frauen. In: Beer, Ursula (Hg.): Klasse Geschlecht, Bielefeld 1987

Ostner, Ilona: Beruf und Hausarbeit. Die Arbeit der Frau in unserer Gesellschaft, Frankfurt 1978

Prokop, Ulrike: Weiblicher Lebenszusammenhang. Von der Beschränktheit der Strategien und der Unbescheidenheit der Wünsche, Frankfurt 1976

Roloff, Christine: Von der Schmiegsamkeit zur Einmischung. Die Professionalisierung der Chemikerinnen und Informatikerinnen, Pfaffenweiler 1989

Willms-Herget, Angelika: Frauenarbeit. Zur Integration der Frauen in den Arbeitsmarkt, Frankfurt/New York 1985

Wie entsteht ein Männerberuf?

Christine Roloff

"Im Zeitalter des Computers ist die Unterscheidung von männlichen und weiblichen Aufgaben uninteressant geworden", schreibt die Pariser Philosophie-Professorin Elisabeth Badinter in ihrem Buch "Ich bin Du. Die neue Beziehung zwischen Mann und Frau oder: Die androgyne Revolution" (1988, 170). Sie meint damit: Die Tätigkeiten büßen ihren geschlechtsspezifischen Charakter ein, denn es gibt nicht länger eine Arbeit, die männliche Kraftleistungen erfordert. Und auch weibliche Geschicklichkeit und Sorgfalt sind überflüssig, wenn diese der Computer genauer übernimmt. Hinter dieser Sichtweise verbirgt sich eine nach wie vor geschlechtstypisch zuweisende Funktionalität von Arbeitstätigkeiten und Fachgebieten, auch wenn sie als nicht mehr gültig und relevant interpretiert wird.

Sind es aber die fachlichen Aspekte, die Berufe und Tätigkeiten zu männlichen machen? Wie kommt es, daß trotz der revolutionierenden Möglichkeiten der Computertechnologie der Computer den Nimbus des "Männlichen" hat, wie die Ankündigung zu dieser Tagung formulierte?

Wie entsteht ein "Männerberuf"? Dies ist nicht bloß eine rhetorische Frage, obgleich etwas derartiges mitschwingt. Die Antwort ist nämlich ganz einfach: indem Männer ihn dazu machen und Frauen dies zulassen (müssen). Diese These läßt sich begründen im Zusammenhang mit der Theorie der sozialen Konstitution der Berufe und dem dynamischen Konzept der Professionalisierung, Theorien der Berufssoziologie, auf die ich mich an anderer Stelle ausführlicher bezogen habe (Roloff 1989 a u. b, vgl. auch Bettina Schmitt in diesem Band).

Die innige Verbindung von Naturwissenschaft und Technik mit dem biologischen Geschlecht Mann, die im Kontext von Männerarbeit zu "Männerberufen" geführt hat, ist Produkt eines langen sozialen Entwicklungsprozesses. Die industrielle Technologie als Männerdomäne ist darin historisch eingebaut: Männer hatten den Zugriff auf Werkzeuge, setzten ihre technischen Erfindungen gestaltend in Maschinen um, bestimmten die Zielrichtung der naturwissenschaftlichen Forschung und Produktion (Cockburn 1988).

Auch die Techniksoziologie betont immer stärker akteurtheoretische Ansätze: Die Entwicklung der Technik ist keine zwangsläufige, bloß funktional zu denkende, sondern findet innerhalb einer gesellschaftlichen Dynamik statt, die auf bereits vorhandene technische und soziale Strukturen trifft, welche wiederum Ergebnisse kollektiver Handlungen waren. Innerhalb dieser Entwicklungsdynamik wirken sich außerdem Machtstrukturen und strategische Nutzungskonzepte, aber auch kulturelle Traditionen und soziale Visionen aus (Rammert 1988).

Organisation von Arbeitsteilung, Gliederung von Berufen und Tätigkeitsfeldern, Entwicklung von Technologien sind gesellschaftlich entstanden und deshalb auch weiterhin als entwicklungsfähig und veränderbar zu interpretieren. Insofern wird relevant, wer an diesen Entwicklungen aktiv und gestalterisch teilnimmt - und bezogen auf die Frage nach dem Geschlechterverhältnis: ob Frauen und Männer gleichermaßen daran teilhaben.

Wenn Badinter von einer "Entsexualisierung" der Arbeit als einem Abbau geschlechtertrennender Grenzen der Arbeitsteilung spricht, was u.a. durch den Computer ermöglicht werde, so ist auch dies verfrüht, wenn nicht Frauen und Männer im Bereich der Computertechnologie anteilsmäßig ausgewogen und gleichberechtigt zusammen arbeiten.

Empirische Fakten und Beobachtungen[1] sollen im folgenden - wegen der gerafften Darstellung exemplarisch - daraufhin hinterfragt werden, ob sie Anhaltspunkte dafür sind, daß im Berufsfeld Informatik "Männerberufe" entstehen, oder ob eine gleichberechtigte Beteiligung von Frauen möglich ist.

---

1 Es werden Ergebnisse aus dem Forschungsschwerpunkt "Technik- und Naturwissenschaftspotentiale von Frauen" am Hochschuldidaktischen Zentrum der Universität Dortmund referiert.
Bezugsprojekte: "Studienverlauf und Berufseinstieg von Chemikerinnen und Informatikerinnen" (finanziert vom Ministerium für Wissenschaft und Forschung NRW) und "Geschlechtsspezifische Umgangsformen mit dem Computer" (NRW - Landesprogramm "Mensch und Technik - Sozialverträgliche Technikgestaltung").

Beteiligung von Frauen am Informatik-Studium

Nach Einführung eines Diplom-Studiengangs Informatik an mehreren Universitäten und Technischen Hochschulen Ende der 60er/Anfang der 70er Jahre ist die Beteiligung von Frauen schnell angestiegen und erreichte im WS 1978/79 knapp 19%. Parallel dazu stieg auch die Frauenbeteiligung am Diplom-Studiengang Mathematik auf 20% (in Mathematik-Lehramt sogar auf knapp 50%). Im Zeichen der Bildungsexpansion konnten sich Abiturientinnen vermehrt für ein Studium mathematischer Richtung entscheiden, und eine zahlenmäßig gleichverteilte Beteiligung der Geschlechter erschien absehbar. Vielfach war es die Berufsberatung, die junge Frauen und insbesondere diejenigen mit Interesse an Mathematik auf das neue und noch unbekannte Studium aufmerksam machte.

Inzwischen hat ein männlicher Run auf das Informatik-Studium eingesetzt, der dazu führt, daß trotz weiterer Steigerung der absoluten Zahl der Informatikstudentinnen ihr Anteil unter 15% gesunken ist. Ein Nachlassen fachlicher Interessen und Fähigkeiten kann nicht unterstellt werden. Der Vergleich mit der ständig gestiegenen Beteiligung von Frauen an der Diplom-Mathematik (Anteil jetzt über 27%) läßt vielmehr einen Verdrängungsprozeß befürchten, der Frauen aus dem sich als relevant erweisenden und gute Karrierechancen versprechenden neuen Expertenberuf tendenziell fernhält.

Die Vergrößerung des Männeranteils folgt damit einem Muster, das für Amerika im 20. Jahrhundert als Charakteristikum aller schnell wachsenden Berufe festgestellt worden ist (Hiestand 1964). Männer sichern sich mit der Besetzung zukunftsorientierter Berufe gesellschaftliche Vormachtstellung. Warum Frauen diesen dann fernbleiben, ist damit noch nicht beantwortet.

Berufseinstieg von Informatikerinnen

Gibt es denn eine Schwelle Berufseinstieg, die den Frauen den Zugang zum Berufsfeld erschwert? Diese Frage kann verneint werden. Infolge der seit einigen Jahren ausgezeichneten Berufschancen, sind auch weibliche Fachkräfte auf dem Arbeitsmarkt hochwillkommen. Abgesehen von einem weniger selbstverständlichen Aushandeln von vertraglichen Bedingungen, was Frauen aber auch trainieren, gibt es kaum Probleme bei der Stellensuche. Auch inhaltliche Spezialgebiete können durchaus realisiert werden. Wohl aber wirken sich erwartete Stereotypen im Geschlechterverhältnis im Verlaufe der Berufsanfangszeit aus.

In qualitativen Interviews mit Informatikerinnen sind wir den Berufseinstiegskonstellationen und den individuellen Umgangsweisen im Detail nachgegangen. Ein Ergebnis mag hier relevant sein. Von Frauen wird keine Dominanzposition erwartet, gegebenenfalls abgelehnt.

Im expandierenden Informatiksektor werden Umstrukturierungen und Neuordnung von Arbeit vorgenommen, und durch viele Neueinstellungen und neues Wissen entsteht zusätzlich Bewegung in der Hierarchiestruktur. Hier kommt es darauf an, ob weibliche Fachkompetenz beachtet wird und wie sie sich durchsetzen kann. An zwei Beispielen möchte ich das verdeutlichen. Beide Informatikerinnen, um die es geht, waren bei großen Rechnerherstellern beschäftigt.

Die eine war gerade ein Jahr im Betrieb, als die Abteilung umstrukturiert wurde und aus zwei größeren Arbeitsgruppen mehrere kleine Projektgruppen entstanden.Einige bisherige Mitarbeiter wurden zu Gruppenleitern. Der Informatikerin wurde ein Teilgebiet allein zugewiesen, da sie die einzige mit der entsprechenden Qualifikation war. Die Arbeit bezog sich auf Inhalte, die sie bereits als studentische Hilfskraft und in ihrer Diplomarbeit bearbeitet hatte. Für sie und ihre nun zu vergrößernde Gruppe wurde dann ein Leiter extra eingestellt. Dies wurde ohne sie entschieden und ihr nachher mitgeteilt mit der Begründung, sie habe zu wenig Selbstbewußtsein, um die Leitung selbst zu übernehmen.

Im anderen Fall hat die Informatikerin von Anfang an die ihr zugewiesene Arbeit als veraltet erkannt und in ihrer Projektgruppe Verbesserungsvorschläge eingebracht. Gegen Widerstände setzte sie diese durch und erhielt schließlich Unterstützung vom Abteilungsleiter, der sie zur Gruppenleiterin beförderte. Gleichzeitig wurde sie aber auch auf eine spezifische Art gebremst. Der Abteilungsleiter sagte ihr, "daß ich also zu selbstbewußt und zu forsch auftrete" und die Kollegen wären "regelrecht verschreckt".

Da die Informatikerinnen zumeist auf ihrer Qualifikationsebene nur mit Männern zu tun haben, das Zahlenverhältnis im Beruf noch ungünstiger ist als im Studium, setzt die männliche Definitionsmacht sie diesen ambivalenten Beurteilungen - wie hier über ihr Selbstbewußtsein - aus. Ihre Berufseinstiegssituation ist über die fachliche Einarbeit hinaus von diesen sozialen Konstellationen geprägt. Ihre fachliche Ebenbürtigkeit garantiert ihnen noch keine soziale Gleichheit. Vielmehr werden sie mit stereotypen Erwartungen konfrontiert, die ihrer individuellen Entwicklung Grenzen setzen.

Hierarchie und Geschlechterstereotypen im Berufsfeld Informatik

Der Arbeitsmarkt integriert die neue hochqualifizierte EDV-Berufsgruppe der Informatiker und Informatikerinnen hauptsächlich in die unteren Ebenen eines bereits vorstrukturierten Berufsfeldes. Nach der Umfrage der Gesellschaft für Informatik zur Berufssituation 1985 (Bäßler/Do-stal/Hackl/Rohlfing 1987) nahmen die hohen Positionen überwiegend In-genieure ein. Mit längerer Berufstätigkeit sind für Informatiker aber genauso Aufstiegsmöglichkeiten gegeben.

Dies gilt bisher nicht im gleichen Maße für Frauen. Sie waren bezogen auf ihren Anteil an den Befragten dieser Umfrage insgesamt überdurchschnittlich bei denjenigen vertreten, die weniger Führungspositionen einnahmen, weniger Berufserfahrung hatten und auch weniger Geld verdienten.

Ich will hier nicht die Resultate der GI-Umfrage referieren, die bekannt sein dürften. In diesem Zusammenhang ist vielmehr ein weiteres qualitatives Ergebnis von Interesse. Es betrifft die unterschiedliche Sprache von Stellenanzeigen, wenn sie für beide Geschlechter bzw. nur mit den männlichen Bezeichnungen angeboten werden. Die folgenden Formulierungen wurden gefunden in den Wochenendausgaben der Frankfurter Allgemeinen Zeitung und der Süddeutschen Zeitung vom 16.-18.6.1989. Zu ähnlichen Ergebnissen kam eine studentische Untersuchung aufgrund einer Analyse während eines ganzen Jahres (Salamon/Schulz 1988/89).

Von den 51 angebotenen Stellen, auf die sich Diplom-Informatikerinnen und Diplom-Informatiker bewerben könnten, waren 16 für beide Geschlechter ausgeschrieben bzw. sprachen im Text "Damen und Herren" an oder verwendeten ähnliche Formulierungen. 35 benutzten nur die männlichen Berufsbezeichnungen oder wandten sich ausdrücklich an Herren, suchten den richtigen Mann, wirklichen Fachmann oder sogar den ehrgeizigen "Macher". Vor allem Anzeigen, die Leitungspositionen z.B. in

Rechzentren anboten, waren nur männlich formuliert, während die Ansprache beider Geschlechter eher in Anzeigen auftauchte, die Einstiegsstellungen anboten, wovon einige außerdem gründliche und umfaßende Einarbeitung oder individuelle Vorbereitung versprachen. Dennoch waren diese Angebote nicht anspruchslos. Auch wenn das weibliche Geschlecht aufgefordert ist, sich zu bewerben, werden eigenverantwortliche oder selbständige Arbeitsweise, ein Abschluß mit hervorragendem Ergebnis, wird Leistungsbereitschaft und Fachkompetenz, ein Wille zum Erfolg oder Mut zur Kreativität sowie Engagement in anderen Lebensbereichen oder etwa Berufserfahrung vorausgesetzt.

Die mit ausschließlich männlichen Bezeichnungen formulierten Anzeigen sprechen jedoch noch eine ganz andere Sprache. Dort werden tatkräftige, flexible, innovative und professionelle Leute gesucht, sie sollten Ambitionen haben, analytisches kreatives Denken und konzeptionelle Fähigkeiten vorlegen, starke Persönlichkeiten sein mit Überzeugungskraft, Stehvermögen und Führungseigenschaften. Ihnen werden ausgezeichnete berufliche Entwicklungsmöglichkeiten oder motivierende Herausforderungen und ausgezeichnete Perspektiven sowie "Spielräume für Ihre Entwicklung" geboten. Versprochen werden etwa die Erfüllung auch anspruchsvoller Einkommensvorstellungen oder eine interessante Dotierung. Verlangt werden weiter etwa Reisen und Betreuung von Kunden "an vorderster Front".

Aus den Interviews mit den Berufstätigen wissen wir, daß Frauen sehr sensibel auf die Ansprache in Stellenanzeigen reagieren. Auch wenn sie sich durch die männlichen Bezeichnungen nicht von einer Bewerbung abschrecken lassen, spüren sie die unsichtbaren Grenzziehungen dieses nach Geschlechtern differenzierenden Sprachgebrauchs. Der Zusammenhang der Benutzung männlicher Berufsbezeichnungen und Ansprachen und der Nennung von Eigenschaften, die einem stereotypen Idealbild von Männlichkeit entsprechen bis hin zu militärischen Ausdrücken ist Teil der sozialen Konstitution, die einige Tätigkeiten und Positionen zu "Männerberufen" macht. Die Eigenschaft dieser symbolischen Konstruktionen, Realität zu schaffen, wird vielfach unterschätzt.

Computerzugang im Rahmen sozialer Kontexte

Die von uns befragten Studentinnen der Informatik kamen zu über einem Drittel von Mädchenschulen zu einer Zeit, da der Anteil der Mädchenschulen an weiterführenden Schulen auf jeden Fall wesentlich geringer war. Wir entwickelten dazu die Hypothese, daß ein Lernen ausschließlich unter Mädchen ein breiteres weniger geschlechtstypisches Interessenspektrum zuläßt. In Computerkursen für 8-14jährige Jugendliche, die wir in gemischten und in reinen Mädchengruppen angeboten haben, konnten wir u.a.diese These überprüfen. Bemerkenswert ist folgendes Ergebnis:

Nicht die Interessen von Mädchen und Jungen - etwa an der Anwendersoftware gegenüber dem Erlernen und kreativen Umsetzen einer Programmiersprache - sind nach Geschlechtern unterschiedlich. Auch nicht die Arbeitsergebnisse, die am Computer entstanden sind - die Grafiken, Computerbilder oder erfundenen phantasievollen Geschichten - können eindeutig den beiden Geschlechtern zugeordnet werden. Wohl aber zeigen sich Unterschiede im sozialen Verhalten, sobald Mädchen und Jungen gemeinsam und miteinander an dem Gerät arbeiten. In diesem Fall übernimmt der Junge sofort die Dominanz und drängt das Mädchen in die Zuarbeiterinnen- oder Zuschauerinnenrolle. Während Mädchen unter sich allein auch eine Struktur der Dominanz über Kompetenz und Konkurrenz entwickeln, lassen ihnen Jungen, wenn sie dabei sind, kaum einen solchen Spielraum (Frohnert/Hahn-Mausbach/Kauermann-Walter/Metz-Göckel 1989).

So sind es auch hier nicht mangelnde Fachbezüge oder Fähigkeiten, die die Mädchen gegenüber den neuen Technologien benachteiligen, sondern auch in Verbindung mit dem neuen Medium und durch das gestaltungsoffene System Computer hindurch wirkt sich die soziale Dimension, das vorgegebene ungleiche Geschlechterverhältnis, auf die Beteiligungschancen der Mädchen und Frauen negativ aus.

Perspektiven

Nimmt man die Hinweise ernst, die die Herausbildung geschlechtertrennender Tätigkeitsfelder weniger über den Fachbezug als über den sozialen Prozeß anzeigen, so genügt es nicht, Fachinteresse bei Mädchen zu wecken, um ihre Distanz zu Naturwissenschaft und Technik abzubauen. Eine stärkere weibliche Einmischung muß bereits früher beginnen: bei der Entwicklung der Inhalte, der Anforderungsprofile und der beruflichen Organisation, die dann auch ein (hier noch nicht angesprochenes) weiteres soziales Hindernis für die Beteiligung von Frauen wegräumen würde - die (geschlechtsspezifische) Arbeitsteilung zwischen Beruf und Familie. Die Vision der Elisabeth Badinter über eine Austauschbarkeit von Arbeit unter den Geschlechtern im Zusammenhang mit der Computertechnologie mag ja durchaus im Bereich der Möglichkeiten liegen, kann sich aber ohne aktive Mitgestaltung der Frauen nicht einfach einstellen.

Literatur

Badinter, Elisabeth: Ich bin Du. Die neue Beziehung zwischen Mann und Frau oder Die androgyne Revolution, München, Zürich 1988

Bäßler, Robert; Werner Dostal; Clemens Hackl; Dieter Rohlfing: Informatiker im Beruf - Daten zur Berufssituation von Informatikern und anderen Hochqualifizierten im Datenverarbeitungsbereich, Beitr. AB 106, Nürnberg 1987

Cockburn, Cynthia: Die Herrschaftsmaschine. Geschlechterverhältnisse und technisches Know-how, Berlin, Hamburg 1988

Frohnert, Sigrid; Gabriele Hahn-Mausbach; Jacqueline Kauermann-Walter; Sigrid Metz-Göckel: Geschlechtsspezifische Umgangsformen mit dem Computer, Forschungsbericht, Dortmund 1988

Hiestand, D.: Economic Growth and Employment Opportunities for Minorities, Columbia Univ. Press, New York 1964

Rammert, Werner: Technikgenese. Stand und Perspektiven der Sozialforschung zum Entstehungszusammenhang neuer Techniken, in: Kölner Zeitschrift für Soziologie und Sozialpsychologie, Jg. 40, 1988, S. 747-761

Roloff, Christine: Von der Schmiegsamkeit zur Einmischung. Professionalisierung der Chemikerinnen und Informatikerinnen, Pfaffenweiler 1989 a

Roloff, Christine: Männerberufe für Frauen? Zum Selbstverständnis von Chemikerinnen und Informatikerinnen, in: Studium Feminale Band 3, hrg. von der Arbeitsgemeinschaft Frauenforschung der Universität Bonn, Bonn 1989 b, S. 74-90

Roloff, Christine; Sigrid Metz-Göckel; Christa Koch; Elke Holzrichter: Nicht nur ein gutes Examen - Forschungsergebnisse aus dem Projekt "Studienverlauf und Berufseinstieg von Chemikerinnen und Informatikerinnen", Band 11 der Dortmunder Diskussionsbeiträge zur Hochschuldidaktik, Hochschuldidaktisches Zentrum der Universität Dortmund 1987

Salamon,Nicole; Antje Schulz: Analyse von Stellenanzeigen für InformatikerInnen, Seminararbeit, Fachbereich Mathematik und Informatik der Universität Bremen, WS 1988/89

INFORMATIKERINNEN IM INTERNATIONALEN VERGLEICH: CHANCEN UND PROBLEME FÜR FRAUEN IM "COMPUTER-PARADIES" JAPAN

Ilse Lenz
Institut für Soziologie
Universität Münster

Hinter dem eigenen Zaun sind neue Welten - zum Sinn internationaler Vergleiche

Die Diskussion zu Frauen und Technik hat die Entwicklungen in anderen Industriegesellschaften kaum wahrgenommen, obwohl diese sich deutlich unterscheiden ([1]). In den US etwa ist der Anteil von Frauen in den Kernberufen der Datenverarbeitung rel. hoch. In Japan lag er 1984 in der Software-Branche insgesamt bei 33,5% und bei den ProgrammierInnen bei 20%. Hinter diesen trockenen Daten verstecken sich Unterschiede im Entwicklungsstand der Computer- und EDV-Branchen, aber auch in den industriellen Beziehungen und den kulturellen Faktoren, die die beruflichen Positionen der Geschlechter beeinflussen. In anderen Gesellschaften sind "Computerräume" also unterschiedlich offen, flexibel gestaltbar oder aber starr abgegrenzt für Frauen und in unseren Entwürfen für "Frauenwelten" sollten wir diese Variationsbreite wahrnehmen.

Denn die Rollen und die Identität der Geschlechter sind eben nicht biologisch vorgeprägt, sondern ergeben sich aus Geschichte und Kultur, sie sind "sozial konstruiert". Internationale Vergleiche ermöglichen also eine doppelte Sichtweise in eine vielfache Zukunft: Einerseits können wir beobachten, wie in anderen Gesellschaften in der Computerisierung mit Frauen und Männern verfahren wird. Diese Unterschiede zeigen sich etwa in geschlechtsspezifischen Managementstrategien im Computer-Einsatz oder in den Spielräumen und Forderungen für Frauen in den jeweiligen industriellen Beziehungen.

Andererseits wird uns unsere eigene Wirklichkeit als Resultat bestimmter sozialer und kultureller Prozesse greifbar: So geht es nicht um die "Technik-Distanz" von Mädchen oder Frauen per se, wie manche Umfragen aus der Bundesrepublik nahelegen, sondern es handelt sich um einige Generationen westdeutscher Frauen nach 1945, die bestimmte und oft widersprüchliche Erfahrungen mit der Technik haben. Schon Ingenieurinnen in der DDR, aus Osteuropa oder aus Schweden dürften aber über andere Technikzugänge verfügen. Im Spiegelbild der "Anderen" sehen wir unsere eigene Realität schärfer umrissen, erkennen ihre Brüche und Wendepunkte; wir können auch die Probleme und Lösungen in anderen Industriegesellschaften wahrnehmen und nach ihrer Übertragbarkeit fragen.

Ein aktuelles Interesse ergibt sich aus der wachsenden weltwirtschaftlicher Integration und dem sich zuspitzenden Wettbewerb: Die Konkurrenz mit Japan z.B. verläuft nicht nur auf der Ebene der Märkte und der Investitionen, sondern auch auf der der Management-Strategien. Angesichts der "Japanisierungs-Tendenzen" im westdeutschen Management ist es dringend erforderlich, auch nach den möglichen Konsequenzen für Frauen zu fragen. Ich will nun zunächst kurz auf den Einfluß der ME-Rationalisierung auf die Frauenlohnarbeit in Japan eingehen und dann fragen, wie sich vor diesem durchaus grauen Hintergrund die Lage der Frauen in der EDV darstellt.

Das "Computer-Paradies" Japan und die Frauenarbeit

Fast alle Experten stimmen darin überein, daß die Computerisierung in Japan neben den US am weitesten fortgeschritten ist. In den 1970er Jahren wurde die mikroelektronische (ME) Rationalisierung in der industriellen Fertigung und in Büro und Verwaltung gleichzeitig vorangetrieben. Zu Mitte der 1980er hatte Japan weltweit den höchsten Anteil an Robotern und flexiblen Fertigungssystemen; Großbetriebe gingen zur System-Rationalisierung auf der Grundlage von umfassenden Informationsnetzwerken und zu Experimenten mit der "mannlosen" (!) Fabrik über. Die Regierung unterstützte mit ihrer Industrie-, Technologie- und Arbeitsmarktpolitik den wirtschaftlichen Strukturwandel und übernahm initiierende und koordinierende Maßnahmen.

Einhellige Übereinstimmung herrscht ebenfalls darin, daß die japanischen industriellen Beziehungen mit ihrer betrieblichen Einbindung der Beschäftigten einen wesentlichen Faktor für diesen Rationalisierungsverlauf bildeten. Weitgehend übersehen wurde allerdings, daß die Lasten neben den älteren Beschäftigten vor allem den Frauen aufgebürdet wurden: Einerseits wurden bisherige Frauenarbeitsplätze in der Industrie und im Bürobereich wegrationalisiert. Andererseits nahmen die flexibilisierten und ungesicherten Arbeitsplätze in Form der Teilzeitarbeit von Frauen zu. Dies gilt besonders für den Zukunftsbereich Dienstleistungen; vor allem im Handel hat der Anteil der Kurzzeitarbeit ([2]) 29% erreicht und in vielen Supermärkten arbeiten mehr Teilzeit- als Vollzeitarbeiterinnen. Schließlich wurden neue belastende Arbeitsplätze, wie etwa Bildschirmarbeit und Datentypistin, mit Frauen besetzt. Im letzten Jahrzehnt sind Berufskrankheiten rund um den Computer aufgetreten, wie Augenkrankheiten, Nackenstarre und psychische Störungen; die "Computer-Neurose" wurde zum geflügelten Wort.

Diese Entwicklung erklärt sich auch aus den japanischen industriellen Beziehungen, die auf die männlichen Kernbelegschaften zentriert sind. Ich sehe sie als Resultat von sozialen Auseiandersetzungen um die Gestaltung der ME-Technik, in denen die Frauen systematisch an den Rand gedrängt werden. Ich kann hier nur einige Aspekte andeuten: Ursächlich für die Marginalisierung der Frauen in der Arbeitspolitik ist nicht ihre geringe Zahl: Die Frauenerwerbsquote in Japan ist mit 50-55% herkömmlich im internationalen Vergleich recht hoch ([3]) und ihr Anteil an den Erwerbspersonen betrug langzeitlich ca 40%. Vielmehr kreisen die berühmten industriellen Beziehungen und die Managementstrategien der Großbetriebe um die männlichen Kernbelegschaften. Die wichtigsten Faktoren sind die Garantie der Dauerbeschäftigung vonseiten des Managements und eine intensive und kontinuierliche betriebliche Bildung für diese Gruppe. Beides hängt zusammen: die hohen Aufwendungen für das Training der Kernbelegschaften begründen ein Management-Interesse, diese loyale, umfassend einsetzbare "Truppe" langzeitlich zu halten.

Man könnte von einer umfassenden betrieblichen "dritten Sozialisation" sprechen: Den Absolventen von Oberschulen und Universitäten, die eine generelle Vorbildung aus Sozial- oder Naturwissenschaften mitbringen, werden fachliche Kenntnisse vermittelt und zugleich wird ihnen ein hohes Betriebsbewußtsein "eingeimpft". Die Personalplanung sieht bei den männlichen Kernbelegschaften zudem kontinuierliche Weiterbildung und entsprechende Aufstiegsmöglichkeiten vor.

Angesichts dieser Vorzüge gelang es der Personalpolitik zusätzlich, die Gruppenorientierung in der japanischen Kultur auf die propagierte "Schicksalsgemeinschaft Betrieb" zu lenken. Einerseits hängt vom betrieblichen Wohl und Wehe die eigene Beschäftigungssicherheit und der weitere Aufstieg ab; andererseits bildet der Betrieb und vor allem die Gruppe der Kollegen ein emotionales Zentrum für die männlichen Kernbelegschaften.

So verwundert es nicht, daß auch die japanischen Betriebsgewerkschaften als dritter wichtiger Faktor der industriellen Beziehungen dieses hohe Betriebsbewußtsein in der Regel teilen. Ihre Führungsmannschaft im wahrsten Sinne des Wortes setzt sich meist aus den mittleren Rängen der Produktion und den unteren Angestellten zusammen; Frauen treten vor allem als Leiterinnen der gewerkschaftlichen Frauen- und Jugendabteilungen auf.

Die betrieblichen Arbeitsmärkte nun sind scharf nach Geschlecht gespalten: Frauen werden meist nur bis zur Ehe oder dem ersten Kind regulär beschäftigt; danach finden sie in der Regel nur Stellen als Teilzeitkräfte zu niedrigen Löhnen und fast ohne Kündigungsschutz. Die berühmte Beschäftigungsgarantie gilt also faktisch nur für die männlichen Kernbelegschaften oder ledige Frauen. Ebenso erhielten Frauen i.a. nur die betriebliche Grundausbildung und waren von der kontinuierlichen Weiterbildung meist ausgeschlossen.

In der ME-Rationalisierung nun pochten die Betriebsgewerkschaften auf die Fortdauer der Beschäftigungsgarantie für die männlichen Kernbelegschaften. Die weiblichen Beschäftigten wurden demgegenüber als Puffer eingesetzt: Sie konnten mit dem Verweis auf die Familienarbeit ohne großen Widerstand herausgedrängt werden; weibliche Teilzeitarbeitskräfte übernahmen teils rationalisierte vereinfachte Tätigkeiten. Die Randstellung der Frauen in den Betriebsgewerkschaften ließ kaum Proteste oder Frauenforderungen aufkommen, während für ältere männliche Beschäftigte immerhin Umschulungen und Umsetzungen erreicht wurden.

Eine mutige und unermüdliche Lobby für Frauen stellt das Committee for the Protection of Women in the Computerworld dar, in dem Frauen aus Gewerkschaften, der Wissenschaft, aber auch Computerarbeiterinnen zusammenarbeiten. Die gute Kooperation zwischen diesen Gruppen dürfte auf eine Mischung von japanischer Gruppenorientierung und gleichheitlich feministischen Methoden zurückgehen ([4]). So gelang es, eine kleine, aber effektive Frauenöffentlichkeit zur Computerisierung aufzubauen.

Zukunftsberufe für Frauen in der EDV?

Die Programmierbranche ist erst im Kontext der Computerisierung und der ME-Technologien entstanden. In diesem neuen und rasch expandierenden Berufsfeld sind die Geschlechtergrenzen verwischt. Die drastische Knappheit an qualifizierten Arbeitskräften ermöglicht "Seiteneinstiege", auch für Frauen. Um 1985 hatten 50% der in der "ersten EDV-Studie" Befragten - und 70% der Frauen - vor dem Berufsanfang keine Vorkenntnisse in Informatik.

Weibliche Beschäftigte konzentrieren sich vor allem in den einfachen Tätigkeiten wie dem bereits obsoleten Locherinnen-Beruf. Doch finden sie sich auch im Management, den ProgrammierInnen sowie beim Forschungspersonal; nur unter den System-Ingenieuren sind sie dünn gesät.

Frauenanteil in den EDV-Berufen (%) ([5])

	Japan Frauen	Deutschland Frauen
Management	30,2	
Forschungspersonal	10.6	
System-Ingenieure	4,3	4
Programmierer/innen	20,1	11-16
Operatoren	17,5	6
Locher/innen	98,1	
Andere	42,8	
insgesamt	33,5	17,4

In der EDV-Branche eröffnet sich ein Durchbruch zu qualifizierten Positionen für einen Teil der Frauen. Diese Chance beruht wohl auf dem Zusammenspiel zwischen dem hohen allgemeinen Bildungsniveau der Universitäts- und Collegeabsolventinnen und der betrieblichen Ausbildung. Auch in Japan ist der Anteil von Frauen in den Naturwissenschaften niedrig; 1984 lag er bei 2,6% in Mathematik und bei 2,3% in den Ingenieurwissenschaften. Doch während in der Bundesrepublik die Kluft zwischen allgemeiner und berufsfachlicher Bildung schwer zu überwinden ist, bildet in Japan das umfassende betriebliche Ausbildungswesen herkömmlich eine solide Brücke zwischen beiden Bereichen.

Hier können Frauen in einer Ausnahmesituation auf dem Arbeitsmarkt die Vorteile der männerzentrierten betrieblichen Bildung nutzen. Neben dem Arbeitskräftemangel in den EDV-Berufen dürften aber auch das Gleichstellungsgesetz von 1985 und vor allem die gestiegenen beruflichen Ansprüche der Japanerinnen eine Rolle bei dem Vordringen der Frauen ins Programmieren und ins Management spielen.

Zudem besteht durch die erheblichen und langfristigen betrieblichen Bildungsinvestitionen gerade im Software-Bereich ein Management-Interesse an einer kontinuierlichen und lebenslangen Beschäftigung der "weiblichen Begabungsreserven". Dementsprechend sind hier auch Modelle zur Vereinbarkeit von Beruf und Betreuung von Kindern relativ verbreitet, wie Erziehungsurlaube, "elektronische Heimarbeit" mit regulärem Beschäftigtensstatus usw.

Diese neue Heimarbeit wurde zunächst auf eine eng umrissene Gruppe eingeschränkt: In der Mehrheit handelt es sich um verheiratete Frauen zwischen 30 und 40 Jahren, die über betriebliche Erfahrungen und professionelle Kenntnisse verfügen. Sie tritt bei Spezialist/inn/enberufen, wie EDV, Übersetzen, Textverarbeitung usw. auf und wird von Betrieben in diesen Sparten und im Bereich Banken und Versicherungen eingerichtet. Es handelt sich also um individualisierbare Spezialisten-Tätigkeiten, bei denen ökonomische Vorteile den Verwaltungsaufwand wettmachen. Dabei werden als Motive vor allem die Nutzung knapper Qualifikationen oder flexibler Einsatz nach Arbeitsanfall ohne langfristige Sicherung und schließlich die Einsparung der in Ballungsgebieten steil ansteigenden Bürokosten genannt.

Männer scheuen angesichts der herkömmlichen Gruppenarbeit in Büros und ihrer Vorteile - wie einem regen Austausch, der Eingliederung in die betrieblichen Aufstiegsleitern usw - einstweilen den Weg in die "Arbeit zuhause". Vor allem einige EDV-Betriebe beschäftigen "bewährte" weibliche Angestellte zuhause regulär weiter und zahlen auch den bisherigen Lohn. Von dieser Auslese erwarten sie Firmenloyalität, auch in Bezug auf Berufsgeheimnisse, hohe Disziplin und Arbeitsmotivation. Die zuhause beschäftigten Frauen sind stärker als z.B. Teilzeitarbeiterinnen an den Arbeitsinhalten und der Chance interessiert, ihre Qualifikation zu erhalten, sinnvolle Arbeit zu leisten und Kollegen zu treffen. Deswegen richten Betriebe auch "Satellitenbüros" in Vororten ein, wo die Vorteile der bisherigen Gruppenarbeit und der heimnahen Arbeit kombiniert werden sollen. Die japanische neue Heimarbeit ermöglichte in der EDV den Erhalt von Qualifikationen und abgesicherter Beschäftigung, während dies für andere Branchen nicht gilt.

Drei wesentliche Probleme lassen sich für Frauen in der EDV in Japan absehen: Zunächst einmal handelt es sich überwiegend um Klein- und Mittelbetriebe, häufig um Zulieferer zu Großunternehmen, die weniger soziale Sicherungen bieten können. Ihr größtes Problem liegt angesichts der raschen Expansion der Branche allerdings in umfangreichen Arbeitslasten und zahlreichen Überstunden. Einsätze rund um die Uhr sind für männliche Programmierer nicht unüblich und auch Programmiererinnen werden in das Überstunden-Wettrennen einbezogen. Dies gilt selbst für die "Arbeit zuhause". Wegen der beträchtlichen Anforderungen sahen befragte Betriebe diese Form durchweg nicht als Beschäftigungschance von Müttern mit Säuglingen an. Insofern sind die Konzentration in Kleinbetrieben und hohe Arbeitsbelastungen der Preis für den beruflichen Aufstieg. Schließlich könnte sich mit einer allmählichen Routinisierung der betrieblichen Ausbildungs- und Laufbahnwege auch das übliche auf die männlichen Kernbelegschaften zentrierte Muster wieder verstärken und könnten die Frauen in assistierende oder untergeorndete Tätigkeiten abgedrängt werden.

Denn der Einbruch der Frauen in die EDV hing zwar damit zusammen, daß das betriebliche Ausbildungssystem in einer akuten Arbeitskräfte-Knappheit ihnen ermöglichte, ihre allgemein gute Qualifikation in fachliche Laufbahnen umzumünzen und zudem der harten Diskriminierung der Mütter im Beruf ein wenig auszuweichen. Aber diese Beschäftigungsstrategien gingen überwiegend auf Einsicht und Kalkül des Managements, nur wenig auf den Druck der Frauen oder gar der weitgehend indifferenten Gewerkschaften zurück. Um die wirtschaftliche Umstrukturierung und das Aufbrechen der geschlechtlichen Spaltung der Arbeitsmärkte für Frauen langfristig zu nutzen, bedarf es einer eigenen, breiten Öffentlichkeit zu "Frauen und Technik" und einer zukunftsorientierten offensiven Frauenpolitik.

Anmerkungen:

1. Dieser Beitrag stützt sich auf eine größere Untersuchung der Auswirkungen der ME-Rationalisierung auf die industrielle Frauenarbeit in Japan; wegen des begrenzten Raumes möchte ich auf die dort aufgeführten Angaben und Literatur verweisen; vgl. Lenz, Ilse: Geschlechtlich gespaltener Arbeitsmarkt und Perspektiven der mikroelektronischen Rationalisierung: Aspekte der japanischen Entwicklung. Habilitationsschrift am FB 6 Sozialwissenschaften der Westfälischen Wilhelmsuniversität Münster 1988; vgl. weiterhin u.a. Hoffmann, Ute (1987): Computerfrauen. Welchen Anteil haben Frauen an Computergeschichte und Arbeit? München.

2. Kurzzeitarbeit oder Teilzeitarbeit stellt in Japan einen Beschäftigungsstatus vor allem von Müttern mit Kindern dar; die Arbeitszeiten sind rel. hoch, in der Industrie durchschnittlich 35,9 Std. pro Woche.

3. Darüber lagen um 1980 die skandinavischen Länder, England und die US, vgl. Lenz 1988:267f.

4. Eine ähnliche unhierarchische Zusammenarbeit zwischen Frauen am Arbeitsplatz, Wissenschaftlerinnen und Gewerkschaftlerinnen kenne ich in der Bundesrepublik nicht.

5. Nachdrücklich möchte ich darauf hinweisen, daß ich hier heterogene Daten für einen sehr groben Vergleich einander gegenüberstelle. Die Daten zu Japan 1984 entstammen einer Untersuchung des MITI von 2 549 Betrieben mit 153 474 Beschäftigten, die Angaben zu Einzelberufen für Deutschland 1986 sind einer Erhebung über 8000 Beschäftigte (vgl. Hoffmann a.a.O. S.147) und der Gesamtanteil einer Übersicht des Instituts für Arbeitsmarkt- und Berufsforschung für 1986 entnommen.

Es gibt nichts Gutes - außer frau tut es !

Erfahrungsbericht aus langjähriger Tätigkeit in Planung und Einführung Neuer Technologien in der Industrie

Marlene Wendt, GIAW, Berlin

Seit mehr als 9 Jahren beschäftigen wir uns in der Gesellschaft für Informatik-Anwendungen und Wirkungsforschung (GIAW) u.a. mit der Planung und Realisierung von Anwendungssystemen, vorrangig mit der Einführung industrieller Produktions-, Planungs- und Steuerungssysteme (PPS-Systeme). In der Regel handelt es sich um mehrjährige Projekte in mittelständischen Industrieunternehmen. Dieser Beitrag ist primär ein persönlicher Erfahrungsbericht und ein nachdenklicher Rückblick auf die eigene Tätigkeit als Systementwicklerin. Erfahrungen und Schlußfolgerungen seien anhand von 5 Thesen wiedergegeben.

1. Systementwicklungsprojekte enthalten weit mehr gestalterische Freiheitsgrade als gemeinhin angenommen. Vordringliche Aufgabe von Informatikerinnen und Informatikern muß es sein, Gestaltungsfreiräume im Sinne eines sozialverträglichen und sozialverantwortbaren Technikeinsatzes zu erkennen, zu nutzen und auszuweiten.

SystementwicklerInnen nehmen aufgrund ihres Expertenwissens gegenüber EDV-Laien - und wie häufig bestehen auch Unternehmensführungen aus EDV-Laien - eine Machtposition ein. Welche Systementwicklerin, welcher Systementwickler, hat noch nie einen lästigen Anwenderwunsch mit der Bemerkung abgeschmettert, daß das Gewünschte nicht ginge, obwohl, bei näherer Betrachtung, das Problem sehr wohl lösbar war, aber eben nicht so, wie es der Anwender skizzierte?

Diese gegenüber Anwendern, Benutzern und DV-Laien ausgeübte Machtposition steht dennoch häufig in krassem Widerspruch zur Eigenwahrnehmung und zur aktiven Nutzung von Handlungs- und Entscheidungsfreiräumen.

Bei der Entwicklung von Anwendungssystemen sind oft erhebliche Freiheitsgrade gegeben, auch wenn diese nicht explizit im Projektauftrag ausgeführt sind, sei es bei der Arbeitsplatzgestaltung, beim Softwareentwurf und der konkreten Ausgestaltung der Software oder bei der Festlegung arbeitsorganisatorischer Abläufe. Geradezu klassische Handlungsfreiräume bestehen in der Softwareentwicklung bei der Festlegung von Arbeitsfolgen und der Gestaltung von Benutzerschnittstellen. In den letzten Jahren sind eine Fülle arbeitswissenschaftlicher Erkenntnisse erarbeitet worden, die darauf warten, endlich umgesetzt zu werden. Bedauerlicherweise werden die Gestaltungsspielräume in Systementwicklungsprojekten häufig nicht wahrgenommen, sei es nicht erkannt oder nicht genutzt.

Wer sonst, wenn nicht die EntwicklerInnen von Technik und Verfahren, kennen die Freiräume ihrer 'geistigen Kinder' am besten? (oder sollten sie am besten kennen!) Offenheit für Alternativen und die tätige Suche nach organisatorischen und verfahrenstechnischen Alternativen sind notwendige Voraussetzungen für die Gestaltung der Informationstechniken. Gestaltbarkeit als 'Technik', als Verfahren, ist ein Mythos. Die Gestaltung informationstechnischer Prozesse und Produkte, im Sinne einer zielgerichteten Ausrichtung, Beeinflußung und Anpassung an die Bedürfnisse arbeitender Menschen und an die Erfordernisse der betrieblichen Organisation, ist sowohl eine Frage der Qualifikation der SystementwicklerInnen, als auch eine Frage der Haltung, des persönlichen Wertesystems, des Selbstverständnisses und der Motivation. Courage und Phantasie sind gefragt und die Bereitschaft, für gut befundene Alternativen auch um- und durchzusetzen. Dabei kommt es nicht darauf an, stets alles richtig, alles perfekt zu tun: "Lieber auf dem rechten Wege hinken, als festen Schrittes abseits wandeln" sagt ein Sprichwort. Gerade das Gelingen braucht Übung!

2. Softwareentwurf ist Arbeitsvorbereitung. Die Qualität der Software beeinflußt maßgeblich die Qualität der Arbeit.

Jede Anwendungssoftware, sei sie nun unternehmensfremd entstanden, wie Standardsoftware, oder unternehmensindividuell angefertigt, legt die zukünftigen Arbeitsabläufe weitgehend fest und bestimmt somit in ganz beträchtlichem Maße Handlungsfreiräume, Entscheidungsstrukturen, Informationsgehalt, aber auch die Reihenfolge der Arbeitsschritte, kurz: die Qualität der Arbeit. Softwareentwurf ist Arbeitsvorbereitung.

Ich vermute, die Entwicklerinnen und Entwickler sind sich der Bedeutung von Arbeitsvorbereitung, als Monopolisierung des geistigen Elements der Arbeit, und ihrer Wirkungen nicht, oder nur unzulänglich bewußt. Die Freiheitsgrade in den DV-Abläufen bleiben gelegentlich sogar hinter denen der industriellen Produktion zurück, die, als Glanzstücke tayloristischer Arbeitsorganisation, ohnehin nicht mit übermäßigen Handlungsfreiräumen gesegnet sind.

Auch die Güte der Informationsdarstellung steht häufig in krassem Mißverhältnis zu ihrem Gehalt und zur Funktionalität der softwaretechnischen Aufgabenlösung. Die Funktionalität ist für die Güte der Aufgabenerledigung von entscheidender Bedeutung. (Was nützt eine ergonomisch gut gestaltete Gabel, wenn ich damit vor einem Teller Suppe sitze?) Wird nicht, über die Güte des Werkzeuges, die Aufgabenerledigung vernachlässigt?

Häufig stellten wir fest, daß Benutzerinnen und Benutzer gerne bereit sind, Mängel in der ergonomischen Softwaregestaltung hinzunehmen, wenn ihnen nur überhaupt eine halbwegs vernünftige Aufgabenerledigung möglich wird!

Der Mangel an Arbeitsqualität, insbesondere an Funktionalität der softwaretechnischen Aufgabenlösung, hat u.a. folgende Ursachen :

- o eine zu geringe Fach- und Sachkompetenz von SoftwarentwicklerInnen,
- o die Delegation der Zuständigkeit für die Funktionalität an die Benutzer,
- o der "Mythos der Subjektivität." (Spricht man SoftwarentwicklerInnen auf die Unzweckmäßigkeit ihrer Softwarelösungen an, so wird häufig entgegnet, daß man jenen Sachverhalt eben so oder anders sehen könne und man habe sich eben für diese Lösung entschieden. Die Funktionalität der Aufgabenerledigung wird zu einer Frage des persönlichen Geschmacks, persönlicher Präferenzen, erklärt.)
- o die Überbewertung von Darbietungs- und Interaktionstechniken zu Lasten von Funktionalitätsgesichtspunkten,
- o die übergroße Ausrichtung auf Universalität der Softwarelösungen, einschließlich des verstärkten Einsatzes von Tools zur Generierung universeller Anwendungsbezüge, ist nicht selten Ausdruck erschreckender Konzeptlosigkeit und widerspricht den Anforderungen und Wünschen nach effizienten, zielgerichteten und aufgabengerechten Softwarelösungen.

3. Die Softwareentwicklung ist deutlichen Grenzen unterworfen und kann die sozialverträgliche Gestaltung neuer Arbeitssysteme und die Qualität dieser Systeme allein nicht sicherstellen. Eine gelungene, d.h. für die Arbeitssituation von Menschen akzeptable, verträgliche und förderliche Einführung von Informationstechnologien bedarf systemanalytischer Begleitprozesse.

Die Hoffnungen, die in die Softwareentwicklung gesetzt werden, können, so meine ich, von ihr nicht eingelöst werden. Software, bzw. Softwareentwicklung, kann leistungsfähige Arbeitsmittel hervorbringen, ist und bleibt aber stets nur <u>ein</u> Faktor der Systementwicklung.

Mittels Software können beispielsweise gute Konzepte der Beleggestaltung umgesetzt werden, doch auf den Belegfluß durch das Unternehmen und die dabei zu erledigenden Funktionen hat die Software keinen Einfluß mehr, obwohl vielleicht gerade diese weiterbearbeitenden Vorgänge für die Aufgabenerledigung entscheidend sind.

Es braucht gute Software um Freiheitsgrade alternativer Arbeitsstrukturen zu realisieren, doch ein Garant für eine gelungene Systemeinführung ist sie nicht.

Die Versprechen von Softwareproduzenten, daß mit Wahl ihrer Produkte die betrieblichen Anwenderprobleme gelöst seien, haben sich stets von neuem als trügerisch erwiesen. Immer wieder scheitern oder 'versanden' Projekte, trotz bester Voraussetzungen und bester Software. Und die gleichen Produkte, die in einem Unternehmen mit großem Erfolg eingesetzt und von den BenutzerInnen gelobt und geschätzt werden, zeigen in anderen Unternehmen, vergleichbarer Aufgabenstruktur, genau entgegengesetzte Resultate. Auch die Versuche, die Ergebnisse, insbesondere Organisationsentwicklungen, des einen Projektes auf andere Projekte zu übertragen, sind selten von Erfolg gekrönt und zeigen wieder einmal mehr auf, daß eine sozialverträgliche Systementwicklung nicht eine Eigenschaft von Produkten, sondern das Ergebnis systemanalytischer Prozesse ist.

Weder die Erstellung von Individualsoftware, noch der Einsatz von Standardsoftwareprodukten, vermögen ohne systemanalytischen Begleitprozeß auszukommen. Ziel dieses Prozesses ist eine sozialverantwortbare Systementwicklung, in dem Sinne, daß

- o die BenutzerInnen die Einführung neuer Technologien verkraften, d.h. ihre bisherige Arbeit in den neuen Abläufen wiedererkennen, die Zusammenhänge begreifen und die Arbeitsfolgen nachvollziehen können sowie die dargebotenen Arbeitsmittel und Verfahren, gleich Werkzeugen, nutzen und beherrschen lernen,
- o neue Qualifikationen erworben werden und bereits vorhandene erhalten bleiben,
- o eine Beteiligung der Betroffenen an der Gestaltung ihrer Arbeit und ihrer Arbeitsbedingungen gegeben ist,
- o eine Verbesserung der bisherigen Arbeitsbedingungen erreicht wird und negative Folgewirkungen vermieden oder zumindest deutlich gemildert werden.

Diese kleine Aufzählung mache deutlich, daß die Qualifikationen der im Systementwicklungsprozeß tätigen Informatikerinnen und Informatiker deutliche Erweiterungen in den Bereichen Arbeitswissenschaft, Organisationspsychologie, Betriebswirtschaftslehre und Arbeitsrecht erfahren dürfen. Darüber hinaus bedarf es eines ganzheitlichen Ansatzes der Systementwicklung, der sich durch mehr System- und weniger Softwareentwicklung auszeichnen sollte.

4. Entwicklung von Arbeitssystemen ist Bewegen in sozialen Geflechten. Fachlich-sachliche Probleme sind häufig zwischenmenschliche Konflikte. Systementwicklerinnen und Systementwickler müssen lernen, zwischenmenschliche Konflikte zu erkennen und angemessen darauf zu reagieren.

Der Grad der Sozialverträglichkeit von Arbeitssystemen ist keine hardware- oder softwareimmanente Eigenschaft - wenngleich leistungsfähige Hardware und funktionsgerechte Software diese Zielsetzungen beträchtlich unterstützen können, - sondern ist vielmehr Resultat des konkreten Systementwicklungsprozesses und seiner Ergebnisse in Bezug auf Aufbauorganisation, Ablauforganisation, Arbeitsplatzgestaltung, soziale Folgewirkungen, aber auch Lohngefüge und Beteiligungsformen. Es wäre Wunschdenken, anzunehmen, daß sich bereits mit der ergonomischen Gestaltung von Hardware und Software die gewünschten Resultate einstellten.

Systementwicklung ist, unter Partizipationsgesichtspunkten betrachtet, eher eine Frage der Einstellung, denn der Beherrschung von Techniken und Methoden, gleichwohl es Empfehlungen zu strategischen Vorgehensweisen gibt, die der Partizipation förderlich sind. Darüber hinaus bedarf die Einbeziehung von BenutzerInnen und Betroffenen eindeutiger Beteiligungsrechte. Der Benutzer darf nicht auf Wohlwollen oder Engagement der SystementwicklerInnen angewiesen sein, als auch umgekehrt, ein/e SystementwicklerIn keine Stellvertreterposition ausfüllen kann.

Es sollte nicht übersehen werden, daß ein Teil des Prozesses auf zwischenmenschlichen Interaktionsformen, subjektiven Wahrnehmungen und Wertungen sowie Persönlichkeitsprofilen beruht, denen auch entsprechender Raum gegeben werden muß.

Zwischenmenschliche Beziehungen erweisen sich häufig als mindestens genauso wichtig wie fachliches KnowHow. Damit wird das Terrain für VertreterInnen natur- und ingenieurwissenschaftlicher Disziplinen erfahrungsgemäß schwierig, denn es gibt hier kaum Hilfen für Vorgehensweisen, zumal sich manche Empfehlungen zur konfliktarmen Projektabwicklung und zur Erzielung von Akzeptanz dicht an der Grenze zur Manipulation bewegen.

Wie häufig sind fachliche Konflikte in Wirklichkeit zwischenmenschliche Konflikte oder Ausdruck ungenügender Kommunikations- und Kooperationsfähigkeit, bzw. -bereitschaft, der Beteiligten!

SystementwicklerInnen müssen lernen, zwischenmenschliche Konflikte zu erkennen und angemessen darauf zu reagieren.

5. Sozialverantwortbare und sozialverträgliche Systementwicklung ist kein 'Aufopfern für undankbare Benutzer'. Vielmehr ist sie Aufforderung und Verpflichtung zur Herausbildung eigener Standpunkte und zu aktivem Handeln.

In Gesprächen mit anderen WissenschaftlerInnen und SystementwicklerInnen werden häufig große Unsicherheiten, Ängste und Handlungsbarrieren bei der Umsetzung der theoretischen Ansätze und guten Vorsätze sichtbar. Doch genau daran, an der Umsetzung und dem aktiven Handeln, führt kein Weg vorbei.

Handeln allein, ohne persönliche Zielsetzungen oder Leitlinien, gerät nur zu leicht zu sinnlosem Agieren, zu blindem Aktionismus oder zur Feststellung, daß man fremde Zielsetzungen übernommen hat. Die Herausbildung von eigenen Handlungsmaximen und Standpunkten ist letztendlich unerläßlich. "Wer den Hafen nicht kennt, in den er segeln will, für den ist kein Wind - ein günstiger!" (Seneca)

Es soll hier nicht verschwiegen werden, daß aktives und überzeugtes Handeln in der Regel mit der Überwindung einer Reihe von Widerständen, Ängsten und Konflikten verbunden ist - nicht zuletzt denen im eigenen Kopf. Sowohl SystementwicklerIn als auch AnwenderIn sind in spezifische Funktions- und Rollenzwänge eingebunden, die ihre Handlungsfreiräume begrenzen. Das Bewegen in sozialen Geflechten, wie Arbeitssysteme es nun einmal sind, ist zunächst ein ungeübtes Terrain. Auch das Sichöffnen für zwischenmenschliche Beziehungen und gefühlsmäßige Wahrnehmungen wird häufig als beängstigend, wenn nicht gar als bedrohlich, empfunden.

Dennoch, Handeln ist auch Übungssache und mit der Übung gewinnt die Systementwicklerin, bzw. der Systementwickler, Erfahrung und Selbstsicherheit, Durchsetzungsfähigkeit und Überzeugungskraft, Menschenkenntnis und Konfliktfähigkeit und - hoffentlich - auch Toleranz und Offenheit. Es ist somit kein Opfer, das gebracht wird, ganz im Gegenteil.

Handeln wir also, damit wir uns nicht eines Tages eingestehen müssen, wie weiland Karl Valentin (sehr frei zitiert) formulierte:

Handeln täten wir schon wollen,
aber dürfen haben wir uns nicht getraut!

In diesem Sinne:

Es gibt nichts Gutes - außer frau tut es !

Welche gesellschaftlichen Forderungen stellen wir Informatikerinnen ?

-Politische Forderungen von Frauen für Frauen, die mit Computern arbeiten -

Christiane Eckardt, Industriegewerkschaft Metall

1)Wie ist die Realität?

Die Berufssituation von Frauen im Zusammenhang mit der Informationstechnik soll beispielhaft an zwei Berufsszenarien dargestellt werden. Es wird nicht der Anspruch damit erhoben, alle Probleme erfaßt zu haben, mit denen Frauen in diesem Themengebiet generell konfrontiert sind.

Die Systemanalytikerin oder Organisationsprogrammiererin, die DV-Systeme entwickelt:

Die Vorteile ihrer Arbeit: Sie hat eine gute Qualifikation, die anerkannt wird und sie erhalt zumindest ab und zu positive Ruckkopplung uber ihre Arbeit und Leistung. In gewissen Rahmen hat sie Zeitsouveranitat und kann sich die Arbeit selbst einteilen. Ihr Buro ist ein angenehmer Arbeitsplatz und es gibt einige nette Kolleginnen und Kollegen, mit denen sich gut zusammenarbeiten laßt. Auch einige gute private Kontakte sind daraus entstanden. Die Vorgesetzten lassen ihr oft freie Hand fur die interessante Entwicklungsarbeit mit den Anwendern. Die Arbeitsmarktlage ist gunstig, die Bezahlung nach einigen Berufsjahren außertariflich Sie erhalt Weiterbildungsmoglichkeiten vom Betrieb, auch wenn dies manchmal erst nach Auseinandersetzungen der Fall ist. Ihr Arbeitsgebiet wandelt sich sehr schnell Es gibt standige Neuheiten bei der Hardware und neue Software-Werkzeuge zur Unterstutzung der eigenen Arbeit. Das findet sie positiv, weil es Langeweile verhindert und geistig fit halt. Auch die oft schwierige Fehlersuche in Programmen begreift sie als Herausforderung. Sie liebt das satte Gefuhl, das sich bei ihr einstellt, wenn sie ein schwieriges Problem gelost oder einen Fehler beim Testen gefunden hat. Kurzum, sie hat eine Arbeit mit Chancen zur Selbstverwirklichung.

Die Nachteile ihrer Arbeit: Sie steht fast immer unter Zeitdruck, weil sie haufig mit nachtraglichen Änderungswunschen der AnwenderInnen konfrontiert ist Oft kommt es vor, daß sie deswegen abends langer arbeiten muß. Aber auch Systemumstellungsarbeiten finden sowieso immer nachts oder an Wochenenden statt. Die DV-Technik verändert sich so schnell, daß die Gefahr besteht, den Anschluß zu verlieren. Manchmal denkt sie mit Sorge daruber nach, welch einen Know-how-Verlust z.B. ein Jahr Erziehungsurlaub fur sie bedeuten wurde. In ihrem Beruf ist es normal, daß jeder und jede um die Durchsetzung der eigenen Vorstellungen kampfen muß. Sie wird allerdings das Gefuhl nicht los, daß es Manner bei ahnlichen Situationen leichter haben. Zudem hat sie herausgefunden, daß ihr Gehalt niedriger ist als das vergleichbarer Kollegen. Als Exotin in einer Mannerrunde ist sie haufig mit mannlichem Gockel- und Sprechverhalten konfrontiert und muß sich hin und wieder frauenfeindliche Spruche anhoren. Fur Fuhrungsposten, so gibt man ihr durch die Blume zu verstehen, kame sie erst in Frage, wenn sie nicht mehr im gebarfahigen Alter ist. Am Telefon wird sie von Fremden meist fur die Sekretarin gehalten. Kurzum: die Nachteile dieses stressigen Jobs werden verscharft durch die Diskriminierung, die alle Frauen trifft.

Die Sekretärin oder Sachbearbeiterin, die Bürokommunikation anwendet oder andere DV-Systeme als Anwenderin einsetzt:

Die Vorteile ihrer Arbeit: Sie hat eine Vertrauensstellung und die KollegInnen wissen, daß sie in vielen Fallen an ihr nicht vorbeikommen. Sie weiß oft fruher als andere uber Neuerungen Bescheid und bei Planungen, insbesondere in personellen Fragen, legt der Chef auf ihre Meinung Wert. Seit Einfuhrung der Burosysteme ist es leichter und schneller moglich, Texte zu korrigieren. Das gibt schon alleine von der zeitlichen Auslastung her die Chance, Assistenztatigkeiten zu ubernehmen, wie z.B. das Erstellen von Ubersichten und Statistiken mit Tabellenkalkulation.

Die Nachteile ihrer Arbeit: Sie arbeitet auf Zuruf, d.h. ihre Zeitplanung wird von anderen permanent verandert und sie ist haufig mit sich widersprechenden Prioritaten konfrontiert. Obwohl ihr die damit verbundene Abwechslung auch Spaß macht, erzeugt dies Zeitdruck und Hetze. Fur die Einarbeitung an den Burosystemen ist zu wenig Zeit. So ist es ihr kaum moglich, mal eine neue Funktion in Ruhe auszuprobieren und etwas zu experimentieren, weil immer sofort das Ergebnis vorliegen muß. So macht sie manches weniger elegant und letztendlich auch weniger effektiv als es moglich ware. Das stort sie. Die Anweisungen, die sie fur die Arbeit erhalt, sind oft unzureichend. Die daraus resultierenden Fehler gehen aber fast immer zu ihren Lasten. Sie konnte selbstandiger arbeiten, wenn man ihr mehr Zeit und Information geben wurde. Sie hat unnotig viel Muhe mit schwierigen, fur DV-Laien kaum nachvollziehbaren Befehlsfolgen oder unerklarlichen Meldungen am Bildschirm. Die DV-Systeme passen nur unzureichend zu den Aufgaben, die sie erfullen soll. Mit Einfuhrung der DV-Systeme waren einige ihrer Kolleginnen aus dem Schreibbereich uberflussig, weil die Sachbearbeiter nun ihre Korrespondenz selbst erledigen. Aber so richtig aufgefallen ist diese Reduzierung nicht : zwei Kolleginnen wollten gerne zukunftig halbtags arbeiten, eine andere ist nach dem Mutterschaftsurlaub nicht zuruckgekommen, so hat sich das irgendwie geregelt. Bis jetzt konnte sie noch nicht durchsetzen, daß sie auch fur die Systemverwaltung zustandig wird, obwohl sie es sich zutrauen wurde, wenn man ihr die entsprechende Ausbildungskurse ebenso gibt, wie dem Sachbearbeiter, der die Aufgabe nun wahrnimmt. Sie wird ofter fur ihr nettes Lacheln oder ihre neue Bluse gelobt als fur ihre Arbeit. Ladt der Chef sie zum Essen ein, reißen Kollegen anzugliche Witze. Manch ein Kollege wird plump vertraulich zur "Tippmieze". Ihr Gehalt ist vergleichsweise niedrig. Steigerungen sind nur unwesentlich moglich. Den Wechsel in eine andere Aufgabe mit besseren Verdienstmoglichkeiten und mehr Selbstandigkeit hat in diesem Unternehmen noch keine Frau geschafft.

Unterschiede und Gemeinsamkeiten

Die Unterschiede liegen auf der Hand: Die eine ubte einen Beruf aus, der reine Frauendomane ist und muß von daher nicht um Rang und Ansehen kämpfen, es ist festgelegt, aber auch kaum erweiterbar. Die Aufgabenstellung hat sich durch den Technikeinsatz verandert, auch die geforderten Fahigkeiten. Die andere arbeitet in direkter Konkurrenz zu Mannern, erlebt oft Positionskämpfe, sie gestaltet Technik und kann öfters, wenn auch nicht immer, ihre Situation aktiv beeinflussen.

Gemeinsamkeit in der Zusammenarbeit kann entstehen, wenn sich beide Personen in ihrer Arbeitsfunktion als Entwicklerin/Systemeinfuhrende und Anwenderin gegenuberstehen. Sie haben die Chance, die unterschiedliche Sichtweise zwischen Expertenwissen und Anwendungswissen positiv fur sich selbst und die Sache zu nutzen. Die Sekretarin kann profitieren, wenn sie nicht arrogant behandelt wird und kann eine optimale Nutzung des Systems fur ihre Arbeit erreichen. Dadurch gewinnt sie an Kompetenz. Die Datenverarbeitungsexpertin gewinnt, weil sie zeigen kann, daß kooperative Beteiligung von BenutzerInnen langfristig nicht mehr, sondern weniger Kosten und Probleme bedeuten.

Leider besteht eine zwangsweise Gemeinsamkeit darin, daß weder eine klar definierte Vertrauensstellung noch eine hohe fachliche Qualifikation die Rollenvorstellungen und Diskriminierungen aufheben. Gemeinsamkeiten bestehen aber auch und besonders stark bei den Lebensvorstellungen: beide mochten Kinder haben und auch dann Familie und Beruf vereinbaren konnen. Es ist jetzt schon schwierig genug. Beide mussen sich nach Feierabend um's Einkaufen kummern, um's Wasche waschen etc. Die Ehemanner helfen schon mal beim Abwasch oder kaufen die schweren Getrankekisten (man lebt ja schließlich in einer modernen Partnerschaft!), aber wenn keine Butter mehr zu hause ist, heißt es "wieso hast DU das vergessen?

Nun ist unsere Frau aus dem ersten Beispiel vielleicht recht typisch fur Frauen in der Gesellschaft fur Informatik mit einem qualifikatorisch hohen Berufsabschluß. Aber wir mussen uns klarmachen, daß wir uns in einer verschwindend kleinen Minderheit befinden. Die Frauenerwerbsarbeit konzentriert sich noch immer auf wenige Berufszweige mit dem Schwerpunkt im Dienstleistungsbereich. In den technischen Berufen sind Frauen in der gewerblichen Ausbildung und an den Hochschulen stark unterreprasentiert und dann naturlich in diesen Berufen kaum zu finden. Frauen sind am unteren Ende der Lohn- und Gehaltsskala in großer Anzahl zu finden, am oberen Ende so gut wie nicht. Frauen finden sich bei den dienenden, zuarbeitenden und ausfuhrenden Tatigkeiten. Nur wenige haben planerische, gestaltende Arbeiten oder gar Funktionen mit hohem Entscheidungsspielraum. Und das alles vor dem Hintergrund von Schul-, Fachhochschul- und Hochschulabschlussen, die oft uber dem (mannlichen) Durchschnitt liegen. Wenn sie aber, wie die Informatikerinnen, die guten Berufspositionen einnehmen, dann werden sie auch dort deutlich schlechter bezahlt als ihre mannlichen Kollegen. Dies belegt eine Untersuchung des Instituts fur Sozialwissenschaftliche Forschung in Marburg von 1989: Die Informatikerinnen verfugen im Vergleich zu ihren mannlichen Kollegen nicht nur uber ein um 31,5% geringeres Durchschnittseinkommen, sondern sind auch in der Einkommensspitze extrem schwach vertreten.

2)Was wollen wir überhaupt?

Wir wollen besser leben und arbeiten: das bedeutet, in einer Situation materielle Sicherheit. nicht entfremdete Arbeit leisten und Beruf. Familie und Hobby vereinbaren konnen.Wir möchten Flexibilität nach unseren Vorstellungen. Da traumen wir vom 6-Stunden Arbeitstag in einer 5 -Tage Woche, wobei für Eltern kleiner Kinder weniger moglich sein muß. Dabei soll der Arbeitsplatz garantiert sein und materielle Einbußen sollen vermieden werden. Es soll einen Elternurlaub geben, der zwischen Vater und Mutter zwingend geteilt werden muß, weil dann endlich unsere mannlichen Kollegen fur die Arbeitgeber ein genauso großes "Risiko" als potentieller Vater darstellten wie wir Frauen als potentielle Mutter. Wir wollen Erwerbsarbeit ausführen, die uns Spaß macht, fur Produkte, die gesellschaftlich gebraucht werden. ohne Leben zu gefahrden oder zu vernichten. Wir verlangen eine Technik, die wir verstehen und die die AnwenderInnen verstehen. Technik soll uns unterstutzen und uns stumpfsinnige Arbeit abnehmen. Durch Technik soll menschliche Kommunikation gefördert und demokratische Entwicklungen unterstützt werden. Wir stellen uns vor, daß der Technikeinsatz dazu fuhrt, daß Wohnen und Arbeiten naher zusammenrückt (das muß nicht zwangslaufig Teleheimarbeit sein). Dadurch werden Verkehrsprobleme gelost und es tritt weniger Umweltbelastung auf. Unser Ziel ist eine gebrauchswertorientierte, sozialvertragliche Technik. Darunter verstehen wir Technik mit minimalem Steuerungsaufwand und Wirtschaftlichkeit im volkswirtschaftlichen Sinn. Technik mit Flexibilität und Zukunftsoffenheit muß eine Technik ohne schadliche und uberraschende Nebenwirkungen mit moglichst hoher Ruckholbarkeit sein. Damit wird die Chance wesentlich großer, daß wir die Lebensgrundlagen fur uns als Einzelne und als Gesellschaft erhalten sowie den gerechten Ausgleich mit der dritten Welt und mit nachfolgenden Generationen nicht in Frage stellen. Letzteres schließt schonenden Umgang mit Natur, Umwelt und Ressourcen ein. Die Konsequenzen des Technikeinsatzes in politischer und rechtlicher Sicht sind absehbar und demokratisch gewollt. Um diesen Vorstellungen näher zu kommen, sind Bildungskonzepte und Bildungseinrichtungen erforderlich, die aktiv fur die Veranderung der Rollenbilder eintreten.

3)Das Ende der Bescheidenheit ....

Der Themenkreis "Frauen und Computer" kann nicht losgelöst von der geschlechtsspezifische Rollenverteilung diskutiert werden. Alle gesellschaftlichen Bedingungen, die die Rollenzwange fur Frauen und Manner festschreiben bzw eine Auflösung der Rollenzwange erschweren, verhindern ein gleichberechtigte Teilhabe der Frauen am gesellschaftlichen Fortschritt und damit eine gleichberechtigte Teilhabe an der gesellschaftlichen und betrieblichen Planung, Gestaltung und dem Einsatz der Computertechnik.

.......in der Gesellschaftspolitik:

Unerlaßliche Voraussetzungen für die Vereinbarkeit von Beruf und Familie fur Männer und Frauen ist eine flachendeckende Ausstattung mit Ganztagsschulen/Ganztagskindergarten/Ganztagskrippen - und Krabbelstuben mit kleinen Gruppen und Offnungszeiten , die den Arbeitszeiten berufstatiger Eltern angepaßt sind. Fur die Eltern dürfen hierbei nur minimale Kosten entstehen. Es ist im internationalen Vergleich beschamend, wie schlecht die Infrastruktur auf diesem Gebiet in der Bundesrepublik ist. Eines der reichsten Lander der Welt hat hier wesentlich schlechtere Bedingungen als eine Anzahl sozialistischer Lander, auch sozialistische Entwicklungsländer aber auch schlechtere Bedingungen als europaische Nachbarn. Dringend ist ein Elternurlaub mit Arbeitsplatzgarantie und Lohnersatz, wobei der Elternurlaub zwingend zwischen Vater und Mutter geteilt werden muß (fur Alleinerziehende gilt der doppelte Anspruch), außerdem die wesentlich verbesserte Freistellung für Eltern bei Krankheit eines Kindes. Noch bestehende Benachteiligungen von Frauen im Rentenrecht mussen abgebaut werden bzw muß es einen Ausgleich geben fur die Folgen der bis jetzt haufig frauenspezifischen Biografie. Eine entscheidende Rolle spielt bei der Vereinbarkeit von Beruf und Familie fur Manner und Frauen die tagliche Arbeitszeitverkurzung und Flexibilitat nach unseren Vorstellungen und nicht nach Arbeitgeberart.

Weil die Gleichberechtigung von Mannern und Frauen zwar im Grundgesetz festgeschrieben ist, in der Praxis aber oft unterlaufen wird, brauchen wir Gleichstellungsbeauftragte bei allen Parlamenten und Technikbeauftragte fur Frauen bei den Gleichstellungsstellen. Daruber hinaus muß es Gleichstellungsbeauftragte und Frauenforderplane in den Betrieben geben.

.... in der Arbeitswelt:

Arbeitsqualitat fur InformatikerInnen ist Zeitsouveranitat in der Arbeit, der Einsatz von leicht handhabbaren Software-Werkzeugen und die Moglichkeit, bei der Auswahl dieser Systeme mitzuentscheiden. Garantierte Weiterbildung ist unerlaßlich fur abwechslungsreiche Einsatzgebiete Wenn eine Arbeitsatmosphare ernsthaft kooperativ genannt werden soll, dann muß sie ohne sexistische Anmache und Hahne auf dem Mist sein. Entwicklungschancen und Aufstiegschancen, gute und steigerungsfahige Bezahlung, keine Diskriminierung materieller und immaterieller Art gehoren ebenso dazu wie der Einfluß auf die Systementwicklung und kurzere Arbeitszeiten.

Arbeitsqualitat fur die Sekretarin oder die Sachbearbeiterin sind leicht erlernbare Burosysteme, die Fehler tolerieren und alle softwareergonomischen Anforderungen erfullen. Zwingend sind ausreichende Ubungszeiten bei Systemeinfuhrung und Mitsprache bei Systemauswahl. Dann waren Arbeitsablaufe, die die Bearbeitung kompletter Vorgange selbstandig ermoglichen eine Selbstverstandlichkeit. Die Arbeitsgestaltung muß die Belange der Frauen an den Schreibarbeitsplatzen ebenso berucksichtigen, wie die Arbeitsablaufe der SachbearbeiterInnen. Nicht allein die autonome Sachbearbeitung ist die Losung, sondern die Kombination von Sachbearbeitungsfunktionen und Assistenzfunktionen. So kann Arbeitsgestaltung dann Frauenforderung werden.

Als allgemeine Forderung heißt das : Alle Ausbildungsplatze werden quotiert. Dies gewahrleistet die Einstellung, Forderung und Beforderung von Frauen in technischen Berufen. Weiterbildung findet grundsatzlich wahrend der Arbeitszeit statt. Damit besteht die Chance zur Ablosung mannertypischer Karrieremuster fur Manner und Frauen. Ein Beispiel waren Modellversuche zur Teilung von Leitungspositionen oder technisch hochqualifizierten Positionen. Gleichstellungsregeln und -gesetze gewahrleisten, daß positiver Beschaftigungswandel nicht nur fur Manner stattfindet. Gleichstellungsbeauftragte im Betrieb uberwachen dies.

Das Betriebsverfassungsgesetz muß die aktive Frauenförderung fur Betriebsrate einklagbar machen, sie aber auch zur aktiven Gleichstellungspolitik verpflichten. Das gilt auch für die Zusammensetzung der Vertretungsorgane selbst. Ein Mitbestimmungsrecht (das den Namen verdient) muß die Technikplanung und den Technikeinsatz regeln. Insbesondere in Herstellerbetrieben ist die Mitbestimmung bei den Produkten zu verankern. Die in Software gegossenen Arbeitsablaufe bei Standardsoftware sind bekanntlich die Sachzwange beim Anwender, die nur noch mit erheblichem Kosten- und Kraftaufwand wieder verandert werden konnen.

Das Fuhrungsverhalten in den Betrieben muß thematisiert werden, denn sowohl Qualifikations- als auch Fuhrungspotential bei Frauen wird oft genug schlicht nicht wahrgenommen oder durch das Messen mit mannlichen Maßstaben schlecht bewertet.

Fur die Berufe der unteren und mittleren Qualifikation ist der wesentliche Ansatzpunkt fur Frauenforderung die Arbeitsgestaltung. Hier ist auch die Vorbildfunktion des offentlichen Dienstes einzufordern. Die Arbeitsgestaltung beginnt bereits bei der Neuordnung der Ausbildung im Büro. Bei den derzeit geplanten zwei Ausbildungsstrangen ist wieder der Ansatz fur geschlechtsspezifische Differenzierung gegeben. Es besteht die Gefahr, daß die Burofachkraft fur Kommunikation die Berufsperspektive der Frauen wird und die dann hoherwertigen Stellen der Burofachkraft fur Organisation von den Mannern besetzt werden.

Wie ernst meinen es Arbeitgeber mit der Frauenförderung?

Ob die Arbeitgeber es ernst meinen mit der Frauenforderung und es nicht nur Thesen aus Sonntagsreden sind, wenn es da heißt "High Tech - Unternehmen entdecken die Frauen" oder "Frauen sind die besseren Manager", wird sich beispielsweise daran zeigen, ob Frauen aller Qualifikationsstufen gemeint sind oder nur die Hochschulabgangerin. Gleichwohl kann auch das letztere fur die Frauen insgesamt eine Chance sein. Es gibt einige hoffnungsvolle Anzeichen dafur, daß Frauen mit einer hochqualifizierten technischen Ausbildung sich mehr als ihre mannlichen Kollegen Gedanken daruber machen, welche Konsequenzen ihre Arbeit fur andere hat. Hier eroffnen sich vielversprechende Moglichkeiten fur Frauensolidaritat. Vorsicht ist hier allerdings auch geboten mit Chancen, die Frauen als Luckenbüßerinnen nun erhalten, weil Manner als Facharbeiter und als Manager knapp werden. Wir wollen keine Chancengleichheit um den Preis der totalen Anpassung an die von Mannern gepragten Normen der Industriegesellschaft mit der totalen Verfugbarkeit. Wenn man(n) uns braucht, sollten wir auch Veranderungen einfordern.

Einige Entwicklungen gibt es, die wir gezielt nicht wollen. Dazu gehort die Teleheimarbeit. Sie mag noch einige Vorteile bieten fur ProgrammiererInnen, die in ihrer Arbeit nicht den Zwangen erliegen wie eine nach Anschlagen bezahlte Datenerfasserin. Aber auch hier ist Heimarbeit schon mit so vielen Nachteilen befrachtet, daß der erhoffte Vorteil des ungestorten Arbeitens nach eigenen Zeitvorstellungen und der Wegfall von Wegezeiten dahinter verschwinden. Diese Nachteile sind die vermeintliche Vereinbarkeit von Berufsarbeit und Familienarbeit, die zu einer enormen Belastung der Teleheimarbeiterin führt, weil sie nie mit der Berufsarbeit abschließen kann und nie die Familienarbeit hinter sich laßt. Sie verliert den sozialen Kontakt mit KollegInnen, wird zur Manovriermasse des Arbeitgebers - das gilt auch für die qualifizierten Berufe. Ganzlich prekär wird es, wenn die Arbeitnehmerin zwangsweise zur Unternehmerin wird und dadurch alle Rechte aus dem Status der abhängig Beschaftigten verliert. Was sie verliert? Nun, um nur die wesentlichsten Punkte zu nennen: sie verliert den Urlaubsanspruch, die Gehaltsfortzahlung im Krankheitsfall, die Kundigungsfristen und die Sozialversicherungsbeitrage des Arbeitgebers.

...... in der Technologiepolitik

Jede Form der Technologiepolitik muß sich nicht nur mit der Macht der Industrie und des Kapitals auseinandersetzen, sondern auch mit der ungleichen Verteilung von Macht und Ohnmacht zwischen Mannern und Frauen.

Die Bundesregierung hat ein Konzept Informationstechnik 2000 vorgelegt. Auffallend - - aber eigentlich nicht verwunderlich- ist, daß die Arbeitsgruppen, die das Konzept erarbeitet haben, fast ausschließlich aus Industrievertretern (die mannliche Form ist Absicht und entspricht den Tatsachen) bestand. Die Inhalte orientieren sich demzufolge eindeutig an Industrieinteressen. Interessen von Arbeitnehmern kommen ebensowenig vor wie das spezielle Interesse von Frauen.

Ein feministisches Konzept Informationstechnik 2000 unterscheidet sich von dem derzeit vorgelegten Entwurf nicht nur dadurch, daß Frauenförderung einen Schwerpunkt bildet. Wir brauchen eine wirkungsvolle Technologiefolgenabschatzung. Wesentliche Technikfelder entziehen sich der betrieblichen Gestaltung. Als Beispiel mogen der CIM-Einsatz gelten, der fur die Zulieferung von Gutern außer dem Unternehmen selbst die Transportbranche verandert oder der Ausbau des Fernmeldenetzes (ISDN). Notig ist praventive Gestaltung auf gesellschaftlicher Ebene - und Strukturen, die dies zulassen. Die Forderung nach der Koordinierung von wirtschaftlichen und sozialen Prozessen ist aktueller als je zuvor Jede neue Entwicklung muß in diesem Zusammenhang auch auf die Auswirkungen auf die Geschlechterrollen gepruft werden. Erwunscht ist Technikeinsatz, der Rollenzwange fur Manner und Frauen verringert. Die neuen Technologien erschuttern die sozialen Gewohnheiten. Dies kann auch eine Chance sein fur ein ausgewogeneres Geschlechterverhaltnis. Subventionen mussen an die Schaffung und Gestaltung qualifizierter Arbeitsplatze, insbesondere für Frauen, gebunden werden. Es werden Aus- und Weiterbildungsprogramme benotigt fur Software-EntwicklerInnen, wie gesicherte arbeitswissenschaftliche Erkenntnisse in die Praxis der Systementwicklung umgesetzt werden.

Es wird die Entwicklung von Produkten gefordert, die volkswirtschaftlich sinnvoll sind. Die volkswirtschaftliche Kosten-/ Nutzenrechnung muß ein positives Ergebnis haben, die betriebswirtschaftliche Rechnung ist diesen Uberlegungen nachgeordnet. So werden z.B. Forschungen und Investitionen gefordert, die die Chip-Herstellung ohne Sonntagsarbeit ermoglichen sollen.

Für die Informatik fordern wir Forschungsschwerpunkte fur gebrauchswertorientierte Systeme,fur Systeme, die (wissenschaftlich nachweisbar) technisch beherrschbar sind und im Sinne obiger Definition sozialvertraglich sind. Sie waren dann anwenderfreundlich nach arbeitswissenschaftlichen Kriterien und gewahrleisten humane Arbeitsbedingungen für die AnwenderInnen. Diese Forderung impliziert z.B. die Entwicklung einer ganz anderen Netzstruktur für öffentliche Netze als ISDN. Es gibt solche Grundlagenforschung, die aber nicht uber die finanziellen Mittel und Moglichkeiten zur Umsetzung verfügt.

Es wird hochste Zeit, das bereits im Kabinett verabschiedete Konzept Informationstechnik 2000 aufzubrechen durch diese anderen Schwerpunkte.

Allerdings ist sicher auch Skepsis angebracht, wenn ein Zukunftsentwurf von Frauen nur deshalb ein besserer genannt wird, weil er eben von Frauen gemacht wurde. Diese Betrachtungsweise ist naiv. Sie übersieht,daß Frauen, wenn sie nicht weiter uber gesellschaftliche Zusammenhange reflektieren, wenig Chance haben, aus einem technisch-mannlich-kapitalistisch gepragten Denkmuster auszubrechen. Es gehort eine fast unvorstellbar große Kraftanstrengung und unendlich viel Phantasie dazu, andere Ansatze auch nur zu denken. Diese anderen Denkansatze zu unterstutzen, ihnen Raum zu geben, ware unter anderem Aufgabe der Politik.

...... in der Bildungspolitik

In der schulischen Informatikausbildung muß den Belangen der Madchen starker Rechnung getragen werden. Die Losung ist nicht unbedingt die strikte Geschlechtertrennung, sondern konnte auch die Unterrichtung durch mannlich/weibliche Teams sein. Die Sensibilitat der LehrerInnen kann durch Supervision des Unterrichts gefordert werden. LehrerInnen mussen entsprechende Fortbildung erhalten, um im Unterricht sowohl sozial als auch technisch kompetent den Unterricht durchfuhren zu können. Sozial kompetent bedeutet in diesem Zusammenhang, sie mussen die Fahigkeit erwerben, im Unterricht die geschlechtsspezifischen Verhaltensweisen von Jungen und Mädchen explizit als Unterrichtsgegenstand aufzuarbeiten.

Die Informatikausbildung an Hochschulen und Fachhochschulen soll Ganzheitlichkeit ermoglichen. Die Ausbildung fur benutzerorientierte Systementwicklung muß Arbeitswissenschaft, Psychologie, Soziologie etc umfassen. Es ist eine haufig beobachtete Tatsache, daß es Frauen leichter fallt, in soziookonomischen Zusammenhangen zu denken. Dies gilt es bei Frauen und Mannern systematisch durch Ausbildung zu starken.

In der beruflichen Weiterbildung sind sicher auch geschlechtshomogene Weiterbildungskurse fur Computerausbildung erforderlich. Es ist nicht zu leugnen, daß es auch Verhaltensbarrieren gibt, die bei den Frauen selbst liegen. Deswegen und wegen des mannlichen Dominanzverhaltens ist es wichtig, derartige Kurse mit Selbstbehauptungseinheiten fur Frauen zu kombinieren. Alle Maßnahmen tragen gemeinsam dazu bei, die sozialisationsbedingte, weibliche Zuruckhaltung bei Technikeinsatz zu uberwinden.

4) Forderungen an unsere Beziehungspartner und an uns selbst

Wir brauchen aktiven Gestaltungswillen in allen Lebensbereichen. Das ist eine anstrengende Herausforderung, weil sie von uns verlangt, die "bequeme" Weiblichkeit aufzugeben, unser Harmoniebedurfnis zuruckzustellen und Konflikte auszutragen. Wir mussen bereit sein, uns unbeliebt zu machen. Außerdem ist bei Schwierigkeiten der Verzicht auf den beliebten Ruckzug ins Private notig, wenn wir wirklich ernstgenommen werden wollen. Manner konnen auch nicht einfach sich ihren Kindern widmen,wenn es beruflich schwierig,wird.

In der privaten Lebensgemeinschaft stelle ich mir echte Arbeitsteilung bei der Haus - und Familienarbeit mit meinem Partner vor und die Teilung der Verantwortung fur die Beziehung in okonomischer Hinsicht und in der emotionalen Beziehungsarbeit - und das liegt weitgehend an mir, dies durchzusetzen. Ein interessanter Aspekt in punkto Beziehungsarbeit wurde von einer Forschungsgruppe ans Tageslicht gebracht: in Ehen, wo sowohl die Frau als auch der Mann beruflich Programmiertatigkeiten ausfuhrten, beklagten sich die Manner, daß ihre Frauen bei Beziehungsproblemen das im Beruf ubliche, halbwegs rationale Problemlosungsverhalten an den Tag legten. Demgegenuber beklagten die Frauen, daß ihre Manner sich im Gegensatz zu ihrem beruflichen Verhalten total irrational verhielten. Dies laßt den - vorsichtigen - Schluß zu, daß eine andere Ausbildung von Frauen auch die sogenannten Privatbereiche verandert, und das nicht nur wegen der okonomischen Selbstandigkeit der Frau.

Themenschwerpunkt D:
Schulische und berufliche Bildung

Konzepte und Strategien zur informationstechnologischen Bildung für Mädchen und junge Frauen

Renate Schulz-Zander
Institut für die Pädagogik
der Naturwissenschaften, Kiel

Zusammenfassung

Mädchen nehmen in den allgemeinbildenden Schulen die Wahlangebote der informationstechnologischen Bildung weniger wahr als Jungen. Langfristig besteht die Gefahr, daß Frauen aus qualifizierten Tätigkeiten im Bereich der Informations- und Kommunikationstechnik ausgeschlossen sind. Welche Erklärungen können für das geschlechtsdifferente Verhalten herangezogen werden? Mit welchen Konzeptionen und Strategien kann für Mädchen und junge Frauen eine Gleichberechtigung erreicht werden?
Im folgenden werden zwei Projekte beschrieben, die einer Benachteiligung von Mädchen und jungen Frauen in informationstechnologischen Bereichen entgegenwirken sollen:

1. Computer-Ferienkurse für Mädchen,

2. Curriculare Empfehlungen für die informationstechnologische Bildung in der Schule.

Wie lassen sich geschlechtsbezogene Unterschiede erklären?

Es besteht weitgehend Einigkeit darüber, daß Einstellungen und Verhaltensweisen der Geschlechter durch Sozialisationsprozesse beeinflußt sind, die wiederum durch die gesellschaftlichen Strukturen, insbesondere die Arbeitsteilung zwischen den Geschlechtern (Familie - Beruf), bestimmt sind. Eine theoretische Begründung für geschlechtsdifferentes Verhalten kann im unterschiedlichen Selbstkonzept gesehen werden. Unter Selbstkonzept soll das Insgesamt von Einstellungen, Urteilen und Werthaltungen eines Individuums bezüglich seines Verhaltens, seiner Fähigkeiten und Eigenschaften verstanden werden. Das Selbstkonzept beinhaltet sowohl die Wahrnehmung dieser Variablen des Selbst als auch deren Bewertung. Es ist davon auszugehen, daß die Aufrechterhaltung des Selbstwertgefühls eines Kindes und später Erwachsenen von fundamentaler Bedeutung für die Persönlichkeitsentwicklung ist (EPSTEIN, 1979). Die Selbsteinschätzung und Selbstbewertung von Mädchen und Jungen ist abhängig von der Wertschätzung der Geschlechterrollen in unserer Gesellschaft. Da die "männliche" Rolle, mit den angeblich männlichen Eigenschaften Fähigkeit zu autonomen Denken, instrumentelles Verhalten, technische Kompetenz und Aktivität, in unserer Leistungsgesellschaft allgemein höher bewertet wird als die "weibliche" Rolle, mit den ihr zugeschriebenen Fähigkeiten der sozialen Anteilnahme, Emotionalität, Sanftheit, Passivität und der Bereitschaft zur Unterordnung, müssen Mädchen schon früh ihre eigene Benachteiligung erfahren und einschätzen lernen. Während die Jungen und Männer z.B. eher ein positives Selbstwertgefühl aus dem Vergleich mit anderen, weniger kompetenten Konkurrenten ziehen, beurteilen sich Mädchen und Frauen z.B. stärker hinsichtlich ihrer Fähigkeit zur sozialen Anteilnahme (GILLIGAN, 1984). Die Identitätsentwicklung von Mädchen stellt sich als permanente aktive Auseinandersetzung mit den Widersprüchen zwischen geforderter "Weiblichkeit" und Selbstachtung dar (ANYON nach HORSTKEMPER, 1987, S. 28). Sich in männlich besetzten Bereichen - also auch dem der Informationstechnik - als kompetent zu erweisen, hieße gerade, den für Mädchen und Frauen vorgezeichneten Weg zur Erhöhung des Selbstwertgefühls zu verlassen.

Den AlterskameradInnen kommt eine bedeutende Rolle zu, da sie im Hinblick auf die Loslösung vom Elternhaus eine wichtige Bezugsgruppe bilden. Steht der Verlust in Aussicht, werden traditionelle Normen treu verfolgt. Ihre Aufwertung und Identitätssicherung suchen Mädchen vor allem durch ihre männliche Bezugsgruppe (HORSTKEMPER, 1987; MACOBY/JACKLIN, 1974). Untersuchungen zeigen, daß männliche Jugendliche auch für den Bereich der Informationstechnik an geschlechtsspezifischen Begabungsmustern festhalten und damit den Mädchen den Zugang erschweren, wobei dies durchaus in der Furcht vor Konkurrenz begründet sein kann (BRANDES/SCHIERSMANN/BRIGITTE, 1986; FAULSTICH-WIELAND, 1986).

Die folgenden Zeichnungen von Mädchen zum Thema "Mädchen und Computer", die an dem weiter unten beschriebenen Computer-Ferienkurs teilnahmen, sind ein Ausdruck dieser erlebten Konflikte. Ohne daß vorher eine Verständigung über erlebte Erfahrungen zwischen den Mädchen im Kurs erfolgt war, setzten sie sich fast ausnahmslos mit den Einstellungen der Jungen ihnen gegenüber auseinander. Im Vordergrund steht: Sich behaupten zu müssen und zu wollen (Bilder 1, 2).
Zum Abschluß des Ferienkurses wurde den Mädchen mit einer Phantasiereise ein Rahmen gegeben, zu erfahren, wie sie eine eigene hohe technische Kompetenz in ihrer Phantasie erleben würden. Die Geschichte endete mit der Vorstellung: "Du bist ein Mädchen, das sehr gut mit dem Computer umgehen kann. Auch Jungen fragen Dich um Rat..." Anschließend sollten sie ihr erlebtes Bild zeichnen. Etwa die Hälfte der Mädchen konnte die Vorstellung, erfolgreich zu sein, genießen (Bild 3). Andere Mädchen

Bild 1: Das Mädchen wehrt sich gegen die Überheblichkeit der Jungen mit der Einsicht, daß diese oft selbst nur so tun, als wüßten sie mehr. Trauer und Wut sind sichtbar.

Bild 2: Das Mädchen verlagert die Diskriminierung bereits auf eine "objektive" Ebene, die Maschine, damit wird sie zu einer unverrückbaren Tatsache.

Bild 3: Erfolg wird positiv erlebt: Die anderen freuen sich sogar mit, keine Bestrafung dafür, daß sie als Mädchen im Umgang mit Computern kompetent ist. Sie befindet sich im Mittelpunkt.

fühlen sich isoliert, ausgegrenzt und in ihren Gefühlen überfordert und genervt. Rollenabweichendes Verhalten wird in ihrer Phantasie von den AlterskameradInnen "bestraft" und insofern als Überforderung erlebt (Bilder 4, 5). Der erlebte Konflikt wird je nach Selbstgefühl und Selbstvertrauen mehr oder weniger stark sein. Eine Aufgabe von PädagogInnen muß daher sein, eine Unterstützung bei der Überschreitung gesellschaftlich festgelegter Rollen, bei der Veränderung des Selbstkonzepts zu geben. Die Wertschätzung der Geschlechterrollen findet sich jedoch in den Einstellungen der LehrerInnen ebenfalls wieder und prägt die Interaktion zwischen LehrerInnen und SchülerInnen (vgl. z.B. FRASCH/WAGNER, 1982; SPENDER, 1985; ENDERS-DRAGÄSSER/FUCHS, 1988). In-

Bild 4: Dieses Mädchen will die Erfolgsrolle nicht mehr einnehmen. Der Junge und das Mädchen (unten rechts) wenden sich sichtlich von ihr ab: "die doofe Kuh, glaubt sie kann alles besser" - "finde ich auch, dabei ist sie ein Mädchen". Bestrafung für Erfolg wird erlebt.

Bild 5: Dieses Mädchen ist offensichtlich isoliert, arbeitet nicht am Computer. Eine Gruppe schaut unfreundlich drein.

sofern müssen gleichzeitig Bewußtseins- und Verhaltensänderungen bei LehrerInnen und SchülerInnen bewirkt werden.

Haben Mädchen spezifische Zugangsweisen zu den Neuen Technologien?

In einer Reihe von Untersuchungen ist dieser Frage nach geschlechtsspezifischen Zugangsweisen nachgegangen worden, so daß inzwischen einige empirische Ergebnisse vorliegen (vgl. hierzu SCHIERSMANN, 1987; SCHULZ-ZANDER 1988). Allerdings sind sie meist nicht repräsentativ und kommen zum Teil zu einander widersprechenden Ergebnissen, so daß hinsichtlich der Verallgemeinerbarkeit Vorsicht geboten ist und die Untersuchungen selbst methodenkritisch zu überprüfen sind.

Welche konkreten Konzeptionen und Empfehlungen können für die informationstechnologische Bildung in der Bundesrepublik gegeben werden, damit diese den Mädchen und jungen Frauen gerecht wird?

Konzeption eines Computer-Ferienkurses für Mädchen

Die eingangs angeführten Überlegungen zur Unterstützung der Mädchen und jungen Frauen bei der Veränderung ihres Selbstkonzepts waren Grundlage für die Konzipierung eines außerschulischen Angebots. Im Kurs wurde ein Konzept zugrunde gelegt, informationstechnologische Bildung mit Ästhetischem zu verbinden. Ästhetik wird dabei im erweiterten Sinne einer philosophischen Theorie als Ansatz verstanden, der sich im Unterschied zum begrifflichen Erkennen (zu der abstrakten Begrifflichkeit des Verstandesbewußtseins) mit den Handlungen sinnlichen Erkennens befaßt, und zwar mit dem Ziel, sinnliches Erkennen aufgrund eigener theoretischer Bemühungen zu sichern und ggf. zu verbessern. Ästhetik meint, der Natur (der äußeren als auch dem inneren eigenen leiblichen Geschehen) mit allen Sinnen zu begegnen, sie mit allen Sinnen wahrzunehmen - und so die Chance zu einer sinnlichen Erkenntnis und Veränderung zu eröffnen.

Es soll eine Identitätsstabilisierung bei den Mädchen durch die Einbeziehung von Ästhetischem (hier Körperbewegung, Tanz, Theater und Videoarbeit) und gestaltpädagogischen Ansätzen (Ausdruck im Malen und Zeichnen) gefördert werden. Eine Stärkung des Selbstgefühls und -vertrauens kann z. B. mit gestaltpädagogischen Ansätzen, wie etwa dem Mittel der Phantasiereise und des Malens, erreicht werden, indem negative Gefühle überhaupt erst bewußt und damit auch bearbeitet werden können. In der Gestalttherapie wird davon ausgegangen, daß es für ein starkes Selbstgefühl wichtig ist, "seines Körpers gewahr zu sein. Entspannungs- und Atemübungen, aber auch Bewegung helfen, ein besseres Körpergewahrsein zu erlangen. Das Körperbild eines Menschen ist ein wichtiger Aspekt seines Selbstbildes" (OAKLANDER, 1981, S. 352). Es geht darum, ein positives Gefühl zu sich selbst zu entwickeln.

Der Kurs enthielt die Komponenten "informationstechnologische Bildung", "Körperbewegung, Tanz und Theater" und "Videoarbeit". Am 7tägigen Kurs nahmen 14 Mädchen im Alter zwischen 13 und 16 Jahren aus Haupt-, Real- und Gymnasialschulen in den Osterferien 1988 teil. Er wurde vom IPN zusammen mit der AG Medienpädagogik e.V. durchgeführt; die Kursleiterinnen waren Marion Engmann (Bewegung/Tanz), Margret Hamann (Video), Gabi Stein und Renate Schulz-Zander (Informationstechnische Bildung).

Komponente 1: Informationstechnologische Bildung

Der Einstieg in das Programmieren mit Logo erfolgte über die Igelgrafik. Zunächst erzeugten sich die Mädchen Phantasiegebilde, erst dann schrieben sie Programme. Anschließend setzten sie den Computer zum Schreiben von Urlaubskarten ein. Dabei lernten sie das Arbeiten mit Logo-Objekten und rekursives Programmieren kennen. Ausgangspunkte zur Behandlung von Anwendungen und Auswirkungen der Informationstechnologien war Filmmaterial. Anknüpfend an die Igelgrafik wurde ihnen Einblick in die Produktion professioneller Computergrafik und ihrer Bedeutung für militärische Anwendungen gegeben, sowie der Aspekt "Ist Computergrafik Kunst?" im Gespräch erörtert.
Zur Thematik "Mädchen/Frauen und Technik/Computer" gehörten die o.g. Zeichnungen zum Thema "Mädchen und Computer", an die sich eine Gesprächsrunde über subjektive Erfahrungen anschloß. Mit der Rolle von Frauen in Medien setzten sie sich über Collagen auseinander, die sie mit Bild- und Schriftmaterial aus Computerzeitschriften erstellten und mit Kommentaren versahen. Eine kurze Einführung in die Rolle von Frauen in der Geschichte der Datenverarbeitung sollte den Mädchen die fachliche Kompetenz von Frauen in diesem Bereich verdeutlichen. Zum Abschluß des Kurses konnten sie sich im Rahmen einer Phantasiegeschichte mit ihren Phantasien und Gefühlen auseinandersetzen, die bei einem erfolgreichen Umgang mit dem Computer bei ihnen wachgerufen werden. Ziel war es, sich mögliche Ängste einzugestehen und damit überwinden zu können.

Komponente 2: Bewegung, Tanz und Theater

"Phantasie und Kreativität, menschliche Kommunikation und Interaktion, Emotionen und sinnliche Bewußtheit sind die zentralen Themen der Körperarbeit im Kurs. Ziel bei Tanz und Theater ist das Ermutigen und Befähigen zur Improvisation: sich selbst, die anderen und die Umgebung in jedem Moment bewußt neu wahrnehmen, unvorhergesehen agieren, nicht planbar reagieren, den so entstehenden Prozeß akzeptieren und sich darin selbstbestimmt bewegen" (Engmann/Hamann, 1989, S. 24 f.). Mit Methoden aus "Rhythmik" und "Kreativem Tanz" werden Sensibilität und Körperbewußtsein gefördert; mit Mitteln des Ausdrucksspiels und dem "Freien Theater" werden Improvisationen in kurzer Zeit möglich, die durch die freie Rollenwahl den spontanen Ausdruck der momentanen Befindlichkeit erlauben.

Komponente 3: Video - Nutzung von Technik für den Ausdruck eigener Wahrnehmungen

Video wird als Beispiel für eine sinnvolle Verbindung von Technik und künstlerischer Arbeit einbezogen. "Die Mädchen benutzen die Videotechnik, um ihren persönlichen Ausdruck zu finden und darzustellen. ... Während des Kurses experimentieren die Teilnehmerinnen mit der Kamera und stellen kleine Filmsequenzen her. Ihre technischen Kenntnisse werden durch Übungen wie z. B. Zoom und Schwenk, Trickaufnahmen, Aufbau eines Handlungsablaufs, Filmgestaltungsmittel geschult" (Engmann/Hamann, 1989, S. 25).

Eine Integration der drei Komponenten hat erst in Ansätzen stattgefunden; diese zu verstärken, wird ein Ziel der Folgearbeiten sein. Die Kursmaterialien werden Anfang 1990 veröffentlicht.

Curriculum-Konferenz "Informationstechnische Bildung für Mädchen"

Die informationstechnologische Bildung, wie sie gegenwärtig in den allgemeinbildenden Schulen der Bundesrepublik angeboten wird, bedarf einer prinzipiellen Überarbeitung, damit sie den Mädchen einen gleichberechtigten Zugang zur Informationstechnik ermöglicht. Aus diesem Grunde führte ich im Mai/Juni 1988 eine fünftätige Curriculum-Konferenz zu folgenden Fragen durch:

- "Wie sollte die informationstechnische Bildung (die Grundbildung und das Fach Informatik) an allgemeinbildenden Schulen gestaltet sein, damit sie den Mädchen einen gleichberechtigten Zugang in der Schule ermöglicht?" und
- "Welche Strategien werden empfohlen, damit die Umsetzung der Ziele, Inhalte und Methoden auch tatsächlich zum Erfolg führen?"

Ausgangspunkt für die Konferenz war, daß der Erwerb fachlicher Kompetenz in Informatik eine Grundlage für ein gestärktes Selbstbewußtsein, für eine kompetente Entscheidung in der Berufswahl und für eine Einflußnahme der Mädchen und Frauen beim Einsatz von Informationstechnik ist.

Zur Konferenz waren Frauen mit sehr unterschiedlichen Kompetenzen eingeladen: Lehrerinnen, Programmiererinnen, Informatikerinnen, Frauen aus der Forschung, der Gewerkschaft, der Industrie, der Erwachsenenbildung, kulturellen Projekten und eines öffentlichen Mediums. Als Ergebnis liegen Empfehlungen für die informationstechnische Bildung mit vier Unterrichtsvorschlägen, vorwiegend für das Fach Informatik in der Sekundarstufe II, und Strategien für ihre Umsetzung vor, die vollständig veröffentlicht werden. Entworfen wurden:

- ein Unterrichtsmodell für die informationstechnische Grundbildung, "Computer und Kreativität",

- das Konzept eines Einführungskurses für das Fach Informatik,
- eine Einheit "Expertentum und Expertensysteme" und
- ein Projekt zum Einsatz der Informationstechnik im Textilbetrieb.

Im folgenden sind die Empfehlungen und Strategien, die von den Konferenzteilnehmerinnen erarbeitet wurden, auszugsweise wiedergegeben.

Empfehlungen für Ziele, Inhalte und Methoden

Die informationstechnische Grundbildung sollte nicht in einem einzigen Leitfach angesiedelt sein. Das überarbeitete Rahmenkonzept der BLK von 1987 zur informationstechnischen Bildung bedarf einiger Hinweise:

- Einfluß auf die Gestaltung von Systemen

  Die informationstechnische Grundbildung befaßt sich mit Anwendungssoftware, sie sieht nicht explizit das Erlernen einer Programmiersprache vor. In der Rolle der BenutzerInnen von Anwendungssoftware sollten die SchülerInnen lernen, Einflußmöglichkeiten auf die Gestaltung von Software, Hardware und Arbeitsorganisation zu erkennen und einzufordern.

- Ethische Verantwortung

  Entmystifizierungen sind notwendig zur realistischen Einschätzung von informationstechnischen Möglichkeiten und Grenzen. Gleichzeitig sollte auf die Undurchschaubarkeit, Unsicherheit und Fehlerhaftigkeit von (vernetzten) Systemen hingewiesen werden. Die ethische Verantwortung von Menschen und politische Entscheidungen (auch zur Einschränkung oder Abschaffung von Informationstechnik in bestimmten Bereichen) müssen im Unterricht behandelt werden.

- Nutzung von Computern in kreativen Bereichen

  Die kreative Nutzung von Computern im Bereich von darstellender Kunst (Grafik), Musik, Literatur, auch in Verbindung mit sinnlicher Wahrnehmung und bildender Kunst sollte stärker Eingang in den Unterricht finden.

- Historische und philosophische Aspekte des Mensch-Maschine-Verhältnisses

  Der Unterricht soll den SchülerInnen ermöglichen, das Verhältnis von Mensch und Technik auch als historische und philosophische Frage zu erfahren. Die Implikationen von Veränderungen sind einerseits im Blick auf das Geschlechterverhältnis, andererseits im Blick auf die Rolle der Naturwissenschaft und Technik bei der gesellschaftlichen Entwicklung zu behandeln.

- Formales Denken versus intuitives Denken

  Der Unterricht soll es den SchülerInnen ermöglichen, sich bewußt mit ihrer Beziehung zum Computer als Maschine auseinanderzusetzen. Dabei werden geschlechtsdifferente Einstellungen thematisiert; darüber hinaus soll in diesem Zusammenhang eine differenzierte Einstellung zum formalen Denken erzeugt werden. Eine geschlechtsspezifische Prägung der Technik sollte reflektiert werden.

- Auswirkungen der Informationstechnologie auf das Geschlechterverhältnis

  Neben den sozialen und wirtschaftlichen Auswirkungen sollen die Auswirkungen der Informationstechnologie auf das Geschlechterverhältnis deutlich werden (Frauenerwerbsarbeit, Hausarbeit, Darstellung von Frauen und Männern in den Medien im Zusammenhang mit Informationstechnologie, gesellschaftliche Rollenzuschreibungen).

- Rolle von Frauen in der Geschichte der Datenverarbeitung

  In der Darstellung der Entwicklung der elektronischen Datenverarbeitung soll insbesondere auch der Anteil von Frauen an der Geschichte der Datenverarbeitung deutlich gemacht werden.

- Leitbilder für Mädchen und Frauen

  Insbesondere für Mädchen sollen Leitbilder vorgestellt werden, z. B. qualifizierte Frauen, die in typisch männlichen Berufsbereichen heutzutage Erfolg haben. So können sie auch "typische Männerberufe" in ihre Berufsentscheidungen mit einbeziehen.

- Ganzheitliche Bildung

  Im Unterricht ist verstärkt darauf zu achten, daß neben den rein kognitiven auch die körperlichen und emotionalen Aspekte im Sinne einer ganzheitlichen Bildung zum Tragen kommen. Dies gilt sowohl für die gesellschaftswissenschaftlichen Inhalte als auch für das algorithmische Problemlösen.

Strategien zur Umsetzung der Empfehlungen

Verschiedene Untersuchungen haben gezeigt, daß die Koedukation nicht zu einer Gleichberechtigung der Mädchen und zu einer Aufhebung von entwertenden Geschlechtsstereotypen geführt hat, das gilt insbesondere für den mathematisch-naturwissenschaftlich-technischen Unterricht. Es gilt neue, flexiblere Formen der Unterrichtsorganisation zu erproben, die Rücksicht auf die verschiedenen Zugangsweisen und Arbeitsformen der Geschlechter nehmen. Der Unterricht soll so organisiert werden, daß sowohl eine situative, zeitlich begrenzte Trennung der Geschlechter als auch Unterricht in gemischten Gruppen möglich sind. Dabei soll in jeder Unterrichtsphase neu bedacht werden, ob

- die spezifisch weiblichen bzw. männlichen Interessen, Arbeitsweisen oder Rollen unterstützt und in getrennten Gruppierungen bearbeitet werden sollen;

- übliche Frauen- bzw. Männerthemen vom anderen Geschlecht bearbeitet werden sollen;

- ein Thema in gemischten Gruppen in gleicher Weise behandelt werden kann.

Alle Überlegungen zur Veränderung der Organisationsformen, Inhalte und

Methoden von informationstechnischem Unterricht zur Einbeziehung auch von Mädcheninteressen bleiben wirkungslos, wenn LehrerInnen nicht befähigt werden, diese Überlegungen nachzuvollziehen und umzusetzen. Insbesondere für die Fortbildung müssen neue Konzepte entwickelt werden. Frauen sollten verstärkt zu Fortbildungsveranstaltungen zugelassen werden und auch selbst die Fortbildung übernehmen. Zusätzlich sollten reine Frauenkurse angeboten werden. Es müssen verstärkt Kurse in den Bereichen Persönlichkeitsbildung und Interaktionstraining angeboten und Möglichkeiten unterrichtsbegleitender Supervision geschaffen werden; eine Zusammenarbeit mit BewegungspädagogInnen, PsychologInnen und anderen empfiehlt sich.

Kurzfristige Forderungen

- Es müssen Modellversuche und Modellprojekte gefördert werden, in denen Materialien erstellt und neue Unterrichtsformen für die informationstechnologische Bildung erprobt werden;
- Frauen müssen vorrangig qualifiziert und in der Fortbildung eingesetzt werden;
- die LehrerInnenfort- und ausbildung muß verändert werden.

Die vollständigen Empfehlungen, Strategien, Unterrichtsskizzen und Informationsmaterialien werden zum Ende des Jahres veröffentlicht.

Die Teilnehmerinnen der Curriculum-Konferenz waren: Gertrud Effe-Stumpf, Dr. Uta Enders-Dragässer, Prof. Dr. Hannelore Faulstich-Wieland, Ingrid Hölz, Dorothea Jöllenbeck, Edith Krieger, Dipl.-Phys. Karin Lindner-Vogt, Maria Meyer, Dr. Cillie Rentmeister, LidTeStR Gabriele Rupprecht, Heidi Schelhowe, Dr. habil. Christiane Schiersmann, Dr. Renate Schulz-Zander, OStR Uschi Stumm, Dr. Esther Tamm, Sigrid Werner.

Literatur

Brandes, U.; Schiersmann, Ch. und BRIGITTE; Institut Frau und Gesellschaft (Hrsg.): Frauen, Männer und Computer. Eine repräsentative Untersuchung von Frauen und Männern in der Bundesrepublik Deutschland zum Thema Computer. Berichte und Tabellen (2 Bände). Hamburg: Gruner + Jahr 1986.

Enders-Dragässer, U.; Fuchs, C. u.a.: Interaktionen und Beziehungsstrukturen in der Schule. Eine Untersuchung des Feministischen Interdisziplinären Forschungsinstituts an Hessischen Schulen im Auftrag des Hessischen Instituts für Bildungsplanung und Schulentwicklung. Frankfurt/Wiesbaden, März 1988.

Engmann, M.; Hamann, M.: Mädchen & Computer & Kreatives. In: päd. extra & demokratische Erziehung, 2 (1989) H. 2, S. 23 - 25.

Epstein, S.: Entwurf einer Integrativen Persönlichkeitstheorie. In: Filipp, S. H. (Hrsg.): Selbstkonzept-Forschung. Probleme, Befunde, Perspektiven. Stuttgart 1979.

Faulstich-Wieland, H.; Dick, A.: Mädchenbildung und Neue Technologien. In: Fauser, R.; Schreiber, N. (Hrsg.), 1986, S. 83 - 95.

Fauser, R.; Schreiber, N. (Hrsg.): Sozialwissenschaftliche Überlegungen, empirische Untersuchungen und Unterrichtskonzepte zur informationstechnischen Bildung. Reihe: Projekt: Informationstechnische Bildung. Konstanz: Universität 1986.

Frasch, H.; Wagner, A.: "Auf Jungen achtet man einfach mehr ...". In: Brehmer, I. (Hrsg.): Sexismus in der Schule. Weinheim, Basel: Beltz 1982, S.260 - 278.

Gilligan, C.: Die andere Stimme. Lebenskonflikte und Moral der Frau. München 1984.

Horstkemper, M.: Schule, Geschlecht und Selbstvertrauen. Eine Längsschnittstudie über Mädchensozialisation in der Schule. Reihe: Veröffentlichungen der Max-Traeger-Stiftung, Band 4. Weinheim, München: Juventa Verlag 1987.

Macoby, E. ; Jacklin, C.: The psychology of sex differences. Stanford University 1974.

Oaklander, V.: Gestalttherapie mit Kindern und Jugendlichen Stuttgart: Klett-Cotta 1981.

Schiersmann, Ch.: Computerkultur und weiblicher Lebenszusammenhang: Zugangsweisen von Frauen und Mädchen zu neuen Technologien. Hrsg.: Bundesminister für Bildung und Wissenschaft. Schriftenreihe Studien zu Bildung und Wissenschaft 49. Bad Honnef: Bock 1987.

Schulz-Zander, R.: Mädchenbildung und Neue Technologien. In: LOG IN 8 (1988) H. 1, S. 10 - 15.

Spender, D.: Frauen kommen nicht vor. Sexismus im Bildungswesen. Reihe: Die Frau in der Gesellschaft. Frankfurt a.M.: Fischer Taschenbuch Verlag 1985.

Dr. Renate Schulz-Zander
Institut für die Pädagogik
der Naturwissenschaften
Olshausenstr. 62
2300 Kiel

Zur Konzeption frauenorientierter Computerkurse im allgemeinbildenden Bereich

Gertrud Effe-Stumpf

In diesem Beitrag möchte ich, ausgehend von meinen Erfahrungen in Kursen "Frauen und Computer" am Oberstufen-Kolleg Bielefeld, einige allgemeine Überlegungen anstellen, welche Konzeptionen frauenorientierter Didaktik in diesem Bereich denkbar sind.

Wir haben am Oberstufen-Kolleg, einer Versuchsschule des Landes Nordrhein-Westfalen, die die Sekundarstufe II und den Übergang in die Hochschule neu gestaltet, den Themenbereich Frauen und Computer in unserer Curriculumarbeit aufgegriffen, weil wir auch bei unseren Schülerinnen und Schülern unterschiedliche Umgangsweisen mit den Neuen Technologien beobachten. Allgemeinbildender Unterricht in der Sekundarstufe II hat zudem die Aufgabe, aktuelle und gesellschaftlich umstrittene Themenbereiche aufzugreifen und an diesen deutlich zu machen, wie Wissenschaft als soziale Praxis[1] mit gesellschaftlichen Entwicklungen verwoben ist.

Die Computertechnologie hat in den letzten Jahren in vielen gesellschaftlichen Bereichen Bedeutung gewonnen, sei es in den Verwaltungen und Büros, sei es in der Produktion, sei es im Verhältnis des Staates zu seinen Bürgern (Datenschutz, neue Fahndungsmethoden, Volkszählung), sei es in der Freizeit. In einigen dieser Bereiche sind Frauen besonders stark (z. B. Textverarbeitung im Büro, Rationalisierung im Büro) oder in spezifischer, von der Betroffenheit der Männer unterschiedener Weise (z. B. Freizeitbereich oder auch Zugang zur Computerbildung) betroffen.

Frauen werden von den unterschiedlichsten Interessengruppen derzeit aufgefordert, ihre Scheu vor dem Computer abzulegen.

---

[1] vgl. Godehard Franzen / Jürgen Schülert: Das Konzept einer neuen Allgemeinbildung in der Entwicklung und Erprobung, in: Burkhard Hoffmann (Hrsg.): Allgemeinbildung, AMBOS 22, Bielefeld 1986

Meines Erachtens sollten sie darin unterstützt werden, dieser Aufforderung nicht nur im Sinne einer Vergrößerung des Arbeitskräftereservoirs für die Computeranwendung zu folgen, sondern auch im Sinne einer Erprobung eigener Zugänge und Umgangsweisen mit dem Computer.

In der den Frauen zugeschriebenen Technikdistanz liegt ja auch ein technikkritisches Potential. Gerade angesichts der katastrophalen Folgen der Technikanwendung für Natur und Umwelt, angesichts der überwiegenden Verwendung neuer Technologien für militärische und einseitig profitorientierte ökonomische Zwecke, und angesichts der die politische Kultur gefährdenden Folgen einer ungehemmten Datenspeicherung und Vernetzung ist es wichtig, dieses technikkritische Potential der Frauen zu stärken.

Wie können nun frauenorientierte Computerkurse aussehen?

Ich möchte an dieser Stelle nicht vorwiegend mit Beispielen aus der didaktischen Feinanalyse argumentieren (das habe ich an anderer Stelle getan[2]), sondern Überlegungen darstellen, wie unter verschiedenen Zielperspektiven die Stoffauswahl und Gestaltung solcher Kurse aussehen kann.

Weit verbreitet - und jeder Frauencomputerkurs enthält ein Stück weit diesen Ansatz - ist der sog. Defizitansatz;
frau geht davon aus, daß Frauen Defizite im Vergleich zu Männern beim Umgang mit Naturwissenschaft und Technik haben. Als Ursachen für diese Defizite werden verschiedene Elemente des Sozialisationsprozesses genannt:
Das geschlechtsspezifisch unterschiedliche Spielzeug trainiert bei Mädchen und Jungen unterschiedliche Fähigkeiten; Mädchen lernen z. B. nicht, Geräte auseinander zunehmen, schematisch aufgezeichnete Bauanleitungen zu lesen, mit Werkstoffen wie Holz und Metall umzugehen. Die Fähigkeiten, die Mädchen in ihrer spezifischen Sozialisation erwerben (z. B. Teamfähigkeiten) werden häufig nicht als relevant für den Umgang mit Technik angesehen.

---

[2] Effe-Stumpf, Gertrud u.a.: Der Computer als Therapeut? zum Thema: Ein Unterrichtsbeispiel frauenorientierter Didaktik.
in: Log In 8, 1988, Heft 1

Ein weiteres Element des Sozialisationsprozesses sind die geschlechtsspezifischen Rollenvorstellungen und Leitbilder, die z. T. über die Schule (Schulbücher, Vorbild der LehrerInnen etc.) z. T. über die Medien (Werbung, Identifikationsangebote in Filmen etc.), aber natürlich auch in der Familie vermittelt werden. Sie beeinflussen das Technikinteresse der Mädchen in unterschiedlicher Weise: Mädchen (und Jungen), die sehr enge stereotype Rollenvorstellungen haben, verbinden Mathematik, Naturwissenschaften und Technik eindeutig und eng mit Männlichkeit. Je flexibler und offener die Rollenbilder der Mädchen (und der Jungen in ihrer Umgebung) sind, desto eher entsprechen die Leistungen der Mädchen im naturwissenschaftlichen Bereich ihrer Intelligenz.
Und weiter: je stereotyper die Rollenvorstellungen und Selbstbilder der Mädchen sind, desto weniger können sie über diesen Schatten springen und sich für eine technische Ausbildung entscheiden. Und desto eher wirkt sich dies als echte Benachteiligung im Erwerbsleben aus. Bei der Konzipierung berufsorientierter frauenspezifischer Computerkurse wird der Ansatz, von den Defiziten der Mädchen und Frauen auszugehen, also eine wichtige Rolle spielen müssen.

Im außerschulischen Bereich ist am bekanntesten das Modellprogramm "Mädchen in gewerblich-technischen Berufen".
In der Computerbildung gibt es von diesem Ansatz aus viele "Computerkurse für Frauen", z. B. an Volkshochschulen, die das Ziel haben, Frauen zu befähigen, in den "normalen" Computerkursen mitzukommen oder ihre Chancen bei der Wiedereingliederung in das Erwerbsleben zu verbessern. Vom Defizitansatz her liegt es nahe, Curricula zu konstruieren, die den Frauen ihre Angst vor der Technik nehmen, indem langsam vorangegangen wird; Grundlagenkenntnisse, die männliche Besucher von Computerkursen schon aus ihrer Freizeit mitbringen (z. B. Hardwarebezeichnungen, Umgang mit der Tastatur) werden explizit vermittelt, es wird auch schon mal ein Gerät aufgeschraubt und auseinandergenommen, um den Frauen "Einblick" (im engsten Sinn des Wortes) in die Technik zu verschaffen.
Geht man nun zusätzlich davon aus, daß Frauen gerade von ihren sozialen Voraussetzungen her einen anderen Zugang zu

und besseren Umgang mit Neuen Technologien entwickeln können, kommt man zu erweiterten Konzepten. Zunächst müssen Vermutungen und Beobachtungen gesammelt werden, wodurch dieser andere Zugang begründet ist und worin er besteht.
Robin Morgan schreibt dazu in ihrem Buch "Anatomie der Freiheit":

> "Vor allem aber sollte uns dabei klarwerden, daß wir Frauen, die wir so lange unsichtbar waren und zwangsweise als 'nichtmenschlich' eingestuft wurden, dennoch eine große Stärke besitzen. Und zwar nicht angeboren, sondern weil wir Erfahrungen haben. Wir sehen eher jene Zusammenhänge, die uns Nutzen und Schaden wahrnehmen und abschätzen lassen. (Hat das Spielzeug eine scharfe Kante, auch wenn sie sich unter einem Filzüberzug verbirgt, so besteht doch Gefahr, daß sich der Filz ablöst und das Baby sich verletzt... hmmm ... nein, nehmen wir lieber ein anderes.) Nur wenige einzelne Männer konnten diese Sensibilität formulieren, wie der liebe E. M. Forster, der es in zwei Worten zusammenfaßte: "Einfach verbinden". Doch MANN hat es sich angewöhnt, das Leben in Bruchstücken zu sehen, in verschiedene Kästchen eingeteilt, kurzschlüssig (voreilig und ejakulatorisch?) - und zum Teufel mit den Folgen. Vielleicht hat das damit zu tun, daß er glaubte, FRAU, die schließlich für die Kinder sorgt, werde sich schon auch um die Zukunft kümmern. Auf jeden Fall konnte er immer fröhlich weitermachen. Er konnte Fluorkarbonate in die Stratosphäre entlassen, ohne daran zu denken, daß sie den Ozon angreifen und die nun ungehindert einströmenden ultravioletten Strahlen dem Baby - und anderen lebenden Dingen - schaden könnten. Er konnte die Verknüpftheit von Ereignissen ignorieren." 2a)

In diesem Abschnitt sind alle Gesichtspunkte genannt, die auch sonst als mögliche Bestimmungsfaktoren eines "weiblichen Blicks auf die Technik" genannt werden:

- Die weibliche Sozialisation wird hier nicht als defizitär begriffen, sondern es werden Gesichtspunkte wie Beziehungsfähigkeit, Zusammenhangsdenken und Achten auf das Leben als spezifische Fähigkeiten den Frauen zugeschrieben.
- Die Frauen haben von ihrer sozialen Rolle her ein besonders starkes Interesse, jeweils den Anwendungs- und Verwendungszusammenhang der Technik mitzubedenken.

Für frauenorientierte Computerkurse ergibt sich aus dieser Analyse einerseits eine Erweiterung des Themenspektrums, an-

---

2a) Robin Morgan: Anatomie der Freiheit, München 1984, S. 303

dererseits eine bestimmte Gestaltung der Lernsituation.
Das Themenspektrum erweitert sich um Themen wie:

- Historische Entwicklung der Hardware und Software und Analyse der Interessen, die in diese Entwicklung eingegangen sind.
- Auswahl der Programmbeispiele (sowohl zur Einführung ins Programmieren als auch zum Kennenlernen von Anwendersoftware) aus Bereichen, die mit aktuellen und wichtigen gesellschaftlichen Entwicklungen zusammenhängen, z. B. Textverarbeitung und Rationalisierung im Bürobereich, Graphik und CAD in der Textilbranche, Statistikprogramme und Datenschutz, etc.

Die Lernsituation sollte so gestaltet werden, daß die Teilnehmerinnen ihre eigenen Zugänge entwickeln können. Dafür ist es nötig, daß neben genügend Zeit auch anregende komplexe Materialien zur Vorfügung stehen und Beispiele zur Hand sind, in denen Frauen schon eigene Zugänge zu neuen Technologien entwickelt haben. Als solche Beispiele können Projekte dienen wie das Berliner Bildungsprojekt "Auge und Ohr"[3], in dem Frauen die Gelegenheit haben, Computer und Video, elektronische und computerisierte Musikgeräte (Sampler etc.) sich als Mittel ihrer eigenen Kreativität anzueignen und dabei gleichzeitig etwas erfahren über die Industrialisierung der Musikproduktion, die mit dieser technischen Entwicklung möglich geworden ist.

Als Beispiele für von Frauen entwickelte eigene Zugänge lassen sich auch Arbeiten verwenden, die in entsprechenden vorangegangenen Frauencomputerkursen entstanden sind.

So sind die Psychotestprogramme, die ich in "Der Computer als Therapeut"[4] beschrieben habe, in den ersten entsprechenden Kursen am Oberstufen-Kolleg entstanden und werden in den nachfolgenden Kursen als Anschauungsmaterial benutzt, aber auch weiterentwickelt. Ausgangspunkt der Programme sind

---

[3] Cillie Rentmeister: Reise ins Digitalium. Ein Bericht über das Modellprojekt "Auge und Ohr - Computer und Kreativität" in: Log In 8, 1988, Heft 1

[4] s. Fußnote 2

Psychotestspiele, wie sie in Illustrierten zu finden sind ("Was Sie vor sich selbst verheimlichen?", "Wie finde ich den idealen Partner?", "Sind Sie ein kalter oder warmer Typ?" ...). Diese werden von den Kursteilnehmerinnen in Dialogprogramme umgeschrieben, wobei sie sowohl Elemente des strukturierten Programmierens lernen und üben als auch Anfänge der Textverarbeitung (Die Auswertungstexte werden in Dateien geschrieben). Der Spaß, den die Frauen bei dieser Arbeit am Computer entwickeln, verhindert nicht, daß sie sich auch kritisch mit dem Kontext auseinandersetzen, in dem solche "computerisierten Therapeuten" stehen.
So ergeben sich Bezüge zur Diskussion um Joseph Weizenbaums Sprachprogramm "ELIZA", zur Kritik an der Computergläubigkeit, die in der Rezeption dieses Programms zutage trat[5] und auch zur Kritik am Therapieboom, an dem Frauen besonders beteiligt sind sowie an bestimmten Therapieformen, die so formalisiert sind, daß es überhaupt möglich ist, den Therapeuten annähernd durch einen Computer zu ersetzen.

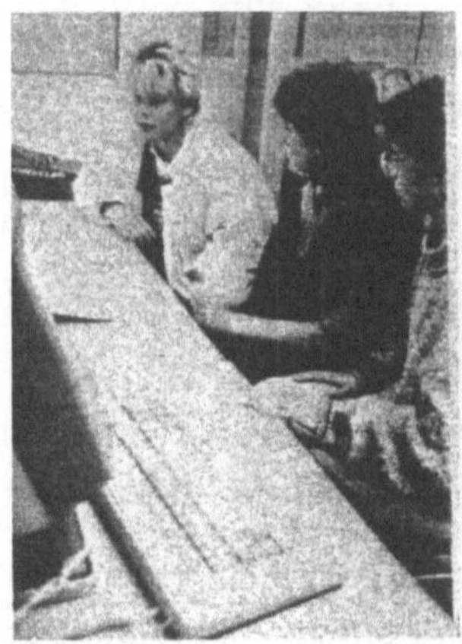

[5] vgl. auch Weizenbaums eigene Kritik an dieser Rezeption in: Weizenbaum, Joseph: Die Macht der Computer und die Ohnmacht der Vernunft.
Frankfurt/Main, 1981

Ein weiteres Element frauenorientierter Computerkurse ist die feministische Kritik an den Naturwissenschaften. Je nach Alter und Zielsetzung der Teilnehmerinnen kann dies sehr verschieden aussehen. Mit einem Mädchenkurs in der Sekundarstufe I wird das vielleicht die Aufarbeitung der eigenen Lerngeschichte bezogen auf die naturwissenschaftlichen Fächer und technisches Spielzeug bedeuten[6)]. Mit einem wissenschaftspropädeutisch angelegten Kurs in der Sekundarstufe II oder einem Kurs mit erwachsenen Frauen kann dies die Lektüre einiger Texte aus der deutschen oder amerikanischen Frauenbewegung bedeuten[7)].

Die Auseinandersetzung mit diesen feministischen Theorien kann dazu helfen, einige Gründe für die unterschiedlichen Zugänge von Männern und Frauen zu den neuen Technologien besser zu verstehen und das Selbstbewußtsein der Frauen in diesem Bereich zu stärken.

---

6) Zur Orientierung kann hier z.B. die Studie von Rainer Brämer und Georg Nolte "Die heile Welt der Wissenschaft", Marburg, dienen.

7) z. B. Sarah Jansen: Magie und Technik, in: Beiträge zur feministischen Theorie und Praxis, Heft 12, Köln 1984

oder: Robin Morgan: Anatomie der Freiheit, München 1984

auch in Arno Bammé u.a.: Maschinen-Menschen, Mensch-Maschinen Reinbek sind dazu einige brauchbare Texte zu finden.

Beispiele für so angelegte Kurse finden sich in: Gertrud Effe-Stumpf u.a.: Weibliche Wege zu Naturwissenschaft und Computer?, AMBOS 27, Bielefeld 1988

Schülerinnen im Informatikunterricht der Sekundarstufe II
- Erfahrungen, Probleme, Möglichkeiten -

Maria Meyer, Schulzentrum Sekundarbereich II Vegesack, Bremen
Inge Voigt-Köhler, Schulzentrum Sekundarbereich II Im Holter Feld, Bremen

Im herkömmlichen Informatikunterricht der Sekundarstufe II sind Schülerinnen nur vereinzelt vertreten. Am SZ Im Holter Feld lag der Anteil der Schülerinnen von 1977 bis 1987 bei durchschnittlich 15,8 %, an der Mehrzahl der Kurse nahmen zwischen 5 und 25 % Frauen teil. Häufig bedeutet dies ein oder zwei Schülerinnen mit 10 bis 15 Schülern in einem Kurs. Im SZ Vegesack ist die Unterrepräsentation der Mädchen noch stärker, von 1982 bis 1988 nahmen nur insgesamt 11 Mädchen an Informatikkursen teil.

Zieht man die Teilnehmer/-innen und Sieger/-innen jährlich ausgeschriebener Bundeswettbewerbe als Gradmesser für weibliches Engagement im mathematisch-naturwissenschaftlich- techischen Bereich heran, so bietet sich ein deutliches Bild: Am 4. Bundeswettbewerb Informatik 1986 beteiligten sich insgesamt 1109 Jugendliche, darunter nur 23 junge Frauen (Angabe aus Material des Hessischen Instituts für Bildungsplanung und Schulentwicklung). Beim Bundeswettbewerb Mathematik gab es 2 Bundessiegerinnen und 15 -sieger. Der Mädchenanteil ist mit 23 % Teilnehmerinnen auf seinen bisher höchsten Stand gestiegen. 1988 qualifizierten sich 103 Jungen und 8 Mädchen für das Finale im Bundeswettbewerb "Jugend forscht", unter den Landessiegern war ein einziges Mädchen.

Um Hinweise für die Gründe der Nichtteilnahme von Schülerinnnen und für ihre Wünsche und Interessen bezüglich Informatikunterricht zu erhalten, führten wir an unseren Schulen eine Befragung in je einem Jahrgang durch, an der insgesamt 237 Schüler/-innen teilnahmen.

Auf unsere Frage nach den Gründen für die Nichtteilnahme an Informatikkursen erhielten wir sehr unterschiedliche und teilweise widersprüchliche Antworten, die kein klares Bild ergaben. Aus Gesprächen mit Schülerinnen wissen wir aber, daß insbesondere der hohe Zeitaufwand für die Nichtwahl von Informatik eine Rolle spielt. Häufiger gaben Schülerinnen an, daß sie nicht bereit seien, Kultur, Sport oder Beziehungen zugunsten von Beschäftigung mit Informatik aufzugeben. Das müßten sie aber tun, wenn sie mit den Leistungen der Jungen, die hier teilweise sehr viel Zeit investieren, konkurrieren wollten.

Da Schüler mehr Vorerfahrungen im Umgang mit Computern haben - bei den von uns befragten Schülern gaben 25 % der Mädchen, aber 53,3 % der Jungen an, daß sie privat Zugang zum Computer haben - , außerdem aufgrund ihrer Sozialisation über mehr technische Fertigkeiten und über ein größeres Selbstbewußtsein im Umgang mit Technik verfügen, verdrängen sie leicht Mädchen, die sich in ihre Domäne vorwagen. Unseren Beobachtungen zufolge geschieht das schon allein durch die mit Fachausdrücken und nur Insidern bekannten Abkürzungen durchsetzte Sprache, aber auch durch die Art und Weise, in der den Mädchen bei auftretenden Schwierigkeiten geholfen wird: mit gönnerhafter Miene werden Tasten gedrückt und - einem Zauberspiel gleich - erscheint das erwartete Ergebnis.

Leicht kommt es zu Arbeitsteilungen zwischen den Erfahrenen - meist Schülern, die alle wesentlichen und interessanten Aufgaben wie die Entwicklung von Ideen und die Fehlersuche übernehmen und den Unerfahrenen, die allenfalls Hilfstätigkeiten wie das Eintippen von Texten übernehmen dürfen. Diese Arbeitsteilung findet sich auch zwischen erfahrenen und unerfahrenen Schülern, bei Mädchen trifft dieses Verhalten jedoch zusätzlich auf traditionelle Rollenmuster und verstärkt damit die Einschätzung der eigenen Unfähigkeit in dem Bereich, ganz abgesehen davon, daß Mädchen auf diese Art keine Möglichkeit erhalten, den Wissensvorsprung der Jungen aufzuholen.

Informatikunterricht war und ist häufig programmiersprachen- und technikorientiert und damit für Mädchen wenig attraktiv. Erst sehr langsam findet eine Umorientierung im Hinblick auf die Zielsetzung von Informatikunterricht statt. Bei der Frage nach Interessensschwerpunkten ergeben sich deutliche geschlechtsspezifische Unterschiede. Die folgende Tabelle zeigt den prozentualen Anteil der an einem Thema interessierten von allen an Informationstechnologie interessierten Schülerinnen und Schülern:

Interessierende Aspekte	Schülerinnen	Schüler
Bedienung eines Computers	71,5 %	57,3 %
Funktionsweise eines Computers	26,3 %	47,2 %
Anwendungssoft- ware	71,1 %	57,3 %
Einsatzmöglich- keiten v.Computern	52,6 %	59,5 %
Computersprachen	58,3 %	65,8 %
gesellschaftl. Auswirkungen	46,1 %	43,8 %
Spiele	7,9 %	31,5 %

Zusammenfassend kann man sagen, daß Schülerinnen sich stärker für Anwenderwissen interessieren, während Schüler in viel stärkerem Maße die technischen Aspekte kennenlernen wollen.

Das eher anwendungsorientierte Interesse von Schülerinnen wird auch durch die Literatur bestätigt, z.B. bei SCHIERSMANN (Schiersmann, Christiane: Computerkultur und weiblicher Lebenszusammenhang, Bonn 1987) oder in den Materialien des Hessischen Instututs für Bildungsplanung und Schulentwicklung.

Weiterhin wird i.a. davon gesprochen, daß Frauen ein stärkeres Interesse an Fragen gesellschaftlicher Auswirkungen des Computereinsatzes haben. Unsere Befragung dokumentierte jedoch auch Schülerinteresse an diesem Themenkomplex.

Das Angebot von reinen Mädchenkursen wird nicht immer uneingeschränkt positiv bewertet. Die folgende Tabelle gibt einen Überblick über die Antworten, die wir auf die Frage: "Was halten Sie von Informatikkursen bzw. -arbeitsgemeinschaften nur für Schülerinnen?" erhielten.

	SZ Im Holter Feld	SZ Vegesack
fände ich gut	58,6 %	42,9 %
ist mir egal	24,3 %	16,7 %
ich bin dagegen	14,3 %	35,7 %
keine Antwort	2,8 %	4,8 %

(Angaben in % aller Antworten von Schülerinnen)

In beiden Schulzentren gab es eine starke Gruppe von Schülerinnen, die getrennten Informatikunterricht für Schülerinnen befürworten, wobei der Unterschied zwischen den beiden Schulzentren auffällig ist. Unsere Vermutung, daß der relativ hohe Anteil von Schülerinnen mit Computererfahrung im SZ Im Holter Feld hier eine Rolle spielt, konnten wir nicht bestätigen. Die Meinung zur Frage von Mädchenkursen/-arbeitsgemeinschaften war unabhängig von der Erfahrung mit Informatikunterricht. Möglicherweise erhöhten positive Erfahrungen mit der Teilnahme an einer Schülerinnen - Informatik - Arbeitsgemeinschaft den Anteil von Befürworterinnen.

Im SZ Vegesack sprachen sich aber auch mehr als ein Drittel gegen geschlechtsdifferenzierten Unterricht aus. Als Begründungen wurden vor allem angegeben, daß Mädchen doch nicht dümmer seien als Jungen oder daß eine Leistungsdifferenzierung wichtiger sei als eine nach Geschlechtern. Auffällig ist, daß unter den Schülerinnen des SZ Vegesack, die Mädchenkurse ablehnten, ein viel höherer Anteil das Leistungsfach Mathematik belegt hat als in der Gruppe, die sich für Mädchenkurse aussprach. Es scheint für das Interesse an Kursen für Schülerinnen durchaus von Bedeutung zu sein, ob sie sich bereits für ein "mädchenuntypisches" Fach entschieden und damit bereits einige Hemmungen gegenüber diesem Bereich überwunden haben.

Wir haben aus den oben beschriebenen Erfahrungen, aus der Diskussion um Zugangsweisen von Frauen zur Informatik und aus der Koedukationsdebatte die Schlüsse gezogen, kürzerfristige Angebote zu machen, die inhaltlich auf frauenspezifische Interessen eingehen und einen genügend hohen Schülerinnenanteil garantieren. Daher haben wir an unseren Schulen eine Informatikarbeitsgemeinschaft nur für Schülerinnen und einen einjährigen koedukativen Grundkurs mit einem überwiegenden Anteil von Schülerinnen angeboten.

Inhaltlich sollten sowohl konkrete Erfahrungen im Umgang mit Computern vermittelt werden als auch Anwendungen von Computern und die Auswirkungen des Computereinsatzes in verschiedenen Bereichen des wirtschaftlichen, gesellschaftlichen und privaten Lebens dargestellt und diskutiert werden. Dabei sollten insbesondere mädchenspezifische Interessen und Erfahrungen berücksichtigt werden. In den Umgang mit dem Computer wurde anhand eines Textverarbeitungs- und Datenbankprogramms eingeführt. Die Aufgaben für den Umgang mit Textverarbeitung und Datenbank wurden so formuliert, daß sie entweder mit konkreten Erfahrungen der Schüler/-innen zu tun hatten oder sich auf Anwendungen entsprechender Programme im Bürobereich bezogen.

Für die anschließende Einführung in die Algorithmik und das Programmieren in die Programmiersprache Pascal sollten möglichst keine mathematischen und technischen Beispiele gewählt werden. Insbesondere sollten die Möglichkeiten der Graphik genutzt werden.

Die Erfahrungen mit beiden Projekten waren insgesamt sehr positiv. Schülerinnen sind ansprechbar, entwickeln im Verlauf des Unterrichts zunehmend mehr Selbstvertrauen und bringen ihre Erwartungen und Interessen ein, wenn sie Unterstützung durch die Lehrerin und gegenseitige Verstärkung aufgrund einer hohen Teilnehmerinnenzahl erfahren. Positive Auswirkungen hatte die Behandlung frauenspezifischer Themen wie z.B. Auseinandersetzung mit den Auswirkungen des Computereinsatzes auf Frauenarbeitsplätze oder die Darstellung der Bedeutung von Frauen in der Entwicklung der Informatik.

Neben dem positiven Effekt für die einzelne teilnehmende Schülerin steht die Außenwirkung solcher Kurse. Es entwickeln sich Forderungen nach Fortsetzung, bzw. Verbreiterung solcher Angebote, die dann von weiteren Schülerinnen auch verstärkt wahrgenommen werden. Es wird von Schülerinnen und Schülern stärker akzeptiert, daß sich Frauen erfolgreich in der Informatik engagieren.

Aufgrund unserer Beobachtungen ergaben sich aber auch einige Ideen zur Weiterentwicklung der Unterrichtsinhalte, die im folgenden dargestellt werden.

In den Informatik-Lehrplänen aller Bundesländer nimmt die strukturierte Programmierung auf der Basis von Algorithmen eine zentrale Stellung ein. Diese Art der Programmierung ist stark angelehnt an mathematische Denkweisen, zudem beziehen sich die gängigen Programmieraufgaben zunächst häufig auf numerische Fragestellungen oder beinhalten einen numerischen Kern (z.B. Programmierung von grafischen Mustern). Schließlich verbinden Schüler/-innen die Verwendung von Variablen mit Mathematikunterricht, und die Notation in verschiedenen Programmiersprachen erinnert an mathematische Schreibweisen. So ist es nicht verwunderlich, daß Schüler/-innen, denen mathematische Denk- und Arbeitsweisen vertraut sind, in der Algorithmenlehre und beim Erlernen einer Programmiersprache schnellere und bessere Erfolge erzielen als diejenigen, die der Mathematik eher ablehnend gegenüberstehen. Bei vergleichbaren mathematischen Vorkenntnissen bzw. Interessen haben wir geschlechtsspezifische Leistungsunterschiede nur insofern feststellen können, als Schülerinnen eher bereit waren, vor dem Entwerfen von Programmtexten Probleme zu durchdenken und Lösungswege zu strukturieren, wodurch sie häufig Aufgaben schneller gelöst hatten.

Der bisherige Unterricht in einer Programmiersprache benachteiligt insbesondere Schülerinnen: Zum einen verfügen sie i.a. seltener über eine umfassende mathematische Vorbildung (z.B. haben sie weniger häufig das Leistungsfach

Mathematik belegt), zum anderen haben Mädchen aus verschiedenen Gründen, auf die hier nicht näher eingegangen werden kann, häufig ein geringeres Selbstvertrauen in ihre mathematischen Fähigkeiten. Beides erschwert ihnen den Zugang zu algorithmischen Denkweisen und zur Programmierung, obwohl viele Schülerinnen anfangs stark motiviert sind, programmieren zu lernen.

Als Konsequenz aus diesen Erfahrungen sollte versucht werden, den Zugang zu einer der herkömmlichen Programmiersprachen zu erleichtern, indem algorithmische Vorgehensweisen an nicht-numerischen Beispielen geübt und verstärkt Aufgaben entwickelt werden, die ohne numerische Anteile auskommen (z.B. Aufgaben, die sich mit sprachlicher Gestaltung befassen). Hilfreich können auch Softwareumgebungen sein, die eine datenfreie Programmierung ermöglichen (z.B. Niki, der Roboter).

Für die Zukunft ist zu diskutieren, den algorithmischen Anteil im Informatikunterricht zugunsten anderer Programmierkonzeptionen (z.B. objektorientierte Sprachen wie Lisp) zurückzudrängen.

Während für Schüler der Computer im Mittelpunkt ihres Interesses steht, fragen Schülerinnen verstärkt nach Anwendungszusammenhängen. Diesen Interessen kommt Unterricht entgegen, in dem Fertigkeiten im Umgang mit Computern und Kenntnisse in der Programmentwicklung unter umfassenderen Fragestellungen erworben werden. Ein entsprechendes Vorgehen ermöglicht den Abbau der Fixierung auf den Computer als das zentrale Unterrichtsmittel.

Beispiele für solche Unterrichtsprojekte sind unter Verwendung kommerzieller und für die Schule entwickelter Anwendersoftware, insbesondere von Textverarbeitungs-, Datenbank- und Kalkulationsprogrammen erarbeitet worden. Weiterhin gibt es verschiedene Anregungen für Programmierprojekte, die die vertiefte Kenntnis einer Programmiersprache voraussetzen. Dagegen erfolgt die Einführung in eine Programmiersprache bisher meistens anhand simpler Kurzprogramme, die nur dem Zweck dienen, Syntax und Semantik der Sprache einzuüben. In Informatikkursen von kürzerer Dauer können vertiefte Kenntnisse, die die Lösung interessanter, anwendungsnaher Aufgaben ermöglichen, kaum vermittelt werden.

Dieser Mangel könnte dadurch behoben werden, daß vermehrt Softwaretools für die Schule erstellt werden, die als Basis für die Einführung in das Programmieren dienen können. Die sich dann ergebende Konzeption von Programmiersprachen - Unterricht hätte neben einer größeren Realitätsnähe verschiedene weitere Vorteile: Es können recht schnell anspruchsvollere, anwendungsorientierte Aufgaben gestellt werden; das Erlernen von Elementen einer Programmiersprache erhält seinen Sinn aus der Notwendigkeit für die Problemlösung und verliert dadurch den Charakter der Anhäufung enzyklopädischen Wissens; es wird möglich, die Programmerstellung in ein Projekt zu integrieren, in dem Methoden der Softwareentwicklung ebenso erarbeitet und diskutiert werden können wie Fragen gesellschaftsrelevanter Auswirkungen des Computereinsatzes.

Neben der Reflexion der Inhalte stellt sich die Frage nach geeigneten Unterrichtsformen, die es Schülerinnen ermöglichen, sich mit Informatik auseinanderzusetzen. U.E. haben sowohl Arbeitsgemeinschaft als auch Regelunterricht eine Berechtigung. Eine Arbeitsgemeinschaft bietet eher die Chance der Einrichtung geschlechtshomogener Gruppen, ist in der inhaltlichen

Gestaltung freier und gekennzeichnet durch Freiwilligkeit, Fehlen von Benotung und Leistungsdruck, es fehlt jedoch eine formale Qualifikation, die für die berufliche Zukunft der Schülerinnen von Bedeutung sein kann. Im Regelunterricht kann diese Qualifikation erworben werden, zudem sichern verbindliche Rahmenrichtlinien die Vermittlung relevanter Inhalte an alle. Üblicherweise ist Regelunterricht koedukativer Unterricht, der in seiner bisherigen Form Schülerinnen weitgehend benachteiligt, wie Untersuchungsergebnisse vielfach belegen. Dieser Benachteiligung kann entgegengewirkt werden, wenn eine genügend große Anzahl von Schülerinnen den Kurs besucht, die Schülerinnen bewußte Unterstützung durch Lehrerinnen und Lehrer erfahren und Inhalte sich an den Interessen von Schülerinnen orientieren. Dann besteht in koedukativen Kursen die Chance, eine erweiterte Sicht von Informatik zu vermitteln und einengende Rollenvorstellungen abzubauen.

MÄDCHEN UND COMPUTER
EIN
COMPUTERKURS NUR FÜR MÄDCHEN

Uta B. Münch
Universität Marburg

Einleitung

Der Computer dringt aufgrund seiner schnellen Verbreitung in alle Lebensbereiche der Menschen ein. "In der Bundesrepublik Deutschland wächst der Markt an Informationstechnik jeweils um ca. 20 Prozent in einer seit vielen Jahren ungebrochenen Entwicklung. Die informationstechnische Industrie erzielt insgesamt Umsatzzuwächse von etwa 10 Prozent." (HAEFNER, K.; 1986; S.16).

So ist es wichtig, daß schon in der Ausbildung darauf geachtet wird, daß Kinder über den Einsatz, Nach- und Vorteile des Computers aufgeklärt werden.
Vor allem die Schule als Erziehungsinstitution, deren Ziel es sein sollte, die Kinder und Jugendlichen auf " das wirkliche Leben " vorzubereiten, hat die Aufgabe, Grundkenntnisse über den Computer einzuführen.
Obwohl dies seit einiger Zeit in allen Bundesländern im Rahmen der informationstechnischen Grundbildung durchgeführt wird, nehmen wesentlich weniger Mädchen als Jungen an den Kursen teil.
Es wurde aber in Hessen schon ein Pilotprojekt gestartet (vgl. FAULSTICH-WIELAND, H.; 1986) , in dem besonders auf die Zugangsweise und Bedürfnisse der Mädchen eingegangen wurde.

Ein weiteres Feld, in dem auf den Umgang mit Computern eingegangen werden kann, ist die außerschulische Jugendarbeit. Hier ist eine schnellere Umstellung auf entsprechende Bedürfnisse möglich, da diese Arbeit flexibler ist als die Schule.

Computerkurs

Der Computerkurs fand im Rahmen einer sog. "Projektwoche" einer Realschule statt, wurde aber von Mitarbeitern der Stadtjugendpflege durchgeführt. Es nahmen 19 Mädchen, Schülerinnen der 8. bis 10. Klasse, daran teil. Der Kurs dauerte eine Woche, wobei pro Tag 4-5 Stunden stattfanden.

Ziel des Kurses

Das Ziel dieses Kurses war, den Mädchen einen Überblick über die Arbeitsweise des Computers zu verschaffen und durch die vermittelten Kenntnisse Möglichkeiten der Kommunikation über dieses Medium für sie zu eröffnen.

Der Computer sollte als Medium genauso selbstverständlich genutzt werden wie z.B. der Fernseher. Die Ängste, Fehler beim Bedienen zu begehen, wurden durch schrittweise Einführung von Befehlen abgebaut. Diese Befehle wurden in der Computersprache BASIC gegeben, da die meisten dieser Kommandos einfach zu verstehen sind und der Wortlaut genau dem nachfolgenden Arbeitsgang entspricht (Beispiel save = abspeichern (sichern) der geschriebenen Daten). Aus diesem Grund eignet sich die Programmiersprache BASIC für Anfängerkurse mit Mädchen, da so mit wenig Befehlen schnell Ergebnisse zu erzielen sind. Zugangsängste werden so leichter abgebaut.

Das Erlernen einiger Befehle dieser Computersprache wurde so vermittelt, daß die Teilnehmerinnen am Ende des Kurses ein Frage-Antwort-Spiel programmieren konnten. Dieses Spiel wurde am Anfang des Kurses von den Leiterinnen vorgestellt. Die Fragen wurden von diesen selbst programmiert und zusammengestellt, sie entsprachen dem schulischen Wissensstand der Teilnehmerinnen. Um der Arbeit mit dem Computer einen allgemeinen Bezug zu geben, wurden die Fragen in Wissensbereiche unterteilt, z.B. Deutsch, Erdkunde, Film etc. .

Ein Weitere Ziele waren die Gruppenbildung und der Austausch zwischen den Mädchen. Durch die lockere Struktur des Kurses wurde den Mädchen die Kommunikation (auch privat) sowie das gegenseitige Kennenlernen ermöglicht.

Soziokulturelle und anthropologische Voraussetzungen der Teilnehmerinnen

Um festzustellen, wie die weitere Entwicklung der Teilnehmerinnen nach Beginn des Kurses verläuft, müssen die spezifischen Eingangsvoraussetzungen verdeutlicht werden.

Die Teilnehmerinnen waren zwischen 12 und 15 Jahren alt. 60% der Mädchen hatte die Möglichkeit, zu Hause an einem Computer zu spielen oder zu arbeiten. Diese Möglichkeit wurde bei fast allen Personen nur zum Spielen genutzt. Meistens gehörten die Computer den älteren Brüdern der Teilnehmerinnen, eigene Geräte waren nicht vorhanden. 85% der Eltern der Mädchen arbeiten in Ihrem Beruf (mehr oder weniger) mit Computern. Es zeigt sich lt. Umfrage das Interesse späterer beruflicher Nutzung der EDV durch die Teilnehmerinnen.

Erwartungen der Mädchen an den Kurs und Gründe ihn zu besuchen

Vor allem die Aussicht auf einen Beruf, bei dem Computerkenntnisse erforderlich sein können, war ein Grund, den Kurs zu besuchen.

Die Mädchen erwarteten nach Abschluß des Kurses, mit dem Computer umgehen und das erworbene Wissen beruflich anwenden zu können. 80% der Mädchen fügten neben diesen Erwartungen an, daß der Kurs Spaß machen solle. Nur 30% empfanden es bei Kursbeginn als vorteilhaft, daß keine Jungen in dem Kurs waren. 30% war es gleichgültig, ob Jungen vorhanden sind und 30% waren der Meinung, daß die Anwesenheit von Jungen nicht beeinflussen oder stören kann.

Durchführung des Kurses

Aufgrund technischer Bedingungen konnte der Kurs nur für ca. 2 Stunden in dem Computerraum stattfinden (es gab drei weitere Kurse, die den Computerraum nutzten). Die restlichen ca. 2 Stunden wurden in einem Klassenraum abgehalten. Dadurch bedingt war der Kurs in Praxis- und Theoriestunden unterteilt.
Diese wurden inhaltlich mit folgenden Schwerpunkten belegt:

Praxis

- Gewöhnung an den Computer durch Spielen des vorprogrammierten Spieles
- Inbetriebnahme des Computers
- Speichern, Drucken und kleine Programme schreiben
- Programmieren

Theorie

- Datenschutz/Datenmißbrauch
- Hard- und Software anhand des Buches "Inside the Personalcomputer"
- Vorbereitung auf das Programmieren
- Einführung der Begriffe Programmiersprache und Betriebssystem

Auswertung

Da Mädchen nicht gerne am Computer experimentieren (vgl. BRANDES, U. u.a.;1985) , wurden eingehend auf die Zugangsweise der Mädchen nur solche Aufgaben gestellt, deren Ergebnis sichtbar war (z.B. Erstellen eines Stundenplans). Hier konnte eine realtiv große Ausdauer der Mädchen, vor allem was die Korrektur von Fehlern betrifft, festgestellt werden. Desweitern wurden immer zwei Mädchen an einen Computer gesetzt, so daß die Möglichkeit kooperativen Arbeitens bestand. Für den Kurs meldeten sich wesentlich mehr Mädchen, als ursprünglich angenommen werden sollten. In den drei anderen Kursen, die parallel für Jungen und Mädchen angeboten wurden, waren ca. 10% der Teilnehmer Mädchen. Dieses Ergebnis bestätigt die Annahme, daß Mädchen lieber ohne Jungen ihre ersten Kenntnisse über den Computer erlangen.

Anhand von ausgeteilten Fragebögen mit Fragen nach persönlichen Erfahrungen und Eindrücken wurde die Meinung der Teilnehmerinnen über den Kurs untersucht.

Alle Mädchen waren nach Abschluß des Kurses überzeugt, über mehr Kenntnisse bzgl. des Computer zu verfügen als vorher. Die Frage danach, was von dem Gelernten am wichtigsten war, beantworteten die Teilnehmerinnen wie folgt:

Antworten	*Anzahl*
Programmieren	8
Bedienung des Computers	6
Alles	2
Grundkenntnisse	2
Hardware	1

Diese Aufstellung zeigt, daß die Anwendung(Programmieren, Bedienen) des Computers für die Teilnehmerinnen das Wichtigste war. Im Bezug auf die Zugangsweise der Frau zum Computer unterstützt dies die These, daß Frauen den Computer zwar anwenden wollen, jedoch der technische Aufbau für sie ohne größeres Interesse ist. Ähnliche Ergebnisse wurden auch in anderen Untersuchungen herausgearbeitet.(Vgl. FAULSTICH-WIELAND, H.; 1987/ VAKELY, E.; 1984)

95% der Mädchen beantworteten die Frage, ob ihre Erwartungen erfüllt worden seien, mit "ja". Die gesonderte Frage, ob ihnen der Kurs gefallen hätte, wurde von 100% der Mädchen mit "ja" beantwortet. Diese Antwort wurde unter anderem damit begründet, daß keine Jungen mit im Kurs waren. Nach Abschluß des Kurses waren 84% der Mädchen der Meinung, daß dies als angenehm empfunden wurde, obwohl zu Anfang nur 30% eine Teilnahme von Jungen an dem Kurs ablehnten. Dies begründet sich auch aus der Tatsache, daß während des Kurses häufig Jungen von anderen Projekten die Mädchen besuchten. Teilweise wurde Wissen, von den Jungen zu den Mädchen und umgekehrt vermittelt, aber oft wurde die Arbeit der Mädchen abqualifiziert.

Der zweite Grund, den Kurs zur beruflichen Vorbereitung zu nutzen, wurde auch in anderen Studien als wichtiges Kriterium von Teilnehmerinnen festgestellt. (Vgl. FAUSER, R.; SCHREIBER, N.; 1985)

Das Ausdrucken von erstellten Programmen wurde von allen als ganz besonders wichtig dargestellt, da so die Arbeiten mit nach Hause genommen und gezeigt werden konnten. 50% der Eltern der Mädchen zeigten Interesse für das Projekt, doch ist hier keine Übereinstimmung zwischen Berührung mit dem Computer am Arbeitsplatz und Interesse am Kurs festzustellen. Der theoretische Teil wurde von vielen als sehr schwer und manchmal auch langweilig empfunden. Doch wurden z.B. die neu erworbenen Kenntnisse über Soft- und Hardware mit in das Frage-Antwort-Spiel ohne Anregung der Leiterinnen eingebaut. Als Ergebnis wurde insgesamt erreicht, daß alle Mädchen sich näher kennengelernt haben und ein Mindestmaß an Grundkenntnissen hatten. Aufgrund dieser Kenntnisse sind sie in der Lage, ihr Wissen selbständig zu erweitern und an Gesprächen über Computer und das Arbeiten damit zu partizipieren.

Literaturverzeichnis

Brandes, U.; Richelmann, Doris; Valentin-Pralat, Ilona
"Computerbildung für Frauen - didaktisch-methodische Ansätze"
in: Informationsdienst des Forschungsinstitutes Frau und Gesellschaft, 1985, H. 4, S.36ff.

Faulstich-Wieland, Hannelore
"Mädchenbildung und neue Technologien - Ein Forschungs- und Entwicklungsprojekt in Hessen"
in: Informationsdienst des Forschungsinstitutes Frau und Gesellschaft, 1987, H. 1+2, S.75ff.

Fauser, Richard; Schreiber, Norbert;
"Computerkurs für Mädchen"
Konstanz, 1985

Haefner, Klaus
"Neue Technologien und ihre Auswirkungen auf das Beschäftigungssystem"
in: "Computer in der Schule"
Schriftenreihe der Bundeszentrale für politische Bildung
Band 246
Bonn 1986

"Inside the Personalcomputer"
Jersey, C.I.; 1984

Schiersmann, Christiane

"Computerkultur und weiblicher Lebenszusammenhang: Zugangsweisen von Frauen und Mädchen zu neuen Technologien"

Schriftenreihe Studien zu Bildung und Wissenschaft; 49

Bad Honnef 1987

Vakely, Ellen

"Frauen als Computeranwender - 'Können die das überhaupt'"

in: Mikrocomputerwelt Heft 6; 1984 S.54 ff.

BILDUNGSKONZEPTIONEN ZUR INFORMATIONSTECHNIK

Hannelore Faulstich-Wieland

Mit der sich immer mehr verbreitenden Einführung von Computern stellt sich die drängende Frage nach der Qualifizierung des Personals, das mit den Geräten umgehen und damit arbeiten soll. Es entsteht ein enormer Weiterbildungsbedarf. Scheinbar dem entsprechend finden wir auch ein breites Angebot: Der vom Modellprojekt "Qualifizierungsberatung" an der Gesamthochschule Kassel herausgegebe "Weiterbildungskatalog Nr. 3" vom September 1988 z.B. macht dies auf mehr als 200 Seiten deutlich. Welcher Art und welcher Qualität dieses Angebot ist, wollte ich während meines Forschungssemesters durch teilnehmende Beobachtung herausfinden. Es ging darum, festzustellen, welche Einstiegsmöglichkeiten in die Materie überhaupt existieren und wie Grundlagen zu einzelnen Programmen vermittelt werden.

Beurteilt werden sollten nicht die Maßnahmen, die im Rahmen von Ausbildung oder Umschulung gezielte EDV-Qualifikationen vermitteln. Vielmehr ging es um jene Bildungsangebote, die geeignet sein sollten, Grundlagen für die fachliche Arbeit mit Computern und Computerprogrammen zu liefern.

Die Beschreibung und Einschätzung des Angebots soll im folgenden zu den Punkten Ressourcenaufwand, Träger-, Einrichtungsqualität sowie Programm-, Kursqualität vorgenommen werden.

Besucht wurden in der Zeit zwischen März und September 1988 folgende Veranstaltungen:

TRÄGER	**INHALT**	**DAUER**
einführende Veranstaltungen		
Frauenkurse (von Frauen für Frauen)		
Tesof Berlin	Kritischer Computerkurs	5 Tage
Weiterb.Studium Arbeitswiss. Uni Hannover	Frauen und Computer	3 Tage
D. Brecher / Gh Kassel	Frauen und Computer	2 Tage
gemischte Kurse		
Friedrich-Ebert-Stiftung	Technik und Politik	5 Tage
Freudenberg	Computer am Arbeitsplatz	
Hard- u. Softwarehaus Kassel	PC-Einführung	1/2 Tag
Rechenzentrum einer Bank Kassel	MS-DOS 3.3 Einführung	1 Tag
weiterführende / spezialisierte Veranstaltungen		
Unternehmerverein Kassel	D-Base III+	3 Tage
Hard- u. Softwarehaus Kassel	MS-DOS 3.3 Vertiefung	1 Tag
	Lotus 1-2-3	2 Tage
VHS Hann. Münden	Desktop Publishing	1 Tag

Es zeigten sich deutliche Unterschiede zwischen den Frauenkursen und den "arbeitnehmerorientierten Kursen" (Friedrich-Ebert-Stiftung und in diesem Fall VHS) einerseits und den kommerziellen Angeboten andererseits.

RESSOURCENAUFWAND

Bei der Einführung von Computern spielt die Frage des Aufwandes, der für die Qualifizierung der Mitarbeiter und Mitarbeiterinnen zu betreiben ist, eine wichtige Rolle. Ebenso ist es für Arbeitnehmer und Arbeitnehmerinnen, die aus Eigeninitiative sich weiterbilden wollen, relevant, wie, wo und zu welchem Preis sie dies können.
Das Angebot, wie es z.B. der Weiterbildungskatalog präsentiert, ist breit und vielfältig; es verengt sich allerdings schon ganz erheblich, wenn man Kurzangebote in Vollzeitform sucht.
Die Wahrnehmung von Bildungsmaßnahmen erfordert aus beruflichen und - insbesondere bei Frauen - aus privaten Belangen heraus Planung und Organisation: Die Wahl eines Kurses muß in die Arbeitsplanung des Betriebes, ggfls. in die Urlaubsplanung, womöglich in die Planung der privaten Kinderversorgung und der Fahrmöglichkeiten passen. Wenn z.B. ein Kurs über drei Tage von 8 - 17 Uhr gewählt wird, so muß u.U. vorab geklärt werden, ob in der Zeit (die mit An- und Abfahrt leicht 11 Stunden am Tag umfassen kann) eine vom üblichen abweichende Kinderbetreuung möglich ist.
Ein zentrales Problem ist meiner Erfahrung nach, daß telefonische Anfragen bei Veranstaltungen, die "Termin auf Anfrage" angegeben haben, zunächst keineswegs konkrete und damit planbare Termine erbringen. Vielmehr erhält man das Angebot, auf eine Interessent/inn/enliste gesetzt zu werden und beim Zustandekommen eines Kurses benachrichtigt zu werden. Aber auch jene Kurse, die entsprechend eines detaillierten und differenzierten "Kursplanes" bereits terminiert sind, bedeuten keineswegs mehr Planungssicherheit: In vielen Fällen konnten wir noch bis zum Tag vor Beginn des Kurses nicht sicher sein, daß der Kurs stattfinden wird.
Dies gilt nicht so für die Frauenkurse bzw. die "arbeitnehmerorientierten Kurse". Hier gibt es nur ein verhältnismäßig geringes Angebot, das sehr schnell "ausgebucht" ist. Alle Angebotsarten machen dadurch eine individuelle Planung äußerst schwierig und widersprechen insofern

Behauptungen, wonach jede/r sich für den Umgang mit Informationstechniken qualifizieren könne, wenn sie/er nur wolle.

Die Kursgebühren betragen bei kommerziellen Angeboten zwischen 100 und 200 DM pro Tag. Dies ist sicherlich ein Grund dafür, daß so viele Kurse ausfallen. Allerdings sind diese Preise nicht für sich genommen schon als preiswert oder teuer zu klassifizieren, sondern erst in Relation zur Qualität des Kurses. Im Vorgriff auf die folgenden Aussagen läßt sich jedoch feststellen, daß in der Regel die Kosten für den Ertrag zu aufwendig sind.

TRÄGER- UND EINRICHTUNGSQUALITÄT

Als Weiterbildungspersonal standen in allen besuchten "gemischten" Kursen nur männliche Dozenten zur Verfügung. Gerade für Teilnehmerinnen ist dies keine gute Lösung, da bewußt oder unbewußt die aus der Interaktionsforschung bekannten Mechanismen der Geschlechterdifferenzierung sich zuungunsten von Frauen auswirken.
Die Kursleiter der kommerziellen Träger haben wenig Informationen über sich selbst gegeben: Von der Formalqualifikation her gesehen handelt es sich jedoch um EDV-Spezialisten (in der Regel Systemberater), die keine pädagogischen Qualifikationen haben. Die Auswahl des Schulungspersonals scheint insofern von den Einrichtungen primär unter fachlichen Gesichtspunkten getroffen zu werden.
Anders war die Situation in den anderen Kursen: Hier waren sozialwissenschaftlich ausgebildete Kursleiterinnen und Kursleiter, die sich zusätzlich EDV-Wissen angeeignet hatte.

Die Möblierung der Schulungsräume war in keinem Fall individuell zu verstellen. Ergonomie oder gar Richtlinien zur Bildschirmarbeit scheinen keine Grundlage für die Ausstattung der Räumlichkeiten gewesen zu sein. Dies gilt gerade für jene kommerziellen Träger, deren Schulungsräume eigentlich nur zu diesen Zwecken eingerichtet waren. Bei den Frauenkursen wie bei den "arbeitnehmerorientierten" Kursen stellten die Ausstattungen in allen Fällen Provisorien dar, die entsprechend natürlich auch keine akzeptablen "Arbeitsplätze" ergaben.

PROGRAMM- UND KURSQUALITÄT

Für die Qualität eines Schulungsprogramms insgesamt ist maßgebend, nach welcher Systematik es aufgebaut ist und wie über die einzelnen Kurse informiert wird.

Die Kursqualität ist primär eine pädagogische Frage. Als Erwachsenenbildungsveranstaltung sollten die Kurse den allgemeinen Standards der Erwachsenenbildung entsprechen. Als wichtigstes Kriterium ergibt sich daraus die Teilnehmer/innen/orientierung:

Wird auf die Interessen und Erwartungen der Teilnehmenden eingegangen?
Werden die bisherigen Erfahrungen der Teilnehmenden aufgegriffen und an ihnen ansetzend, neue Erkenntnisse vermittelt ?
Sind die Lehrmethoden erwachsenengerecht, d.h. nicht schulmeisterlich, angelegt ?

Ein zweites wesentliches Kriterium ist die didaktische Qualität des fachlich zu vermittelnden Stoffes:

Sind die Lernziele klar formuliert und erkennbar ?
Welche Systematik liegt der Vermittlung zugrunde ?
Entsprechen die Lehrmethoden den Lernzielen ?

Schließlich ist die Qualität einer Schulungsmaßnahme abhängig davon, mit welchen Unterlagen sie unterstützt wird:

Gibt es Schulungsmaterial ?
Können die Teilnehmenden sich im Ablauf des Kurses systematisches Material erstellen ?

Will man als Anfängerin sich einen Überblick verschaffen, so bieten sich explizit als Einführungsveranstaltung ausgewiesene Programme an. Eine solche Veranstaltung eines kommerziellen Trägers war mit folgendem Text angekündigt als halbtägige Einführung :

PC-Einführung
Referat und Demonstration über die Einsatzmöglichkeiten von Personal-Computern (Microcomputern).
Wann setze ich einen Microcomputer ein ?
Inhaltsübersicht:
1. Informationen über den optimalen PC-Einsatz.
2. Informationen über die Funktionsweise der einzelnen Komponenten.
3. Arbeitsweise.
4. Wichtige Anwenderprogramme für
- Wirtschaft
- Handel
- Technik
- usw.

Meine Erwartungen ebenso wie die von zumindest drei weiteren Teilnehmerinnen war, eine grundlegende Einführung in das Funktionieren eines Personal Computers zu bekommen. Tatsächlich stellte sich der Kurs je-

doch als eine Art Auflistung der heutigen "Standards" heraus: Wieviel KB sollte der Arbeitsspeicher haben ? Ist es sinnvoll, einen Baby-AT anzuschaffen ? Warum sollte man keinen Controller RLL verwenden ?
Die Aussage einer Teilnehmerin nach Abschluß: "Ich hatte das Gefühl, völlig fehl am Platz zu sein, ich hab kein Wort verstanden" trifft wohl am deutlichsten die Unangemessenheit der Einführung. Immerhin hat der Kurs 114 DM gekostet.

Wurde schon aus dieser Skizzierung der problematischen Einführungsveranstaltung deutlich, daß die Kursqualität gemessen an den Standards der Erwachsenenbildung zu wünschen übrig läßt, so zeigt eine systematische Auswertung der Kurse, die nicht als Frauen- bzw. "arbeitnehmerorientierte" Kurse angeboten wurden, dies ebenfalls.

Der Anspruch der Teilnehmer/innen/orientierung ist zweifellos ein hoher und in der pädagogischen Diskussion keineswegs eindeutig in der Umsetzung ausgewiesener. Teilnehmer/innen/orientierung hat als Voraussetzung ein Verfahren, das dem Kursleiter überhaupt etwas über die Teilnehmenden mitteilt. Vorstellungen zu Beginn eines Seminars sind eine Möglichkeit, zumindest Grundwissen zu erhalten. In keinem Kurs fand überhaupt eine persönliche Vorstellung statt. Das heißt letztlich, daß die Möglichkeit für eine Teilnehmer/innen/orientierung von vornherein nicht geplant war, unter Umständen dieses pädagogische Prinzip den Kursleitern gar nicht bekannt ist.
Die Lehrmethoden waren vor allem frontale Vermittlung von Wissen und im allgemeinen gleichzeitig anweisungsgebundene Praxis an Geräten. Die Teilnehmenden wurden zwar aufgefordert, Fragen zu stellen, im allgemeinen geschah dies jedoch wenig, in einigen Fällen wurde auf Fragen allerdings auch derart "schulmeisterlich" reagiert ("Oh, oh, da sind aber Lücken"), daß es schon eines erheblichen Selbstbewußtseins bedurfte, um trotzdem weiter zu fragen. Wenn auch gerade auf Grund der sehr geringen Teilnahme von Frauen schwer abzusichern ist, ob die Kursleiter unterschiedlich auf Männer und Frauen eingingen, so passierten doch die didaktisch problematischsten Dinge fast immer gegenüber Frauen.

Die klare Formulierung von Zielen eines Kurses gehörte nicht zum Normalfall. Die in den Programmheften angegebenen Inhalte des Kurses sind häufig nur die Einzelschritte, die nötig sind, um mit dem speziellen Programm umgehen zu können. Damit ist auch schon ein Hinweis auf die

Systematik des Kursaufbaus gegeben: Die Grundlagenseminare beschränkten sich im allgemeinen auf die reine Anwendung des Programms, und zwar in einer regelhaften Form. Das bedeutet, daß man die Bedienungsschritte eines Programms erfährt und abarbeitet, dazu einige Regeln lernt, die programmspezifisch sind, insgesamt jedoch ein Wissen erwirbt, das nur durch sofortige Umsetzung in Praxis gefestigt und vertieft werden kann. Verständnis des Programms und damit die Fähigkeit, auch nach einer etwas längeren Zeitspanne die Bedienungsregeln sich zu vergegenwärtigen und im Sinne eines Wissenstransfers auf die eigenen Probleme anzuwenden, wurde nicht angestrebt, zumindest nicht erreicht.

Die primär fachliche Kompetenz der Kursleiter, ihre ausschließliche Orientierung auf die von ihnen zu vermittelnden Programme und damit die "Alltäglichkeit" der Befehle und Regeln für sie bewirkten, daß die Kursleiter nicht in der Lage waren, den Kurs didaktisch so aufzubauen, daß ein systematisches Verständnis erworben wurde. Dies zeigte sich u.a. daran, daß in einigen Kursen "selbständige Praxisphasen" am Computer eingeschaltet wurden - öfter dann, wenn der Kursleiter aus irgendwelchen Gründen den Kurs zeitweilig verlassen mußte -, die von den Teilnehmenden nicht zu bewältigen waren: Die Aufgabenstellung erforderte Kenntnisse, die der Kursleiter vorher nicht vermittelt hatte.

Kursunterlagen waren nicht selbstverständlich, nur in einem Fall entsprachen sie dem Ablauf des Kurses, stellten also Schulungsmaterial dar.

Weder die Vorgehensweise in den Kursen noch die Unterlagen vermögen also, den Teilnehmenden umfassendes Wissen zu vermitteln. Die ausschließliche Orientierung auf Bedienungswissen kommt auch darin zum Ausdruck, daß übergreifende Fragestellungen wie etwa die Veränderung von inhaltlichen Aufgaben durch ihre EDV-mäßige Lösung oder sonstige Fragen der Folgen des PC-Einsatzes weder expliziter Gegenstand der Kurse war noch dort angesprochen wurde. Man fühlte sich öfter in einer Situation, wo nur noch Computerorientierung zählte. Ein Kursleiter sprach häufig davon, daß "in der IBM-Welt etwas so und so" sei - und drückte damit letztlich deutlich aus, was geschah: Man war in der Computerwelt ohne Bezug zur Außenwelt. Die Arbeit mit Computern wurde - so hat man den Eindruck - von den Kursleitern, aber auch von den Teilnehmenden als so vorteilhaft und fortschrittlich angesehen, daß sie keinesfalls in Frage gestellt wird. Ob einem damit in der realen Welt der Betriebe wirklich gedient ist, darf eher bezweifelt werden.

In den "Frauenkursen" ebenso wie in den "arbeitnehmerorientierten Kursen" finden wir Vorgehensweisen, die erwachsenenpädagogischen Ansprüchen weit mehr gerecht werden. Teilnehmer/innen/orientierung wird angestrebt, Vorstellungsrunden sind selbstverständlich. Kursunterlagen sind zusammengestellt aufgrund didaktischer Überlegungen. Inhaltlich ist die Integration verschiedener Kursteile explizites Ziel - ausgedrückt in dem häufig verwendeten Adjektiv "kritischer Computerkurs". Erreicht wird dieses Ziel jedoch nur unzureichend. Ein Problem, weshalb die Integration so wenig gelingt, ist die Schwierigkeit, daß gerade erste Erfahrungen mit dem Computer sehr viel Zeit in Anspruch nehmen - die selbst bei mehrtägigen Kursen nicht da ist - und die Verallgemeinerungen dann zu schnell zu viele Vermittlungsstufen überspringen. Hier liegt noch beträchtliche Arbeit in konzeptionell-inhaltlichen wie in didaktischen Bereichen.
Darüberhinaus gilt gerade für die Frauenseminare, daß sie alle als Anfängerinnenveranstaltungen ausgelegt sind - zunehmend gibt es jedoch Frauen, die bereits Kenntnisse und Erfahrungen besitzen, diese jedoch verbeitern und vertiefen möchten, und zwar gerade nicht in der Art der kommerziellen Angebote, sondern "kritisch". Hier scheint eine totale Deckungslücke zu liegen, wenngleich sich in Großstädten inzwischen zunehmend Angebote "für Frauen" finden. Über deren Qualität läßt sich jedoch von den Themenformulierungen her nichts aussagen.

Die "gemischten" Seminare waren in der Regel sehr "männerlastig". Es passierte mehrfach, daß außer mir nur noch eine weitere Frau teilnahm. Eine Ausnahme bildete die Einführung in Lotus: hier war nur ein männlicher Teilnehmer. Die Reaktionen der (ausschließlich) männlichen Seminarleiter war durchaus unterschiedlich gegenüber Männern und Frauen: Mein Eindruck - der sich aus etlichen protokollierten Äußerungen speist - ist, daß Frauen erst dann ernst genommen werden, wenn sie sehr deutlich gemacht haben, daß sie kompetent sind, während Männer einen Kompetenzbonus erhalten. Diese Erfahrung zeigt, daß noch sehr viel an Sensibilisierung des Bildungspersonals notwendig ist, sollen Frauen tatsächlich echte Bildungschancen erhalten.

Computerweiterbildung für Frauen im Büro

Kritische Anmerkungen aus dem Hattinger Modellprojekt "Neue Technologien von Frauen für Frauen"

Andrea Erkes, Gudrun Schön

Frauenweiterbildung in Büro- und Dienstleistungsberufen

In den Büro- und Dienstleistungsberufen vollzieht sich durch die Einführung komplexer, vernetzter EDV-Systeme ein tiefgreifender Wandel. Es besteht weithin Einigkeit, daß entsprechend der auftretenden Gefahren - aber auch Chancen - eine gezielte und umfassende Weiterbildung besonders der hier arbeitenden Frauen erfolgen muß.

Einige wenige Zahlen reichen aus, um die besondere Betroffenheit der Frauen in diesem Arbeitsfeld auszuweisen:

Mehr als 3/4 der sozialversicherungspflichtig tätigen Frauen sind im Dienstleistungssektor beschäftigt, davon ca. 30 % in Organisation, Verwaltung und Büro[1], neuere Zahlen weisen hier sogar 35 % aller beschäftigten Frauen aus. Hier liegt die Arbeitslosenquote bei z.Zt. 14 %, davon sind 70 % Frauen. Der größte Teil dieser Frauen übernimmt innerbetriebliche Administrationsfunktionen bzw. ist in der sogenannten routinisierten Sachbearbeitung tätig, in jenem Bereich also, in dem die EDV weniger unterstützenden als vielmehr substituierenden Charakter hat. Auch für den Gesamtbereich der Dienstleistungsberufe sind Frauen stärker als Männer von Arbeitslosigkeit bedroht (10,3 % arbeitslose Frauen, 6,9 % Männer)[2].

Weiterqualifizierung über EDV-Anwendungswissen hinaus, ausgerichtet am Ineinandergreifen von Berufswissen, Arbeitsorganisation und EDV-Vernetzung, ist notwendig, soll die Einführung von Mikroelektronik im Büro- und Dienstleistungsbereich nicht zu einer weiteren Verfestigung des Chancenungleichgewichts von Frauen und Männern im Beruf beitragen. Dieses Ungleichgewicht ist traditionell im Ruhrgebiet besonders ausgeprägt. Stahlkrise, Zechensterben und dadurch bedingte Männerarbeitslosigkeit haben dieses Problem jedoch immer im Bewußtsein der Menschen als zweitrangig erscheinen lassen. Ein großangelegtes Modellprojekt zur Qualifizierung von Frauen in dieser Region ist daher ungewöhnlich. Wie kam es nun dazu?

Die Situation in der Montanregion Hattingen

Hattingen, eine Stadt mit 56 000 Einwohnern, liegt am Rande des Ruhrgebietes.
Hattingen ist monostrukturiert, wird seit mehr als 130 Jahren von der Henrichshütte dominiert, die traditionell überwiegend Männerarbeitsplätze bietet. Da verwundert es nicht, daß der Anteil der Frauenerwerbstätigkeit mit 32,6 % aller sozialversicherungspflichtig Tätigen erheblich unter dem Bundesdurchschnitt (39,9 %) liegt - aber auch weit unter dem Landesdurchschnitt (37,7 %), obwohl auch hier die Montanindustrie dominiert[3].

Doch nicht diese Zahlen gaben Anlaß zu einer "Hattinger Qualifizierungsoffensive" für Frauen, sondern - paradoxerweise - der Kampf um Männerarbeitsplätze 1987 in Hattingen. Kundgebungen, spontane Arbeitsniederlegungen, Hungerstreiks - sie trugen entscheidend zur Konzeption eines regionalen Strukturförderungsprogramms mit Namen "Zukunftsinititative Montanregionen" (ZIM) bei. Unter dem Schwerpunkt "Arbeitsplatzschaffende und arbeitsplatzsichernde Maßnahmen" konnte der Punkt "Maßnahmen zur Schaffung von Arbeits- und Ausbildungsplätzen für Frauen (z.B. durch Qualifizierungsmaßnahmen im Bereich der Neuen Technologien) ..."[4] hineingekämpft werden. Hieraus entstanden in der 1. ZIM-Runde 8 Frauenforschungsprojekte für insgesamt 9 Mio. DM, von denen, durchgesetzt von der Frauenbeauftragten der Stadt und unterstützt von der Hüttenfraueninitiative, zwei nach Hattingen kamen[5].

Das Hattinger Modellprojekt "Neue Technologien von Frauen für Frauen"

Entsprechend dem Schwerpunkt der Frauenerwerbstätigkeit in Hattingen (75,0 % aller sozialversicherungspflichtig tätigen Frauen sind 1987 im Dienstleistungsbereich beschäftigt, von insgesamt 1198 arbeitslosen Angestellten sind 868 Frauen)[6] und den auch hier befürchteten Folgen der Einführung von Neuen Technologien beschäftigt sich das Hattinger Modellprojekt mit der Weiterbildung von Frauen in Büro und Dienstleistung.

Kursstruktur:

Diese Weiterbildung erfolgt in Form eines Integralen Modulsystems, dessen Grundlage ein 64-stündiger Grundkurs ist. Zentraler Schwerpunkt dieses Moduls, das mit einem Einführungswochenende beginnt, ist die Analyse der unterschiedlichen Einsatz- und Anwendungsmöglichkeiten der EDV von verschiedenen Anwendungen bis zum Programmieren und den damit verbundenen möglichen Veränderungen von Arbeitszuschnitten, Belastungssituationen und Gestaltungsspielräumen in den Büroberufen. Wesentlich ist dazu die Vermittlung von Wissen über grundlegende Funktionszusammenhänge eines Computersystems.

Diese Basis ermöglicht den Einstieg in die 80-stündigen Bausteine Textverarbeitung, Datenbanksysteme und Tabellenkalkulation als zentrale Technikeinsatzbereiche im Büro, jeweils geteilt in 40-stündige Einheiten. Hier liegt der Schwerpunkt neben der intensiven Arbeit mit einem Anwendungsprogramm auf der Reaktivierung bzw. Vertiefung von Berufswissen. Gestaltungsspielräume am Arbeitsplatz können vor dem Hintergrund dieser Erfahrungen realistischer beurteilt werden. Die eigenständige Einarbeitung in ein weiteres Programm rundet die Gewinnung von Kompetenz auf dieser Stufe ab.

Unsere gegenwärtigen Überlegungen gehen dahin, im Anschluß daran einen ca. 300-stündigen komplexen Kurs mit fachspezifischen und EDV-Inhalten aus dem kaufmännischen Bereich zu erstellen. Finanzbuchhaltung, Lohn- und Gehaltsabrechnung, Kostenrechnung usw. werden in ein Gesamtprojekt integriert. Dieser Kurs soll mit einem Betriebspraktikum abgeschlossen werden.

Prämissen:

Die Aufspaltung der Inhalte in mehrere Module erleichtert den Frauen den Einstieg und ermöglicht zeitlich und inhaltlich unterschiedliche Staffelungen und Kombinationen der Kurse entsprechend den jeweiligen Bedürfnissen. Gleichzeitig wird dadurch ein Quereinstieg ermöglicht.

Um eine Kontinuität über die einzelnen Module hinaus zu gewährleisten, sind dem Gesamtsystem zum jetzigen Forschungszeitpunkt vier Prämissen zugrundegelegt, deren Einhaltung in allen Kursen unabhängig vom Inhalt Gültigkeit besitzt:

1. Teilnehmerinnenorientierung:
   Der Zugang zu dieser Thematik geschieht bedürfnisorientiert und knüpft an frauenspezifische Lebenserfahrungen und Lerninteressen an. Dies wird unterstützt durch ausschließlich weibliche Teamerinnen.

2. Berufsbezug im Hinblick auf Büro- und Dienstleistungsberufe:
   Die Vermittlung von fachspezifischen Kenntnissen und Veränderungen der Arbeitszuschnitte durch die Einführung der Neuen Technologien wird integriert.

3. Allgemeingültigkeit der Lerninhalte:
   Übergeordnete und übertragbare Anteile, besonders in bezug auf Software und Computersysteme, stehen im Vordergrund.

4. Förderung des Erwerbs von extrafunktionalen Qualifikationen:
   In Anbindung an gezielte didaktische Vorgehensweisen, z.B. Projekte, sollen Schlüsselqualifikationen wie Transferwissen und Handlungs- und Entscheidungskompetenz vermittelt werden.

Rahmenbedingungen:

Unsere bisherige Arbeit zeigt, wie wesentlich für die Weiterbildungsbereitschaft von Frauen ihnen angemessene Rahmenbedingungen sind.

Um alle interessierten Frauen zu erreichen, Berufstätige ebenso wie Wiedereinsteigerinnen oder Frauen in einer Familienphase, werden die Kurse je einmal pro Woche vormittags, nachmittags und abends oder als anerkannte Bildungsurlaubsveranstaltungen angeboten. Die zeitliche Organisation ermöglicht es auch Frauen mit Kindern an den Kursen teilzunehmen, dazu trägt darüberhinaus unser Angebot der Kinderbetreuung bei.

Wichtig ist die Möglichkeit, freie Computerübungszeiten - auch über das Kursende hinaus - wahrnehmen zu können. Unsere Erfahrungen zeigen, daß viele Frauen diese Zeit nicht nur zum Üben, sondern auch zur Erledigung konkreter Arbeiten (Geschäftsbriefe, Steuererklärungen etc.) nutzen. Eine Aufgabenkartei sowie eine Fachbibliothek mit aktuellen Zeitschriften und Büchern steht den Frauen zur Verfügung. Individuelle Beratungen sind jederzeit möglich.

Kinderbetreuung und Computerübungszeiten sind kostenlos, die Kurspreise orientieren sich an der Gebührenordnung der VHS, arbeitslose Frauen und Sozialhilfeempfängerinnen sind befreit.

Kritische Anmerkungen/Erfahrungen:

Insgesamt haben bis zum jetzigen Zeitpunkt (Stand 16.6.1989, erhoben durch eine erste von drei geplanten Befragungen) 114 Frauen bei uns Kurse belegt, von diesen haben sich für die jetzt folgende Kursphase 61 Frauen für weitere Kurse angemeldet, davon besuchen 22 Frauen mehrere Kurse parallel. Wir haben insgesamt 204 Anmeldungen für die Herbstkurse vorliegen. 80 Frauen, die sich zum Teil für mehrere Kurse angemeldet haben, sind neu hinzugekommen. Die ersten vorsichtigen Trends lassen die Vermutung zu, daß ein Großteil der Frauen die von uns konzipierte umfassende Weiterbildung annimmt.

Von den befragten Frauen sind 62,2 % nicht berufstätig, davon wollen 78,2 % zurück in den Beruf. Hieraus erklärt sich die Planung des auf diese Wiedereinsteigerinnnen zugeschnittenen kaufmännischen Moduls.

Ein erstes Resumee nach etwa 9-monatiger Projektlaufzeit zeigt auf, daß ein Qualifizierungsprojekt nicht als geschlossenes System, unbeeinflußt von den regionalen Gegebenheiten, operieren darf. Wenn kein Austausch, keine kooperative Zusammenarbeit mit örtlichen Institutionen, Stadtämtern, Initiativen oder Wirtschaftsunternehmen erfolgt, ist es kaum möglich, ein Netzwerk zu schaffen, das Frauen bei der Wiederaufnahme der Berufstätigkeit oder im Falle der Bedrohung des Arbeitsplatzes unterstützt. Wenn Frauen qualifizierte Arbeitsplätze finden und behalten wollen, benötigen sie über die Weiterqualifizierung hinaus betriebliche Frauenförderpläne und auch Kindertagesstätten. So sinnvoll berufliche Weiterqualifizierung auch sein mag - sie schafft zunächst einmal keine Arbeitsplätze. Die Schwelle zwischen Qualifizierung und Arbeitsplatz zu vermindern, muß Bestandteil institutioneller Weiterbildung werden, wenn diese mit betrieblicher Weiterbildung konkurrieren soll.

Mit diesen Überlegungen stehen folgende Fragestellungen für die weiteren Planungen in Zusammenhang:

- Wie kann die für Frauen wichtige Vernetzung mit örtlichen Institutionen, z.B. dem Arbeitsamt oder der IHK, langfristig erreicht bzw. zu einer intensiveren Kooperation ausgebaut werden?

- In Zusammenhang damit steht die Überlegung, über qualifizierte Teilnahmebescheinigungen hinaus eine Anerkennung der Kursabschlüsse durch eine überörtlich tätige Institution (z.B. IHK) zu erhalten. Andererseits müßte überprüft werden, wie sich die von den Frauen als angenehm empfundene streßfreie Lernatmosphäre durch die Einführung von Prüfungen verändern würde bzw. ob eine Teilanerkennung von Modulen möglich wäre.

- Wie können wir erreichen, daß unsere Weiterbildungsangebote auf Dauer stärker in die regionalen betrieblichen Weiterbildungsbestrebungen einbezogen werden, z.B. in dem Sinne, daß die Firmen verstärkt ihre Mitarbeiterinnen im Modellprojekt qualifizieren lassen, wie es bereits ansatzweise geschieht?

- Eine grundlegende Schwierigkeit für die Erstellung und Realisierung qualifizierter Weiterbildungsmaßnahmen besteht, wenn Kurse im wesentlichen von Honorarkräften durchgeführt werden müssen. Bei der Umsetzung eines so komplexen Modulsystems wie des unsrigen wirft die kontinuierliche Fortschreibung besondere Probleme auf. Auch regelmäßig stattfindende Supervisionen vermögen dies nur unzureichend aufzuarbeiten. Darüberhinaus ist auch die Gewährleistung einer regelmäßigen Weiterbildung für die Dozentinnen nicht gegeben. Hier muß überlegt werden, inwieweit die Erfahrungen des Modellprojekts in gezielte Mitarbeiterinnenqualifizierungen einmünden können.

An dieser Stelle unsere Projektdaten noch einmal im Überblick:

Hattinger Modellprojekt "Neue Technologien von Frauen für Frauen",
Essener Str. 53, 4320 Hattingen 16,
angesiedelt im Frauenbüro der Stadt Hattingen,
finanziert vom MWMT in der Reihe ZIM,
Projektlaufzeit: 1.9.1988 bis 31.8.1991.

---

[1] siehe Süßmuth, Die neuen Technologien - eine Herausforderung für die Frauen, in: Dobberthien u.a., Frauen und neue Technologien, S. 12

[2] siehe Baethge, Neue Technologien im Dienstleistungssektor, in: Schiersmann, Mehr Chancen als Risiken? Frauen und Neue Technologien, S. 50

[3] siehe IG Metall Verwaltungsstelle Hattingen (Hrsg.), Das Hattinger Zentrum für Umwelt und Technik, Endbericht, S. 5.20 ff.

[4] siehe Der Minister für Wirtschaft, Mittelstand und Technologie des Landes NW (Hrsg.), Zukunftsinitiative Montanregionen, S. 60

[5] zweites Projekt: Beratungsstelle Frau und Beruf des Frauenbüros der Stadt Hattingen

[6] siehe IG Metall Verwaltungsstelle Hattingen (Hrsg.), a.a.O., S. 5.46

Frauen und neue Technologien:
Umschulung und Weiterbildung für gewerblich-technische Berufe in der Elektrotechnik und Metallverarbeitung

Birgitt Feldmann und Sabine Weinem
Berufsförderungszentrum Essen e.V.

Einleitung

Das Thema "Frauen und Neue Technologien" ist kein neues, und es erfreut sich gerade in jüngster Vergangenheit auch einer immer größeren Beliebtheit bei PolitikerInnen - nicht zuletzt aus der Besorgnis heraus, der Prosperität der bundesdeutschen Nation geschähe Abbruch angesichts der in der Facharbeiterschaft sich bemerkbar machenden Konsequenzen geburtenschwacher Jahrgänge. Plakataktionen an Litfaßsäulen im Frühjahr 1989 im Ruhrgebiet machen Defizite im Bereich der Neuen Technologien deutlich. Handwerk und Industrie suchen Fachkräfte und Auszubildende auf diesem Wege, der zugleich den Eindruck vermittelt, zweistellige Arbeitslosenquoten im "Revier" seien eine Illusion.

Dem Mangel an in erster Linie männlichen Fachkräften durch die berufliche Mobilisierung von Frauen entgegenzuwirken, wird politisch durch unterschiedliche Aktivitäten verfolgt, sei es im nationalen Rahmen durch die Ausschreibung von Wettbewerben für Klein- und Mittelbetriebe mit der Aussicht auf finanzielle Förderung, wenn sie "gute Frauenquoten" vorzuweisen haben, wie es gegenwärtig im Land Nordrhein-Westfalen geschieht, oder europaweit durch die Förderung von Frauenprojekten mit Mitteln aus dem Europäischen Sozialfonds (ESF).

In dieser Hinsicht sind die historisch-ökonomischen Gegebenheiten durchaus als günstig für die weitere Entwicklung feministischen Bewußtseins und die diesbezüglichen gesellschaftlichen Verantwortlichkeiten zu bewerten. Nur ... was in Jahrhunderten nicht als opportun galt und erst "vor kurzem" von Frauen erkämpft wurde, ist in der Praxis, und hier vor allem in der beruflichen Praxis, kaum aus den Kinderschuhen herausgewachen.

Die berufliche Praxis auf der Grundlage der Anforderungen der Arbeitsplätze und in Kooperation mit am Geschehen auf dem Arbeitsmarkt beteiligten Einrichtungen (wie Arbeitsverwaltung, Bildungssystem, Wirtschaftsunternehmen) sind der Ausgangspunkt für die Entwicklung von Curricula, Lehr- und Lernmittel und Unterrichtsmethoden und deren Anwendung in Seminaren und Maßnahmen der Erwachsenenbildung - eine Aufgabe, die in dieser Konstellation in der Bundesrepublik Deutschland vom Berufsförderungszentrum Essen e.V. (BFZ) wahrgenommen wird. Als Modelleinrichtung 1968 gegründet, mußte die Fortbildung und Umschulung unter Verwendung von und in den Bereichen der jeweiligen neuesten Technologien für eine sinnvolle und effektive Arbeit immer Herzstück der Entwicklung des BFZ sein, und zwar in allen am Zentrum zu absolvierenden Fachrichtungen.

Bereits wenige Jahre nach der Gründung zeigte sich, daß hinsichtlich der Zielgruppe Frauen in den gewerblich-technischen Bereichen Elektrotechnik und Metallverarbeitung besondere Aktivitäten erforderlich waren. Die Anzahl von Frauen in diesen Fortbildungs- und Umschulungsmaßnahmen war statistisch zu vernachlässigen. Deshalb wurden die Berufe der Funkelektronikerin, Energiegeräteelektronikerin, Elektrogerätemechanikerin, Meß-und Regelmechanikerin, Werkzeugmacherin und Automateneinrichterin als Berufsabschlüsse Ziele in einem von 1977 bis 1980 durchgeführten Modellversuch "Zur Qualifizierung arbeitsloser Frauen im gewerblich-technischen Bereich" (s. Brückers / Dickert-Laub / Goldmann, 1981).

Mikrocomputertechnik für Frauen

1986 führte das BFZ mit Unterstützung des ESF und in Kooperation mit dem Greater London Enterprise Board (GLEB) ein Projekt über berufliche Weiterbildungsmaßnahmen von Frauen in der Mikrocomputertechnik durch. Bei den zehn teilnehmenden Frauen handelte es sich um Ausbilderinnen und Ingenieurinnen, welche mit einer Ausnahme wiederum reine Frauengruppen an sechs Women's Technology Centres unterrichteten. Die Britinnen erhielten die MC-Weiterbildung am BFZ Essen mit dem MFA (Mikrocomputertechnik für die Facharbeiterausbildung) -Mediensystem. Dieses Mediensystem war 1985 seitens des GLEBs als ein geeignetes Bildungsmittel für besonders zu fördernde Gruppen - so auch für Frauen - und als wünschenswert für eine Übernahme in Großbritannien eingeschätzt worden. Noch 1986 wurden die schriftlichen MFA-Materialien von Frauen für Frauen angepaßt ins Englische übersetzt und in Mikrocomputertechnik-Kursen in Großbritannien eingesetzt. Heute ist das MFA-Mediensystem Bestandteil der "City and Guilds of London" Zertifikatsprüfung (s. Boman, 1988: 109-111). Diese Prüfung ist mit der vor der Industrie- und Handelskammer in der Bundesrepublik abzulegenden vergleichbar. Die englischen MFA-Materialien werden inzwischen weltweit vertrieben (Buckley / Boman 1988).

Nachfolgend werden wesentliche Projektergebnisse zu den MFA-Materialien für Mikrocomputertechnik und ihrer Verwendung vor dem Hintergrund der Erfahrungen aus der

Weiterbildung von Frauen für Frauen dargestellt. Der Beitrag schließt mit der Vorstellung von Frauenprojekten am BFZ, die auf den aus früheren Projekten gewonnenen Erkenntnissen und Erfahrungen basieren und 1988 in die Wege geleitet wurden, da das Problem der Repräsentanz von Frauen nach wie vor vorhanden war. (Der prozentuale Anteil von Frauen in den genannten Maßnahmen betrug 1987 im Durchschnitt 3 %. In den Metallberufen Werkzeugmacher im Durchschnitt 2 %, Automateneinrichter 6 % und Feinmechaniker 17,5 % (s. Feldmann, 1987: 167-172).)

Methodisch-didaktisches Vorgehen

Zu Beginn ihrer dreimal einwöchigen MC-Technik Weiterbildung in drei aufeinander folgenden Monaten wurden die Ausbilderinnen/Ingenieurinnen zu der von ihnen bevorzugten Vorgehensweise im Unterricht nach vorgegebenen Kategorien schriftlich befragt. Es wurde von den meisten Frauen "sehr oft" "lernerorientiert" gearbeitet und der Unterricht "oft" von der Lehrkraft "geführt".

Wie kann man lernerorientierten und gleichzeitig lehrergeführten Unterricht gestalten? Die Antwort auf die auf den ersten Blick widersprüchlich erscheinenden Aussagen ergaben offene Gespräche, die jeweils zusätzlich zu den drei Teilen der Weiterbildung geführt wurden. Gemeint ist, daß der Unterricht an den Bedürfnissen, Interessen und Eingangsvoraussetzungen der Lernenden orientiert sein muß, und zwar allen formalen, auf eine Endprüfung abzielenden Anforderungen vorgeordnet. Zugleich bedeutet dies für die Lehrerin, daß sie sich nicht nur besonders intensiv vorbereiten und mit jeder einzelnen Lernenden beschäftigen muß, sondern auch, daß sie während des Unterrichts ständig beratend und unterstützend zur Verfügung stehen muß. Sie muß Materialien und Hilfen derart anbieten, daß sie weder eine Über- noch eine Unterforderung für die Lernenden darstellen.

In diesen Lernprozeß gehört unabdingbar der enge menschliche Kontakt zwischen Lernerin und Lehrerin, aber auch zwischen den Lernenden untereinander. Das soziale Miteinander dient somit auch der Bewußtmachung von Problemen im Gespräch Gleicher unter Gleichen. Die Nennungen der Ausbilderinnen/Ingenieurinnen auf die Frage nach den im Unterricht bevorzugten Sozialformen fiel entsprechend aus.

Kleingruppenarbeit und Einzelarbeit kommt vorrangig die gleiche Bedeutung zu. Werden Ergebnisse der schriftlichen Ausgangsbefragung hinzugenommen, so verstärkt sich die Vermutung, daß der Unterricht insgesamt dem Ansatz des integrativen offenen Lernens - im Gegensatz zu dem in Großbritannien weit verbreiteten und durch Regierungsprogramme massiv geförderten Open Learning - entspricht.

Integratives offenes Lernen als Bildungskonzept ist an anderer Stelle von Baron/ Feldmann ausführlich dargestellt worden (1989:27-31).

So soll beispielsweise nicht das kognitive Lernen dominieren, sondern affektives und motorisches Lernen in konkret-operationaler Form gleichrangig angestrebt sein. Hierzu werden "meaningful projects" mit ausgewogenem Steilheitsgrad durchgeführt. Das heißt, es muß Lernen im Sinne von "Arbeit zum Anfassen" sein, die dadurch sinnvoll ist, daß sie den Bezug zu Dingen des alltäglichen Lebens herstellt - und somit "mit nach Hause genommen werden kann". Projekte zum Thema "Waschmaschine", "Radio", "Parkleuchten" werden den Lernenden an britischen Women's Technology Centres angeboten. Begonnen wird dabei mit kleinen Bauteilen (z.B. Widerstände), die dann allmählich in einen größeren Kontext integriert werden (z.B. als Lautstärkeregler in Fernsehgeräten). Das Verhältnis von Theorie- zu Praxisanteilen lag 1987 an den Women's Technology Centres zwischen 1:1 und 1:3 (Women's Technology Training Workshop, 1987).

Über den eigentlichen Unterricht hinaus bzw. zur Ermöglichung der Teilnahme an der Weiterbildung steht das Bemühen im Vordergrund, geeignete Rahmenbedingungen zu schaffen. An zwei von sieben auf dem Women's Technology Training Workshop 1987 vertretenen Einrichtungen gab es eine Kinderkrippe, drei weitere Einrichtungen gewährten zu diesem Zwecke finanzielle Unterstüzung.

Vor dem Hintergrund genannter Prämissen war bzw. ist teilweise noch heute des Bestreben, formale Qualifikationen im Sinne der Zertifikatsprüfung des "City and Guilds of London Institute" für die Frauen zu erreichen. An drei der auf dem genannten Workshop vertretenen Einrichtungen konnten bereits zum damaligen Zeitpunkt CGL-Zertifikatsprüfungen abgelegt werden, an einer weiteren wurden sie gerade eingeführt.

An sieben der Weiterbildungseinrichtungen wurde 1987 mit dem MFA-Mediensystem gearbeitet und gelernt, bzw. war dessen Einsatz geplant. Die Hauptmerkmale des MFA-Mediensystems werden nachfolgend kurz dargestellt.

Lehr- und Lernmittel für die Mikrocomputer-Technik

Teilstrukturierte und offene Diskussionen mit den britischen Ausbilderinnen/Ingenieurinnen während ihrer MC-Weiterbildung mit diesem System hatten ergeben, daß es sich dabei um eine Konzeption handelt, die den speziellen Bedürfnissen, Interessen und Eingangsvoraussetzungen der Lernenden entgegenkommt und ihren Vorstellungen von Unterrichtsmethodik und -didaktik entsprechend verwendet werden kann (für Details

s. Feldmann 1987). Die schriftlichen Materialien beginnen mit der Vermittlung von Hardwarekenntnissen und gehen dann über zur Vermittlung von Softwarekenntnissen. Ihr modularer Aufbau erlaubt den Lernenden je nach Lernvoraussetzung unterschiedliche Einstiege und erleichtert somit die innere Differenzierung des Unterrichts. Sie sind kleinschrittig aufgebaut, betten die Technologie in ihren gesellschaftlichen Kontext ein, sprechen die Lernenden direkt an und verbinden Theorie und Praxis. Hinzu kommt, daß Illustrationen zum Text zur kritischen Überprüfung des eigenen Denkens anleiten, indem sie nicht unbedingt althergebrachten Traditionen und damit nicht unseren Erwartungen entsprechen.

Zusammenfassend wurden aus den Erfahrungen der oben genannten Projekte für die weitere Arbeit am BFZ 1987 folgende Schlußfolgerungen gezogen:

- Kinderbetreuungsplätze zur Verfügung stellen,
- flexible Stundenpläne erarbeiten,
- assoziatives und konkret-operationales Lernen in den Vordergrund stellen,
- mehr weibliche Lehrkräfte einstellen,
- die gegenwärtigen Curricula im Hinblick auf Zielgruppen mit niedrigeren formalen Voraussetzungen umstrukturieren,
- den Förderunterricht ausbauen, da die formalen Eingangsvoraussetzungen vieler Frauen den gegenwärtigen Curricula nicht angepaßt sind,

aber auch:

- Arbeitsberater sensitivieren und
- die Hilfe bei der Arbeitsplatzfindung intensivieren.

Die ersten Aktivitäten zur praktischen Umsetzung obiger Schlußfolgerungen finden seit 1988 in Projekten zur Qualifizierung von Frauen in gewerblich-technischen Berufen statt.

Förderung der Umschulung von Frauen in Metallverarbeitung und Elektrotechnik

Um den Anteil der Frauen in den Umschulungen des gewerblich-technischen Bereiches zu erhöhen, führt das BFZ unter der Mitarbeit des Arbeitsamtes Essen seit Herbst 1988 innerhalb des Projektes "Qualifizierungsmaßnahmen in gewerblich-technischen Berufen und neue Technologien für Frauen" zehnwöchige Orientierungsstufen für Frauen durch.

Ziele dieser Orientierungsstufe sind die folgenden:

* den Teilnehmerinnen einen umfassenden Einblick in die Metall- und Elektronikberufe zu geben, die im BFZ angeboten werden

* alte Schulkenntnisse zu reaktivieren und Kenntnislücken zu schließen, um bessere Eingangsvoraussetzungen für eine Umschulung zu schaffen

* das Selbstvertrauen der Teilnehmerinnen zu stärken

* Unterstützung bei der Umorganisation des Alltags, um eine Umschulung zu ermöglichen.

Damit soll die Grundlage für eine eigene realistische Entscheidung der Teilnehmerinnen für oder auch gegen eine Umschulung gelegt werden. Die Frauen, die sich im Anschluß an die Orientierungsstufe zu einer Umschulung entschließen, werden auch während dieser Zeit pädagogisch begleitet. Ebenso ist die Unterstützung bei der anschließenden Arbeitssuche geplant. Die erste Orientierungsstufe endete im Dezember 1988.

Durch die Gelder des ESF war es möglich, den Teilnehmerinnen, die über ein sehr geringes monatliches Einkommen verfügen oder denen durch notwendige Kinderbetreuung zusätzliche Kosten entstehen, weitere finanzielle Mittel zur Verfügung zu stellen. Diese Unterstützung wird während der Umschulungszeit weitergeführt. Sie ist aber leider nicht fest einplanbar, da die Finanzierung aufgrund des Projektcharakters immer nur kurzfristig sichergestellt ist.

Die Inhalte der Orientierungsstufe

Die effektivste Möglichkeit, Teilnehmerinnen eine Vorstellung von dem zu vermitteln, was in einer Umschulung auf sie zukommt, besteht durch die direkte Auseinandersetzung mit den Ausbildungsinhalten. Deshalb lag ein Schwerpunkt der Maßnahme bei der Vermittlung von entsprechenden Grundkenntnissen im Elektronik- und Metallbereich. Ergänzt wurden diese Inhalte durch schriftliche Unterlagen zur beruflichen Information sowie durch Ausbilderbefragungen und Hospitationen in den einzelnen Umschulungsbereichen.

Bei den in der Fachpraxis ausgeführten Arbeiten wurde Wert darauf gelegt, daß die Ergebnisse konkrete Aufgaben erfüllten. So wurde in der Metallwerkstatt ein komplettes Werkstück angefertigt, das sonst - natürlich unter anderen Voraussetzungen

- von WerkzeugmechanikerInnen im Rahmen der Zwischenprüfung bearbeitet wird. In Anschluß an diese Übung fertigten die Frauen sich in der Werkstatt Uhren aus Plexiglas an, deren Gestaltung ihnen freigestellt war. Um das Werkstück anfertigen zu können, mußten die Teilnehmerinnen räumliches Sehen und Zeichnungslesen üben. Sie nahmen an einem Meßlehrgang teil, lernten verschiedene Werkzeuge kennen und erstellten einen Arbeitsablaufplan.

Im Elektronikunterricht führten sie Löt- und Drahtbiegeübugen aus, lernten einige Elektronikbauteile kennen und nahmen anschließend erste Messungen vor. Sie erarbeiteten sich einen einfachen Stromkreis und bauten im Anschluß daran eine komplette Haushaltsschaltung. Auch diese Übungen wurden theoretisch untermauert. Hierbei erfuhren die Teilnehmerinnen z.B. viel über die Störungsursachen bei ihren defekten Elektrogeräten.

Vor dem Mathematikunterricht hatten die Frauen die größte Angst. Deshalb wurden die alten, oft negativen Schulerfahrungen thematisiert und im Kurs mit den Grundrechenarten begonnen. Durch den zusätzlichen Einsatz von Selbstlernprogrammen wurde so eine innere Differenzierung der Gruppe möglich.

Parallel zu diesen Fachinhalten waren jedoch auch übergreifende Fähigkeiten zu vermitteln, die das Selbstbewußtsein der Frauen sehr direkt betrafen. Die eigenständige Erarbeitung eines Themas, das Sprechen vor der Gruppe, aber auch die Kleingruppenarbeit war für viele Frauen ungewohnt. Raum für die Entwicklung oder Erweiterung dieser Fähigkeiten zu lassen, war von großer Wichtigkeit.

Die Vorgehensweise

Um den Frauen den Einstieg in das für sie meist ungewohnte Lernen zu erleichtern und ihnen ausreichend Gelegenheit für die Umorganisation ihrer bisherigen Lebensrhythmen zu geben, wurde die Anzahl der Unterrichtsstunden pro Woche von anfangs 25 langsam auf jeweils 40 Unterrichtsstunden angehoben, was der normalen Unterrichtszeit während einer Umschulung entspricht.

Erklärungen erfolgten in kleinen Schritten und setzten keinerlei Vorkenntnisse voraus. Die Teilnehmerinnen waren gleichwohl aufgefordert, ihre Kenntnisse und Erfahrungen in den Unterricht mit einzubringen. So entstanden lebhafte Diskussionen und die Frauen halfen sich gegenseitig bei auftretenden Schwierigkeiten.

Durch die gleichzeitige Anwesenheit der Theorie- und PraxisausbilderInnen im Unterricht bzw. sehr genaue Absprachen wurde die Verknüpfung der Inhalte gewährleistet.

Der Sinn der theoretischen Ausführungen war aufgrund der direkten Umsetzung in die Praxis gut nachvollziehbar.

Die Vermittlung von Lerntechniken und die Förderung des Selbstvertrauens war in den Fachunterricht miteingebunden, zum Teil wurde dies jedoch auch in extra ausgewiesenen Stunden thematisiert. Das gleiche gilt für die pädgogische Betreuung. Neben den Einzelgesprächen mit den Teilnehmerinnen, in die das ganze MitarbeiterInnenteam einbezogen war, wurden Themen, die für alle Frauen relevant sein konnten, immer wieder in die Gesamtgruppe getragen und dort diskutiert.

Bei Rückmeldungen am Ende der Maßnahme wiesen die Teilnehmerinnen explizit darauf hin, daß die zehn Wochen ihnen dabei geholfen haben, sich selbstbewußter für ihre Belange einzusetzen und sich insgesamt wieder mehr zuzutrauen. Einige Frauen waren sich sogar sicher, daß sie ohne diese Orientierungsstufe niemals auf die Idee gekommen wären, einen gewerblich-technischen Beruf zu erlernen.

Daten zur Eingangssituation der Teilnehmerinnen

An den bisher zwei Orientierungsstufen nahmen insgesamt 35 Frauen teil. Davon waren 20 Frauen bis zu 30 Jahre alt, die anderen 15 Frauen maximal 38 Jahre alt. Die hauptsächlichen Gründe der Frauen, an einer Umschulung teilzunehmen, werden aus dem Familienstand, der Ausbildung und der Art der letzten Berufstätigkeit der Frauen deutlich: Von den insgesamt 35 Teilnehmerinnen konnten nur sechs mit dem Einkommen eines Ehemannes rechnen. Von den dreizehn Frauen, die Kinder zu versorgen hatten, waren zehn alleinstehend.

Die Frauen verfügten über keine Berufsausbildung (14), oder aber über eine, in der nur schlechte Vermittlungschancen bestehen und/oder das monatliche Einkommen extrem gering ist (Verkäuferin, Damenoberbekleidungsnäherin, Friseurin etc.). Kaum eine der Teilnehmerinnen war bis zuletzt in ihrem Beruf tätig. Die meisten führten Hilfstätigkeiten wie z.B. Packen, Löten, Montieren oder Servieren ausgeführt. Die meisten Frauen (19) hatten einen Hauptschulabschluß, 7 Teilnehmerinnen dagegen den Hauptschulabschluß nicht erreicht oder die Sonderschule besucht. Über höhere Abschlüsse verfügten 9 Frauen.

Verbleib der Frauen nach der Orientierungsstufe

Kommunikationselektronikerin Fachr. Informationstechnik: 6 Frauen
Kommunikationselektronikerin Fachr. Funktechnik: 5 Frauen

Werkzeugmechanikerin Fachr. Stanz- u. Umformtechnik:	*4 Frauen*
Meß- und Regelmechanikerin:	*2 Frauen*
Zerspanungsmechanikerin Fachr. Automatendrehtechnik:	*2 Frauen*

Die anderen Frauen haben eine Arbeit gefunden, suchen zur Zeit noch Arbeit oder bemühen sich um eine Umschulung in einem anderen Bereich.

Ausblick

Von den oben genannten Schlußfolgerungen wurde bisher eine voll erfüllt, nämlich die Unterstützung der Frauen bei der Erreichung der Eingangsvoraussetzungen für den Einstieg in die Umschulungsmaßnahmen mit Hilfe der Orientierungsstufe. Weitere Schlußfolgerungen sind damit integrativ beachtet (assoziatives/konkret-operationales Lernen, Schaffung von Kinderbetreuungsplätzen durch finanzielle Unterstützung). Die Einstellung weiblicher Lehrkräfte wird derzeit intensiv angegangen und hat bereits zu Erfolgen geführt.

Literatur

Baron, Waldemar; Feldmann, Birgitt: "Integrativer Lernprozeß und neue Bildungsmedien", **Berufsbildung in Wissenschaft und Praxis**, *3/1989: 27-31*

Boman, Marian: "Vocational Training in Microcomputer Technology - Berufsbildung in Mikrocomputertechnik", in: Feldmann, Birgitt; Meyer, Norbert; Koegler, Bert: **Neue Technologien und ihre Umsetzung in Bildungskonzepte - New Technology and Training Materials** *Köln: vgs, 1988: 109-111*

Brückers, Walter; Dickert-Laub, Margit; Goldmann, Monika: **Berufliche Qualifizierung von arbeitslosen Frauen im gewerblich-technischen Bereich** *Essen: BFZ-Bericht 22, 1981*

Buckley, Veronica und Boman, Marian (eds.): **MFA Microelectronics Training Systems 1** *Köln: Leybold Didactic, 1988*

Feldmann, Birgitt et al. **Aktiver Einstieg in die MC-Technik von Frauen und Männern** *Essen: Berufsförderungszentrum, 1987*

Feldmann, Birgitt: "Umschulung und berufliche Weiterbildung von Frauen in der Mikrocomputer- und Automatisierungstechnik am Berufsförderungszentrum Essen e.V. - Zugangsbedingungen und Unterrichtsgestaltung", in: Deitmer, Ludger; Grutzmann, Albert; Ruth, Klaus: ***Arbeit und Technik: 2. Bremer Symposium, Tagungsband.*** *Universität Bremen, 10. bis 13. Juni 1987: 167-172.*

Women's Technology Training Workshop, *Sheffield, 7./8. März 1987*

Themenschwerpunkt E:
Kritik und Weiterentwicklung der Computertechnologie

Softwareentwicklung aus weiblicher Perspektive

Fanny-Michaela Reisin

Technische Universität Berlin
Institut für Angewandte Informatik
Franklinstr. 28/29, FR 5-6
D-1000 Berlin 10

1. Einleitung

Die bisherige Diskussion um "Benutzerpartizipation", "benutzerorientierte Softwarequalität" usw. vernachlässigt m.E. die Bedeutung der Subjektivität bei den kooperativen Arbeitsprozessen der Softwareentwicklung.

In meinem Beitrag möchte ich mich auf die Arbeitsprozesse konzentrieren, bei denen die BenutzerInnen und EntwicklerInnen miteinander kooperieren. Es sind im wesentlichen die Arbeitsprozesse der Gestaltung des neuen computergestützten Systems. Die kooperative Gestaltung des Systems durch die BenutzerInnen und EntwicklerInnen stellt - dies ist meine Grundannahme - die eigentlich kreativen und von daher ausschlaggebenden Arbeitsprozesse einer benutzerorientierten Softwareentwicklung dar.

Hierbei geht es nicht allein darum, das spezifische sachlogische Wissen der Beteiligten zu ermitteln. Entscheidend ist - da es sich um Gestaltung eines neuen Realitätsbereichs handelt -, daß die Beteiligten ihre jeweiligen individuellen Fähigkeiten, Neigungen, Anschauungen etc. einbringen. Ihre unterschiedliche Subjektivität bildet doch gerade den Ermöglichungstatbestand für die Entstehung einer neuen Qualität und damit den Grund für die kooperative Durchführung eines Softwareentwicklungsprojekts.

Die sozialwissenschaftliche Kategorie der Perspektivität gestattet es uns, Subjektivität in die Überlegungen zur Softwareentwicklungsmethodik einzubeziehen.

Frauen, die ihren spezifischen Zugang zur kooperativen Softwareentwicklung bewußt zur Geltung bringen, vertreten zunächst ihre eigene sozialisierte Identität. Eine der von Frauen in spezifischer Weise angeeigneten Fähigkeiten ist durch den Begriff der "Perspektivübernahme" gekennzeichnet und läßt sich - ich stütze mich auf Erfahrungen und Beobachtungen in konkreten Entwicklungsprojekten - wie folgt umschreiben: Frauen sind darin geübt, in kooperativen Handlungszusammenhängen unterschiedliche Perspektiven wahrzunehmen, anzuerkennen und ihre Aufrechterhaltung und Vermittlung gleichzeitig zu gewährleisten. Dabei lernen Frauen - und Männer - in der Perspektivität der anderen ihre eigenen subjektiven Interessen und Wünsche zu identifizieren.

In einer solchen multiperspektivischen Entwicklungspraxis kann sich ein neues Verständnis von der Gestaltung computergestützter Systeme herausbilden, das nicht auf die Nivellierung, sondern auf die spezifische Entfaltung individueller Qualitäten ausgerichtet ist.

2. BenutzerInnen- versus Benutzerorientierte Softwareentwicklung

Bei der Entwicklung von Softwaresystemen, die als Arbeitsmittel benutzt werden sollen, wird nicht nur Technik, sondern zugleich Arbeit gestaltet. Dies gilt auch dann, wenn die Arbeitsgestaltung nicht ausdrücklich verfolgt wird. Mit jedem neuen Softwareprodukt, das in Arbeitszusammenhängen eingesetzt wird, werden neue Arbeitstätigkeiten und Arbeitsabläufe konstituiert sowie die Kommunikationsbeziehungen, Organisationsformen und Bedingungen der Arbeit verändert.

Wird mit der Systementwicklung die Verbesserung der Qualität der Arbeit angestrebt, so muß sie methodisch auf das wechselseitige Bedingungsverhältnis von Technik- und Arbeitsgestaltung ausgerichtet sein. Für die Beurteilung der Verbesserung der Qualität der Arbeit und der Technik sind neben allgemeinen arbeitswissenschaftlichen Erkenntnissen die konkreten, kollektiven und individuellen, aus den Arbeitsprozessen der Organisation begründeten Kriterien maßgeblich.

Ein auf die Interessen der BenutzerInnen an der Verbesserung der Qualität ihrer Arbeit ausgerichtetes Softwareentwicklungsprojekt kann nicht von den EntwicklerInnen und ebensowenig von den BenutzerInnen allein durchgeführt werden. Die zur Gestaltung der Arbeit und Technik erforderliche Sach- und Erfahrungskompetenz ist weder bei den Einen noch bei den Anderen vorhanden.

Die Partizipation der BenutzerInnen am Prozeß der Softwareentwicklung bildet daher eine zunächst sachlich notwendige Bedingung für die Entwicklung eines zweckadäquaten computergestützten Systems.

Werden jedoch mit dem Prozeß der Softwareentwicklung Ziele verfolgt, die über die bloße Zweckangemessenheit hinausgehen, wie z.B. Verbesserung der Qualität der Arbeit, Förderung von Kreativität und Autonomie, Erhöhung der Transparenz von Organisations- und Entscheidungsstrukturen, Demokratisierung der Arbeitsverhältnisse usw., so muß das Verständnis von den kooperativen Arbeitsprozessen der EntwicklerInnen und BenutzerInnen über die Einsicht in die Notwendigkeit der BenutzerInnenpartizipation hinausgehen. Die Gestaltung eines benutzerInnenorientierten Systems erschöpft sich nicht in der bloßen Beteiligung der BenutzerInnen und ist ebensowenig auf die objektivierende Ermittlung ihres Benutzungswissens, d.h. auf die Analyse ihrer sachlogischen Aufgaben beschränkt. Entscheidend sind wechselseitige Kommunikations- und Lernprozesse zwischen den EntwicklerInnen und BenutzerInnen, in deren Verlauf die neue Qualität der künftigen computergestützten Arbeit kooperativ erschlossen und gestaltet wird. Hierbei handelt es sich um genuin kreative Arbeitsprozesse.

Methodische Ansätze der Softwareentwicklung, die geeignet sein sollen, die kooperativen Arbeitsprozesse der Systemgestaltung im Hinblick auf die Interessen und Bedürfnisse der BenutzerInnen zu unterstützen, müssen die unterschiedlichen Blickwinkel der BenutzerInnen und der EntwicklerInnen sowie ihre jeweiligen und gemeinsamen Arbeitsprozesse reflektieren. Der an der TU Berlin entwickelte Theorie- und Methodenansatz STEPS (Softwaretechnik für Evolutionäre, Partizipative Systementwicklung) trägt solchen Anliegen in besonderer Weise Rechnung. Das in den einzelnen methodischen Konzepten sowie in dem Projektmodell widergespiegelte Verständnis der Durchführung von Softwareentwicklungsprojekten ist auf Multiperspektivität ausgerichtet; die Diskontinuität, die Dynamik und Zyklizität der kreativen Arbeitsprozesse der BenutzerInnen und EntwicklerInnen wird nicht als lästige Störung angesehen, sondern systematisch berücksichtigt (FLOYD 89; REISIN, SCHMIDT 88; FLOYD, REISIN, SCHMIDT 89). Weitere Ansätze, die ebenfalls die kooperativen und unterschiedlichen Arbeitsprozesse der EntwicklerInnen und BenutzerInnen reflektieren, sind die Ansätze ETHICS von Enid Mumford (MUMFORD 87) und IMPACT von Margit Falck (FALCK 89).[1]

---

[1] Bei allen Referenzen auf Beiträge zur Softwaretechnik von Frauen wird der Vorname mit aufgeführt.

3. Multiperspektivität der Softwareentwicklung

Im vorliegenden Abschnitt möchte ich nicht auf "kollektive", sondern vielmehr auf subjektive, d.h. auf die individuellen Perspektiven derjenigen eingehen, die - ganz gleich ob als BenutzerInnen oder EntwicklerInnen - in einem Softwareentwicklungsprozeß miteinander kooperieren.

Es ist ein Grundmoment menschlicher Erfahrung, daß die Welt mir und somit auch jedem anderen stets an einem bestimmten Lebensstandort in einer bestimmten Perspektive gegeben ist. Standortgebundenheit und Perspektivität sind Grundtatbestände unserer subjektiven Beziehung zur Welt und deswegen real unaufhebbar. Bestimmt durch meine Historizität, durch die konkrete Situation, in der ich mich befinde, den Blickwinkel, den ich einnehme sowie durch den jeweiligen Sinn, den ich mit meinen Handlungen verbinde, stellt sich mir die anschauliche Wirklichkeit als Relief zusammmenhängender Aspekte - meine Perspektive - dar. Daß Menschen, die ein und dasselbe Ding betrachten, Unterschiedliches sehen oder sehen können, verwundert daher ebensowenig wie der Umstand, daß ein und derselbe Mensch dasselbe Ding erst so und später anders sieht (vgl. GRAUMANN 60). Ebenso ist es erklärlich, daß Menschen, die dieselbe Sprache gebrauchen, aneinander vorbeireden. Selbst im Rahmen ein und derselben sogar gemeinsam vereinbarten Terminologie tauchen Verständigungsschwierigkeiten auf. Hierbei handelt es sich nicht, wie häufig unterstellt, um Unverbindlichkeit, mangelnde Präzision der Alltagssprache oder mangelndes Abstraktionsvermögen beim anderen. Das reale Problem liegt in der Multi<u>aspektivität</u> der Dinge. Wenn ich mir der Perspektivität meiner Wahrnehmung bewußt bin, so weiß ich gleichzeitig, daß Personen, Sachzusammenhänge, Situationen stets unerschöpflich viel mehr sind als mir aus meiner Perspektive von ihnen offenbar ist (vgl. HOLZKAMP 78).

Die Schwierigkeit, sich in den kooperativen Gestaltungsprozessen der Softwareentwicklung über die Bedeutungszusammenhänge und damit über das Ziel der gemeinsamen Aktivitäten und den Sinn des gemeinsamen Tuns zu verständigen, ist daher in jeder Situation gegeben.

Die Ersetzung der Alltagssprache durch ein formal wohldefiniertes "eindeutiges" oder durch ein "einheitliches" semiformales Beschreibungsmittel beseitigt diese in der Sache selbst liegende Schwierigkeit nicht.

Die Einengung und völlige Festlegung der Erkenntnisart auf formal wohldefinierte Symbole erfolgt ja gerade aufgrund der Vieldeutigkeit des sprachgebundenen Erkennens. Diese bleibt ebenso wie die Fülle der möglichen Aspekte des Sachverhalts grundsätzlich bestehen. Das Ansinnen, die Fülle der Erscheinungsweisen der Sachen und die Vielfalt der sie widerspiegelnden Perspektiven durch formale Konzepte zu "vereindeutigen", beseitigt daher die Notwendigkeit sich zu verständigen nicht, sondern blendet sie nur aus. Die unterschiedlichen, subjektiv authentischen Perspektiven, in denen sich die Gegenstände oder Sachverhalte darstellen, werden durch die formalen Beschreibungskonzepte und -verfahren nivelliert (zur Unterschiedslosigkeit wegreduziert). Ausgesagt wird nur noch etwas über die Beschreibungskonzepte. Eliminiert sind die nicht darstellbaren, gleichwohl aus subjektiver und ggf. kollektiver Sicht relevanten, z.B. informellen Bedeutungsaspekte.

Wird die Alltagssprache in ihrer Vieldeutigkeit frühzeitig durch formale oder semiformale Sprachmittel ersetzt und die Multiperspektivität und -aspektivität ausgeblendet, so bestimmen sich die entscheidenden kooperativen Aktivitäten der Softwareentwicklung, nämlich die Erschließung und Gewinnung von Neuem nicht nach Sinnkriterien. Diese werden den prinzipiell austauschbaren Beschreibungskonzepten unterworfen. Austauschbar ist hier wörtlich zu nehmen. Modellierungsverfahren und Beschreibungsmethoden der "Anforderungsermittlung" und des "Softwaredesigns" wie z.B. SADT (ROSS, SCHOMANN 77), SA/SD (YOURDON 82) oder JSD (JACKSON 83) sind nicht für einen bestimmten, sondern für beliebige Anwendungsbereiche konzipiert. Das bedeutet, wir könnten prinzipiell jedes Verfahren zur Modellierung und Beschreibung beliebig unterschiedlicher Anwendungsbereiche einsetzen. Umgekehrt könnten wir beliebig unterschiedliche Verfahren, so z.B. alle oben genannten zur Modellierung ein und desselben Anwendungsbereiches einsetzen. Hieraus ergibt sich zwangsläufig, daß dies nur möglich ist, wenn die spezifische Projektsituation, die besondere Aspektivität des Anwendungsbereiches und die subjektiven Perspektiven der am Projekt beteiligten, der Modellierungsmethode "geopfert", durch ihre Beschreibungskonzepte weg "abstrahiert" werden.

Meine Erfahrungen im Rahmen des Entwicklungsprojektes PETS (Partizipative Entwicklung transparenzschaffender Softwareentwicklung für DV-gestützte Arbeitsplätze[1]), in dem wir in Kooperation mit den Sachbearbeiterinnen

---

[1] Das Projekt PETS führen wir im Rahmen des Programms "Mensch und Technik: Sozialverträgliche Technikgestaltung" der Landesregierung Nordrhein-Westfalen in Kooperation mit den MitarbeiterInnen des Tarifarchivs des Wirtschafts- und Sozialwissenschaftlichen Instituts des Deutschen Gewerkschaftsbundes durch. In dem Projekt geht es um die Entwicklung eines DV-gestützten Systems zur Unterstützung der täglichen Arbeitsprozesse bei der Erfassung, Archivierung und Auswertung von Tarifverträgen (jährlich 3.500 bis 4.000, Gesamtbestand ca. 40.000).

des Tarifarchivs beim WSI ein computergestütztes System entwickeln, haben gezeigt, daß die Kommunikations- und Lernprozesse über die unterschiedlichen Perspektiven der Beteiligten in der Alltagssprache, die beste Grundlage bieten, um eine gemeinsame Anschauung insbesondere von komplexen Sachverhalten und Arbeitssituationen zu gewinnen. Von einer gemeinsamen Anschauung der gegebenen und der Gestaltung einer gemeinsamen Antizipation der künftigen Arbeitsrealität hängt aber der Verlauf des kooperativen Entwicklungsprozesses und die Qualität des resultierenden Produkts ab (vgl. REISIN 89). Diese Erfahrungen werden auch von Gro Bjerknes und Tone Bratteteig (BJERKNES, BRATTETEIG 86), bestätigt. Sie kommen zu dem Ergebnis, daß herkömmliche, ausschließlich auf die Konstruktion des technischen Produkts bezogene Systembeschreibungsmethoden nur unter bestimmten Voraussetzungen eingesetzt werden sollten. Erstens müssen der Anwendungsbereich, das Problem und die Problemlösung von allen Beteiligten erschlossen sein. Zweitens müssen die einzelnen Methoden und die ihnen zugrundeliegenden Geltungsbereiche gut verstanden sein, so daß drittens die Wahl der jeweiligen Methode zur Konstruktion des Produkts problemadäquat getroffen werden kann. Mit der zweiten und dritten Voraussetzung wird dem Umstand entsprochen, daß formale und semiformale Modellierungsmethoden im Gegensatz zu ihrer vielfach gepriesenen "Universalität" stets in einer bestimmten Hinsicht konzipiert und deshalb auch nur in einer Hinsicht nützlich sein können. Der Anwendungsbereich und die Perspektive der Betrachtung, deren Modellierung die Methode unterstützt, wird in der Regel nicht explizit ausgewiesen (vgl. BJERKNES, BRATTETEIG 87). Mathiassen und Munk-Madsen unterscheiden in Anlehnung an (LANZARA 83) drei Situationstypen der Systementwicklung, in denen Realität beschrieben wird:

- Routinesituationen: das Problem und die Lösung sind bekannt,
- Problemlösungssituationen: das Problem ist bekannt, nicht jedoch die Problemlösung,
- Problemfindungssituationen: das Problem ist den Beteiligten nicht bekannt.

Sie kommen aufgrund ihrer Erfahrungen zu dem Ergebnis, "... je weiter wir uns von Routinesituationen wegbewegen, desto weniger gut lassen sich formalisierende Beschreibungsmittel anwenden und desto dringender ist der Bedarf an alternativen Ansätzen" (MATHIASSEN, MUNK-MADSEN 85).

Meines Erachtens brauchen wir methodische Konzepte, die es uns ermöglichen, das neue System gemeinsam mit den BenutzerInnen unter Verwendung der Alltagssprache zu gestalten und gleichzeitig nicht in den Vieldeutigkeiten unterzugehen, sondern Klarheit über das Wünschenswerte und das Machbare zu gewinnen.

Die Perspektiven der einzelnen am Projekt beteiligten, machen ebenso wie die Bedeutungsaspekte der gemeinsamen Situation die Besonderheit der kooperativen Arbeitsprozesse aus. An der TU Berlin versuchen wir einen methodischen Zugang zur Unterstützung von kooperativen Lern- und Gestaltungsprozessen zu entwickeln, der den sachlichen, den sozialen und den subjektiven Anforderungen und Anliegen Rechnung trägt. Christiane Floyd begreift einen solchen Zugang als "Dialogisches Design" (FLOYD 89). Die Bereitschaft zur Übernahme anderer und neuer Perspektiven ist dabei eine notwendige, allerdings nicht allein durch methodische Konzepte herzustellende Voraussetzung.

4. Die weibliche Perspektive

Schon aus den bisherigen Ausführungen dürfte deutlich geworden sein, wir haben es mit Perspektiven auf unterschiedlichen Ebenen zu tun. So habe ich einerseits von "kollektiven" Perspektiven der BenutzerInnen bzw. der EntwicklerInnen und andererseits von den subjektiven bzw. individuellen Perspektiven der an einem Softwareentwicklungsprozeß beteiligten gesprochen. In unmittelbar kooperativen Handlungszusammenhängen kommen "kollektive" Perspektiven, wie z.B. Gruppen-, Berufs- oder politische Interessen stets subjektiv vermittelt zum Ausdruck. Umgekehrt ist die subjektive Perspektive nicht losgelöst von den gesellschaftlichen Zusammenhängen zu sehen.

Im folgenden werde ich daher von der weiblichen und männlichen Perspektive auf zwei Bedeutungsebenen sprechen. Einerseits steht weibliche bzw. männliche Perspektive in der Bedeutung der geschlechtsspezifisch sozialisierten Fähigkeiten, Wertorientierungen, Einstellungen etc., andererseits in der Bedeutung der Subjektivität jeder Frau und jedes Mannes. Wenn der nächste Abschnitt die weibliche bzw. männliche Perspektive auf einer allgemeinen geschlechtsspezifisch bestimmten Ebene zum Thema hat, so kommt es mir gleichzeitig darauf an deutlich zu machen, daß die subjektive sozusagen eigene Perspektivität nicht in der kollektiven auf- bzw. untergehen kann.

Wir Frauen sind herkömmlicherweise sozialisiert, die Perspektiven anderer wahrzunehmen und nach Lösungen zu suchen, bei denen sie zugleich aufgehoben und integriert werden. Unsere Mütter nahmen unsere Perspektiven, die Perspektiven ihrer Töchter ein, die der Söhne, des Vaters, der ganzen Familie, der Schule, der Berufswelt etc. und waren stets bemüht, sie zu vermitteln. Diese Fähigkeit wurde als positive weibliche Wertorientierung auf uns übertragen. Andererseits wurde uns nie nahegelegt, unsere subjektiven, beruflichen sowie politischen Interessen und Wünsche, also unsere eigenen Bedeutungsaspekte wahrzunehmen und zu vertreten. Die weibliche Perspektive ist somit in doppelter Weise bestimmt: Einmal als Fähigkeit, in Situationen kooperativen Handelns, die Perspektiven anderer als besondere Bedeutungsaspekte wahrzunehmen und anzuerkennen. Zu dieser spezifisch weiblichen Fähigkeit können wir meiner Meinung nach stehen. Die andere, ebenfalls spezifisch weibliche Eigenschaft, ist die gesellschaftlich seit Jahrhunderten tradierte "Blindheit" gegenüber der eigenen Perspektive. Diese wollen wir überwinden, nicht nur in unserem, sondern auch im allgemeinen Interesse an einer menschenzentrierten Technikentwicklung.

Männer sind erzogen worden, sich an der "Objektivität" zu orientieren. Damit meine ich die Sachlogik der Gegenstände und die vermeintliche Rationalität der Beziehungen zwischen ihnen. Die Subjektivität wird der postulierten und vor allem verabsolutierten Objektivität untergeordnet. Insofern haben auch Männer nicht gelernt, ihre subjektiven Interessen und Wünsche wahrzunehmen. Der Unterschied zu Frauen besteht jedoch darin, daß die so beschriebene männliche Perspektive die in Wissenschaft und Technik Vorherrschende ist. Diese Dominanz der männlichen gegenüber der weiblichen Perspektive in Wissenschaft und Technik bringt es mit sich, daß bei Softwareentwicklungsprojekten formale und technische Eigenschaften des Produkts gegenüber den vielfältigen kollektiven und subjektiven Perspektiven der an seiner Herstellung und Benutzung Beteiligten im Vordergrund stehen.

Unbestritten ist, daß die technischen Produkteigenschaften nicht hintergehbar sind. Der Punkt ist jedoch, daß die sachlogische Produktrationalität nicht die kreativen Anteile der Softwareentwicklung konstituiert. Kreativität ist als menschliche Fähigkeit charakterisiert, Personen, Objekte, Beziehungen zwischen diesen und Realitätsbereiche insgesamt in vielfältigen Perspektiven zu sehen. Hierdurch ergibt sich gerade Neues. - Insofern muß die gegenwärtig dominierende Perspektive als kontraproduktiv angesehen werden.

Wir Frauen sind darauf angewiesen, daß Differentes in Forschung und Entwicklung nicht nur zugelassen wird, sondern auch zur Entfaltung gebracht werden kann. Damit kommt uns aber auch die Aufgabe zu, die Multiperspektivität der vorherrschenden objektivierten und verabsolutierten Wissenschafts- und Technikrationalität entgegenzusetzen.

Unsere eigenen Interessen in der Softwareentwicklung zu vertreten, bedeutet zunächst, unsere spezifischen Fähigkeiten einzubringen und geltend zu machen, daß die unterschiedlichen, insbesondere auch subjektiven Perspektiven authentisch sind und deshalb wahrgenommen und berücksichtigt werden müssen. In diesem Prozeß können wir alle - Frauen und Männer - lernen, auch die eigenen subjektiven Perspektiven zu reflektieren und zu vermitteln.

Eine solche Praxis würde zu einem neuen Verständnis von Kooperation und Kreativität bei der Softwareentwicklung führen. Die Arbeitsprozesse der EntwicklerInnen und BenutzerInnen wären,ebenso wie das resultierende computergestützte System, nicht auf die Reproduktion herkömmlicher Technik ausgerichtet, sondern hätten die Gestaltung einer menschenzentrierten sozialen und technischen Realität zum Ziel.

Literaturverzeichnis

(BJERKNES, BRATTETEIG 86)
Gro Bjerknes, Tone Bratteteig: "Perspectives on Description Tools and Techniques in System Development", Proc. IFIP Conf. on Systems Design for Human Development and Productivity, Berlin, DDR, 1986.

(BJERKNES, BRATTETEIG 87)
Gro Bjerknes, Tone Bratteteig: "Florence in Wonderland: System Development with Nursers", in: G. Bjerknes, P. Ehn, M. Kyng (Hrsg.): Computers and Democracy, a Scandinavian Challange, Dänemark, 1987

(FALCK 89)
Margit Falck: "Information System, Organization and Work Design - How to do it?", in: Proc. IFIP Conf. on Information System, Work and Organization Design, Berlin, DDR, 1989

(FLOYD 89)
Christiane Floyd: "Softwareentwicklung als Realitätskonstruktion", in: W.-M. Lippe (Hrsg.): Software-Entwicklung. Konzepte Erfahrungen, Perspektiven, Proc. der GI-Fachtagung, Springer Verlag, 1989

(FLOYD, REISIN, SCHMIDT 89)
Christiane Floyd, Fanny-Michaela Reisin, Gerhard Schmidt: "STEPS to Software Development with Users", Proc. 2nd European Software Engineering Conf., University of Warwick, England, Sept. 1989

(GRAUMANN 60)
C.F. Graumann: "Grundlagen einer Phänomenologie und Psychologie der Perspektivität", Berlin, 1960

(HOLZKAMP 78)
K. Holzkamp: "Sinnliche Erkenntnis - Historischer Ursprung und gesellschaftliche Funktion der Wahrnehmung", Frankfurt a.M., 1978

(JACKSON 83)
M.A. Jackson: "System Development", Prentice Hall International Series on Comp. Sci., Englewood Cliffs, 1983

(LANZARA 83)
G.F. Lanzara: "The Design Process: Metaphores and Games", in: U. Briefs et al. (Hrsg.): System Design For, With and By the Users, North Holland, 1983

(MATHIASSEN, MUNK-MADSEN 85)
L. Mathiassen, A. Munk-Madsen: "Formalization in System Development", University of Aarhus, DAIMI PB-193, 1985

(MUMFORD 87)
Enid Mumford: "Sociotechnical Systems Design - Evolving Theory and Practice", in: G. Bjerknes, P. Ehn, M. Kyng (Hrsg.): Computers and Democracy, a Scandinavian Challange, Dänemark, 1987

(REISIN 89)
Fanny-Michaela Reisin: "Anticipating Reality Construction: A Reference Scheme for Software Development", in: R. Budde, C. Floyd, R. Keil-Slawik, H. Züllighoven (Hrsg.): Software Development and Reality Construction, Springer Verlag, erscheint im Herbst 1989

(REISIN, SCHMIDT 88)
F.-M. Reisin, G. Schmidt: "STEPS - ein Ansatz zur evolutionären Systementwicklung", in: K.-D. Jansen et al. (Hrsg.): Beiträge zu Methoden der Partizipation bei der Entwicklung computergestützter Arbeitssysteme, Westdeutscher Verlag, 1988

(ROSS, SCHOMANN 77)
D.T. Ross, K.E. Schomann: "Structured Analysis for Requirement Definition", IEEE Transactions on Software Engineering SE-3, 1977, No. 1

(YOURDON 82)
E. Yourdon: "Managing the System Life Cycle", New York, 1982

IMPACT - ein Methodenansatz zur interessengeleiteten Systemgestaltung als Beispiel zum Gestaltungsvorgehen einer Informatikerin

Margrit Falck
Humboldt-Universität zu Berlin, Sektion WTO
Ziegelstr. 12/13, Berlin/DDR 1040

IMPACT steht für: **Integrierter Methodenansatz einer Prospektiven und die Nutzer Aktivierenden Strategie zur Collektiven Gestaltung von Organisation, Tätigkeit und Technik.** IMPACT ist das Ergebnis einer Methodenkritik am Software Engineering und an der sozio-technischen Systemgestaltung /FALCK 89b/. Er besteht gegenwärtig als Gerüst zu einem Kompendium von aufeinander abgestimmten Modellen, Methoden, Arbeits- und Beschreibungsmitteln (Werkzeugen), Arbeitsprinzipien sowie Organisationsformen.

Theoretische Positionen

Der grundlegende methodische Ausgangspunkt von IMPACT liegt in der Nutzung der sozialpsychologischen Antriebsmomente des Menschen zu und bei seiner Arbeit für die Gestaltung von Organisation, Arbeitstätigkeit und informationsverarbeitender Technik.
Die Regulation menschlicher Arbeit von Individuen und Gruppen in einer betrieblichen Organisation folgt einem Mechanismus, in dem jeweils Elemente des Antriebs zur Arbeit zu Elementen der Ausführung von Arbeit in Beziehung stehen. Das Zusammenspiel dieser Elemente unterliegt organisationssoziologischen, arbeitspsychologischen und, bei Nutzung technischer Arbeitsmittel, auch technischen und technologischen Gesetzmäßigkeiten. Danach ist die betriebliche Organisation ein sozialer Organismus, dessen Elemente zueinander in einem Sinnzusammenhang stehen. Arbeitsteilige, an Zielen und Leistungsanforderungen ausgerichtete Strukturen und Prozesse bilden ein Gefüge, das Ergebnis des Wirkens

von Interessen ist. Aus ihm leiten sich die Arbeitsaufgaben ab. Strukturen und Prozesse setzen zugleich einen Rahmen für Arbeits-und Lebensbedingungen, unter denen die Arbeitsaufgaben zu erfüllen sind. Die einzelne Arbeitsaufgabe ist psychologisch als ein Auftrag an den/die Werktätige/n zu verstehen. Aus seinem/ihrem Verständnis vom Sinn der Aufgabe schöpft er/sie ein Motiv für die Tätigkeit, mit der er/sie die gegebene Aufgabe zu erfüllen beabsichtigt. Zur Ausführung der Tätigkeit werden Folgen von zielgerichteten Handlungen)[1] geplant, die sich nach den gegebenen Bedingungen, den Fähigkeiten, Fertigkeiten und dem Wissen des/der Einzelnen richten. Handlungen werden schließlich über Teilhandlungen und zweckgerichtete Operationen ausgeführt. Die Funktionen eines Informationssystems werden dabei als automatisierte Operationen in Teilhandlungen oder Handlungen eingebaut (instrumentelle Handlung). Vereinfachend ergibt daraus die folgende Hierarchie paariger Zuordnungen von Elementen der Antriebsregulation zu Elementen der Ausführungsregulation menschlicher Arbeit:

Sinnzusammenhang	(Interessen (Motiv	-----	Bedingungen) Tätigkeit)	Aufgaben
	Ziel	-----	Handlung	
	Teilziel	-----	Teilhandlung	
	Zweck	.....	Operation (automatisiert)	

Beim Einsatz von Technik werden mit den Funktionen der Software neue Operationen mit neuen, technischen und sachbezogenen Zwecken angeboten, die u.U. ganze Handlungsabläufe automatisieren und damit reduzieren oder auch Handlungen elementarisieren und damit zusätzliche Abläufe erfordern. Für die Nutzer verändern sich so die kognitiven und materiell-gegenständlichen Ausführungsbedingungen. Operationen werden bewußtseinspflichtig und somit zu Handlungen. Von Erfahrung geprägte, eingefahrene Handlungsabläufe sind nicht mehr anwendbar und müssen unter anderen Zielsetzungen erneut aus einzelnen Handlungen erstellt werden. Die Folge sind ganz andere Tätigkeiten, für die neue Motive zu finden sind und die andere Bedingungen erfodern. Das stellt aber den Sinn gegenwärtiger Strukturen und Aufgaben in Frage. Eine fällige Reorganisation der betrieblichen Organisation berührt und verletzt schließlich Interessen.

Insgesamt wird dadurch eine Störung in allen Regulationsebenen der

---

)[1] Hier unterscheidet sich die zielorientierte Handlung des arbeitspsychologischen Tätigkeitskonzepts /LEONTJEW/ vom sinnorientierten Handeln der soziologischen Handlungstheorie, das bereits Interessen und Handlungsstrategien in Organisationsstrukturen einschließt.

menschlichen Arbeit ausgelöst, die für die Mitglieder der Organisation eine Irritation in ihren informationellen und sozialpsychologischen Orientierungen bedeutet. Nützliche Routine, auf Erfahrungswissen fußende berufliche Kompetenz und der Gebrauchswert der Arbeitsorganisation verlieren an Wert und müssen unter neuen technischen und organisatorischen Bedingungen und auf einem höheren Abstraktionsniveau (Hard- und - Software) von Beteiligten und Betroffenen neu erworben und entwickelt werden.

Im Software Engineering entsteht diese Störungs- und Irritationssituation zum Zeitpunkt der Installation des IV-Systems und der daraus folgenden Reorganisation. Zu ihrer Überwindung wird den NutzerInnen Hilfe angeboten, die hauptsächlich die Regulationsebene der Operationen betrifft/FALCK 89a/. Dokumentationen, Schulungen oder Trainingskurse beschränken sich auf die Vermittlung technischer Kenntnisse und instrumenteller Fertigkeiten zum Erwerb neuer, nützlicher Routine bei der Ausführung von Operationen. Wie die NutzerInnen auf den übrigen Regulationsebenen zurecht kommen und wie sie neue Orientierungen in der sozialen Organisation finden, wird Ihnen selbst überlassen.

Im sozio-technischen Ansatz wird den NutzerInnen diese Störungs- und Irritationssituation noch während der Gestaltung des IV-Systems vor Augen geführt. Zu ihrer Überwindung wird der Gestaltungsprozeß in einen Lernprozeß verwandelt und bereits bewußt zur Formung der Software und ihrer unmittelbaren Organisationsumgebung am Arbeitsplatz(individuelle Arbeits- und Handlungsorganisation) genutzt. Mit der schrittweisen Entwicklung und Gestaltung in Zyklen (Prototyping) wird den Nutzern die Gelegenheit zur Einflußnahme und zur Gewinnung des für ihre berufliche Kompetenz notwendigen Wissens (Kenntnisse über Ausführungsmöglichkeiten von Aufgaben) gegeben. Dem entspricht z.B. die Vorgehensweise in STEPS /REISIN et al./. Dabei konzentriert sich der sozio-technische Ansatz hauptsächlich auf die Regulationsebene der instrumentellen Handlung /FALCK 89a/. Neuorientierungen in bezug auf die Motive von Tätigkeiten und effektive Verhaltensstrategien in einem arbeitsteiligen, kollektiven, betrieblichen Umfeld zu finden, bleibt den NutzerInnen weiterhin selbst überlassen.

Der Ansatz von IMPACT /FALCK 89b/ geht deshalb einen Schritt weiter. Er zielt darauf ab, auch gerade diese Neuorientierungen in bezug auf die kollektive Dimension der betrieblichen Organisation sowohl im Vorfeld als auch während des Gestaltungsprozesses zu erreichen. Mit Hilfe von Situationsbeschreibungen und -bewertungen sowie Varianten über mögliche Konzepte für die Gestaltung von betrieblicher Organisation, individueller Tätigkeit und Computerunterstützung werden die NutzerInnen angeregt, die Störungs- und Irritationssituation gedanklich vorwegzunehmen und sie ebenso gedanklich, zumindest in bezug auf die Elemente des Antriebs zur Tätigkeit schrittweise zu überwinden. Die Neuorientie-

rung in den Antriebsmomenten wird somit zur Voraussetzung der Gestaltung.
Das läuft auf einen bewußt prospektiv projektierenden Gestaltungsprozeß von Organisation, Tätigkeit und Technik hinaus. Er hat dabei nicht nur die Funktion eines Lernprozesses zur Erhöhung beruflicher Kompetenz zu erfüllen, sondern auch die eines Normen und Wert bildenden sowie Sinn gebenden kollektiven Erkenntnisprozesses. Den Beteiligten wird in diesem Prozeß die Gelegenheit gegeben, ihre Interessen aktiv einzubringen und einen Durchblick (Transparenz) durch die Organisation und die Funktionsweise der Technik zu gewinnen. Das ist die Voraussetzung dafür, daß es den beteiligten Mitgliedern der Organisation (Männern wie Frauen, Nutzern wie Leitern) vom Prinzip her möglich wird, ihre Erfolgschancen in der neuen Organisation, d.h. den Gebrauchswert der angestrebten rechnergestützten Organisation zu erkennen und mit zu beeinflussen.

Charakteristika des Gestaltungskonzeptes

Die betriebliche **Organisation**, die **Tätigkeit** am Arbeitsplatz und die **Technik** als Arbeitsmittel werden in allen Phasen der Gestaltung **als Einheit** betrachtet und bewertet. Zur **Organisationsumgebung**, die im sozio-technischen Ansatz hauptsächlich die **individuelle** Arbeits- und Handlungsorganisation betrifft, kommt hier die **kollektive** Dimension der Organisation (Interessen, Motive, Bedingungen, Tätigkeiten) hinzu.
Der **Mensch** ist als **NutzerIn von Technik und als Mitglied der Organisation** mit seinem von Interessen geleiteten Arbeits- und Sozialverhalten in den Gestaltungsgegenstand eingeschlossen. Deshalb wird dieser Methodik die betriebliche Organisation ausdrücklich als eine **soziale Organisation** zugrundegelegt. Darüber hinaus ist der **Mensch** auch **als GestalterIn von Organisation und Technik** in den Prozeß und in den Gegenstand einbezogen (**offenes System**).
Gegenüber dem linearen Phasenmodell des Software-Engineering und dem einfachen Zyklusmodell des sozio-technischen Ansatzes (z.B. STEPS) folgt der Ablauf des Gestaltungprozesses hier einem **mehrfach verschachtelten Zyklusmodell**/FALCK 89c/. Er führt schrittweise durch die verschiedenen Ebenen der Organisation, wie:

- soziale Organisation (kollektive Ebene)
- Arbeits- und Handlungsorganisation (individuelle Ebene)
- technologische Organisation (technische Ebene)

Als integrierter Methodenansatz sieht IMPACT die Kombination eigener Methoden mit vorhandenen und bewährten Methoden der anderen Gestaltungsansätze, wie Software Engineering und sozio-technische Systemgestaltung vor. **Neu** für diesen Ansatz sind vor allem **Methoden der Analyse und Projektierung von Tätigkeiten und von betrieblichen Organisationssituationen** (incl. Kommunikations- und Kooperationsbeziehungen sowie der technisch-technologischen Einsatzkonzepte). Sie ist als Phase der Prototypentwicklung der Software vorangestellt. Die Systementwicklungsorganisation ist durch eine im Prozeßverlauf **wechselnde Zusammensetzung des Gestaltungskollektivs** geprägt. Dabei ist vorgesehen, die ersten Phasen des Gestaltungsprozesses von betriebsunabhängigen EntwicklerInnen, u.U. unter Hinzuziehung von Spezialisten anderer Fachdisziplinen (z.B. Arbeitspsychologen), abwickeln zu lassen und das Projekt im Laufe der folgenden Phasen sukzessive in die Hände betriebseigener EntwicklerInnen übergehen zu lassen.

Die **Partizipation** der NutzerInnen am Gestaltungsprozeß folgt insgesamt einer Strategie, die auf den verschiedenen Ebenen der Organisation unterschiedliche Formen der Beteiligung einschließt.(Abb.1) Auf der kollektiven Ebene der sozialen Organisation wird angestrebt, die NutzerInnen zu einer aktiv gestaltenden Mitwirkung anzuregen. IMPACT verfolgt deshalb an vielen Punkten die Entwicklung und Diskussion von Varianten und damit bewußt ein **prospektives Prinzip**, das einen themenzentrierten Aushandlungsprozeß sozialer Interessen ermöglicht. Dabei übernehmen EntwicklerInnen die Anleitung, die Beratung und das Initiieren von kol-

Ebenen	
soziale Organisation	Interessenvertretung durch sich selbst, kommunikative und kollektive Auseinandersetzung, "Neuererwesen für geistige Tätigkeiten", sozialer Lernprozess
Arbeits- und Handlungsorganisation	Nutzer/in - Entwickler/in Dialog, " Ping - Pong " Partizipation, experimenteller Lern- und Erkenntnisprozess
Technik und Technologie	Nutzer/in mehr oder weniger konsultativ beteiligt, Nutzer/in als Auftraggeber bzw. Produktabnehmer, "Auftrags- und Dienstleistungswesen", Training instrumenteller Fertigkeiten zur Systemhandhabung

Abb.1: Partizipationsstrategie in IMPACT

lektiven Auseinandersetzungs- und Ideenfindungsprozessen. Auf diese Weise verändern sich sowohl die Rollen der NutzerInnen, als auch die der EntwicklerInnen. Die Partizipationsstrategie steht hier unter dem Aspekt der **Interessenberücksichtigung und -vertretung** in erster Linie **durch sich selbst.** Dies geschieht z.B. über das Entwickeln und Einbringen von Sichten (Perspektiven) und erfordert die Beachtung von Prinzipien der Konfliktbewältigung sowie der demokratischen Mitwirkung. Dabei sollte solange wie möglich vom Delegationsprinzip, d.h. der Entsendung einzelner Nutzervertreter in das Gestaltungskollektiv, abgesehen werden.
Auf der Ebene der individuellen Arbeits- und Handlungsorganisation folgt die Beteiligung der NutzerInnen mehr dem, mit dem experimentellen Prototyping verbundenen Prinzip einer **Ping/Pong-Partizipation.** Auf der technischen Ebene reduziert sich die Nutzerbeteiligung dann auf das Prinzip einer **Auftraggeber/Produktabnehmer-Partizipation.**

"Weibliche" Vermutungen

Obwohl ich als Frau für die Entwicklung dieses Ansatzes verantwortlich zeichne, möchte ich dennoch nicht behaupten, daß das Ergebnis einen spezifisch femininen Charakter hätte. Die Wahrscheinlichkeit dafür ist nicht sehr groß, denn schließlich waren meine Lehrer und Partner in der wissenschaftlichen Diskussion überwiegend männlich und das berufliche Umfeld, aus dem ich meine wissenschaftlichen Orientierungen zum großen Teil bezogen habe und in dem ich mich seit meinem Studium der Physik bewege, ist und war ebenfalls vorzugweise "männlich".
Erkenntnissen der Frauenforschung folgend, müßte dieser Ansatz aber in vielen Punkten Frauen, als Nutzerinnen und als Entwicklerinnen, entgegenkommen./JANSHEN 88b/ Die Arbeitsweise der Entwicklerin ist z.B. auf Ausgleich, Entwicklung des/der Einzelnen, Erzeugen von Selbständigkeit gerichtet und es ist ihr dabei möglich, innerhalb eines technisch geprägten Berufsbildes, die Lösung technischer Probleme mit der Lösung sozialer und gesellschaftlicher Probleme zu verbinden. Das hat allerdings zur Folge, daß sie damit sowohl die als "typisch-weiblich" geltenden Eigenschaften (kommunikativ, zu persönlicher Hinwendung fähig, Einfühlungsvermögen) mit den als "typisch-männlich" geltenden (Sachlichkeit, Zielstrebigkeit und Durchsetzungsfähigkeit) in einer Person vereinen muß.
Das Initiieren von Auseinandersetzungen, die für das Einbringen von Interessen eine wichtige Funktion haben, reißt mitunter EntwicklerInnen unversehens in die Konflikte hinein. Deshalb verlangt der Ansatz von

den EntwicklerInnen ein "absichtsarmes Engagement", was gerade jenen, zu Emphatie neigenden Frauen Schwierigkeiten bereiten kann.
Für Frauen als Nutzerinnen (incl. Leiterinnen) bietet der Ansatz die Chance, die Systemgestaltung zu einem neuen "Ort" /JANSHEN 88a/ für die aktive Umsetzung ihrer Interessen zu machen. Insbesondere die Arbeit mit Varianten (prospektives Prinzip) eröffnet Gestaltungsspielräume und Möglichkeiten, verfestigte Haltungen und Einstellungen aufzubrechen, eingefahrene Gewohnheiten und "Betriebsblindheit" zu überwinden sowie Einblicke in technische und organisatorische Zusammenhänge zu gewinnen. Ausgesprochen erleichternd für die Frauen ist dabei die Tatsache, daß technische Kenntnisse nicht a priori notwendig sind. Die Nutzung von Spielräumen geschieht aber keinesfalls im Selbstlauf, sondern bedarf in vielen Fällen der Ermutigung, z.B. durch die EntwicklerInnen innerhalb ihrer Rolle als InitiatorInnen, durch die Methodik selbst, durch entsprechende rechtliche Rahmenbedingungen oder auch durch gewerkschaftliche Unterstützung.
Systemgestaltung als neuer "Ort" der Interessenvertretung durch sich selbst setzt allerdings die Berufstätigkeit, gewissermaßen als "Eintrittskarte", voraus. Eine hohe Beschäftigungsrate von Frauen (in der DDR z.B. über 90%) ist deshalb eine notwendige, wenn auch längst nicht hinreichende Bedingung, um zumindest mit der Präsenz von Frauen in dem betreffenden Arbeits- und Organisationsbereich rechnen zu können.

Literatur:

/FALCK 89a/ Falck,M.: System Design in Social Organization and Methodological Background - Problems and Chances for Women's Participation. - In: Tijdens,K., Jennings,M., Wagner,I., Wegelaar,M.(eds.): Women, Work and Computerization: Forming New Alliances. - North Holland 1989, S. 145-152

/FALCK 89b/ Falck,M.: Nutzerbezogene Gestaltung von Informations- und Kommunikationssystemen in sozialen Organisationen. - Diss.B Humboldt-Universität Berlin, Mai 1989.

/FALCK 89c/ Falck,M: Information System,Organization and Work Design How to do it? - Vortrag IFIP-Konferenz des TC 9.1, 10.-13.July 1989, Berlin/DDR, erscheint bei North-Holland (voraussichtlich 1990)

/JANSHEN 88a/ Janshen,D.:Politik ohne Orte:Zur Technik und den Frauen. In: Steinmüller,W.(Hrsg.): Verdatet und Vernetzt. Frankfurt a/M 1988, S. 165 -178

/JANSHEN 88b/ Janshen,D., Rudolph,H.:Frauen gestalten Technik. Pfaffenweiler 1988

/LEONTJEW/ Leontjew,A.: Tätigkeit Bewußtsein Persönlichkeit. Beiträge zur Psychologie, Bd.1. - Berlin,1982

/REISIN/ Reisin,F.,M.; Schmidt,G.: STEPS - ein Ansatz zur evolutionären Systementwicklung. - Computer Magazin, Vol.17, H.7/8 1988

Mensch, Maschine und Methode

Sabine Langner-Beier, München

Zusammenfassung

Der Einsatz der Software-Ergonomie bei der Entwicklung von DV-Systemen kann ein Weg zur Humanisierung von Computerarbeitsplätzen sein. Die Voraussetzung dafür ist aber, daß Software-EntwicklerInnen sich auf eine Denkweise einlassen, in der die Menschen und deren Bedürfnisse im Mittelpunkt stehen und nicht nur die optimale Technikgestaltung.

1. Einleitung

TechnologInnen, die an Veränderungen von Arbeitsplätzen durch ihre innovativen Produkte beteiligt sind, müssen lernen, sich über ihren fachlichen Horizont hinaus Gedanken darüber zu machen, welche Auswirkungen diese Produkte auf Arbeitsbereiche bzw. -inhalte haben. Konkurrenzprobleme erzwingen schnelle Entschlüsse zur Modernisierung, langfristige Planung wird durch die rasante Entwicklung besonders im Bereich der mikroelektronischen Informations- und Steuerungstechnologien eingeholt und überholt. In diesem Rahmen wird es für ArbeitswissenschaftlerInnen, IndustriesoziologInnen, Betriebsräte immer schwerer, in der Personalpolitik, der Betriebsorganisation und der Definition von Arbeitsinhalten, also in der Kontrolle der Auswirkungen von innovativen Schritten, die sich auf soziale Momente im Arbeitsbereich beziehen, angemessen und frühzeitig zu reagieren und entsprechende notwendige Entscheidungen zu treffen. Eine gemeinsame Arbeit der TechnologInnen und der SoziologInnen (im weiten Sinne) wird in Zukunft nötig sein, um dem rasanten technologischen Fortschritt eine soziale Komponente als Gegenpol bzw. als Kontrollorgan entgegenzusetzen.

Mit der zunehmenden Verbreitung der Computer im öffentlichen und privaten Bereich kommen neue BenutzerInnengruppen in Kontakt mit Hard- und Software, die als reine AnwenderInnen zu bezeichnen sind. Software-Ergonomie, lange das Stiefkind der EDV, wird dazu benutzt, die "Schnittstelle Mensch-Maschine" benutzergerecht zu gestalten. Diese Entwicklung wird deutlich an Gewicht gewinnen, weil der Widerstand gegen den Einsatz der EDV in neuen Bereichen und die Schwierigkeiten ihrer Gestaltung und Nutzung zu inakzeptablen Kosten und Produktivitätsverminderungen führen.

2. Was ist Ergonomie?

Die Ergonomie, die Wissenschaft von der Anpassung der Arbeit und der Arbeitsmittel an menschliches Arbeitshandeln, ist letztlich aus dem noch immer nicht gelösten Konflikt des Menschen mit seiner selbst geschaffenen Umgebung entstanden.

2.1 Die Entfremdung als Antagonist der Ergonomie

Der Begriff der Entfremdung, von Hegel zur Bestimmung des ontologischen Verhältnisses von Natur und Geist in die Philosophie eingeführt[1] und von Marx auf die Situation des Menschen in der industriellen Arbeitswelt übertragen[2], ist noch heute ein Schlüsselwort für die Humanisierungsbestrebungen am Arbeitsplatz.

Bezogen auf die Arbeitswelt bedeutet die Entfremdung für Marx, daß der Arbeiter zum Werkzeug der Maschine wird, die doch selbst Menschenwerk ist, und daß der Arbeiter zum Sklaven seiner Produkte wird, die ihm selbst als Kapital gegenübertreten[3]. Der Mensch wird also gezwungen, sich an die Arbeit anzupassen. Damit wird die Entfremdung im marxschen Sinne zum Antagonisten der Ergonomie.

Seit der industriellen Revolution bestimmt die Technik die Lebens- und Arbeitszusammenhänge des Menschen. Die Entfremdung geht zwar vom Menschen selbst aus, der die Technik hervorbringt, diese verselbständigt sich aber und tritt ihm fremd und übermächtig gegenüber. Maßstäbe der Technik werden auch auf den Menschen übertragen, er wird zum Sklaven seiner eigenen Erfindungen.

Ergonomie als Wissenschaft von der Anpassung an den Menschen muß berücksichtigen, daß der Mensch ein geschichtliches und gesellschaftlich bedingtes Wesen ist, das seine eigenen Lebensbedingungen schafft, ihnen aber gleichzeitig ausgeliefert ist und somit jede Erkenntnis des Menschen über den Menschen relativ, d.h. geschichtlichen Veränderungen unterworfen bleibt[4].

2.2 Ergonomiekriterien der Sozialwissenschaftler

Das Problem der Entfremdung stellt sich immer differenzierter dar, je mehr sich der Mensch an die industrielle Gesellschaft anpaßt[5]. Erscheinungsformen der Entfremdung sind wesentlich, um ergonomische Gesichtspunkte herausarbeiten zu können. Seemann[6] nennt folgende Erscheinungsformen:

1. Machtlosigkeit, Ergebnisse der eigenen Arbeit zu gestalten.

---

1 Entfremdung bedeutet bei Hegel die Unmöglichkeit der "unendlichen Rückkehr in sich", vgl. Hegel 1970, S.141-144.

2 vgl. Marx 1950

3 vgl. Marx 1950

4 vgl. H.Schelsky 1961 S.18: "Der Mensch ist den Zwängen unterworfen, die er selbst als seine Welt und sein Wesen produziert; damit bleibt alle verbindliche Erkenntnis bloße Funktion dieses Prozesses."

5 Der sich entfremdende Mensch kann keine Entfremdung mehr erkennen, vgl. Friedmann 1953

6 vgl. Seeman 1959 S.784-789

2. Sinnleere: Einpassung des Menschen in die Lücken, die Maschinen im Arbeitsgang nicht (billiger) erfüllen können.
3. Normenlosigkeit: Eine ständige Veränderung des Arbeitsrahmens (z.B. Ortswechsel, Neubildung von Arbeitsgruppen) führen zu Verunsicherungen.
4. Isolation: "Unbefriedigende Kooperations- und Kommunikationsmöglichkeiten unter den Arbeitern" führt zur Isolation[7].
5. Selbstentfremdung: Die Arbeit prägt die Persönlichkeit auch außerhalb des Arbeitsumfeldes.

Aus diesen Erscheinungsformen lassen sich folgende Ziele ableiten: Entscheidungsmöglichkeiten und Entfaltungsmöglichkeiten schaffen, Leistung des Menschen sichtbar machen, klare und stabile soziale Gefüge schaffen, Kooperation und Kommunikation ermöglichen, Individualität bewahren.

Wie diese Ziele erreicht werden können, ist Gegenstand der Forschung in den Arbeitswissenschaften[8], ihre Ergebnisse fließen maßgeblich in die Software-Ergonomie ein.

3. Was ist Software-Ergonomie?

SE[9] beschäftigt sich mit der Analyse, Gestaltung und Evaluation interaktiver Rechnersysteme[10]. Die SE ist eng verknüpft mit der technischen Entwicklung von Rechnersystemen und Softwareprodukten:

- Zum einen greift sie neue technische Entwicklungen auf, um damit neue Lösungsmöglichkeiten für die Fragen der Rechnerbenutzung zu erarbeiten (Rapid Prototyping, User Interface Management Systeme, Daten- und Methodenbanken etc.).
- Zum anderen kann sie von einem benutzerorientierten Standpunkt aus Anstöße und Richtlinien für Entwicklungen liefern (Arbeitsanalyseverfahren, Dialogformen, Dialogtechniken, Mensch-Maschine-Kommunikation, Benutzereinbindung; Gestaltung von Tastaturen, Bildschirmen, Stühlen, Tischen etc.; Berücksichtigung von Lärm, Licht, Klima etc.).

3.1 Softwareergonomische Kriterien für die Gestaltung von Dialogschnittstellen

Die Berücksichtigung der Erkenntnisse aus der Arbeitswissenschaft erfordert eine weitgehende Neukonzeption der Dialogbeziehung zwischen BenutzerInnen und Informationssystemen. Die Grundsätze von Cornelius[11] und die 1988 veröffentlichte DIN-Norm für ergonomische Softwaregestaltung[12] geben dafür eine gute Hilfestellung.

Folgende Gestaltungsgrundsätze haben die Verfasser der DIN-Norm als wesentlich erkannt:

1. Aufgabenangemessenheit: Keine systembedingten Arbeitsgänge, nach Art und Umfang angemessene Information, Anpassung des Dialogs an die Aufgabe etc.
2. Selbstbeschreibungsfähigkeit: Metaphorische Angemessenheit, verständliche Erläuterungen, Hilfefunktionen etc.
3. Steuerbarkeit: Arbeitstempo, Variabilität des Dialogs etc.
4. Erwartungskonformität: Einheitlichkeit, Antwortzeiten etc.
5. Fehlerrobustheit: Automatische Korrekturen, Vermeidung von Systemzusammenbrüchen und undefinierten Systemzuständen etc.

Bei diesen qualitativen Normen für Ergonomie finden technische Prüfverfahren ihre Grenzen[13]

Die Kriterien für ergonomische Softwaregestaltung, die Cornelius 1985 aufgestellt hat, decken sich bis auf zwei Kriterien mit den Gestaltungsgrundsätzen der DIN-Norm:

- Kooperationsförderlichkeit: Unterstützung der (selbstgesteuerten) Kooperation und Kommunikation der Beschäftigten, ein Mindestmaß an personaler Kommunikation und Kooperation muß erhalten bleiben.
- Arbeitnehmerdatenschutz: Zugriffsschutz für personenbezogene Daten, Information des Betroffenen über die über ihn gespeicherten Daten, Offenlegung von Verfahrensregeln bei der Verwendung von Kontrolldaten.

Es ist wichtig, diese Kriterien, die bei der DIN-Norm fehlen, zu beachten (z.B. Betriebsrat), gerade weil die DIN-Norm mit aller Wahrscheinlichkeit normativen Charakter bekommen wird.

3.2 Rapid Prototyping im Spiralenmodell

Wesentlich für den Erfolg neuer dialogorientierter Anwendungen ist ihre Akzeptanz durch die AnwenderInnen. Diese läßt sich am besten durch eine enge Zusammenarbeit zwischen SystementwicklerInnen und künftigen BenutzerInnen sicherstellen. Damit sich die in der Programmierung im allgemeinen nicht erfahrenen AnwenderInnen über die Gestaltung des DV-Systems ein Bild machen können, ist es wichtig, ihnen anhand exemplarischer Prototypen die Möglichkeiten und den Gestaltungsspielraum des

---

7 Grosche 1975 S.87
8 vgl. Hacker 1986, Luczak 1987
9 SE steht im folgenden für Software-Ergonomie
10 Einen guten Überblick geben die Fachtagungsberichte SE '87 und SE '89.
11 vgl. Cornelius 1985
12 DIN-Norm 66 234 Teil8
13 Ob und wieweit die Einhaltung der DIN-Norm geprüft werden kann, wird in Rödiger 1989 untersucht.

künftigen Produkts vorzuführen. Diese Zusammenarbeit soll möglichst früh in der Projektentwicklung beginnen und als Kontroll- und Korrekturmechanismus die ganze Entwicklung begleiten. Voraussetzung für solche frühe Zusammenarbeit ist der Einsatz von Software-Tools, die die schnelle Realisierung von Beispielprogrammen ermöglichen. Die objektorientierte Sprache Smalltalk-80 unterstützt diesen Vorgang vorbildlich, User Interface Toolkits oder User Interface Management Systeme ebenfalls[14].

Die durch das Rapid Prototyping bereitgestellte "EDV zum Anfassen" ermöglicht es, oben genannte SE-Kriterien gemeinsam mit den zukünftigen AnwenderInnen zu überprüfen[15].

Darüberhinaus wird eine neue Form der Entwicklung von Software ermöglicht, die bisher noch wenig Beachtung gefunden hat. Gemeint ist die integrative Systementwicklung mit dem Spiralenmodell.

Es ist immer noch üblich, mit Hilfe des Phasenmodells zu entwickeln (Abb.1).

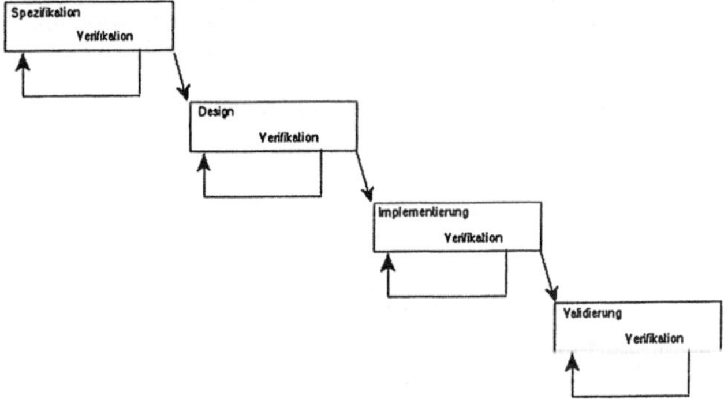

Abb.1: Phasenmodell in der Software-Entwicklung

Das größte Problem des Phasenmodells[16] aus der Sicht der SE ist, daß (fast) kein Weg den "Wasserfall" wieder hinaufführt. Mängel in der Funktionalität und Bedienbarkeit, die erst in der Praxis entdeckt werden, sind kaum zu korrigieren, denn sie bedingen Veränderungen in schon abgeschlossenen Phasen. Diese führen zu enormen Kosten, die meist Verbesserungen blockieren[17]

Die Entwicklung und gleichzeitige Einführung eines DV-Systems mit Hilfe des Spiralenmodells bietet eine ergonomische und wirtschaftliche Alternative (Abb.2):

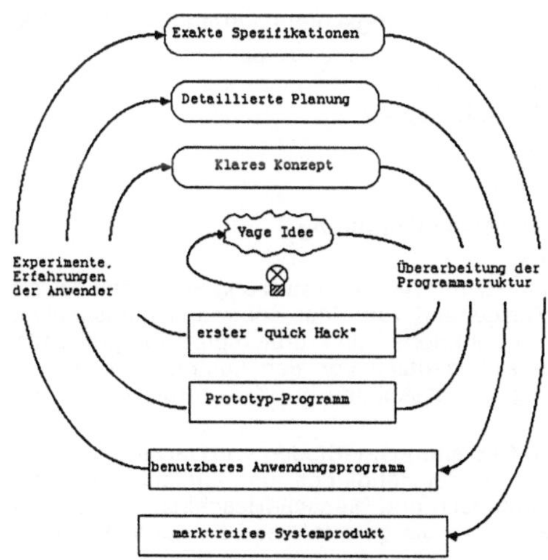

Abb.2: Spiralenmodell in der Software-Entwicklung

Die EndanwenderInnen sind früh in den Entwicklungsprozeß integriert, die funktionalen und organisatorischen Auswirkungen des DV-Systems können rechtzeitig erkannt und gesteuert werden.

---

14 Toolkits und Management-Systeme werden z.B.in SE'89 vorgestellt.
15 vgl. Keil-Slawik 1988
16 auch Wasserfallmodell genannt
17 In diesem Zusammenhang wird auch von einer Softwarekrise geredet.

4. Ein Beispiel: Berücksichtigung ergonomischer Grundsätze bei der Einführung von BK-Systemen[18]

4.1 Anforderungen an das BK-System

Für die ergonomische Einführung innovativer BK-Systeme sind folgende Punkte von Bedeutung:

1) Organisationsformen und Arbeitsformen: menschengerechte Verbindung von Mensch und Technik erarbeiten (Mensch-Mensch-Kommunikation und Mensch-Maschine-Kommunikation als zwei völlig verschiedene Kommunikationsformen erkennen und einsetzen[19], kooperative Arbeitsteilung statt Taylorismus).

2) Technikgestaltung: wirtschaftliche und technische Anforderungen erfüllen, ergonomische Grundsätze für Software und Hardware berücksichtigen.

3) Qualifikation und Qualifizierung: Qualifiaktion der Benutzer definieren und Qualifizierung ermöglichen durch eine heterogene Schulung in Systembedienung und Systemanwendung.

4) Arbeits- und Gesundheitsschutz: typische psychomentale Belastungen an Computerarbeitsplätzen minimieren, z.B. durch Mischarbeitsformen.

Wie sich diese Aspekte untereinander beeinflussen, wird in der folgenden Abbildung dargestellt (Abb.3).

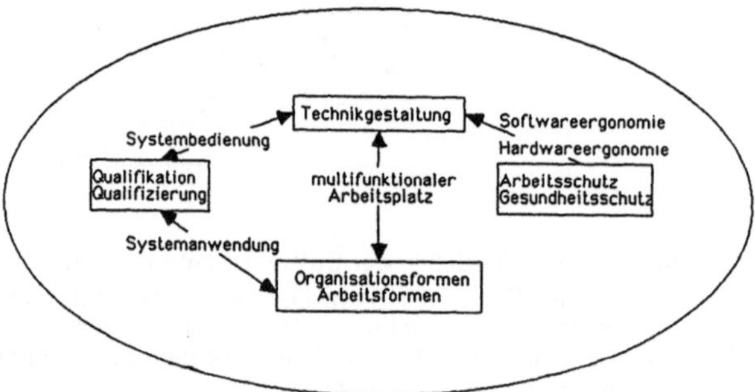

Abb.3: Gestaltungskomponenten in der Entwicklung

Die Wechselwirkungen zwischen den einzelnen Aspekten definieren die Anforderungen an die Gestaltungkomponenten bei der Einführung:

- an den multifunktionalen Arbeitsplatz,
- an die Systembedienung,
- an die Systemanwendung.

4.2 Gestaltungskomponenten bei der Einführung

Multifunktionaler Arbeitsplatz:
Ein multifunktionaler Arbeitsplatz mit BK-Unterstützung unterscheidet sich wesentlich von herkömmlichen Büro-Arbeitsplätzen. Ausgehend von einer Kommunikationsanalyse müssen Organisations- und TechnikspezialistInnen durch funktions- und arbeitsplatzübergreifendes Denken ein BK-adäquates Büromodell entwickeln, das sich deutlich von den herkömmlichen Organisationsstrukturen abheben kann. Eine reine Übersetzung der Ist-Abläufe in BK-Anfordernisse führt fast immer zu Insellösungen und Medienbrüchen.

In den meisten Analyse- und Gestaltungsmethoden wird leider eher sachbezogen denn personenbezogen recherchiert[20]. Damit werden der Handlungs- und Entscheidungsspielraum sowie die Kommunikationsmöglichkeiten (Mensch-Mensch und Mensch-Maschine) der BenutzerIn oft unbefriedigend eingeschränkt. Arbeitsanalyseverfahren, die gerade diese Komponente berücksichtigen, sind mittlerweile verfügbar[21].

Systemanwendung:
Ein multifunktionaler Arbeitsplatz mit Computerunterstützung stellt neuartige Anforderungen an die SachbearbeiterInnen. Es kommt darauf an, fachliche Probleme in eine systemgerechte Bearbeitungsweise zu übersetzen und umgekehrt. Eine wesentliche Voraussetzung ist dabei die Fähigkeit, abstrakte Zusammenhänge zu erfassen. Genau diese Fähigkeit muß geschult werden. Die Qualifizierung auf der

18 BK steht im folgenden für Bürokommunikation
19 vgl. Maaß 1984
20 derartige Methoden sind z.B. in Niemeier 1987 zusammengestellt.
21 vgl. Rödiger 1988

Anwendungsebene bedeutet also das Erlernen von Fähigkeiten, das Leistungsangebot der Technik umzusetzen und in konkrete Arbeitsabläufe zu integrieren.

Systembedienung:
Die Gestaltung der Schnittstelle zur BenutzerIn wird durch die technischen Möglichkeiten sowie durch die Forderungen und Bedürfnisse der EndbenutzerIn bestimmt. Die Qualifizierung in der Systembedienung wird durch eine optimale Anpassung an die Erfordernisse so einfach wie möglich gestaltet. Die BenutzerIn soll sich nach einer Einübungszeit ausschließlich auf die Systemanwendung konzentrieren können. Einfachheit in der Bedienung und Komplexität in der Anwendung führen zum Erfolg. Softwareergonomische Kriterien sind gute Hilfsmittel auf dem Weg der Einfachheit.

4.3 Erprobung und Verbreitung

Nachdem die Anforderungen an das BK-System klar umrissen sind, wird die Anpassungs- und Erprobungsphase eingeleitet.

Die Erprobung eines BK-Systems im Spiralenmodell[22] bedeutet (Abb.4):

- rudimentärer Aufbau (rapid prototyping) eines BK-Systems im Baukastenprinzip unter Berücksichtigung
    - des Qualifikationsstands der BenutzerInnen,
    - der augenblicklichen Organisationsform und des üblichen Kommunikations- und Informationsverhaltens oder auch von neuen Organisationsstrukturen, die sofort erprobt werden sollen,
    - dem Arbeits- und Gesundheitsschutz.
- Testphase des BK-Systems mit ausgewählten repräsentativen BenutzerInnen. Was hat sich geändert in Bezug auf
    - Mensch-Maschine-Funktionsverteilung,
    - Gestaltung der Arbeitsabläufe,
    - Mensch-Mensch-Funktionsverteilung?
    - Auswertung der Testphase gemeinsam mit AuftraggeberInnen, Betroffenen und EntwicklerInnen, Anforderungen an das BK-System neu formulieren und Auswirkungen auf Organisation und Qualifizierung berücksichtigen. Berücksichtigung des Arbeits- und Gesundheitsschutzes z. B. durch Fragenkatalog an BenutzerInnen.
- Testphase des modifizierten BK-Systems. Wird das Gewünschte erreicht?

Abb.4: Entwicklung und Erprobung

Die Wartung der Technik und der Software, die Rationalisierungsmaßnahmen vor allem im dispositiven Bereich, die Kontrolle des Betriebsrates und die Schulung/Fortbildung gestalten den Verbreitungsprozeß. Die Verbreitung darf nicht als physikalische Verbreitung der technischen Mittel gesehen werden, sondern sie ist ebenfalls wie die vorhergehenden Einführungs-Stationen ein zyklischer Prozeß, der durch die Gestaltungskomponenten fortgehend geprägt wird. Prozesse im Büro sind dynamische Prozesse, die sich nicht in ein lineares Schema pressen lassen. Dieser maßgeblichen Eigenschaft muß bei der Einführung genügend Rechnung getragen werden. Die Einführung des BK-Systems kann darum niemals als abgeschlossen angesehen werden, insbesondere werden die Schulungs- und Fortbildungsmaßnahmen den Vorteil der Multifunktionalität immer mehr in den Büroalltag tragen.

22 siehe 3.2

5. Schlußbemerkung

Ich bin mir darüber im Klaren, daß ich bei meinen Ausführungen von einem ausgeprägten technokratischen Weltbild ausgehe. Die hochentwickelte Arbeitsteilung, die Spezialisierung und die Bürokratisierung führen zur Bildung einer hochdifferenzierten, quasikontinuierlichen und verhältnismäßig "offenen" Berufsstruktur. Sie bedingt eine Vielfalt von Interessenlagen, Auffasungsperspektiven und Lebensstilen. Allgemeinwissen ist nicht flächendeckend, es gibt unterschiedliche Erfahrungshorizonte. Die Aufspaltung des Allgemeinwissens führt zu autonomen Bereichen des Sonderwissens, das Spezialistentum ergreift sogar das alltägliche Leben.

Ich sehe die Aufgabe der Ergonomie nicht nur in der Gewinnorientierung, sondern vor allem im Schutz, in der Förderung und der Wiedererweckung der sogenannten "menschlichen" Eigenschaften wie Kreativität, Emotionalität, soziale Rückgebundheit etc.

Ergonomie im weiten Sinne kann die Fähigkeiten des Menschen zum ganzheitlichen kooperativen Handeln im Arbeitsprozeß wieder erschließen, rein technisch gesehen führt sie nur zu effizienterer Arbeit von Fachidioten. Auch für die SE gilt: Es kommt darauf an, was man daraus macht.

Literaturhinweise

(Cornelius 1985) D.Cornelius: Arbeitsorientierte Software-Gestaltung, Projektgruppte Arbeitswissenschaft für Arbeitnehmer (AWA), DGB Bundesvorstand (Düsseldorf 1985)

(Grosche 1975) B.Grosche: Humanisierung der industriellen Arbeitswelt-Perspektiven und Möglichkeiten (Diplomarbeit am Seminar für Sozialwissenschaften der Universität Hamburg 1975)

(Friedman 1953) Friedman: Der Mensch in der mechanisierten Produktion (Köln 1953)

(Hacker 1986) W.Hacker: Arbeitspsychologie (Berlin 1986)

(Hegel 1970) G.W.F.Hegel, Werke in 20 Bänden, Band7, Grundlinien der Philosophie des Rechts oder Naturrecht und Staatswissenschaft im Grundrisse (Frankfurt a.M. 1970)

(Keil-Slawik 1988) R.Keil-Slawik: Integrierte Systementwicklung, in: E.Nullmeier, K.H.Rödiger (Hrsg.): Dialogsysteme in der Arbeitswelt (Mannheim, Wien, Zürich 1988)

(Luczak 1987) H.Luczak, W.Volpert: Arbeitswissenschaft (Eschborn 1987)

(Maaß 1984) S.Maaß: Mensch-Rechner-Kommunikation, Herkunft und Chancen eines neuen Paradigmas (Dissertation in der Forschungsgruppe "Mensch-Maschine-Kommunikation" des Fachbereichs Informatik in der Universität Hamburg 1984)

(Marx 1950) K.Marx: Nationalökonomie und Philosophie, Abschnitt: "Die entfremdete Arbeit" (Köln/Berlin 1950)

(Niemeier 1987) J.Niemeier: Methoden zur Planung und Gestaltung von Bürokommunikationssystemen, in:Handbuch der modernen Datenverarbeitung, Heft 136 (Forkel-Verlag 1987)

(Nullmeier 1988) E.Nullmeier: Gestaltung rechnerunterstützter Arbeitsplätze in Büro und Verwaltung, in: E.Nullmeier,K.H.Rödiger (Hrsg.): Dialogsysteme in der Arbeitswelt (Mannheim, Wien, Zürich 1988)

(Rödiger 1988) K.H.Rödiger: Das Arbeitsanalyseverfahren VERA/B in der Softwareentwicklung, in: E.Nullmeier,K.H.Rödiger (Hrsg.): Dialogsysteme in der Arbeitswelt (Mannheim, Wien, Zürich 1988)

(Schelsky 1961) H.Schelsky: Der Mensch in der wissenschaftlichen Zivilisation (Köln/Opladen 1961)

(SE'87) W.Schönpflug, M.Wittstock (Hrsg.): Software-Ergonomie '87 (Stuttgart 1987)

(SE'89) S.Maaß, H.Oberquelle (Hrsg.): Software-Ergonomie '89 (Stuttgart 1989)

(Seeman 1959) M.Seeman: On the Meaning of Alienation, in: American Sociological Rewiev (24.Jg 1959)

(Vohl 1987) A.Vohl: Praktische Erfahrungen mit Prototyping als Designinstrument in: W.Schönpflug,M.Wittstock (Hrsg.): Software-Ergonomie '87 (Stuttgart 1987)

Dipl.Math. Sabine Langner-Beier
GSE Gesellschaft für Software-Engineering mbH
Pixisstraße 2
8000 München 80

FAIT
Informationssystem Frauenarbeit und Informationstechnologie

Margarete Fuß, Peter Ansorge

Beratungs- und Forschungsinstitut
Arbeit und Informationstechnologie (BAIT) e.V.
Brückstraße 21
4600 Dortmund 1

1. Einleitung

Der massive Einsatz der Informationstechnologie sowohl in den Betrieben als auch im privaten Bereich bringt eine Vielzahl von Veränderungen für Frauen mit sich. Als ohnehin Benachteiligte sind Frauen in besonderem Maße von den damit verbundenen negativen Auswirkungen betroffen. Nur wenn sie ihre Bedürfnisse formulieren und ihre Rechte einfordern, können sie die herrschenden Bedingungen verändern und auch den Computereinsatz in ihrem Sinne gestalten. Das Informationssystem FAIT[1)] unterstützt dies in mehrfacher Hinsicht: Zum einen zielt es auf eine Verbesserung des Informationsaustausches zwischen den Personen, Institutionen und anderen Gruppierungen, die sich mit dem Problemfeld "Frauenarbeit und Informationstechnologie" beschäftigen. Zum anderen soll FAIT in einem beispielhaften, beteiligungsorientierten Entwicklungprozeß unter intensivem Einbezug der späteren BetreiberInnen und BenutzerInnen entwikkelt werden. Drittens schließlich soll am Ende des Einführungsprozesses ein realisiertes soziotechnisches System stehen, das technisch wie organisatorisch optimal an den Bedürfnissen der NutzerInnen ausgerichtet ist.

Schon jetzt befassen sich in unterschiedlichen Arbeitszusammenhängen viele mit der Thematik "Frauenarbeit und Informationstechnologien". U.a. sind hier Frauenbeauftragte, Gleichstellungsstellen, Gewerkschaften, Betriebs- und Personalräte, Forschungsinstitute aber auch Weiterbildungseinrichtungen, autonome Frauengruppen zu nennen. Zu den Aufgaben dieses stark heterogenen Kreises gehören u.a. die Beratung betroffener Frauen, Schulung und Weiterbildung aber auch Wirkungsforschung und beispielhafte Arbeits- und Technikgestaltung. Mit Hilfe von FAIT sollen die bei der Bearbeitung dieser Aufgaben benötigten und häufig in der täglichen Arbeit schwer zugänglichen Informationen bereitgestellt und vermittelt werden.

---

1) Die Idee und erste Vorüberlegungen zu FAIT entstanden (noch unter dem Namen FAINT) in der GI-Fachgruppe "Frauenarbeit und Informatik". Das BAIT beabsichtigt nun ein Projekt zur Realisierung von FAIT durchzuführen.

2. Probleme der derzeitigen Informationsbeschaffung und -vermittlung

Die wachsende Zahl der Aktivitäten auf dem Gebiet "Frauenarbeit und Informationstechnologie" ist - verstärkt durch die auch vom EDV-Einsatz verursachte zunehmende Verschlechterung der Situation der Frauen - nahezu unüberschaubar geworden: Forschungsprojekte untersuchen die Auswirkungen des EDV-Einsatzes auf "Frauenarbeitsplätze" und auf den privaten Lebensbereich von Frauen, Weiterbildungseinrichtungen bieten spezielle Kurse und Seminare für Frauen an, Frauenbeauftragte beraten vom EDV-Einsatz betroffene Frauen usw.

Ein effizientes Arbeiten ist aber nur möglich, wenn die jeweils erzeugten Informationen so aufbereitet und weitervermittelt werden, daß sie diejenigen erreichen, die sie benötigen, und wenn sie bei der Bearbeitung eines konkreten Problems nutzbringend sind. Zwar sind im wissenschaftlichen Bereich einschlägige Informationssysteme vorhanden - vor allem mit bibliographischen Daten oder zum Nachweis von Forschungsprojekten. Doch fehlen ähnliche Instrumente für die Betroffenen und ihre VertreterInnen bzw. BeraterInnen nahezu vollständig. Verschärfend kommt hinzu, daß die Informationen in einem sehr unterschiedlichen personellen, institutionellen und Arbeitszusammenhang erzeugt und benötigt werden: Frauenfragen werden interdisziplinär diskutiert und sind demgemäß äußerst heterogen. Austauschprozesse müssen daher verstärkt quer zu den eingefahrenen disziplinorientierten Pfaden verlaufen. Weiterbildungseinrichtungen und -angebote etc. existieren nicht nur im institutionalisierten, öffentlichen Bereich, sondern auch in erheblichem Maße in den sog. neuen sozialen Bewegungen und sind somit einer systematischen Erschließung und Weitervermittlung nur schwer zugänglich.

Die Informationsbeschaffung wird z.Zt. im wesentlichen über einschlägige Zeitschriften, Rundbriefe, Ansprechen von ExpertInnen oder persönliche Kontakte abgewickelt. Die Nutzung von EDV-gestützten Systemen, wie z.B. Fachinformationszentren oder anderer Datenbanken, nimmt bei der Informationsbeschaffung nur eine untergeordnete Stellung ein, was nicht zuletzt auch auf die mangelnde Relevanz der dort verfügbaren Informationen für die konkrete Arbeit zurückzuführen ist. Die bisherigen Bestrebungen den Informationsaustausch zu verbessern zeigen sich vor allem in Dokumentationen (vgl. MÜTHING 86 oder DRANSFELD, GIESEN 86), die im wesentlichen jedoch auf Literatur beschränkt sind. Auf lokaler Ebene gibt es Zusammenstellungen von Frauengruppen, -initiativen, -verbänden usw. mit dem Ziel, den Frauen eine Orientierungshilfe zu geben. Z.B. gab in Dortmund die Frauenbeauftragte ein "Dortmunder Frauenhandbuch" mit dieser Zielsetzung heraus (vgl. FRAUENBÜRO 87). Wenn auch dieses Handbuch einen guten Überblick über Dortmunder Frauen-Aktivitäten liefert, so ist der konkrete Nutzen leider oft eingeschränkt, da es - wie bei den meisten gedruckten Materialien - an der Aktualität mangelt, was insbesondere im schnellebigen Bereich der nicht institutionalisierten Gruppen problematisch ist (Kontaktadressen ändern sich schnell, es bilden sich neue Gruppen usw.).

EDV-gestützte Informationssysteme zum Thema existieren kaum bzw. weisen nur eine geringe Akzeptanz auf. Ein FAIT-ähnliches Projekt, die britische Datenbank WATCH (85), mußte wegen fehlender finanzieller Förderung eingestellt werden. Institutionell besser eingebundenen Projekten, wie etwa der EG-Datenbank CREW, fehlt die Akzeptanz, weil sie erstens nur einen schmalen Ausschnitt aus dem Thema behandeln, der zudem nicht handlungsbezogen aufbereitet ist. Zweitens sind auch diese Systeme nur mittelbar über InformationsvermittlerInnen zugänglich.

Dies macht den Zugang für die professionellen BenutzerInnen, wie z.B. Frauenbeauftragte, so umständlich und ineffektiv, daß sie lieber auf die Informationen verzichten (zu gleichen Erfahrungen aus dem gewerkschaftlichen Bereich vgl. INFORMATIONSBESCHAFFUNG 82).

Zur Lösung der o.g. Informationsvermittlungs- und -beschaffungsprobleme können EDV-gestützte Informationssysteme einen wertvollen Beitrag leisten, jedoch sind dazu neue Wege zu beschreiten. Das im folgenden vorgestellte Informationssystem FAIT kann als ein wichtiger Schritt in diese Richtung berachtet werden.

3. FAIT als soziales System

Bei der Entwicklung von FAIT macht es keinen Sinn, weiterhin den technizistischen Informationssystem-Konzepten aus der Vergangenheit verhaftet zu bleiben, vielmehr muß ein Informationssystem begriffen werden als organisierte Zusammenarbeit zwischen Menschen, um Informationen zu verarbeiten und zu übermitteln. Genauer: Ein Informationssystem ist ein System, das entwickelt wird, um Informationen zu schaffen, zu sammeln, zu speichern, zu verarbeiten und zu interpretieren. Das Erzeugen und Interpretieren der Information erfolgt durch Menschen, während die anderen Aktivitäten, wenn sie automatisierbar sind, von Computern und anderen technischen Hilfsmitteln übernommen werden können.

FAIT ist also primär ein soziales und erst in zweiter Linie ein technisches System. Im Vordergrund steht das eigentliche Ziel: die Vermittlung von Informationen. Daher muß FAIT verschiedene Wege der Informationsvermittlung vorsehen, z.B. (Telefon-)Gespräche, Versand von Materialien und auch den Zugang zu einer computergestützten Datenbank.

Vorhandene gewachsene Kooperationsstrukturen werden durch FAIT keinesfalls ersetzt, sondern ergänzt. FAIT eröffnet neue, bisher nicht vorhandene Möglichkeiten der Kooperation, weil es den gesamten Komplex von Aktivitäten für die Einzelnen transparenter macht und damit den Kreis von potentiellen KooperationspartnerInnen vergrößert. Der beim Computereinsatz bestehenden Gefahr der Einschränkung der persönlichen Kommunikation wird in FAIT genau dadurch entgegengewirkt, daß z.B. Gespräche als wichtige Bestandteile des Systems betrachtet werden. Persönliche Kommunikation kann zum einen durch die organisatorische Struktur des sozio-technischen Systems gefördert werden, etwa durch ein Vorherrschen des Netzwerkgedankens gegenüber hierarchischen Strukturen. Technisch ist dieser Gedanke z.B. zu unterstützen durch die Speicherung von Adressen oder Telefonnummern von AnsprechpartnerInnen zu einem bestimmten Thema (Das Einverständnis der Betroffenen natürlich vorausgesetzt).

Der computergestützte Bestandteil von FAIT ist dem zugrundeliegenden sozialen Gefüge anzupassen. Konkret bedeutet dies, daß FAIT-Informationen dort verfügbar gemacht werden müssen, wo sie gebraucht werden und von dort aus verteilt/eingespeist werden, wo sie erzeugt werden. Daher ist es angemessen, z.B. dort wo FAIT häufig genutzt wird, einen Online-Zugriff zu ermöglichen und parallel dazu einen Zugang über InformationsvermittlerInnen zu gewährleisten. FAIT-BenutzerInnen mit MultiplikatorInnenfunktion, also z.B. BeraterInnen und mit der Weiterbildung befaßte Personen, benötigen in ihrer Arbeit häufig schnell eine nackte Information. Für diese Gruppen ist FAIT auch als Online-System hilfreich. Aber vom EDV-Einsatz betroffenen Frauen, die sich zum ersten Mal mit dem Thema auseinandersetzen (müssen) hilft FAIT nicht oder fast nicht weiter. Diese Frauen benötigen Beratung, die nicht von Computern geleistet werden kann, sondern dazu sind einzig und allein Menschen fähig. Daher ist ein Online-Zugriff in den Privathaushalten nicht sinnvoll.

Die Informationseinspeisung sollte von verschiedenen dezentralen Stellen erfolgen, um vorhandene demokratische Strukturen zu fördern. Grundgedanke dieses Prinzips ist, daß ein großer Teil derjenigen, die FAIT zur Informationsbeschaffung nutzen, selbst in ihrer Arbeit wieder Informationen erzeugen und sammeln, die für andere FAIT-NutzerInnen relevant sind. Hier ist ein geeignetes organisatorisches Modell für die Zulieferung, Aufbereitung, Erschließung und Erfassung zu entwickeln, das die besonderen Anforderungen der FAIT-NutzerInnen berücksichtigt.

Bei der technischen Komponente von FAIT kommt der Gestaltung der Benutzerschnittstelle besondere Bedeutung zu: Sie muß die komplexe Funktionalität eines derartigen System in handhabbarer Weise für EDV-LaiInnen, wie es die FAIT-NutzerInnen in der Regel sind, zur Verfügung stellen. Die in der DIN 66234, Teil 8 festgelegten Grundsätze[2)] sind zu operationalisieren und auf den konkreten BenutzerInnenkreis und deren Arbeitsaufgaben anzuwenden. Dabei sollte sich insbesondere der Grundsatz Aufgabenangemessenheit nicht auf die reine Dialoggestaltung beschränken, sondern er sollte Leitlinie für das Gesamtsystem sein, da nur bei geeigneter Gestaltung aller Komponenten eine angemessene Unterstützung der Aufgaben der BenutzerInnen zu gewährleisten ist. Ähnlich wie bei ISAR, dem Informationssystem Arbeit (s.u.), sind die Inhalte (die gespeicherten Informationen) und die Zugriffswege zu den Inhalten aber auch die Funktionalität und die Mensch-Rechner-Funktionsteilung aufgabenangemessen zu gestalten (vgl. FUSS u.a. 89).

4. Inhalte des EDV-gestützten Informationssystems

Information und Nicht-Information sind primär politische, also interessenbezogene Größen. Daher nutzt das alleinige Anhäufen riesiger Informationsmengen in sog. öffentlichen Datenbanken wenig. Denn die dort vorhandenen, scheinbar objektiven Daten sind vielleicht noch für wissenschaftliche Ausarbeitungen interessant, für die Praxis, für die täglichen Probleme sind sie schlicht unbrauchbar. Demgemäß ist ein Paradigmenwechsel für das Verständnis von Information und Dokumentation erforderlich. Nicht mehr Vollständigkeit und (Schein-)Objektivität sind die wesentlichen Kriterien, sondern Interessenbezug und Handlungsrelevanz. Gesucht werden mit FAIT nicht vollständige Literaturlisten zu einem Thema, sondern die Anfragen haben eher die Form:

- Wo gibt es ein geeignetes EDV-Grundlagen-Seminar für die Sachbearbeiterin, die vom Computereinsatz "überfahren" wurde und nur eine reine Bedienungsschulung erhalten hat?
- Welchen Gefahren setzt sich eine Schwangere aus, die am Bildschirm arbeitet? Welche Rechte hat sie? Wie wird dieses Problem in anderen Betrieben angegangen?

---

2) Die DIN 66234, Teil 8 behandelt den Dialog zwischen Mensch und Dialogsystem und gibt für die Gestaltung die Grundsätze Aufgabenangemessenheit, Selbstbeschreibungsfähigkeit, Steuerbarkeit, Erwartungskonformität und Fehlerrobustheit vor. (vgl. DIN 66234/8)

Bei der Beantwortung derartiger Fragestellungen reicht der bibliographische Nachweis von Originalquellen nicht aus, sondern es müssen direkt verwertbare Sachinformationen enthalten sein, die problemorientiert aufbereitet sind, statt sich an einer wissenschaftlichen Fachsystematik zu orientieren.

Das Spektrum an Informationsarten ist aus den genannten Gründen breit gefächert. Neben Hinweisen auf ExpertInnen, Konferenzen, Weiterbildungsangebote oder Arbeitskreise sind auch direkt verwertbare Informationen wie Lehrmaterial, Stellungnahmen, Urteile, Fallschilderungen usw. enthalten.

Der inhaltliche Problembereich umfaßt bewußt nicht sämtliche Aspekte der Frauenforschung, -schulung und -beratung, sondern beschränkt sich auf "Frauenarbeit und Informationstechnologie", da einerseits gerade hier ein immenser Handlungsdruck besteht und andererseits die oben dargestellten Anforderungen an die Inhalte zunächst die Konzentration auf einen Bereich als sinnvoll erscheinen lassen. Damit ist jedoch nicht ausgeschlossen, daß nach einer ersten Erprobungsphase des Systems auch andere Inhalte aufgenommen werden können.

5. Die Systementwicklungsmethode

Wichtigster Grundsatz der FAIT-Entwicklungsmethode ist die Mitwirkung aller Beteiligten an der Systemgestaltung während des gesamten Entwicklungszeitraumes. Es lassen sich bei FAIT drei Gruppen von Beteiligten unterscheiden, die auch im Entwicklungsprozeß verschiedene Aufgaben wahrnehmen:

- Die **BenutzerInnen** des Systems haben die Aufgabe, ihre Interessen zu formulieren, Anforderungen zu definieren und Zwischenergebnisse zu bewerten. Diese Gruppe ist in sich wiederum sehr heterogen. BenutzerInnen, die FAIT online nutzen, haben andere Anforderungen als solche, die FAIT nur sporadisch über InformationsvermittlerInnen nutzen. Die eigentlichen EndnutzerInnen der Informationen, etwa Frauen, die in einer Beratungsstelle Rat suchen, werden wiederum neue Aspekte in den Beteiligungsprozeß einbringen. Aufbauend auf einer BenutzerInnen-Typologie ist eine angemessene Beteiligung dieser Gruppe sicherzustellen.
- Die **BetreiberInnen**, die langfristig die Koordination der dezentralen FAIT-Stellen übernehmen, haben die Inhalte von FAIT zu sammeln, zu strukturieren und über das System bereitzustellen.
- Die **SystementwicklerInnen** sind dafür zuständig, die organisatorische und die technische Struktur zu installieren. Außerdem müssen sie den Prozeß der Beteiligung der oben genannten Gruppen organisieren.

Auch wenn die Beteiligten unterschiedliche Aufgaben wahrnehmen und über unterschiedliche Fähig- und Fertigkeiten verfügen, so haben doch alle einen gleichberechtigten Platz in dem gemeinsamen Entwicklungsprozeß. Jede Beteiligte ist sowohl ExpertIn als auch Lernende. Die BenutzerInnen sind z.B. ExpertInnen in der Frauenforschung, die auch die konventionellen Verfahren der Informationsbeschaffung und -vermittlung exzellent beherrschen; gleichzeitig sind sie i.d.R. EDV-LaiInnen und kennen nicht die Möglichkeiten und Grenzen EDV-gestützter Informationssysteme. Die SystementwicklerInnen wiederum müssen sich mit dem Fach- und Erfahrungswissen der BenutzerInnen vertraut machen, sind aber zum großen Teil EDV-ExpertInnen.

Fanny Michaela Reisin benutzt den Begriff "menschenzentrierte" Software-Entwicklung für einen Entwicklungsprozeß, in dem gerade das gemeinsame Lernen einen wesentlichen Stellenwert hat und interpretiert ihn folgendermaßen: "Menschenzentrierte Softwareentwicklung ist aus weiblicher Perspektive in erster Linie ein Lernprozeß: in ihm geht es darum, die Herstellungsprozesse der Technik und die Arbeitsprozesse, in denen sie (die Technik) benutzt wird, wieder zusammenzubringen. Wir müssen wieder lernen, Arbeitstechnologien liebevoll und sachkundig, geduldig (ohne Eile) und planvoll, sorgfältig und mit der nötigen Genauigkeit, ökonomisch sparsam und kunstvoll im Detail zu modellieren, damit wir unsere menschliche Natur in ihnen erkennen und sie schöpferisch benutzen können." (REISIN 88) In einem Entwicklungsprojekt FAIT soll eine so verstandene Systementwicklung ein Stückweit mit Leben gefüllt werden.

Zur Unterstützung eines solchen Systementwicklungsprozesses bedarf es besonderer beteiligungsorientierter Methoden und Instrumente der Systementwicklung. Grundlage sollte ein versionsorientiertes zyklisches Entwicklungsmodell sein, in dem der Entwicklungsprozeß nicht als eine lineare Abfolge von Phasen verstanden wird, sondern als eine Folge von Entwicklungszyklen, die jeweils die Produktion einer auswertbaren Systemversion zum Gegenstand haben (vgl. FLOYD/KEIL 83).

6. Perspektiven des Informationssystems FAIT

Technisch wie organisatorisch ist die Realisierung eines solchen Informationssystems auf der Grundlage einer beteiligungsorientierten, zyklischen Entwicklungsmethode ein aufwendiger und langwieriger Prozeß. Bei der Entwicklung von FAIT kann jedoch schon auf eine Reihe von Erfahrungen aus Forschungs- und Entwicklungsprojekten mit dieser Methode zurückgegriffen werden. Wesentliche Ergebnisse stammen dabei aus dem Entwicklungsprozeß des Informationssystems Arbeit (ISAR), dem diese Methode durchgängig zugrunde lag (vgl. WICKE 85). ISAR, an dessen Gestaltung wir mitwirkten, ist strukturell FAIT sehr ähnlich, wendet sich aber an gewerkschaftliche BeraterInnen als Zielgruppe.

Eines der wesentlichen Probleme bei der Entwicklung solcher Systeme war die Notwendigkeit inhaltliche, organisatorische und technische Komponenten gleichzeitig zu entwickeln. Prototypen des technischen Systems waren Voraussetzung für die Konkretisierung der Vorstellungen und Anforderungen der BenutzerInnen. Erst diese Konkretisierung ließ eine weiterführende Diskussion über inhaltliche und organisatorische Strukturen zu. Umgekehrt ließ sich die Diskussion über die Technik nicht ohne detaillierte und realistische Vorstellungen über Inhalte führen. Ein solches gegenseitiges Blockieren erschwerte und verlangsamte den Entwicklungsprozeß erheblich (vgl. PROJEKTGRUPPE ISAR 88).

Für FAIT stellt sich die Ausgangsposition deutlich günstiger dar. Erstens steht mit ISAR ein erster Prototyp eines ähnlich gearteten Informationssystems für die FAIT-Entwicklung zur Verfügung. Zweitens sind Verfahren der zyklischen Systementwicklung und des Prototypings inzwischen wesentlich weiterentwickelt worden (vgl. z.B. GILB 1988) und drittens liegen bei den SystementwicklerInnen nun mehrjährige Erfahrungen vor.

Die o.g. Erfahrungen und der Stand der Technik erlauben u.E. eine optimistische Beurteilung der Erfolgschancen von FAIT. Der enorme Handlungsdruck, unter dem Frauen gegenwärtig stehen, kann die Entwicklung zusätzlich beschleunigen. Jedoch ist die institutionelle Einbindung bisher weitgehend ungeklärt: konkret fehlen eine oder mehrere BetreiberInneninstitutionen, die langfristig eine kompetente Pflege der Inhalte und der organisatorischen Netzwerkstruktur garantieren können.

Literaturverzeichnis

DIN 66234/8
DIN 66234, Teil 8: Bildschirmarbeitsplätze, Grundsätze der Dialoggestaltung, Februar 1988.

DRANSFELD, GIESEN 86
Dransfeld, B.; Giesen, D.: Neue Technologien und Frauen(bildungs)arbeit, Soest 1986 (Eine Literaturdokumentation, herausgegeben vom Landesinstitut für Schule und Weiterbildung).

FLOYD, KEIL 83
Floyd, Ch.; Keil, R.: Softwaretechnik und Betroffenenbeteiligung, in : Mambrey, P.; Oppermann, R. (Hrsg.): Beteiligung von Betroffenen bei der Entwicklung von Informationssystemen, Frankfurt/New York 1983.

FRAUENBÜRO 87
Frauenbüro der Stadt Dortmund (Hrsg.): Dortmunder Frauenhandbuch, Dortmund 1987.

FUSS u.a. 89
Fuß, M.; Heinrich, W.; Hagen, U.v.; Köther, B.; Riedemann, E.H.: Die Umsetzung softwareergonomischer Grundsätze am Beispiel des Informationssystems Arbeit (ISAR), in: Maaß, S.; Oberquelle, H. (Hrsg.): Software-Ergonomie 89, Aufgabenorientierte Systemgestaltung und Funktionalität, Stuttgart 1989.

GILB 88
Gilb, T.: Principles of Software Engineering Management, Wokingham 1988.

INFORMATIONSBESCHAFFUNG 82
Seminar Informationsbeschaffung bei der Arbeitnehmer-Beratung, Karlsruhe 1982 (Fraunhofer Institut für Systemtechnik und Innovationsforschung; ISI-Seminarberichte Bd. 8).

MÜTHING 86
Müthing, B.: Frauen und neue Informations- und Kommunikationstechnologien, Eine Dokumentation, Recklinghausen 1986 (Werkstattbericht Nr. 29 des Landesprogramms "Sozialverträgliche Technikgestaltung des Landes NRW).

PROJEKTGRUPPE ISAR 88
Projektgruppe ISAR: Konzept und methodische Erfahrungen bei der sozialorientierten Entwicklung eines Informationssystems, in: Jansen, K.D.; Schwitalla, U.; Wicke, W. (Hrsg.): Beteiligungsorientierte Systementwicklung, Opladen 1988.

REISIN 88
Reisin, F.M.: Menschenzentrierte Softwareentwicklung, ein weibliches Anliegen, in: Schöll, I.; Küller, I. (Hrsg.): Micro Sisters, Berlin 1988.

WATCH 85
WATCH OUT, in: Olerup, A.; Schneider, L.; Monod, E.: Women, Work and Computerization, Opportunities and Disadvantages, Amsterdam/New York/Oxford 1985.

WICKE 85
Wicke, W.: Vorgehensweise und Methodik beteiligungsorientierter Systementwicklung am Beispiel der Entwicklung des "Informationssystems Arbeit (ISAR)", Dortmund 1985 (Universität Dortmund, FB Informatik, Forschungsbericht Nr. 212).

CIM (Computer Integrated Manufacturing) - Rechneranwendung im Maschinenbau

Eva Köhl
Forschungsinstitut für Rationalisierung e.V. an der RWTH Aachen

1 Einleitung

CIM ist die Abkürzung für "Computer Integrated Manufacturing", zu Deutsch: rechnerintegrierte Produktion. Der Begriff CIM wurde bereits 1973 von J. Harrington benutzt. Er beschrieb damit Unternehmen, die von einem ununterbrochenen Datenstrom gesteuert werden.

Der Einsatz von untereinander vernetzten EDV-Systemen gilt zur Zeit als eine der vielversprechendsten Strategien zur Sicherung der Wettbewerbsfähigkeit von Unternehmen des produzierenden Gewerbes. Hierdurch soll vor allem eine Straffung und Beschleunigung der innerbetrieblichen Informationsflüsse erreicht werden.

Die volle Ausschöpfung des Wirtschaftlichkeitpotentials von CIM wird nach heutigem Kenntnisstand erst dann möglich sein, wenn Technik und Organisation so gestaltet werden, daß die mit ihr und in ihr arbeitenden Menschen willens und in der Lage sind, ihr kreatives Potential zum Nutzen des Unternehmens einzubringen. CIM ist daher schon lange kein rein technisch diskutiertes Thema mehr. Dies bestätigt insbesondere eine vom Rationalisierungskuratorium der Deutschen Wirtschaft e.V. (RKW) in Auftrag gegebenen Studie zum Thema "Stand und arbeitsorganisatorische Probleme des Einsatzes integrierter mikroelektronischer Systeme in Produktion und Verwaltung der Unternehmen" [1]

Im folgenden sollen kurz einige wichtige Definitionen und Aspekte von CIM vorgestellt werden. Im Anschluß daran möchte ich zwei Fallbeispiele aus der o.g. Untersuchung vorstellen, in denen Arbeitnehmerinnen von technisch-organisatorischen Veränderungen betroffen sind.

2 CIM

Nach einer Definition der "Arbeitsgemeinschaft Wirtschaftliche Fertigung" [2] steht CIM für den EDV-Einsatz zur technischen Auftragsabwicklung. Dazu zählen folgende CIM-Funktionsbereiche:

- CAD (computer aided design), d.h. die Unterstützung der Konstruktionstätigkeit mit automatischer Zeichnungserstellung,
- CAP (computer aided planning), d.h. die Unterstützung der Arbeitsplanerstellung für die Produktion sowie die Programmierung numerisch gesteuerter Maschinen,

- CAM (computer aided manufacturing), d.h. die EDV-gesteuerte Bearbeitung durch CNC-Maschinen sowie der automatische Transport und die Lagerung z.B. durch fahrerlose Transportsysteme und vollautomatische Hochregallager und die Montage von Werkstükken durch programmierbare Roboter,
- CAQ (computer aided quality assurance), d.h. die Durchführung automatischer Prüfungen sowie Erstellung von Prüfplänen und
- PPS (Produktionsplanung und -steuerung) zu termingerechten Einplanung von Aufträgen und Überwachung ihrer termingerechten Fertigstellung bei gleichzeitig optimaler Auslastung vorhandener Kapazitäten.

Diese Definition von CIM hat sich inzwischen durchgesetzt. Es ist wichtig zu beachten, daß sie keine Vorschriften über die Möglichkeiten einer CIM-Realisierung macht. CIM-Realisierungen erfolgen in der betrieblichen Praxis durch die Verknüpfung eigenständiger EDV-Systeme. Diese EDV-Systeme, im folgenden als CIM-Komponenten bezeichnet, müssen nicht notwendigerweise die gleiche Abgrenzung des Funktionsumfangs aufweisen, wie die Funktionsbereiche der AWF-Empfehlung. Eine allgemein akzeptierte CIM-Definition führt damit nicht zwangsweise zu Standard-CIM-Systemen.

Zur Integration verschiedener EDV-Systeme sind vor allem zwei Entwicklungen von Bedeutung, zum einen die Kommunikationstechnologie zum anderen Datenbanksysteme. Die Entwicklung der Kommunikationstechnologie zielt darauf ab, einen korrekten und schnellen Datenaustausch zwischen unterschiedlichen Rechnersystemen zu ermöglichen. Datenbanksysteme erlauben es, Daten unabhängig von bestimmten Anwendungsprogrammen zu speichern und zu verwalten, so daß mehrere Anwendungen über diese Datenbank kommunizieren können.

3 Arbeitsorganisatorische und soziale Veränderungen durch CIM

Durch den verstärkten EDV-Einsatz entfallen viele Routinetätigkeiten. Neue Aufgaben entstehen aus der Pflege und Weiterentwicklung der Systeme. Eine Veränderung der Arbeitsorganisation ist damit unvermeidbar, womit für die Betroffenen häufig einschneidende Veränderungen eintreten. Beispielsweise bringt der Verlust von Aufgaben oder die Integration von bisher getrennten Aufgaben an einem Arbeitsplatz unmittelbare Konsequenzen für die Art und die Höhe der Qualifikationsanforderungen und damit für die Arbeitsplatzsicherheit mit sich. Die erwarteten Folgewirkungen einer rechnerintegrierten Produktion zeigt Bild 1. Bild 2 zeigt aber auch, daß die Konsequenzen für Frauen und Männer im Hinblick auf Qualifikationschancen und Arbeitsplatzsicherheit unterschiedlich eingeschätzt werden. Mit den beiden folgenden Fallbeispielen läßt sich allerdings aufzeigen, wo derzeit Chancen einer Verbesserung der Arbeitssituation für Frauen bestehen, sofern die Organisation und die eingesetzte Technik ihnen Handlungsspielräume erlauben und Lerneffekte fördern.

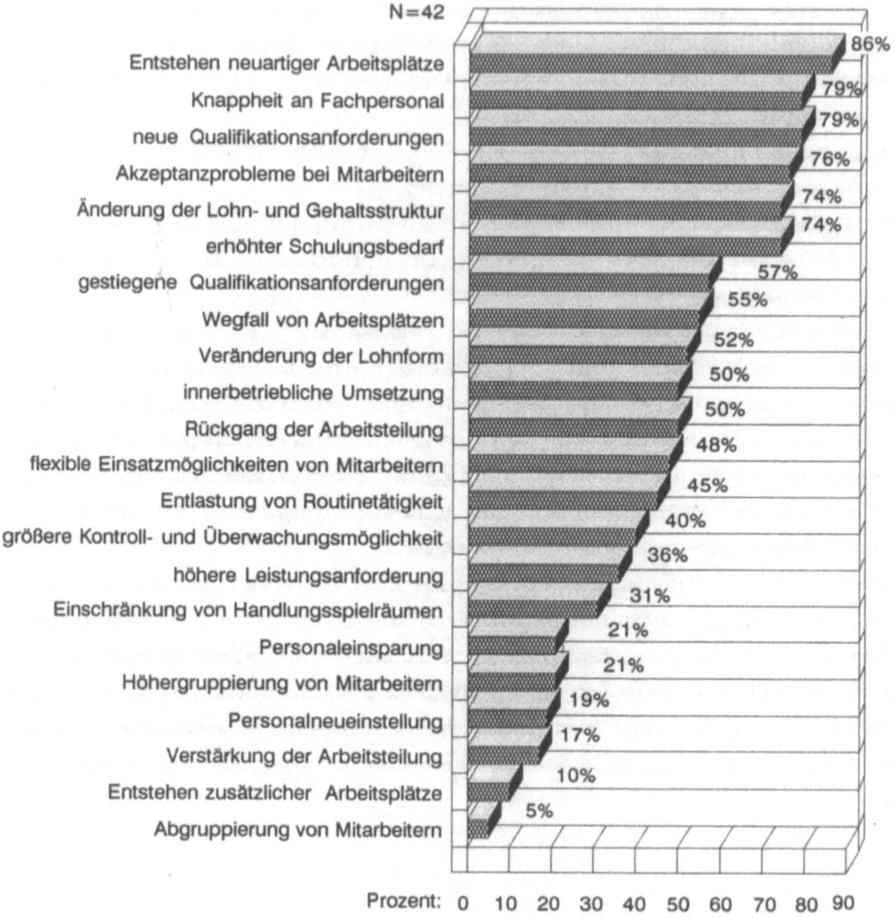

N=42

	Prozent
Entstehen neuartiger Arbeitsplätze	86%
Knappheit an Fachpersonal	79%
neue Qualifikationsanforderungen	79%
Akzeptanzprobleme bei Mitarbeitern	76%
Änderung der Lohn- und Gehaltsstruktur	74%
erhöhter Schulungsbedarf	74%
gestiegene Qualifikationsanforderungen	57%
Wegfall von Arbeitsplätzen	55%
Veränderung der Lohnform	52%
innerbetriebliche Umsetzung	50%
Rückgang der Arbeitsteilung	50%
flexible Einsatzmöglichkeiten von Mitarbeitern	48%
Entlastung von Routinetätigkeit	45%
größere Kontroll- und Überwachungsmöglichkeit	40%
höhere Leistungsanforderung	36%
Einschränkung von Handlungsspielräumen	31%
Personaleinsparung	21%
Höhergruppierung von Mitarbeitern	21%
Personalneueinstellung	19%
Verstärkung der Arbeitsteilung	17%
Entstehen zusätzlicher Arbeitsplätze	10%
Abgruppierung von Mitarbeitern	5%

Prozent: 0 10 20 30 40 50 60 70 80 90

Bild 1: Arbeitsorganisatorische und soziale Gesichtspunkte bei CIM [3]

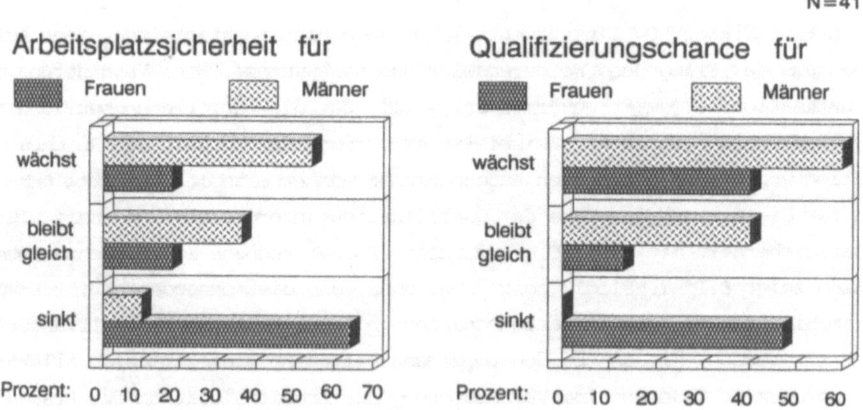

Bild 2: Entwicklungen auf dem Arbeitsmarkt mit zunehmender CIM-Realisierung [3]

3.1 Fallbeispiel: Technische Zeichnerinnen

Das Fallbeispiel stammt aus einem Unternehmen aus dem Bereich Antriebstechnik. Hier werden sowohl typisierte Erzeugnisse mit kundenspezifischen Varianten als auch Standarderzeugnisse mit Varianten gefertigt. Die EDV-Integration im untersuchten Unternehmen verdeutlicht Bild 3.

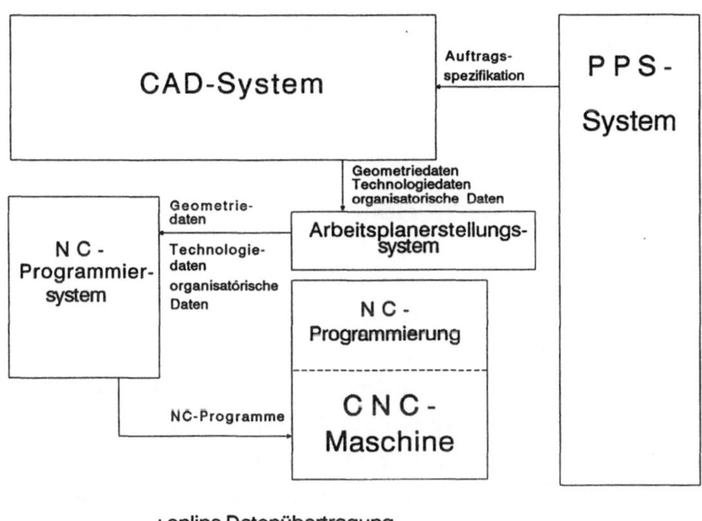

Bild 3: Untersuchte EDV-Integration zum 1. Fallbeispiel

Vor der CAD-Einführung wurden in der Konstruktion für Standardteile "Standardtransparentpausen" benutzt. Hierin mußte der Konstrukteur die aktuell erforderlichen Maße eintragen. Abweichungen zwischen geometrischer Darstellung des Teiles und den jeweils tatsächlichen Abmessungen führten häufig zu Fehlern bei der Arbeitsplanerstellung, der NC-Programmierung sowie der Fertigung. Als Einstieg in die CAD-Anwendung wurde ein Weg beschritten, der bereits von Beginn an zu einer Entlastung der Mitarbeiter/innen führen sollte, indem eine Kombination von Zeichnungserstellung und Berechnung realisiert wurde. Die Mitarbeiter/innen sind heute in der Lage, quasi "auf Knopfdruck" zu einem Teil neben der Zeichnung auch die erforderlichen Berechnungen erstellen zu lassen. Dies erfordert eine intensive und ständige Entwicklungsarbeit. Produkte, Baugruppen und Teile werden über Sachmerkmalsleisten charakterisiert mit dem Ziel, einen hohen Teile-Wiederverwendungsgrad zu erreichen. Über die Eingabe bestimmter Merkmale eines gewünschten Produktes können vom CAD-System Vorschläge für eine Konstruktion erstellt werden. Diese "theoretischen" Vorlagen müssen dann geprüft werden, inwieweit sie für den aktuell zu bearbeitenden Auftrag sinnvoll sind. Insgesamt sind die Tätigkeiten sowohl für die Konstrukteure als auch für die Technischen Zeichner/innen anspruchsvoller geworden. Der

Trend geht dahin, daß direkt am CAD-System konstruiert wird, wofür auch teilweise technische Zeichner/innen eingesetzt werden.

Wie auch in anderen Unternehmen festzustellen war, führt die Einführung von CAD-Systemen zur (überlappenden) Schichtarbeit, um eine hohe Auslastung der teuren Geräte sicherzustellen. Im untersuchten Unternehmen lag die Bandbreite zwischen 6 und 21 h. Lediglich eine technische Zeichnerin konnte für sich eine auf 18 h beschränkte Bandbreite realisieren, da sie sich auf bestimmte Entwicklungsarbeiten spezialisiert hatte, bei denen sie nicht ständig auf die Verfügbarkeit des Systems angewiesen war. Aufgrund eines erhöhten Auftragsvolumens und einer komplizierteren Produktstruktur konnte der Personalstand gehalten werden.

3.2 Fallbeispiel: Automatenbedienerinnen

Das nächste Fallbeispiel stammt aus der Leiterplattenfertigung eines Unternehmens der Elektronikbranche. Es handelt sich hierbei um Standarderzeugnisse mit Varianten, die in Serien hergestellt werden. Die "CIM-Landschaft" des Unternehmens - soweit sie Gegenstand unserer Untersuchung war - zeigt Bild 4. Bei der untersuchten Automatisierungslinie zur Leiterplattenfertigung handelt es sich um eine Prozeßlinie mit 6 Bestückautomaten, die durch ein Transportsystem für Leiterplatten-Magazine starr verkettet sind. Die Steuerung der Bestückautomaten erhält per File-Transfer aus dem CAP-System die Bestückprogramme.

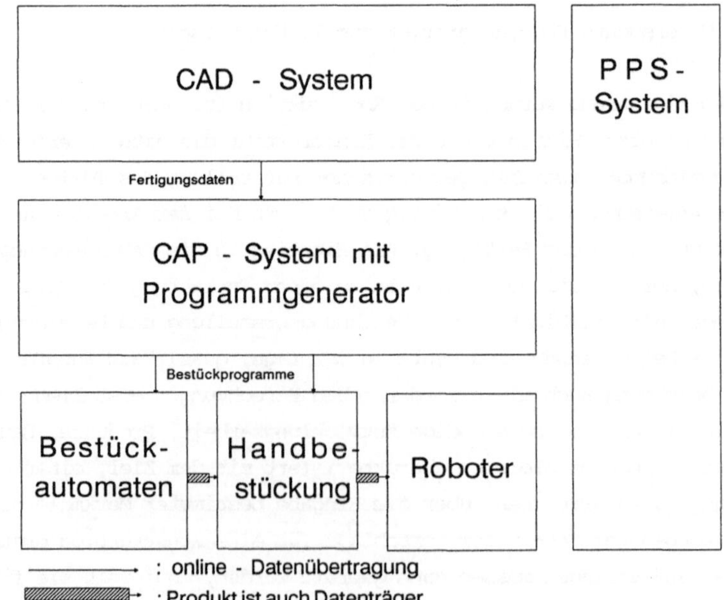

Bild 4: Untersuchte EDV-Integration zum 2. Fallbeispiel

Die Aufgabe einer Automatenbedienerin ist es, die Funktionserfüllung der Automaten sicherzustellen. Hierbei handelt es sich ausschließlich um Anlerntätigkeiten. Die Mitarbeiterinnen waren vormals an Handbestückarbeitsplätzen tätig. Ihr Arbeitsinhalt veränderte sich dahingehend, daß die Hauptaufgabe nun in der Überwachung und Kontrolle des Fertigungsablaufs liegt. Die komplizierte Technik erfordert eine Weiterqualifizierung hinsichtlich des Bedienungsverfahrens der Maschinen. Die Automatenbedienerinnen müssen in der Lage sein, auf Fehlermeldungen, die durch die EDV angezeigt werden, zu reagieren. Diese Tätigkeiten umfaßt auch die Veranlassung geeigneter Maßnahmen zur Fehlerbehebung. Eine Teamführerin übernimmt zusätzliche Aufgaben sowohl organisatorischer als auch überwachender Art. Oft zählen auch Einrichtetätigkeiten zu ihren Zusatzaufgaben. Neuerdings wird angestrebt, vermehrt Wartungsaufgaben an die Automatenbedienerinnen zu übertragen.

Aufgrund einer Produktionsausweitung konnte der Personalstand im untersuchten Bereich konstant gehalten werden. Nach Installation der Automatisierungslinie - etwa zwei Jahre vor Durchführung der Untersuchung - wurde dort im 3-Schicht-Betrieb gearbeitet. In der Nachtschicht wurden speziell geschulte Facharbeiter mit Elektronikausbildung eingesetzt, die auch die Wartungs- und Reparaturarbeiten ausführten. Zur Zeit wird im 2-Schicht-Betrieb gefahren. Dies betrifft sowohl die Maschinenbedienerinnen als auch das zusätzlich erforderliche hoch qualifizierte Wartungs- und Instandsetzungspersonal.

Die beschriebenen arbeitsorganisatorischen Veränderungen lassen sich nicht primär auf die EDV-Integration zurückführen. Der Wechsel in der Aufgabenstruktur und damit auch die Auswirkungen auf die Qualifikationsanforderungen der Mitarbeiterinnen liegt in erster Linie in der durch den Automatikbetrieb ermöglichten Entkopplung des Menschen vom Arbeitstakt der Maschine begründet. Trotz dieser Einschränkung ist dieses Fallbeispiel von großer Bedeutung, da es erkennen läßt, daß auch un- und angelernten Arbeitskräfte eine Chance auf eine Verbesserung ihrer Arbeitssituation im Rahmen einer CIM-Realisierung haben. Die realisierte Funktionsintegration ermöglicht den Automatenbedienerinnen Ansätze einer individuellen Organisation ihrer Arbeit und eine partielle Höherqualifizierung.

4 Bewertung und Ausblick

Die Untersuchung von insgesamt 30 Fallbeispielen in 9 Unternehmen zeigt, daß berufliche Qualifikationen mit der Einführung und Integration von EDV-Systemen in dem Maße an Bedeutung verlieren, wie die damit verbundenen Arbeitsleistung automatisierbar ist. Insbesondere die Arbeitsplätze der weniger qualifizierten Mitarbeiter/innen, die mit Routinetätigkeiten im Bereich des Datenhandlings beschäftigt sind, sind in hohem Maße gefährdet. Dagegen gewinnen zunehmend sogenannte "Schlüsselqualifikationen" wie z.B. Problemlösevermögen, Kooperationsfähigkeit und Lernfähigkeit an Bedeutung. Hierbei handelt es sich also in erster Linie um die Entwicklung von grundlegenden Fähigkeiten, die die Menschen in die Lage versetzen, Probleme bei der Durchführung von planenden, steuernden und kontrollierenden Tätigkeiten in hochkomplexen Systemen zu lösen. Der kritische Umgang mit Informationen, das Verstehen der Abläufe in komplexen Systemen sowie das selbständige Erkennen von Handlungsbedarf müssen daher zum Gegenstand frühzeitiger Qualifikationsmaßnahmen werden.

Mit CIM werden heute allgemein Erwartungen verknüpft, die nicht allein mit der Einführung neuer Technologien erreicht werden. Erst durch eine gleichgewichtige Abstimmung von Mensch, Organisation und Technik werden sie zu realisieren sein. Insgesamt muß jedoch das Fazit gezogen werden, daß der Umfang und die Reichweite der vorgefundenen arbeitsorganisatorischen Veränderungen relativ begrenzt sind. In weiten Teilen des Managements wird zumindest unterschwellig davon ausgegangen, daß sich die betriebliche Organisation und das verfügbare Qualifikationspotential quasi als "Selbstläufer" an die Technik anpassen werden. CIM Erfolge werden langfristig aber nur durch eine CIM-gerechte Gestaltung von Organisation und EDV-Technik zu erreichen sein, die folgende Punkte berücksichtigen:

- Integration von Funktionen an einem Arbeitsplatz oder in einer Arbeitsgruppe statt tayloristische Arbeitsteilung und Vergeudung von Qualifikationspotential;
- Dezentralisierung von Entscheidungskompetenzen statt schwerfällige Hierarchien;
- bewußtes Einrichten manueller Eingriffspunkte etwa in Form von Dialogschnittstellen, statt durchgängige Automatisierung von Abläufen und Entscheidungen.

Anbieter und Anwender müssen sich zukünftig die Frage stellen, ob ihre CIM-Komponenten die Veränderung überkommener Organisationsstrukturen unterstützen oder eher verhindern. Die Klärung dieser Frage und ggf. die Festlegung zu leistender Entwicklungsarbeit wird nach den Erfahrungen aus den Betriebsuntersuchungen nur im Rahmen enger Kooperationen zwischen beiden Parteien zu leisten sein.

---

[1] Die Studie wurde vom Forschungsinstitut für Rationalisierung e.V. (FIR) in Aachen und vom Institut für Sozialwissenschaftliche Forschung e.V. (ISF) in München in zwei inhaltlich aufeinander abgestimmten Projekten erarbeitet:
Köhl;Esser;Kemmner;Förster: CIM zwischen Anspruch und Wirklichkeit. Erfahrungen, Trends und Perspektiven. Veröffentlichung in Vorbereitung 1989. FIR Aachen
Schultz-Wild;Nuber;Rehberg;Schmierl: An der Schwelle zu CIM. Verbreitung, Strategien und Auswirkungen. Veröffentlichung in Vorbereitung 1989. ISF München.

[2] Integrierter EDV-Einsatz in der Produktion. CIM - Computer Integrated Manufacturing - Begriffe, Definitionen, Funktionszuordnungen. Hrsg.: Ausschuß für Wirtschaftliche (AWF). Eschborn 1985.

[3] Die Ergebnisse entstammen einer im Rahmen des o.g. Projektes durchgeführten schriftlichen Expertenbefragung: Köhl;Esser;Kemmner;Wendering: Auswertung der CIM-Expertenbefragung. FIR Aachen 1988

Sprachverhalten in Computer-Fachliteratur aus feministischer Sicht

Heidelotte Craubner
Gertrud Heck-Weinhart

Zusammenfassung:

Die Sprachregeln, nach denen Fachliteratur über Computertechnik überwiegend aufgebaut ist, folgen den Traditionen insbesondere der klassischen Physik und der Mathematik. Die Sprache ist vollständig auf das beschriebene Objekt bezogen. Weder die schreibende Person noch die lesende tritt explizit auf. Nicht **ich** beschreibe einen Vorgang und ziehe Schlußfolgerungen und **Du** liest meine Beschreibung, stimmst mir zu oder auch nicht, sondern **der Vorgang** läuft ab und **es** folgt etwas daraus. Die Regeln der wissenschaftlichen Wertneutralität verlangen dann auch von uns, daß wir alles Persönliche ausklammern: Befürchtungen, Erwartungen, Bedürfnisse, Zweifel, die mit unserem Arbeitsgebiet verbunden sind. Wir sollen uns beschränken auf die Schilderung des Ablaufs technischer Ereignisse. Ob die Art und Weise, wie wir unsere Arbeit zu Papier bringen, für die Person, die das später lesen wird, auch interessant, verständlich und ansprechend ist, spielt nach streng wissenschaftlichen Maßstäben keine Rolle.

Diese Distanziertheit steht im starken Gegensatz zur weiblichen Sozialisation. Weibliche Identität ist zu einem großen Teil aufgebaut auf der Fähigkeit, Kontakt zu finden, Nähe herzustellen, die eigenen Gefühle wahrzunehmen und auf andere Menschen einzugehen.

Wir befinden uns als Frauen hier in einem ständigen Dilemma: Beugen wir uns den Sprachregeln, so verleugnen wir unsere Identität, erhalten auch von der Umwelt schnell den Stempel unweiblich. Durchbrechen wir aber die Regeln und folgen eigenen Bedürfnissen, werden wir nicht ernstgenommen. "Mann" spottet über uns als unwissenschaftlich, naiv, usw.

Werden in moderner Fachliteratur, Computer-Manuals, Lehrbüchern und Fachzeitschriften usw. doch ab und zu menschliche Wesen explizit erwähnt, so mit seltenen Ausnahmen (z. Bsp.: die Datentypistin) ausschließlich in männlicher Form: der Anwender, der Systemverwalter, usw.

Werden Beispiele aus dem Alltagsleben eingeführt, um komplizierte Sachverhalte anschaulicher zu gestalten, sind sie sehr häufig aus männlichen Lebenszusammenhängen entnommen (Militär, Fußball etc.). Auch direkte Diskriminierung von Frauen haben wir in solchen Beispielen gefunden. Für uns Frauen entsteht in solchen Fällen schnell der Gedanke, daß wir als potentielle Leserinnen zumindest nicht eingeplant, vielleicht aber auch gar nicht erwünscht sind.

Wir wollen an einigen Literaturbeispielen zeigen, wie Frauen ihre Phantasie und Kreativität eingesetzt haben und bisher geltende Sprachregeln umgangen, verändert und außer Kraft gesetzt haben.

Mechanisierung der Sprache:

Untersuchen wir die Computerliteratur auf unseren Schreibtischen einmal nicht auf ihren Inhalt, sondern betrachten wir die grammatischen Strukturen, die von den fast immer männlichen Autoren verwendet werden, so ist der uns am stärksten auffallende Unterschied zur üblichen Alltagssprache die Vermeidung der 1. und 2. Personalpronomen (ich, wir, du, ihr) oder auch der Anredeform (Sie). Die Sprache ist vollständig auf das beschriebene Objekt bezogen:

'*Das Statement wird ausgeführt...*'
'*Der Befehl bewirkt, daß...*'
'*Die Ausgabe erfolgt...*'
'*Es geschieht folgendermaßen...*'

Wir könnten daraus den Eindruck gewinnen, daß dies alles vollkommen ohne Einfluß von Menschen abläuft, etwa so, als beschriebe eine Maschine das Funktionieren einer anderen Maschine. Die Sprache, mit der die Handhabung von Computerprogrammen beschrieben wird, wirkt selbst wie ein starrer Algorithmus.

Ausschaltung des Lebendigen zugunsten der Durchsetzung von Herrschaftsansprüchen:

Nun werden aber Betriebssysteme, Programmiersprachen oder Programmsysteme alle von Menschen entwickelt, häufig von denselben Menschen, die dann die genannte Literatur verfassen. Auch Computerprogramme entstehen keineswegs nur eigengesetzlich und aus sich selbst heraus, sondern basieren auf den individuell verschiedenen Erfahrungen, Vorstellungen und Bedürfnissen der jeweiligen EntwicklerInnen.
Warum also dürfen wir in unserer Sprache nicht sichtbar machen, daß die Art und Weise, wie wir ein Programm entwickelt oder ein technisches Problem gelöst haben, etwas damit zu tun hat, wer wir als eigene, von anderen unterscheidbare Personen sind?
Ein Grund liegt wohl darin, daß die Informatik-FachautorInnen die Sprache der klassischen Naturwissenschaften übernommen haben, und dabei die Entstehung von Computerprogrammen gleichgesetzt wurde mit dem Ablauf von physikalischen Prozessen, die jeweils nur ein einziges vorherberechenbares Ergebnis zulassen.
Diese vermeintliche Rationalität und Objektivität entspricht aber auch der Sozialisation zu männlichen Tugenden:
Verdrängung von Gefühlen (insbesondere dann, wenn sie in Richtung von Zweifeln und Ängsten gehen),
Durchsetzung der eigenen Herrschaftsansprüche auf Kosten des Einfühlungsvermögens in andere,
Ausschaltung alles Lebendigen, Unkontrollierbaren, weil dies zu Ohnmachtsgefühlen führen könnte. (Sarah Jansen, Carolyn Merchant)

Beschreibe ich die Lösung eines Problems mit den Worten: **'Es wird** folgendermaßen durchgeführt...', dann lasse ich andere Vorgehensweisen nicht zu und schreibe den von mir gewählten Weg der Leserin / dem Leser vor.

Verwende ich dagegen die Formulierung: **'Ich** habe folgenen Weg gefunden, das Problem zu lösen:...', so lasse ich der angesprochenen Person die Freiheit, ihre eigene Methode zu finden, muß allerdings auch ertragen können, daß mein Weg von Anderen nicht als für sie passend akzeptiert wird.
Ziel der traditionellen Sprachform ist also Unangreifbarkeit und Durchsetzung des eigenen Gedankengutes. Die Kreativität der / des Angesprochenen wird dabei allerdings unter Kontrolle gehalten. Lese ich einen derart gestalteten Text, so habe ich häufig den Eindruck, daß meine Gedanken straff gelenkt werden sollen und eigene Zufügungen, Assoziationen, Gefühlsregungen eigentlich nicht erlaubt sind.

Verleugnen der Verantwortung für das eigenen Handeln:

Beschreibt jemand ihre/seine eigene Arbeit in diesem objektbezogenen Stil, so übernimmt sie/er damit zumindest sprachlich nicht die Verantwortung für eventuelle Folgen ihres/seines Tuns. Schließlich handelt nicht sie/er selbst, sondern **'es wird** gehandelt'. Und wenn **es** eben so gemacht wird: Wer ist dann dafür haftbar zu machen?
Zusammenfassend können wir sagen, daß durch die Vermeidung der Wörter ich und wir, die häufige Verwendung von Passivkonstruktionen, des Wortes 'man' und durch die Ausklammerung der handelnden Menschen im Text, einerseits Herrschaftsansprüche dokumentiort werden, andererseits aber der Wunsch nach Unverletzbarkeit (für eventuelle Fehler nicht beschuldigt zu werden) deutlich wird.

Folgen für Frauen:

Diese Scheinrationalität, die den Menschen als fühlendes Wesen ausklammert, und nur das Standardisierbare, Mechanische gelten läßt, wird von Frauen häufiger als von Männern abgelehnt. Die Sozialisierung von Frauen ist auf die Fähigkeit ausgerichtet, emotionalen Kontakt zu anderen Menschen herzustellen, sowohl die Gefühle des Gegenüber als auch die eigenen wahrzunehmen und sie in Handlung und Sprache miteinzubeziehen. Genau das wird aber durch die vermeintlich objektive Sprache des Naturwissenschaftlers vermieden. Versucht frau, sich nicht an die traditionelle Sprachregelung zu halten, so stößt sie zumindest auf Unverständnis, manchmal auch Spott der Kollegen. Es wird ihr Unwissenschaftlichkeit und Naivität vorgeworfen; möglicherweise wird ihr Manuskript von Vorgesetzten umgeschrieben (wie mir selbst schon geschehen, H.C.). Offenbar gilt Subjektivität und Emotionalität vielen Menschen als gefährlich: sie wecken Ängste, und diese Ängste sollen mit Hilfe der Einhaltung von Normen und Regeln bekämpft werden. (Christel Schachtner)

Personenbezeichnungen, die Frauen in qualifizierten Positionen unsichtbar machen:

Finden wir dennoch Personenbezeichnungen in der Literatur, so sind es (nicht sehr überraschend) fast immer männliche: der Anwender, der Systemverwalter der Benutzer etc. Eine einzige Berufsbezeichnung kommt (falls überhaupt) nur in der weiblichen Form vor: die Datentypistin.

Luise Pusch beschrieb in ihrem Buch 'Das Deutsche als Männersprache' ausführlich und genau die Auffassung über die Rolle der Frauen, die hinter diesem Sprachgebrauch steht. Deshalb wollen wir auf diese Thematik hier nicht weiter eingehen.

Beispiele aus männlichen Lebensbezügen:

Werden bei der Beschreibung irgendwelcher Prozesse am Computer Analogien aus dem Alltagsleben eingeführt, so entstammen diese häufig männlich bestimmten Lebensbereichen, in denen Frauen entweder gar nicht vorkommen oder für welche sich Frauen nur selten interessieren:
Beispiele: Vater - Sohn - Prozesse im Betriebssystem UNIX, Verwendung ursprünglich militärischer Bezeichnungen wie Strategie, Taktik, einen Prozess 'abschießen', etc.
Allerdings werden Programme oder größere Programmsysteme öfters mit weiblichen Vornamen bedacht (ELIZA, ADA ect.). Wie uns Kolleginnen erzählten, soll es häufiger vorkommen, daß männliche Programmentwickler ihren Produkten die Namen ihrer Frauen, Freundinnen oder Töchter geben. Verbirgt sich dahinter vielleicht doch ein Wunsch nach dem Weiblichen, nach Kontakt und Nähe, der auf andere Art und Weise in der harten, 'männlichen' Computertechnik nicht ausgedrückt werden darf?

Verwendung von Computer - Latein:

Als weiteren Punkt kritisieren wir die Verwendung immer neuer Fachausdrücke: In den meisten Projekten tauchen plötzlich Bezeichnungen oder Abkürzungen auf, für deren Bedeutung bisher andere Namen üblich und bekannt waren. (z. Bsp.: Superuser in UNIX, vorher Systemverwalter). In vielen Texten (besonders in solchen für projekt-internen Gebrauch) wimmelt es nur so von Fachausdrücken und Abkürzungen, deren Bedeutung nur wenigen 'Eingeweihten' wirklich bekannt ist, welche nirgends näher erläutert werden, für die es aber durchaus auch für 'NormalinformatikerInnen' verständliche Bezeichnungen gäbe.
Auch hierin sehen wir eine Distanzierung von der Leserin / dem Leser. In solchen Texten wird nicht Verständlichkeit angestrebt, sondern die Zugehörigkeit zu einer 'Klasse der ExpertInnen' demonstriert.
Ähnlich wie durch die Verwendung der lateinischen Sprache in der katholischen Kirche die Hierarchie von Priestern und LaiInnen festgelegt wurde, soll hier durch 'Computer - Latein' eine Überlegenheit der ExpertInnen , der 'Insider' gegenüber den 'Outsidern' bewiesen werden. Steckt dahinter aber nicht wieder die Angst vor der Verletzbarkeit, die Angst, in 'Normalsprache' nicht ernst genug genommen zu werden?
Für LeserInnen sind solche Kommunikationsformen sehr unbefriedigend: Müssen wir uns durch derartige Texte hindurchkämpfen, gibt es zwei Möglichkeiten: Entweder wir werden ärgerlich darüber, daß der Autor / die Autorin sich uns gar nicht verständlich machen **will** oder wir zweifeln an unseren Fähigkeiten, Fachliteratur zu verstehen. Tendieren wir Frauen nicht recht häufig zur zweiten Möglichkeit?

Möglichkeiten zur Veränderung:

Welche Möglichkeiten gibt es für uns Frauen, die herkömmlichen Sprachformen so zu verändern und zu ergänzen, daß genügend Freiraum für unsere individuellen Sprech- und Denkweisen entsteht, ohne daß dabei Genauigkeit und Exaktheit abnehmen? Diese Befürchtung, Verlust von Exaktheit, wird uns von vielen Männern und manchen Frauen entgegengehalten, wenn wir die Reduzierung auf das Mechanische beklagen und den Menschen in unser Blickfeld einschließen möchten. Die Ursache dürfte in der Annahme liegen, daß nur eines von beiden möglich sein könne: **Entweder** eine exakte Beschreibung eines Computerprogramms **oder** eine Aussage über die Befindlichkeit der beteiligten Menschen. Warum aber sollte es nicht auch ein **'und'** geben, beides zugleich möglich sein?
Riskiere ich es, in den Fällen, wo es mir wichtig erscheint, als beteiligte Person sichtbar zu werden, z. Bsp. das Wort 'ich' zu verwenden, wird es auch einfacher, sprachlich zu unterscheiden, welche Teile meines Textes allgemein geregelte Vorgehensweisen bezeichnen, die auch für LeserInnen bindend sind und was meine eigenen individuellen Erfahrungen, Stellungnahmen und Lösungsvorschläge sind.
Texte, die vom üblichen Stil abweichen, (persönliche Anredeform, Endungen mit -In, Verwendung von ich und wir) finden wir schon häufiger in Zeitschriften zum Thema Homecomputer und PCs, z. Bsp.: '64er', 'AMIGA-Welt','CHIP'. Diese Zeitschriften sind überwiegend für den Freizeitbereich und für jugendliche LeserInnen gedacht und sind daher besonders darauf angewiesen, daß sie 'ankommen', d.h. für die Leserin / den Leser positive Gefühle wecken, z. Bsp. das Gefühl der

Zugehörigkeit zu einer AnwenderInnengemeinschaft, oder die Neugier darauf, etwas Spannendes, Neues auszuprobieren.
Es fiel uns dabei auf, wie häufig weibliche Namen im Impressum von Computerzeitschriften (auch den stärker professionell orientierten) unter dem Stichwort Redaktion auftauchen.
Wird hier eine besondere, bei Frauen stärker ausgeprägte Fähigkeit sichtbar, Computerthemen so aufzubereiten, daß sie eine möglichst breite LeserInnenschaft ansprechen?

Beispiel für einen 'anderen Sprachstil':

Als vor einiger Zeit in meiner (H.C.) Firma das Betriebssystem auf UNIX umgestellt wurde, drückte mir ein Kollege ein Fachbuch in die Hand, welches, schon im Titel erkennbar, vom üblichen Sprachstil abweicht: Keine Angst vor UNIX, Christiane Wolfinger, VDI-Verlag.
Die Angst vor neuen Systemen, davor, etwas nicht zu verstehen, wird von den meisten Männern nicht gerne zugegeben. Meist wird sie vollständig verdrängt, hier erscheint sie sogar im Buchtitel.

Aber auch der Inhalt des Buches beweist, daß das vorher erwähnte **'und'** möglich ist. Die UNIX-Kommandos werden klar und verständlich beschrieben, wissenschaftliche Exaktheit ist gegeben und doch finden wir überall Stellen, die uns einerseits die Autorin in ihrer menschlichen Individualität sichtbar machen und uns andererseits das Gefühl vermitteln, als LeserInnen von ihr gesehen zu werden. Sie hat einen Stil gewählt, in welchem sie ihre LeserInnen direkt anspricht, sehr häufig in Form einer Frage. (Zitat: *'Wollen Sie im Multi-User-Modus oder im Single-User_Modus arbeiten?'*). Das ungeliebte *'man'* kommt im Text nirgends vor, es sei denn als UNIX-Kommando. Passiv-Konstruktionen sind eher selten im Vergleich zu anderen Lehrbüchern. Ab und zu bildet sie Sätze mit *'wir'* (nicht als pluralis maiestatis, sondern als gemeinsame Bezeichnung für ihre LeserInnen und sich selbst), seltener auch mit *'ich'*. UNIX-spezifische Fachwörter tauchen niemals ohne ausreichende Erklärung auf; am Ende des Buches befindet sich ein Verzeichnis auch von allgemein gebräuchlichen EDV-Fachbegriffen. Den schon erwähnten *'Superuser'* (erinnert mich immer an Superman, H.C.) führt sie zwar ein, verwendet aber statt dessen später den Systemverwalter. Daß beide Begriffe dasselbe meinen, hat sie am Anfang erwähnt.

Besonders diejenige Stellen, wo ihr 'Frau-Sein' deutlich wird, gefielen uns sehr: Zwar spricht auch sie von 'Anwendern, Benutzern usw.' ohne -Innen, aber sie führt am Anfang des Buches einen 'Benutzer' mit dem 'USERNAME: Monika' ein und danach ist 'Monika' oder 'sie' recht häufig Subjekt ihrer Sätze. (Trost für Männer: Ein 'USERNAME: Hans' taucht etwas später auch noch auf.)

In der üblichen UNIX-Literatur wird bei einer bestimmten Programmstruktur von 'Vater-Sohnprozessen' gesprochen; sie führt diesen Begriff ein mit der Bemerkung: *'Vater/ Sohnprogramme - oder um nicht die Mütter und Töchter zu vernachlässigen: Eltern - Kindprozesse'*.

Der Name *'KILL'* für das Kommando zum Programmabbruch ist ihr offenbar wenig sympathisch: *(- so streng sind hier die Bräuche)*, steht als Bemerkung daneben.

Ihre Vergleiche und Beispiele sind häufig sehr plastisch und auch durchaus aus den Alltagserfahrungen von Frauen gewählt. So vergleicht sie ein Betriebssystem mit den Aufgaben einer Stadtverwaltung: ein Dienst des Systems entspricht dem Anmelden einer Geburt, Eintragung in das Melderegister etc.

Beim Einführen eines 'gefährlichen' Löschkommandos erwähnt sie auch ihre eigenen Zweifel, ob es überhaupt richtig sei, in einem Einführungsbuch dieses Kommando zu besprechen. (Zitat: *Ich muß gestehen, ich habe lange überlegt, ob ich die Option -r (rekursiv) in diesem Einführungskurs überhaupt erwähnen soll. Doch es ist immer besser, die Gefahr zu kennen und zu meiden, als blind in sie hineinzulaufen.*)

Viele kleine Beispiele dieser Art geben beim Lesen das Gefühl, wirklich angesprochen zu werden und Hilfe und Verständnis an den Stellen zu erhalten, wo Hürden zu überwinden sind. Sie ermutigt, Neues am Rechner sofort auszuprobieren und weiterzumachen, auch wenn nicht alles sofort wie gewünscht klappt. Es ist ein Buch, das Lust an der Arbeit mit dem Rechner machen kann (ohne zur Sucht zu verführen).

Interessant fand ich auch die Einstellung männlicher Kollegen zu diesem Buch. Sie zogen es ebenfalls anderen Lehrbüchern vor; auf die Frage weshalb, antworteten sie: 'Wegen der guten graphischen Darstellung. ' Daß hier ein von den üblichen Texten völlig abweichender Stil verwendet wurde, hatten sie gar nicht bemerkt. Als ich sie auf die Autorin hinwies und fragte, ob Frauen anders über Computer schreiben als Männer, kam die Antwort (in amüsiertem bis leicht empörten Tonfall): 'UNIX ist UNIX. Das hat doch nichts mit dem Geschlecht zu tun.'

Zusammenfassung möglicher Punkte für eine Veränderung:

Zum Schluß fassen wir noch einmal zusammen, welche Wege wir gehen können, wenn wir unsere Fachsprache so verändern wollen, daß sie unseren Bedürfnissen besser entspricht:

- Einbeziehung der am Kommunikationsprozess beteiligten Menschen (AutorIn, LeserIn), dort wo es wichtig erscheint (Schildern eigener Erfahrungen, Vorstellungen; Verwendung von *ich* und *wir*, persönliche Anrede)

- Verwendete Beispiele sollen einem Erfahrungsbereich entnommen sein, der Frauen ebenso vertraut ist wie Männern und keinesfalls diskriminierenden Inhalt haben.

- Personenbezeichnungen sollten in weiblicher Form ebenso häufig wie in männlicher vorkommen. Dabei darf keine Hierarchie in hochqualifiziert = männlich, niedrig qualifiziert = weiblich entstehen.

- Fachausdrücke, bei denen wir annehmen können, daß nicht jede / jeder im angesprochenen LeserInnenkreis sie kennt, sollen bei der ersten Verwendung ausführlich erklärt und bei längeren Texten zusätzlich in einem Stichwortverzeichnis aufgeführt werden. Vielleicht können wir auch öfter deutschsprachige volle Wörter und seltener englische Abkürzungen verwenden.

- Es erscheint uns wichtig, daß wir Zweifel und Befürchtungen, die im Zusammenhang mit der von uns beschriebenen Technik stehen, deutlich äußern und vor Gefahr und Mißbrauch warnen.
- Beim Schreiben von Fachliteratur sollten wir versuchen, uns in die Leserin / den Leser einzufühlen, die Schwierigkeiten zu erkennen, die sie / er möglicherweise haben wird und versuchen, ihr / ihm darüber hinwegzuhelfen. Ein Ziel unseres Bemühens sollte sein, ihr / ihm Spaß und Freude am Lesen, Lernen und Arbeiten zu vermitteln, allerdings dabei das kritische Bewußtsein über eventuelle schädliche Folgen unserer Tätigkeit wachzuhalten.

Wir halten vor allem eines für wesentlich: Den Mut, mehr Lebendigkeit zu riskieren, dort wo psychisch tot zu sein, weniger riskant scheint, wie Thea Bauriedl es in ihrem Buch: *Das Leben riskieren* formuliert hat.

Literaturangaben:

Thea Bauriedl: Das Leben riskieren, Psychoanalytische Perspektiven des politischen Widerstands, *Piper, München 88*

Elmar Buschlinger: Software - Entwicklung mit UNIX, *Teubner, Stuttgart 1985*

Sarah Jansen: Magie und Technik, *in C. Lippmann(Hrsg), Technik ist auch Frauensache, VSA, Hamburg,86*

Carolyn Merchant: Der Tod der Natur - Ökologie, Frauen und neuzeitliche Naturwissenschaft, *Beck, München, 87*

Luise Pusch: Das Deutsche als Männersprache, *Suhrkamp, Frankfurt 1984*

Christel Schachtner: Über den (un-)aufhaltsamen Aufstieg der instrumentellen Vernunft oder: Wo bleibt hier die Lebendigkeit?, *in: Naturwissenschaft und Technik, doch Frauensache?,Tagungsband des Kerschensteinerkollegs, München 1986*

Christiane Wolfinger: Keine Anst vor UNIX, *VDI - Verlag, Düsseldorf 1988*

Kollektiv: Frauen und Informatik - Anspruch und Realität, *Mitteilung Nr. 155 des Fachbereichs Informatik der Universität Hamburg, 1988*

Wie weiblich ist die Informatik?

Wilhelm Steinmüller
Universität Bremen
Fachbereich Mathematik / Informatik

"Die" Informatik ist nicht weiblich. "Sie" ist zutiefst patriarchal[1] bestimmt und kann nicht einfach konvertiert werden. - Für diese scheinbar triviale Hauptthese kann eine umfassende Begründung noch nicht vorgelegt werden. Zu viel - vor allem historische - Forschung steht noch aus. Lediglich einige vorläufige Hinweise sollen Weiterdenken und -Forschen ermöglichen.

Zunächst zum Vorverständnis. Es ist hier nicht der Ort Technikkritik von Frauen auszubreiten[2] oder gar zu kritisieren. Im Vordergrund ihres Interesses stehen Naturwissenschaft[3] und die alte Technik der Handarbeit[4], was die notwendige feministische[5] Kritik von Informationstechnologie und Informatik erschwert[6]. Jedoch scheint über so viel Einigkeit zu bestehen:

(1) Die moderne Naturwissenschaft und darauf fußende Technik beruhen philosophisch[7] auf der neuen Erkenntnistheorie ("Novum Organum") und dem neuen Wissenschaftsbegriff BACONs und DESCARTES'.

(2) Ebenso bekannt ist der frauenfeindliche Kontext in:
- der "penetrativen" und destruktiven Erkenntnislehre BACONs[8]
- dem zunehmend passivistischen Natur- und Materiebegriff der Neuzeit
- der aristotelisch scholastisch-medizinischen Verkennung der Frau als defekter Mann
- der dualistischen Spaltung zwischen "männlich-höherem Geist" und "weiblich-niedriger" Seele / Emotion / Natur / Materie.

(3) Soweit die Fragen des Einflusses der Computerisierung und der Telematik auf die Frau aufgegriffen werden, dominieren die - Vorhandenes konstatierende und gegenüber Neuem doch kurzsichtige - Perspektiven empirischer Sozialwissenschaft[9]. Hier gibt es einen quasi-standardisierten Themenkatalog:
- die veränderte Stellung der Frau in der (Schatten-[10] wie Erwerbs-[11] und Tele-[12]) Arbeit, als weibliche (informations-) "industrielle Reservearmee",
- der im Verhältnis zu anderen Ingenieurwissenschaften überproportionale und immer noch viel zu geringe Anteil von Informatik-Studentinnen[13],
- psychologische Beobachtungen, wie etwa daß DatenverarbeitER projektiv ihren PC als (meist weibliches) Partnersurrogat mißbrauchen[14],
- allgemeine Wissenschaftskritik, angewandt auf Informatik.

Solche Themen bleiben vordergründig, wo sie nicht radikal nach den Wurzeln[15] der

(1) Frauen-Benachteiligung auch bei naturwissenschaftlich-technischen Zusammenhängen

(2) in ihrer *informationstechnologiespezifischen* Besonderheit fragen.

Noch ist der Beitrag von InformatikerInnen minimal[16]. Was ist mein Ausgangspunkt? Der *allgemeine* Hintergrund des Patriarchats ist bekannt. Desgleichen ist zutreffender Grundbestand feministischer Diskussion[17] wie "alternativer" Naturwissenschaft[18], daß Philosophen des 16. Jahrhunderts den modernen "männlichen" Naturwissenschaften samt folgender Technik und Informatik[19] den Weg gebahnt haben. Für die Informatik dürfte unbestritten sein, daß wesentliche Voraussetzungen in den *allgemeinen* Denktraditionen der männlich bestimmten Ingenieurwissenschaft[20], ihrem konstruktivistischen Denkansatz[21] und ihrer Institutionalisierung in der Technischen Hochschule begründet liegen (obwohl mir der Zusammenhang zur Informatik noch wenig erforscht scheint). Aber das gilt für alle Ingenieurwissenschaften gleichermaßen.

Die Vermittlung des Patriarchats zur Informatik *speziell* harrt dagegen noch der Diskussion - wie schon die Geschichte des spezifisch informatischen Denkens mit seiner algorithmischen Methodik. Die feministische Kritik an den Naturwissenschaften ist nicht ohne weiteres übertragbar[22]. Die Informatik ist ja keine eigentliche "Natur"-Wissenschaft und kann dies auch nicht sein. Hier folge ich einer scheinbar weit hergeholten Spur: In Kirchen-, Kirchenrechts- wie Liturgiegeschichte ist unbestritten, daß das 12. Jahrhundert einen tiefen Einschnitt darstellt[23], womöglich tiefer als die Reformation[24] des 16. Jahrhunderts. Dies könnte auch für die Informationstechnik-Geschichte gelten. Dazu eine unabgesicherte Hypothese[25] zu Kritik und Weiterentwicklung[26]. Sie lautet:

Die Computerisierung hat eine ältere Entstehungsgeschichte als allgemein angenommen: Die im 12. Jahrhundert beginnende Rationalisierung, Intellektualisierung und Formalisierung des europäischen Denkens ist eine [27]wichtige real- wie geistesgeschichtliche Wurzel der heutigen Computerisierung - und der Informatik. Patriarchat und Informatik sind also aus einer speziellen historischen Situation heraus eng miteinander verknüpft.

Es scheint hierzu eine Vorgeschichte aus der Entstehung der abendländischen Subjektivität[28] zu geben, im Verhältnis zu der die "rationalistische"[29] Hochscholastik bereits eine Reaktion darstellt: Die Zeit der Kreuzzüge dezimierte die männliche Population und ermöglichte dadurch ab dem 11./12. Jahrhundert eine Renaissance "weiblicher" Elemente und Institutionen:

- die (Wieder-) Entdeckung der Subjektivität, nach der Spätantike
- damit verbunden, das erwachende Interesse an der "Seele" und ihren Emotionen:
  - in der weiblichen Mystik und Aszetik (auch bei ihren männlichen Fürsprechern, wie Meister Ekkehard u.a.),
  - mit der zugehörigen neuen Subjekt-gerichteten individualistischen[30] Frömmigkeit der "devotio moderna";
  - schließlich in der zeitgenössischen Kunst[31], auch dem höfischen Roman
- das Aufblühen weiblicher Orden, Lebensgemeinschaften, einer Minnekultur.

Dies alles wurde mit dem Wiedererstarken der Männerherrschaft - noch lange vor der Hexenverfolgung - zunehmend bekämpft, als häretisch verketzert, darauf verfolgt, schließlich zT. ausgerottet[32]. Aber: Der männliche Gegenschlag gegen die frühmittelalterliche Frauenbewegung verlief schon damals nicht nur mit physischer (Ketzer- und später Hexenjagd[33]) und moralischer Gewalt (leib- und frauenfeindliche Moral), sondern ebenso mit den sublimeren und auf Dauer wirksameren Mitteln des Geistes: eben dem Rationalismus des 12. Jahrhunderts. Zugleich wird die neue Subjektivität[34] von der patriarchalen Reaktion übernommen und verstärkt deren Effektivität: Die verbesserte Introspektion schärft auch das männliche Auge für die Gesetzmäßigkeiten des isolierten Denkens: in der weiterentwickelten scholastischen Logik[35].

Die Wurzeln der Informatik, so also die Behauptung, sind vierhundert Jahre älter als diejenigen der experimentellen Naturwissenschaften. Sie liegen zusätzlich[36] im Entstehungsprozeß des früh- und hochmittelalterlichen Rationalismus'[37]; näherhin der

- Durchsetzung einer streng hierarchischen[38] und "digital" zergliedernden Diskussions-[39] und Klassifikationsverfahrens, der "*scholastischen Methode* "[40];
- mit ihrem denkerischen Hilfsmittel, der formalen[41] und *"digitalen" Logik* des einander ausschließenden "Ja oder Nein"[42], zur analytischen Bewältigung der Wissensexplosion[43];
- dazu der kompensatorischen Entdeckung des *"konstruktiven" Systemdenkens* durch Juristen des 12. Jahrhunderts[44].

Die scholastische Logik wurde damals aus religiös-existentiellen Gründen[45] so weit vorangetrieben, daß sie erst durch LEIBNIZ und die moderne Mathematik (etwa FREGE) überboten werden konnte. Notwendige, wenngleich keineswegs ausreichende, Bedingungen dafür waren u.a.

- die *wissenschaftssoziologische* Notwendigkeit, die mit vorhandenen intellektuellen Mitteln nicht mehr zu bewältigenden Wissensmassen aus biblischen (Altes und Neues Testament), patristischen (= griechische und lateinische Kirchenväter), juristischen (römisches, zT. germanisches und Kirchenrecht), antik-philosophischen[46] (lateinische, arabische[47], jüdische[48] und griechische Philosophen) und liturgischen[49] Traditionsstoffen zu sichten und *widerspruchsfrei* [50] *durch Über- und Unterordnung* lehr- und lebbar zu machen;
- die *geistes- und religionsgeschichtlich* bedingte Übernahme des "intellektuelleren" aristotelischen Denkstils: Er war für die Bewältigung der scholastischen Wissensmassen und (später) zur wissenschaftlichen Bekämpfung der Reformation geeigneter als die bis dahin vorherrschende "holistische" augustinische Denkweise;
- aber auch gewisse verstärkende Änderungen im liturgischen[51], Frömmigkeits- und Kunststil.

Abgesichert wurde diese neue Entwicklung in der neuen *Institution der Wissensvermittlung* : der Universität[52]. Dabei ist es wichtig zu sehen, daß diese Hoch-Schulen (mit ihren Vor-Schulen, den Gymnasien)

- fast nur Männern vorbehalten sind: erst Klerikern und Ordensleuten, dann Adligen und Kaufleuten, endlich Bürgern, neuerdings auch "Proleten"; Frauen hatten nur selten (dann aber auch als Professorinnen) Zutritt. Dies blieb achthundert Jahre so - bis in unser 20. Jahrhundert;
- eine spezielle Art zu denken trainieren, die auf diese Weise Männern anerzogen wird und kastenmäßig vorbehalten bleibt: die analytisch-intellektuelle unter Abtrennung von Emotion und teilweise Phantasie (wobei sich diese Art zu denken durch den methodischen Umbruch des 16. Jh kaum ändert, sondern nur generalisiert)
- den monopolistischen Charakter von exklusiv männlichen Wissenschafts-Veranstaltungen haben: "Wissenschaft *ist* männlich""[53] - bis heute.

Dieser analytisch-intellektualistische[54] Diskussions-, dann Denkansatz, zunächst Besonderheit der (männlichen) Ordenshochschulen und theologisch-philosophischen Fakultäten sowie Teile der klerikalen, später adligen (männlichen) Oberschicht, wurde seit der Aufklärung auf dem Weg der (Hochschul-) Erziehung Allgemeingut der (männlichen) "Akademiker"; übrigens unter Eliminierung ihrer dialogischen Diskussionsanteile ("diskutiert wird nicht"). Das heraufziehende Bürgertum erhielt so die notwendigen Denkmittel, Methoden und Institutionen zur Be-Herrschung einer komplexer werdenden Welt. Etwa zur gleichen Zeit wurde das (männliche) Militär "Schule der Nation". Diverse Männerbünde, von den Burschen- und Turnerschaften bis zur Reichswehr, was Deutschland betraf, kultivierten den militaristischen Männerkult[55]. Eine entsprechende "Weiblichkeitserziehung" wird kompensatorisch notwendig und löst die ältere Aufklärungs-Pädagogik ab: Das Gespenst des angeblich "natürlichen" passiv-introvertiert-emotional-irrational-passiven "weiblichen" Gefühls gegen das aktiv-extrovertiert-rational-kämpferische "männliche" Denken war im Weg der neuen (männlichen, freilich mütterlich vermittelten) Pädagogik geboren. Die "Hochschule des (männlichen) Geistes", die Universität (und später die Technische Hochschule der Ingenieure) blieb im wesentlichen für Frauen verschlossen. (Natur-) Wissenschaft und "männliche" Wissenschaft bleiben lange unerkannt synonym. Auch die Französische Revolution bringt da keinen Wandel: "Menschenrechte sind Männerrechte" - und bleiben es vorerst. Gemeinsames und latent in tausend Verkleidungen fortwirkendes antik-jüdisch-hellenistisches Erbstück[56] ist die patriarchale Verachtung der minderen Frau, der "toten" *mater* Materie, ihre Vergewaltigung in der durch "verbrauchendes" Experiment[57] zur Selbstauskunft zu zwingenden Natur, dann der Tiere, jetzt des menschlichen Fötus; samt der komplementären Überschätzung[58] des angeblich "männlichen" Geistes[59].

Was in Wirklichkeit im Lauf der Jahrhunderte entstanden war *und heute noch fast ungebrochen besteht*, ist ein per Schule und Hochschule vorzugsweise an Männer vermittelter einseitig rationalistischer Denk- und Sprachstil[60], sowie dessen Institutionalisierung in Militär, Klinik, Universität und "Wissenschaft".

Was jetzt sich fortsetzt und mit der dritten Technik, der Biotechnik, fusioniert, ist

- die "Maschinisierung" dieses einseitig männischen[61] Intellekts durch den digitalen formalen Mechanismus des "Rechners" (und, abgeleitet, der Informationstechnologien und -netze), der als Automat[62] an seiner "Schnittstelle" dem Menschen nun *systemisch gegenüber* tritt;
- dessen Verwissenschaftlichung in Informatik, "Künstliche" Intelligenz und "kognitiver" Psychologie,

nun rückgekoppelt auf das Militär über die wichtigste Militär-Wissenschaft, wiederum die Informatik, daneben über *"computer (il-)literacy"* auf Schule und Hochschule.

Die vorerst letzte Aufgipfelung dieser 800-jährigen Entwicklung männischen Denkens scheint also die Entwicklung und Durchsetzung des Computers samt Satelliten ("Peripherie") zu sein:

> *Der Computer ist die "Maschinisierung"[63] des vereinseitigten und durch jahrhundertelange Pädagogik erzeugten männischen Intellekts, und Telekommunikation deren Transport in die letzte Hütte.*
> *Der Computer ist die Intellekt-Maschine des gegenwärtigen Patriarchats)* [64].

Als Neo-Maschinisierung des einseitigen Intellekts und Neo-Industrialisierung der "Kopf-"(!)-Arbeit hat er die patriarchale Funktion der weiteren systemischen Isolierung und absichernden Verstärkung der virilen, wie der Zurückdrängung feminaler Anteile in der Gesellschaft. Die Größe und Wucht dieses Angriffs dürfte nicht allgemein erkannt sein.

Gesetzt, der Rechner wäre in der Tat die maschinelle Verstärkung des virilen Intellekts, so ist die Informatik die neue und noch einmal männlich vereinseitigte Wissenschaft zur beschleunigten Durchsetzung und Effektivierung des Rechners als des einseitigen Intellektverstärkers. Als solche scheint Informatik das geeignete Instrument des Patriarchats für den - so weit absehbar wegen der Biotechnologie vorletzten[65] - prinzipiellen Angriff auf die Integrität der Frau zu sein. Oder kurz:

> *"Die" Informatik ist die männlich-institutionalisierte Durchsetzung des männlich-maschinisierten vereinseitigten Intellekts.*

(Nicht daß frau sich nicht auch dieser männlichen Wissenschaft widmen - und mit zunehmendem Erfolg auch Männer von ihren angestammten Positionen vertreiben - könnte. Aber der Preis für Eindringlinge ist angesichts "Millionen geborener Feinde"[66] hoch. Wo Frauen Wissenschaft betreiben, müssen sie zuerst die virilen Riten beherrschen lernen[67] und sich in oft schmerzhaften Prozessen "typisch weibliche" Züge abtrainieren[68], die in Wahrheit allgemein menschliche sind, zugunsten einer:

- scheinbaren Methodenreinheit, in Wahrheit Emotionslosigkeit oder besser pathologischen Gefühlsarmut "wertfreier" Wissenschaft[69], die freilich deren Pyrrhussiege ermöglichte;
- Konzentration auf reduktionistisch auf Zählen und Messen reduzierte formale Methoden und Verfahren, statt auf Inhalte und Ziele (auch die "konstruktive" Vorgehensweise des Ingenieurs oder der Informatikerin ist in Wirklichkeit ein Rechenverfahren);
- Abstraktion oder besser Verpönung von nicht-intellektuellem, intuitivem, "holistischem" Denken[70].)

Betroffen sind aber nicht die Frauen, sondern in gewissem Sinne wir alle[71]; und bezahlen werden wir es ebenfalls alle - samt Nachkommen, wie in der (Natur-) Ökologie-Diskussion gelernt und auf die Sozialökologie auszudehnen.

\- - - -

Angenommen, an diesen Überlegungen wäre ein Korn Wahrheit: Also Abstinenz vom Männerzeug Computer[72], Abkehr von der Informatik, weg gar von aller Wissenschaft, zurück zu Natur und Mutterschaft?! Das kann nicht sein; für mich aus vor allem zwei Gründen[73]: Abgesehen davon, daß "Natur" als vom Menschen unveränderte nirgendwo mehr anzutreffen ist (und "Natur"-Wissenschaften also in Wirklichkeit Menschen-, Mann-Wissenschaften sind): Große historische Bewegungen haben einen positiven historischen Sinn, trotz und in aller Perversion. Und Wissenschaft und damit Informatik sind derartige großen historischen Erscheinungen. Sie können nicht einfach abgelegt werden wie ein schäbig gewordener Mantel. Vermutlich werden wir sie noch dringend brauchen, und wenn es ausschließlich zur Reparatur der von uns selber hervorgerufenen sozialen und ökologischen Schäden wäre. - Zum andern ist nicht in erster Linie die Technik oder die Informatik krank, sondern zunächst einmal der eindimensional gewordene Mensch, genauer der halbmenschlich (und darum so schwächlich) gewordene Mann[74] samt seiner Industriegesellschaft[75]. Seine Krankheit teilt sich lediglich der Informationstechnik und ihrer Wissenschaft mit, freilich in sehr umfassenden Sinn: Sie wird ihr in Software und Großorganisation einprogrammiert.

Wichtiger scheint mir: Kann der Mann zum Menschen gesunden, indem er sich, wie weiland Münchhausen, am eigenen Schopf aus dem Sumpf zieht, in dem er schon bis zum Hals steckt? Oder bedarf es der Mitwirkung der Frau?[76] - Andererseits: Ist frau vorbereitet, im Stande, oder gar willens, dem selbstverschuldet in Not Geratenen solche Hilfe zukommen zu lassen? - Und würde, gegebenenfalls, eine solche Hilfe ausreichen? - Oder braucht das ganze Schiff mitsamt der Besatzung einen neuen Kurs, nicht einen stärkeren Motor? - Und letztlich: Wird eine solche Hilfe ausreichen, oder bedarf es eines grundsätzlicheren Neuansatzes "jenseits der Macht", der "jenseits der Dichotomien"[77] auch Wissenschaft in einer neuen, anderen Praxis "aufhebt"[78]?

Verwendete Literatur

Albrecht, K.: Das Geschlecht der hebräischen Hauptwörter, in: ZAW 16. 1896. 42 ff.
Aspöck, Ruth: Der ganze Zauber nennt sich Wissenschaft. Zur sprachlichen Diskriminierung der Frau, Wien 2. Aufl. 1983.
Bahl-Benker, Angelika: Computertechnik in Büro und Heim: Rationalisierung der Kopfarbeit - Rationalisierung der Frauenarbeit, in: Komitee..., 97 ff.
Bammé, Arno et al.: Maschinen-Menschen, Mensch-Maschinen, Grundrisse einer sozialen Beziehung, Reinbek 1983
Barion, Hans: Rudolph Sohm und die Grundlegung des Kirchenrechts, Tübingen 1930
Baumgärtel: Art. Pneuma, in: Kittel ThWbNT VI, 357 ff.
Becker, D. u.a.: Zeitbilder der Technik. Essays zur Geschichte von Arbeit und Technologie, Bonn 1989.
Beierwaltes, Werner (Hg.): Wahrheit und Unwahrheit der Tradition (H. Deku, Gesammelte Schriften), St. Ottilien 1986
Berghahn, S. u.a. (Hg.): Wider die Natur? Frauen in Naturwissenschaft und Technik, Berlin 1984.
Bleicher, Siegfried / Herta Däubler-Gmelin / Herbert Kubicek u.a.: Chip, Chip, Hurra? Die Bedrohung durch die "Dritte Technische Revolution", Hamburg 1984.
BMBW (Hg.): Mit Biß an die Bits. Neue Technologien und Zukunftsberufe für Frauen, Bonn
Brosius, Gerhard / Frigga Haug (Hg.): Frauen \ Männer \ Computer, Berlin 1987
Brunk / Lie / Brakenhoff: Die Situation von Informatikerinnen in Studium, Beruf und im familiären Bereich, Institut für theoretische und praktische Informatik, TU Braunschweig, September 1985.
Capra, F.: Wendezeit, Bern/München/Wien 1985
Cockburn, Cynthia: Die Herrschaftsmaschine. Geschlechterverhältnisse und technisches Know-how, Berlin/Hamburg 1988
Cortolezis-Schlager, Katharina / Gudrun Gerlitz / Melitta Nagl: mixer mikro mischmaschine. Zum gesellschaftlichen Stellenwert von Frauenarbeit, Wien 1985
Däubler-Gmelin, Herta: Die neuen Technologien: Schlechte Zeiten für Frauen? in: Bleicher / Däubler-Gmelin / Kubicek 1984.
Deku, Henry: Formalisierungen, in: FreibZPhTh 29. 1982. 46 ff. = Beierwaltes, 407 ff.
Detlevs, Cordula, u.a.: Seminar "Frauen und Informatik" des FB Informatik der Universität Hamburg (Mitteilung Nr. 155) im SS 1988.
Dinnerstein, Dorothy: Arrangement der Geschlechter, Stuttgart 1979
Dombois, Hans: Recht der Gnade. Ökumenisches Kirchenrecht Bd. I-III, Witten 1961 ff
Easlea, Brian: Väter der Vernichtung. Männlichkeit, Naturwissenschaftler und der nukleare Rüstungswettlauf, Reinbek 1986
Edding, Cornelia: Einbruch ind den Herrenclub. Von den Erfahrungen, die Frauen auf Männerposten machen, Reinbek 1984
French, Marilyn: Jenseits der Macht. Frauen, Männer und Moral, Reinbek 1985
Frougny, Christiane /Jeanne Peiffer: Der mathematische Formalismus - eine Maschine, die Wahres aussondert, in: FemStud 4. 1985, 1. 61
Gagnér, Sten: Studien zur Ideengeschichte der Gesetzgebung, Stockholm / Uppsala / Göteborg 1960
Grabmann, Martin: Die Geschichte der scholastischen Methode (2 Bde.), 1909/1911, Neudruck 1957.

Hausen, Karin / Helga Nowotny (Hg.): Wie männlich ist die Wissenschaft? Frankfurt a.M. 1986
Heer, Friedrich: Hegel, der Philosoph des Siebenten Tages, in: Hegel. Fischer Bücherei, Frankfurt a.M. 1955, S. 7 ff.
Heinig, Sabine / Ilse Lenz (Hg.) Schöne neue FRAUEN-Welt. Computer in Bildung, Beruf und Beziehungen, Münster 1988
Hirschberger, Johannes: Geschichte der Philosophie (2 Bde.), 7./8. Aufl. 1965
Hortleder, Gerd: Das Menschenbild des Ingenieurs. Zum politischen Verhalten der Technischen Intelligenz in Deutschland, Frankfurt/M. 1970
Huber, Michaela / Barbara Bussfeld: Blick nach vorn im Zorn. Die Zukunft der Frauenarbeit, Weinheim / Basel 1985
IFIP: Conference on Women, Work and Computerization. Proceedings of the workshop 28-29. April, The Netherlands, 1988
Janshen, Doris 1986: Bilder vom Menschen. Zu Technik, Mensch und Menschenrecht, in: Komitee..., 9 ff. = Schauer / Schmutzer, 21 ff.
- / Rudolph, Hedwig 1987: Ingenieurinnen. Frauen für die Zukunft, Berlin 1987
- 1988 (Hg.): Frauen gestalten Technik. Ingenieurinnen im internationalen Vergleich, Pfaffenweiler 1988
Janssen, Sarah: Magie und Technik, in: Beitr.femThPrax 1984, 12
Jungmann, Joseph Andreas: Missarum Sollemnia. Eine genetische Erklärung der römischen Messe [2 Bde.], Freiburg ^{3}1952
Keil, Anneli: Weiblich - männlich. Soziale Gestaltungsprinzipien des Lebendigen, Ms. Bremer Frauenwoche 1987 (?)
Keller, Evelyn Fox: Liebe, Macht und Erkenntnis. Männliche oder weibliche Wissenschaft?, München/Wien 1986
Kilian, Wolfgang: Telearbeit und Arbeitsrecht. Forschungsbericht im Auftrag des Bundesministers für Arbeit und Sozialordnung Nr. 139, Bonn 1987.
Kittel (Hg.): Theologisches Wörterbuch des Neuen Testaments Bd. VI, Stuttgart u.a. 1959
Klein, Josef: Kanonistische und moraltheologische Normierung in der katholischen Theologie, Tübingen 1949
Koch, Gottfried: Frauenfrage und Ketzertum im Mittelalter, Berlin 1962
Komitee für Grundrechte und Demokratie (Hg.): Technik, Mensch und Menschenrecht, Sensbachtal 1986
Krell, Gertraude: Das Bild der Frau in der Arbeitswissenschaft, Frankfurt a.M. 1984.
Kulke, Christine 1985a: Von der instrumentellen zur kommunikativen Rationalität patriarchaler Herrschaft, in: Kulke 1985b
- 1985b (Hg.): Rationalität und sinnliche Vernunft. Frauen in der patriarchalen Realität, Berlin 1985
Merchant, Carolyn: Der Tod der Natur. Ökologie, Frauen und neuzeitliche Naturwissenschaft, München 1987
Mies, Maria: Neue Technologien - Wozu brauchen wir das alles? Aufforderung zur Verweigerung, in: Huber / Bussfeld, 211 ff.
Moltmann-Wendel, Elisabeth: Ein eigener Mensch werden. Frauen um Jesus, 6. Aufl. Gütersloh 1987
Neusüss, Christel : High Tech - Männermythos oder Wissenschaft?, in: taz vom 15. Februar 1986
o.A.: Berechnen oder Begreifen? Feministische Kritik an Naturwissenschaft und Technik, WW 3. 1981,8
Olerup, A. et al. (Hg.): Women, work and computerization. Opportunities and disadvantages, North Holland 1985
Podlech, Adalbert [im Ersch.]).
Prantl, C.: Geschichte der Logik im Abendlande (4 Bde.), 1926, Nachdruck 1958
Reetz, Christa (Hg.): Frauen und Computer, Chips & Kabel Medienrundbrief Nr. 12, November 1984
Schauer, H. / Schmutzer, Manfred (Hg.): Computer und Kultur, Wien / München 1987
Schelhowe, Heidi: Frauenspezifische Zugänge umd Umgangsweisen mit Computertechnologie, Ms. Bremen Juli 1988
Schiersmann, C.: Computerkultur und weiblicher Lebenszusammenhang, hg. vom Bundesministerium für Bildung und Wissenschaft, Bad Honnef 1987
Simitis, Spiros: Informationskrise des Rechts und Datenverarbeitung, Karlsruhe 1970
Sohm, Rudolph: Das altkatholische Kirchenrecht und das Dekret Gratians, in: Festschrift A. Wach, München / Leipzig 1918
Starhawk: Wilde Kräfte. Sex und Magie für eine erfüllte Welt, Freiburg im Breisgau 1987
Steinmüller, W. 1988a (Hg.):Verdatet und vernetzt. Sozialökologische Handlungsspielräume in der Informationsgesellschaft, mit einem Geleitwort von Hans-Peter Dürr, Frankfurt a.M. 1988
- 1988b: Warum Wissenschaft nicht leisten kann, was Wissenschaft leisten will, und was wir dazu tun können, in: WW 10. 1988, 74 f.
Studienschwerpunkt Frauenforschung am Institut für Sozialpädagogik der TU Berlin (Hg.): Mittäterschaft und Entdeckungslust, Orlanda Frauenverlag 1989
Theweleit, Klaus: Männerphantasien [2 Bde.], Frankfurt a.M. 1977 / Reinbek 1980, Bd. I S. 450 ff.
Turkle, Sherry 1980: Computer as Rorschach, in: Society 17. 1980, 2. 15-30
- 1986: Die Wunschmaschine. Der Computer als zweites Ich, Reinbek 1986
Vogelheim, Elisabeth (Hg.): Frauen am Computer. Was die neuen Technologien den Frauen bringen, Reinbek 1984
Woesler de Panafieu, Christine: Zum Übergang von der instrumentellen zur digitalen Vernunft, in: Kulke 1985b, 30 ff.

---

1 Zum Sprachgebrauch: "Patriarchal"/"männlich" ist hier durchgängig als (durchschnittliche) *historische* Prägung des Mannes verstanden, die Frauen selbstverständlich ebenfalls (mehr oder minder) beeinträchtigt. Wie problematisch schließlich Allgemeinbezeichnungen wie "der" Mann, und Charakterisierungen wie "weiblich/ männlich" sind, brauche ich nicht zu sagen - aber wie geht es anders und besser? Inhaltlich habe ich mich dabei an dem Vortrag von Annelie Keil 1987 orientiert (freilich ohne ihre Yin-Yang-Parallelisierung zu übernehmen), und auch sonst mich zur kleinen Wiedergutmachung in der Hauptsache auf AutorINNEn beschränkt. - Die Hypostasierung "'das' Patriarchat" ist, wie ähnliche andere ("der" Kapitalismus, usw.) eine zur kurzen Verständigung dienliche *Façon de parler*, deren Präzisierung mir hier nicht möglich ist. So hofft das folgende auf geneigte LeserInnen.

2 Zuletzt die ausgezeichneten "Essays" von Becker u.a. 1989.

3 o.A. 1981; selbst im beinahe schon klassischen Sammelband von Hausen/Nowotny 1986 ist die Informatik kaum vertreten.

4 IFIP 1988. Vgl. auch Krell:1984.

5 Dagegen gibt es die affirmativen Stimmen (zB. BMBW), besonders aber zahlreiche gewerkschaftsnahe Stellungnahmen (zB. Bahl-Benker 1986, 97 ff.; Däubler-Gmelin 1984).

6 zB. wenn selbst Forscherinnen Informatikerinnen "vergessen" oder als Ingenieurinnen nicht wahrnehmen (etwa in den wichtigen Untersuchungen und Analysen von Janshen/Rudolph 1986-1988). - Das ist keine feministische Spezialität, sondern importierter Stand sozialwissenschaftlicher Fragestellungen, die es häufig vorziehen Informationstechnologien unter lang bewährten Gesichtspunkten wahrzunehmen, damit aber unweigerlich in gefahr kommen, spezifisch Neues zu versäumen. - Jedoch Brunk/Lie/ Brakenhoff 1985.

7 Die sozialökonomischen Bedingungen sind nicht Thema des Beitrags.

8 Keller 1986, 44 mildert: die "Braut Natur" sei Bacon lediglich Ziel "aggressiver Verführung"!

9 Kritisch hierzu Schelhowe 1988, 47. - ZB. wird die - falls bestätigt - entsetzliche Annahme von bis zu 50 % Aborten und schwer Mißbildeten bei intensiver Bildschirmarbeit von Schwangeren unter Feministinnen kaum erörtert (das ist eher Gewerkschaftsthema), geschweige denn auf ihre Hintergründe befragt oder bis zu handlungspraktischen Konsequenzen getrieben: Studien der BRD liegen noch nicht vor.

10 Einerseits Reetz 1984; andererseits Schiersmann 1987.

11 Vgl. zB. Brosius/Haug 1987; Cortolezis-Schlager/Gerlitz/Nagl 1985; Heinig/Lenz1988; Olerup et al. 1985; Vogelheim 1984. Dazu vor allem Cockburn 1988; ferner weitere Veröffentlichungen des Argument-Verlags.

12 Dazu die ertragreiche Studie von Kilian 1987.

13 Diese Thematik ohne Befragung der Hintergründe ist an sich typisch für das Frühstadium der Diskussion, aber auch für das feministische Defizit der Informatik.

14 Und zwar in den Rollen der willfährigen Frau wie der bergenden Mutter (vgl Hacker-Netzjargon). - Vgl. die Entwicklung männlicher Naturvorstellungen von der belebten Schöpfung zur toten Frau-Maschine (Easlea 1986) und der Sicht des Menschen (Bammé et al. 1983) bzw. der Frau als Maschine, die noch dazu der Mann erschafft (Theweleit I, 450 ff.).

15 Ich vermeide den monokausale Linearität vortäuschenden Begriff "Ursachen".

16 Hoffnungsvolles Gegenbeispiel die "Feministische Kritik an der Informatik" (und nicht nur ihren Folgen) durch das Seminar "Frauen und Informatik" (Detlevs u.a. 1988).

17 Nicht allein, aber vor allem bei dem Philosophen und Juristen, notorischem Frauenhasser und neurotischem Hexenverfolger *Francis* Bacon (1561-1626; nicht zu verwechseln mit dem Theologen und "Erfinder" [Dampfmaschine, Flugzeug] *Roger* Bacon, ≈1214 - ≈1292) sowie durch Descartes (1590-1650) mit deren aggressiv-zerstörerischem "penetrierenden" (dazu vor allem Merchant 1987) bzw intellektualistisch-mechanistischem Erkenntnisbegriff.

18 Vgl. für die Naturwissenschaften allgemein die Zeitschrift "Wechselwirkung" (BRD), für die Informatik "Terminal" (frz.) und die Veröffentlichungen des FIFF. Ich halte "alternative Naturwissenschaft" nur in engen Grenzen für möglich, da jahrhundertelang ausgebaute erkenntnistheoretische Voraussetzungen nicht im Handstreich beseitigt werden können, sondern durch besser und tiefer fundierte ersetzt werden müssen. Die müssen aber erst noch gefunden werden - Capras "Bausteine für ein neues Weltbild" (Unter-titel 1985) genügen da nicht.

19 Woesler de Panafieu 1985, 30 ff.

20 "Informatik ist eine Ingenieurwissenschaft" (zB ebenso autoritativ wie einseitig im Entwurf 1989 eines Werbeblatts zur "Kösteninformatik" der Universitäten Bremen, Hamburg, Kiel, Oldenburg).

21 Zur Kritik der Ingenieursmentalität vgl. Hortleder 1970.

22 Detlevs u.a. 1988, 218 f.

23 Dies hat zum ersten Mal ausführlich begründet der bedeutendste protestantische Kirchenrechtshistoriker Sohm 1918; seine These wurde auf katholischer Seite rezipiert von den Kanonisten Barion 1930 sowie Klein 1949, und - im Vorfeld des II. Vatikanischen Konzils - großen Theologen wie zB. Yves Congar und Karl Rahner. - Wen es verwundert, hier juristische Hinweise zu finden, möge bedenken, daß die reale Rechts- und Liturgieentwicklung häufig früher historische Umbrüche anzeigt als ihre philosophische Reflexion, weil sie existentieller sind als andere Indikatoren.

24 Dombois (I. 12, 449 u.ö.) sieht sogar die Reformation als *Folge* dieses Umbruchs.

25 Die ff. Behauptungen aus einer früheren Beschäftigung mit (anderen) philosophie-, theologie- und rechtshistorischen Fragen können die Hypothese nicht "begründen", erst recht läßt sie sich nicht daraus stringent "ableiten", wie es axiomatischem Denkstil entspricht; sie sind Plausibilitätsargumente für weitere Beschäftigung mit diesem Fragenkreis.

26 Es ist das Ziel dieses Beitrags, auf einen noch wenig beachteten Sachverhalt hinzuweisen und zu weiteren Forschungen anzuregen. Meines Wissens ist hierzu reiches Material in den (vorwiegend theologischen) Untersuchungen zur Geschichte und Vorgeschichte (1) der Sexualmoral und (2) zur Logik der Früh- und Hochscholastik zu finden, und zwar auch zur Abwertung der Frau. Freilich können diese Forschungen nicht von SozialwissenschaftlerInnen und Informatikern in eigener Regie durchgeführt werden, sondern bedürfen interdisziplinärer Kooperation mit Historikern und Theologen.

27 Eine weitere Forschungslinie wäre (ich lasse sie beiseite) die Entstehung der Reduktion von Wissenschaft auf "Zählen und Messen" in der oppositionellen Philosophie der (Spät-?) Scholastik.

28 Hier stütze ich mich auf die Hinweise bei Moltmann-Wendel 1987, 36ff., 85ff.

29 Das Wort hat heute ganz andere Konnotationen; deshalb mit allem Vorbehalt zu verwenden: Der scholastische Rationalismus ist in seinen besten Vertretern noch stets ein von Gebet und Meditation getragener Rationalismus, kein von Emotion abgetrennter neuzeitlicher Intellektualismus.

30 Es beginnt das Interesse am (ab Renaissance sich allmählich als autonom verstehenden) subjektiven "Individuum" (= das man nicht mehr teilt [lat. = *dividere*]); man will wissen, was Jesus bei seiner Passion (die "Schmerzensmann"-Darstellungen tauchen auf) und die ihm antwortende "Seele" empfindet.

31 Zu dieser Zeit werden die ersten Kunstwerke signiert, dh als individuelles Eigen/tum reklamiert..

32 Vgl. Koch: 1962; zB die mittelalterliche Lainnenbewegung der Beginen.

33 Deren Zusammenhang betont mit Recht Starhawk 1987, 156, 203 ff. (ebenda auch zu Frauenverfolgung und Sexualfeindlichkeit als Voraussetzung des Kapitalismus).

34 Hirschberger I. 409 ff.

35 Immer noch ein Standardwerk Prantl 1958; Ergänzungen zum Umbruch in der Logikentwicklung im 12./13. Jh. bei den vier Logiken des Petrus Abälard sowie in der Artistenfakultät der Universität Paris: Hirschberger I. 409 ff.; 442.

36 Neben den erwähnten natur- und ingenieurwissenschaftlichen Traditionen.

37 Reimundus Lullus' (≈1232-1316) Kombinatorik wird wenigstens kurz erwähnt und in seiner Bedeutung für Leibniz gewürdigt bei Frougny/Peiffer 1985, 67f.. - Zur Kritik des männlichen Rationalismus' aus der Sicht der Frankfurter Schule vgl. Kulke, 30 ff. - Ich verkenne nicht die zahlreichen Wandlungen der Einschätzung und Selbstinterpretation rationalistisch-wissenschaftlichen Denkens, wie sie zB Keller in ihrem Werk 1986 so eindrücklich und differenzierend vorführt.

38 Zur Bevorzugung "aggressiver" und Verdrängung nicht-hierarchischer wissenschaftlicher Erklärungsmuster geben Janssen 1984, 69 ff. und Keller 1986, 160 ff. unverdächtige Beispiele, beide übrigens aus der Biologie. Wem fiele da nicht auf, daß Rechnerarchitekturen bis heute fast ausschließlich hierarchisch strukturiert sind? Meist wird dazu das (unbewußte?) Leitbild der Organisation von Großunternehmen herangezogen. Aber warum, in der drei Grazien Namen, sind Großunternehmen streng hierarchisch? Doch wohl nicht aus Naturgesetzlichkeit!

39 Sie entstand aus dem universitären und Ordens-Lehrbetrieb, war konzipiert als diskursives Disputationsverfahren, hatte das Ziel, die Argumente des Gebgners in das eigene Lehrsystem - nicht zu widerlegen, sondern - *durch logische Zergliederung und Unterordnung* unter die eigenen Prinzipien einzubeziehen.

40 Grabmann 1957.

41 Zur Entwicklung der mathematischen Formalisierung von der Praxis der Antike bis zur Theorie der Mathematik informiert kenntnisreich Deku 1982.

42 Frühzeitig wendet sich der zu seiner Zeit revolutionäre Theologe Abälard, unterwiesen in der Liebe durch eine große Frau, Heloise, in einem seiner thologischen (!) Hauptwerke gegen die rationalistische Zerstückelung und nennt es "*Sic ET Non*", "Ja UND Nein", die dialektische Verbundenheit der Gegensätze betonend (dazu die Bibliographie von Podlech).

43 Für die Betroffenen war sie durchaus vergleichbar der heutigen "Informationslawine" (Simitis 1970) und führte darum auch zu vergleichbaren Problemlösungen: damals der intellektuellen "manuellen" Wissensverarbeitung durch die "scholastische Methode" und ihre digitale Logik, heute durch der letzteren Maschinisierung.

44 Das von früh- und hochscholastischen Theologen immer praktisch geübte, nun aber von mittelalterlichen Kanonisten als Rechtfertigung der beginnenden Rechtskodifikationen theoretisch begründete (Gagnér1960, 288 ff.) Denken in "Systemen" wird als supplementäres Gegengewicht zur immer stärkeren logischen Zergliederung des Wissens erforderlich.

45 Ein wesentlicher Grund war die intellektuell außerordentlich anspruchsvolle Dreifaltigkeitslehre, deren genaue theologische Formulierung mit der überkommenen aristotelischen Logik nicht zu leisten war, aber bei Strafe des Verlusts des Seelenheils nach damaliger Auffassung geleistet werden mußte - eine interessante Parallele zur Entwicklung der "trinitarischen" Denkform der Dialektik durch Fichte und den jungen Theologen Hegel (Heer 1955, 26 ff.) .

46 Die lateinischen Philosophen waren im wesentlichen bekannt; es kamen (vorwiegend über spanisch-arabische Universitäten, aber auch über nach Italien geflohene späthellenistische Philosophen) die genauere Kenntnis der griechischen Denker (Platon, besonders Aristoteles) hinzu.

47 zB Avicenna und Averroes: sie waren die Vermittler des (noch neuplatonisch interpretierten) Aristoteles - zu diesen Fragen informiert wieder zuverlässig Hirschberger.

48 Moses Maimonides war ein Hauptgesprächspartner von Thomas von Aquin.

49 Die Regeln der Liturgie waren *geltendes Recht* , und wurden als solches integrativ (in der philosophisch-theologischen Ethik und der Naturrechtslehre) berücksichtigt.

50 Die unhinterfragte Annahme unbezweifelbarer Tradition verbot die Ablehnung anerkannter "Autoritäten" (Belegstellen von Kirchenlehrern und Rechtsquellen = *auctoritates*). Die "historische Methode" zur geschichtlichen Relativierung scheinbarer Widersprüche wurde ja erst im 18/19. Jh "entdeckt" - und ist bis heute nicht durch Computer (auch nicht durch KI ...) zu imitieren!

51 Es ist schwierig, direkte Verbindungen festzumachen; doch wird um diese Zeit das Abendmahl von den Theologen erstmals in wichtige und weniger wichtige "Teile" zerlegt (Jungmann I. 158 ff., II. 255 ff.); die wichtigsten werden auch äußerlich für die "Laien" (= Angehöriger des [seit dem Aufkommen der Orden] *theologisch* ungebildeten und heiratenden "Volks" im Gegensatz zum Klerus; erst seit der Aufklärung Bezeichnung für *wissenschaftlich* Ungebildete!) "hervorgehoben" und dadurch auch optisch vom nun weniger wesentlichen Rest abgetrennt (Hochhalten der *gerade eben* verwandelten Oblate in der "Wandlung"; später polemisch-demonstrative Ausdehnung in der "Fronleichnamsprozession").

52 Vgl. die Welle der ersten westeuropäischen Universitätsgründungen (zB Bologna 1119) nach islamischem Vorbild (Fes 859, Kairo 970).

53 Reiches Material und notwendige Differenzierungen bei Hausen/Nowotny 1986. Ich glaube allerdings nicht, daß es - bis auf Randerscheinungen - einen "weiblichen Typus Wissenschaft" geben kann - große historische Entwicklungen, wie gesagt, sind nicht reformabel, sondern nur ergänzbar (im Falle der Unduldsamkeit allerdings aber auch ersetzbar durch *andere* Institutionen) - das jedenfalls scheint ein tragfähiges Ergebnis der soziologisch-historischen Institutionenforschung zu sein.

54 Der moderne (umgangssprachliche) Begriff des "Intellektuellen" entstand denn auch erst nach der Aufklärung als Bezeichnung der bürgerlichen Träger des bis dahin nur dem Adel und dem Klerus sowie den Orden vorbehaltenen Wissens.

55 Reiche Belege bringt Theweleit I/II (passim).

56 Demgegenüber vermochte sich die neutestamentlich-biblische Hochachtung der Natur in der "Schöpfung" und der Frau als gleich-bevollmächtigter VertreterIn Christi ("In Christus gibt es weder Mann noch Frau, ...") nicht durchzusetzen - was sich bis heute in krassen Fehlauslegungen der Bibel durch die männlichen Exegeten auswirkt (dazu die "Feministische Theologie" zB Moltmann-Wendels 1987).

57 "Verbrauchende Forschung" lautet denn auch die Neusprach-Maxime einer ent-Mensch-ten Repro-Medizin, in konsequenter Ausdehnung des falschen Naturbegriffs der Natur-Wissenschaft auf den Menschen.

58 Zunehmend wird die (durch Jahrhundertausend-alte Unterdrückung evolutionär erzwungene?) Überlegenheit weiblicher "sozialen Intelligenz" auch von männlichen Forschern anerkannt.

59 "Er" ist als "Geistin Gottes" (="ruach JHWH") noch im Alten Testament weiblich (Baumgärtel 1959, 357 ff. unter kommentarlosem Hinweis auf Albrecht 1896 (!).

60 Aspöck 1983.

61 So möchte ich den isolierten Intellektualismus männlich dominierter Wissenschaft und ihrer Institutionen benennen.

62 Das aristotelische Gottesattribut der autonomen Selbstbewegung (griech. autómatos), in der Renaissance dem mündig gewordenen "autonomen" Menschen (und zugleich dem "autonomen" "souveränen" Staat) zuerkannt, wird jetzt Eigenschaft der Intellektmaschi-ne, die sich nun mit ihrem Gefolge, der "Peripherie" der "End(!)-Geräte, als Zauberlehrling in militärischen Frühwarnsystemen (dazu und dagegen die wichtige und immer noch unveröffentlichte Verfassungsbeschwerde von Klaus Haefner u.a.) und anderen Veranstaltungen des Menschen hoffentlich erfolglos gegen diesen wendet.

63 Selbstverständlich ist dieser Begriff nur analog, weil aus dem Kontext der Kraftmaschine stammend.

64 Der Neurocomputer ist nur eine scheinbare Überwindung der patriarchalen Intellekt-Maschine, sofern er "vernetztes" Denken (vielleicht der rechten Gehirnhemisphäre - dazu Keil 1987) imitiert - und an die virile Welt tradiert. Viel eher gleicht er der Repro-duktionsmedizin, die sich anschickt, auch die letzten feminalen Reservate in das phalloide Reagenzglas zu verlegen (und damit den nun schon jahrhundertelangen Prozeß der Ausschaltung der Frau durch den ängstlichen Mann zu Ende zu führen): Neuronale Netze eröffnen nun - wenn sie die in sie gesetzten Hoffnungen erfüllen sollten - auch dem intellektualisiertesten Mann die prinzipi-elle Möglichkeit, der Frau die verbliebenen Reservate überlegener sozialer und intuitiver Intelligenz zu entreißen.

65 Die Gen- und Biotechnologie ist hier nicht weiter zu verhandeln. Sie könnte den Abschluß bilden.

66 Der Spiegel, Nr. 20/1986; s.a. Berghahn u.a. 1984.

67 Edding 1984.

68 Gerade bei begabten Informatikerinnen ist eine Verdrängung dieses Sachverhalts nicht selten.

69 Sie läßt einen Dr. Mengele geradezu zum Arche-Typ des von Emotionen und Werten unbelasteten Wissenschaftlers werden.

70 Damit ist "der" Wissenschaftler eigentlich nur das gereinigte und konsequentere Resultat einer pathologischen Männlichkeitserziehung, wie sie in der feministischen Frauen- (und zunehmend auch Männer-) Literatur nachzulesen ist. "Er" ist erst ganz in seiner patriarchalischen Funktion verständlich als Ausgrenzung von durch "Weiblichkeitserziehung" konkurrenzunfähig gemacht werden sollenden Frauen. (Daß Frauen diese Barrieren zunehmend durchbrechen, spricht nur für ihre Doppelleistung.)

71 Insofern beides, (historisch) "Männliches" wie "Weibliches", nicht nur Realisierungen des (abstrakt) Menschlichen sind, sondern (konkret) von jedem Mann und jeder Frau in einem gewissen Umfang auch biographisch realisiert werden müssen, wie die Tiefenpsychologie gezeigt hat. - Andern Orts habe ich dargelegt, daß sich diese Auffassung mit einer prinzipiellen Bejahung der Wissenschaft verbinden läßt, ja sie unter bestimmten Voraussetzungen sogar fordert.

72 Dies das Angebot zB von Mies 1985, 211 ff. (221 ff.) sowie von Neusüss 1986.

73 Selbstverständlich sind dies keine "wissenschaftlichen", sondern Glaubens-Sätze (wie sie übrigens auch jeder Wissenschaft zugundeliegen, und wäre es die abstrakteste Mathematik).

74 Hierzu und zum psychologischen Aspekt des "Arrangements de Geschlechter" gleichnamig Dinnerstein (1976, dt. Stuttgart 1979); zur nuklearen Konsequenz Easlea 1986. - Natürlich soll der Anteil der Frau an dieser Misere nicht verschwiegen werden; aber das ist von Männern so oft hervorgehoben worden, daß deren Erwähnung sich erübrigt.

75 Zur Kritik der Ideologie der Informationsgesellschaft Steinmüller 1988a.

76 Natürlich sind solche Fragen alles andere als neu; aber sie dürfen auch in einem Informatikerinnen-Kongreß gestellt werden; etwa der Art: Wo genau ist viriler Intellekt sinnvoll, ja unentbehrlich?; wie kann er in die menschliche (und nicht nur männliche) Evolution eingeholt werden?; unter welchen ökologischen Bedingungen und ökonomischen Umständen ist sein Gerät, das Intellekt-Zeug Rechner, samt seiner Wissenschaft Informatik, ein brauchbares Spiel-Zeug einer menschlicheren Gesellschaft, in der Männer ihre Frau-Seite, und Frauen ihre Mann-Seite, und damit beide einander, liebend zu akzeptieren (und damit: zu verwandeln) gelernt haben?

77 French 1985; vgl auch Studienschwerpunkt Frauenforschung 1989.

78 Steinmüller 1988a, 74 f.

INFORMATIONS- UND KOMMUNIKATIONSÖKOLOGIE
– EIN FRAUENSPEZIFISCHER ANSATZ ?

Ulrike Erb
Fachbereich Informatik
Bereich Angewandte Informatik
Universität Bremen

In diesem Beitrag greife ich u.a. Gedanken auf, die im Vorfeld der Gründung des Instituts für Informations- und Kommunikationsökologie (März 1989) entwickelt und diskutiert worden sind, versuche, diese Gedanken aus meiner Sicht zu vertiefen und die Parallelität informations- und kommunikationsökologischer Aspekte zu frauenspezifischen technikkritischen Ansätzen aufzuzeigen.

DIE ANWENDUNG DES ÖKOLOGIE-BEGRIFFES AUF INFORMATIONS- UND KOMMUNIKATIONSPROZESSE

Menschliches Zusammenleben funktioniert nur aufgrund vielfältiger Kommunikationsbeziehungen zwischen den Menschen und zwischen menschlichen Gemeinschaften. Das Erlernen kommunikativer und sozialer Kompetenz ist für die Mitglieder einer Gemeinschaft überlebenswichtig, denn Kommunikation ermöglicht ihnen, ihr Verhalten zu koordinieren. Durch Kommunikation treten Menschen mit ihrer Umwelt in Beziehung und erlangen Orientierungsmaßstäbe.
Versteht man **Ökologie** als die Wissenschaft von den Beziehungen der Lebewesen zu ihrer Umwelt, so ist schon aus der Definition heraus die Übertragbarkeit dieses Begriffes auf Kommunikation ersichtlich. Eine ähnliche Herleitung kann für die ökologische Relevanz von Information gefunden werden.
Information ist nicht bloß Nachricht oder Mitteilung sondern zweckorientiertes, an ein Subjekt gebundenes Wissen. Aus der Fülle von Sinneseindrücken, die wir aus unserer Umwelt aufnehmen, filtern wir die für unseren jeweiligen Kontext, d.h. für unsere jeweilige Situation und für unsere jeweiligen Zwecke relevanten Signale heraus und verarbeiten sie zu handlungsleitenden Informationen. Informationen sind dementsprechend das Ergebnis der Auseinandersetzung mit unserer Umwelt.
Kommunikation und Information können also nicht losgelöst von Subjekten gesehen werden, die miteinander und mit ihrer Umwelt in Beziehung treten. Da zwischen den Subjekten in

unseren menschlichen Gemeinschaften komplexe wechselseitige Beziehungen bestehen, kann - technokratisch ausgedrückt - von einem vernetzten Informations- und Kommunikationsgefüge gesprochen werden.
In dieses Gefüge dringen nun zunehmend Techniken ein, die herkömmliche Informations- und Kommunikationsprozesse automatisieren, ersetzen oder ganz verdrängen.

DIE GEFÄHRDUNG DES INFORMATIONS- UND KOMMUNIKATIONSÖKOLOGISCHEN GLEICHGEWICHTS DURCH TECHNISCHE EINGRIFFE

Die von Frêderic Vester beschriebene Gefahr einer schlagartigen Veränderung einer zunächst gleichförmigen Entwicklung in vernetzten Systemen (VESTER 1983) wird von Barbara Mettler-Meibom auch in Bezug auf Kommunikation gesehen:
"Die technischen Eingriffe in zwischenmenschliche und gesellschaftliche Kommunikationsbeziehungen folgen weithin zwei Mustern: zum einen "Rationalisierung" von Kommunikation nach Gesichtspunkten der Schnelligkeit, Verfügbarkeit, Unabhängigkeit von Menschen, Verrechenbarkeit, Formalisierbarkeit und des selektischen Zugriffs, zum anderen Kommerzialisierung der Ware Information und Kommunikation zu Unterhaltungszwecken. Diese Zielbestimmungen bzw. diese Weise des Umgangs mit Information und Kommunikation können in einer uns unbekannten Weise zu Störungen führen, d.h. Störungen im Austausch zwischen Menschen und innerhalb oder zwischen Gesellschaften." (METTLER-MEIBOM 1987, S. 100/101)
Sie befürchtet ein "Umkippen", ein Degenerieren von Kommunikation und sieht einige Anzeichen hierfür bereits in vielen Aspekten des täglichen Medienkonsums, der Flipper-, Hacker- und Videoszene.
Betrachten wir unsere alltägliche Lebenswelt, so müssen wir eine Fülle von in Technik geronnenen bzw. durch Technik ersetzten Informations- und Kommunikationsprozessen verzeichnen:
Btx-Angebote, Fahrkarten- und Geldautomaten, Bibliotheksinformationssysteme und andere Datenbanken ersetzen persönliche Beratung durch menschliche KommunikationspartnerInnen; Fernsehen, Videofilme, Computerspiele verdrängen eine ganze Freizeitkultur, in der es um gemeinsames Erleben, um spielerische Auseinandersetzung miteinander, um Bewegung und Körpererfahrung , um das Erlernen kommunikativer und sozialer Kompetenz geht; walkmen versinnbildlichen die kommunikative Isolation Einzelner von ihren Mitmenschen, indem sie eines der wichtigsten Kommunikationsorgane, die Ohren, gegen die Umwelt abschotten; die verschiedensten Arten von Telekommunikationstechniken schließlich führen zu Standardisierung und Enträumlichung von Kommunikation: Kommunikation ist nicht mehr daran gebunden, daß sich die KommunikationspartnerInnen zur selben Zeit am selben Ort befinden, um zeitgleich miteinander zu kommunizieren, sie müssen sich jedoch an die formalen Regeln der Kommunikationsprotokolle halten.

Enträumlichung von Kommunikation und Beschleunigung von Nachrichtenaustausch ergänzen sich mit der parallelen Entwicklung im Bereich der Beschleunigung von Fortbewegung. Die zunehmende Mobilität macht Telekommunikation erforderlich und umgekehrt. Beide Entwicklungen erzeugen folgenschwere ökologische Probleme, die sich zum Teil gegenseitig verstärken: Umweltschäden durch Auto- und Flugverkehr sind unübersehbar, psychische und soziale Schäden durch Telekommunikationstechniken werden erst langsam wahrgenommen; Entfremdung, Streß, Verlust von Selbstentfaltungsmöglichkeiten können u.a. als Produkt beider Entwicklungen angesehen werden.
In der Arbeitswelt, wo noch klarere Hierarchien die machtverstärkenden Eigenschaften von Informations- und Kommunikationstechniken deutlich werden lassen, führen - wie schon oft beschrieben - Systeme der Betriebs- und Personaldatenerfassung, der Produktions- und Büroautomation zu entmündigender Arbeitsteilung, Leistungskontrolle, Kommunikationsverlust, Arbeitsverdichtung und Streß.
Informations- und Kommunikationstechniken dringen in fast alle Lebensbereiche und betreffen uns in vielfältigen Zusammenhängen. Gemeinsam ist diesen technischen Eingriffen in Informations- und Kommunikationsprozesse ihre eindimensionale Ausrichtung nach Effektivitäts-, Rationalisierungs- und Kommerzialisierungskriterien.
Bestimmte Merkmale von Informations- und Kommunikationsvorgängen werden durch die sogenannten Informations- und Kommunikationstechniken verstärkt, andere vernachlässigt. So erhalten z.B. Kompatibilität von Sender und Empfänger, Erhöhung von Speicher- und Übertragungskapazität sowie von Übertragungsgeschwindigkeit, Standardisierung der Übertragungsprotokolle, Beschleunigung der Verarbeitung von Daten und des Zugriffs auf Datenbestände, Erhöhung der Erreichbarkeit von KommunikationspartnerInnen, des Verbreitungsgrades von Nachrichten und der Komplexität von Kommunikationsstrukturen einen gewichtigeren Stellenwert als etwa die Kenntnisnahme des Entstehungszusammenhanges von Daten, die Einschätzung der Glaubwürdigkeit und Motivation von KommunikationspartnerInnen, die Aneignung von Wissen und von sozialer und kommunikativer Kompetenz durch zwischenmenschliche Interaktion und soziale Vorbilder, die Herstellung lokaler überschaubarer Kommunikationsgefüge, die Betonung der verschiedensten Arten non-verbaler Kommunikation und Informationsaufnahme (z.B. durch Mimik, Körpersprache, Tanz, Riechen, Fühlen, Sehen)usw..
Die einseitige Ausrichtung technischer Eingriffe bewirkt sowohl Veränderungen in den Teilstrukturen des vernetzten Systems als auch - durch Kumulation der Wirkungen verschiedener Teilbereiche - Veränderungen des gesamten Gefüges. Diese Kumulationseffekte können das System zum "Umkippen" bringen.

FEMINISTISCHE WISSENSCHAFTS- UND TECHNIKKRITIK UND INFORMATIONS- UND KOMMUNIKATIONSÖKOLOGISCHE ANSÄTZE

Frauenspezifische Ansätze haben schon früh die Mißstände im Wissenschaftssystem, insbesondere bei der herrschenden Technikentwicklung aufgezeigt. Feministische Wissenschafts-

kritik macht u.a. fehlenden gesellschaftlichen Bezug, fehlende Anwendungs- und Handlungsorientierung, Vorherrschaft patriarchaler Denkstrukturen und naturbeherrschende "Erkenntnis"-Methoden dafür verantwortlich, daß unbeherrschbare, umweltzerstörende Großtechnologien hervorgebracht worden sind. Die männliche Prägung von Naturwissenschaft läßt sich erkennen an der Dominanz von Merkmalen wie Effizienz, Eindeutigkeit, (Zweck-)Rationalität, Segmentierung, Berechenbarkeit, logischer Stringenz, Formalisierbarkeit, Instrumentalisierbarkeit, Trennung zwischen erkennendem Subjekt und der Umwelt als beobachtetem, manipuliertem und beherrschtem Objekt (vgl. etwa CRAEMER-KACHRU 1984, JANSSEN 1984, DETLEFS u.a. 1988).
Feministischer Umgang mit Wissen zeichnet sich hingegen u.a. aus durch die Einbeziehung eigener Erfahrung und Betroffenheit, durch das Zulassen sogenannter irrationaler Momente wie Gefühle, Werte, Traditionen, Glaube, Ästhetik, Moral, Körperlichkeit, Menschlichkeit, durch assoziative, ganzheitliche, interdisziplinäre Methoden sowie durch die Entwicklung gemeinsamer Handlungsmöglichkeiten.
Derartige feministische Ansätze wurden in der Diskussion im Rahmen der Gründung des dem Öko-Institut vergleichbaren Instituts für Informations- und Kommunikationsökologie aufgegriffen und in Verbindung mit technikkritischen Ansätzen der Umweltbewegung weiterentwickelt.
Einer eindimensionalen Technikentwicklung in Richtung der heraufbeschworenen "Informationsgesellschaft" wollen die Mitglieder des Instituts entgegenwirken, indem für die seelischen, körperlichen und geistigen Bedürfnisse der Menschen Partei ergriffen wird und durch interdisziplinäre, betroffenenorientierte Zusammenarbeit humane, soziale und umweltverträgliche Lebenskonzepte entwickelt werden, wie es im Konzeptpapier des Instituts heißt. Techniken, die die "kritische Größe" (EURICH 1988) überschreiten, d.h. Techniken, die zu hochkomplexen, unüberschaubaren und unbeherrschbaren Organisations- und Regelsystemen führen, passen nicht in diese Konzepte. Aus den Fehlern, die bei der Entwicklung anderer Großtechnologien (z.B. beim Schnellen Brüter) gemacht wurden, wie etwa fehlende Technologiefolgenabschätzung, fehlende Erwägung alternativer Optionen, fehlende Sicherheits- und Entsorgungskonzepte, technikinduzierte (statt probleminduzierte) Innovationen (vgl. KUBICEK 1986) können wir lernen, um nach der Ausbeutung der "Ressource Natur" und der daraus folgenden Umweltzerstörung die Ausbeutung des Bereiches der Information und Kommunikation und die analog zu befürchtende "Sozialweltverschmutzung" (vgl. STEINMÜLLER 1988) zu vermeiden.
"Nur wenn sich die Wissenschaften zum Anwalt sozialer Vernunft machen, können sie Entsorgungsbedarf verringern und letztlich verhindern helfen." (METTLER-MEIBOM 1987,S.37)

NOTWENDIGE FOLGEN EINES ÖKOLOGISCHEN UMGANGS MIT INFORMATION UND KOMMUNIKATION FÜR DIE INFORMATIK

Feministische Wissenschaftskritik und informations- und kommunikationsökologische Ansätze implizieren eine gründliche Hinterfragung der Methoden der Informatik:

- Die universale Anwendung der zweiwertigen Logik, mit welcher Realität auf das Eindeutige, Berechenbare, Deterministische und nicht Lebendige reduziert wird, ist ungeeignet, wenn wir die Dimension des Werdens, der Zukunft, der Möglichkeit in unseren Begriff von Wirklichkeit einbeziehen wollen. (vgl. HOLLING/KEMPIN 1989)
- Probleminduzierte, betroffenen- und gesellschaftsorientierte Technikgestaltung bedarf einer Informatik, in welcher die Trennung zwischen TechnikentwicklerInnen und dem Anwendungsbereich als dem Objekt der Technikgestaltung aufgehoben ist, einer Informatik, die ggf. die potentiellen Technikbetroffenen als die besten ExpertInnen bzgl. ihres Arbeits- und Erfahrungsbereiches akzeptiert und mit ihnen kooperiert.
- Denkbar wäre in der Informatik darüberhinaus die Klassifizierung sogenannter"technologischer Schwellen" (BÄUMLER 1985), d.h. der Übergang zur nächst höheren Technikstufe, vor deren Überschreiten jeweils geprüft wird, welche Alternativen existieren und welche Alternative die geringsten schädlichen Auswirkungen bzgl. informationellem Selbstbestimmungsrecht, bzgl. Datenschutz, bzgl. Gestaltungsspielräumen, bzgl. kommunikativer und organisatorischer Veränderungen usw. hat. Solche technologischen Schwellen könnten z.B. sein der Übergang von handgeführten Karteien oder Akten zu computergestützten Dateien, der Übergang von Schreibmaschinen zu Textverarbeitung, der Übergang von autonomen PCs zu vernetzten EDV-Systemen, der Übergang von elektromechanischen zu digitalen Fernsprechvermittlungsstellen oder der Übergang zu maschinenlesbaren Ausweissystemen und Identitätskarten usw..

Ob Verfahren, die nicht auf zweiwertiger Logik, Quantifizierung und formalen Strukturen beruhen, die zur Kontextbindung und zum Kontexterhalt von Nachrichten beitragen und deren höchstes Ziel nicht Effektivität und Rationalität von Datenverarbeitung **ist**, noch dem Bereich der Informatik angehören, soll hier eine offene Frage bleiben.

LITERATUR

BÄUMLER 1985
H.Bäumler: Datenverarbeitungstechnik und Datenschutzrecht. in: ÖVD/Online 4/85

CRAEMER-KACHRU 1984
A. Craemer-Kachru: A Hollistic Approach to Computers. Eingangsreferat bei der Internationalen Konferenz der IFIP "Women, Work and Computerization", 17.-21.9.1984, Riva del Sole, Toscana, Italien

DETLEFS u.a. 1988
K. Detlefs u.a.: Frauen und Informatik - Anspruch und Realität. Mitteilung Nr. 155 des Fachbereichs Informatik, Universität Hamburg, April 1988

EURICH 1988
C. Eurich: Die Megamaschine. Vom Sturm der Technik auf das Leben und Möglichkeiten des Widerstands. Darmstadt 1988

HOLLING/KEMPIN 1989
E.Holling, P. Kempin: Identität, Geist und Maschine. Auf dem Weg zur technologischen Zivilisation. Reinbek bei Hamburg, März 1989

JANSSEN 1984
S. Janssen: Magie und Technik. in: Beiträge zur feministischen Theorie und Praxis, Heft 12, Köln 1984

KUBICEK 1986
H. Kubicek: ISDN - Der schnelle Brüter der Nachrichtentechnik. Arbeitspapiere zu Organisation, Automation und Führung 86/3, Universität Trier, Fachbereich IV

METTLER-MEIBOM 1987
B. Mettler-Meibom: Soziale Kosten in der Informationsgesellschaft. Überlegungen zu einer Kommunikationsökologie. Frankfurt/Main 1987

STEINMÜLLER 1988
W. Steinmüller: Demokratische und soziale Informationstechnologiepolitik. in: W. Steinmüller (Hrsg.): Verdatet und vernetzt. Sozialökologische Handlungsspielräume in der Informationsgesellschaft. Frankfurt/Main 1988

VESTER 1983
F. Vester: Unsere Welt - ein vernetztes System. München 1983

Themen der Angebote im Rahmen von Werkstatt Erfahrungsaustausch/Projekte

Angebote im Bereich der "Werkstatt" im Rahmen der Tagung "Frauenwelt - Computerräume"

Astrid Beck, Institut für industrielle Fertigung, Stuttgart
"Einführung in die Programmierung mit Pascal."
Ein Programmbeispiel wird kritisiert und aufgrund dieser Erfahrung wird ein Entwurf selbständig programmiert.

Hanna Resch
"Das Frauen-Computerspiel"

Heike Leitner, Nortech-Datensysteme, Hannover
"PPS - ein Muß für alle Betriebe? PPS - eine Chance für uns Frauen!!"
Produktionsplanungssysteme - ein Baustein im CIM-Konzept.

Margarete Fuß,Beratungs- und Forschungsinstitut Arbeit und Informationstechnologie e.V., Dortmund/ Veronika Oechtering, Universität Dortmund
"Online-Informationssysteme: Einsatzmöglichkeiten, Probleme und Grenzen"
Das Informationssystem Arbeit ISAR und das Informationsvermittlungssystem KONDOR als Alternativen?

Helfried Broer, Braunschweig
"Selbstausbildungskonzepte für Frauen"
Einführung in die Struktur eines Rechners und in das objektorientierte Programmieren.

Irmingard Schmithüsen, Baden-Baden
"Einführung in das Programmieren eines Computers anhand bewegter Figuren"
Vorstellung/ Erarbeitung einer Unterrichtseinheit für die Sekundarstufe I.

Maria Meyer/ Inge Voigt-Köhler, Bremen
"Modernes Büro - Eine Unterrichtseinheit für die 11. Klasse"
Benutzung eines integrierten Softwarepaketes.

Viola Kramer, Computermusikerin, Aachen
"Welche Möglichkeiten bietet der Computer im Musikbereich?"
Einführung in Aufbau, Verkabelung, Funktionsweise, Vokabular.
Praktisches Ausprobieren, kritische Reflexion.

Patricia Jünger
Analyse ihres Stückes "Valse eternelle"
Studie über die Bewegung in Erinnerungsvorgängen.

Simone Fischer-Hübner/ Katrin Gerke/ Bettina Kuhlmann, Universität Hamburg

"Reidentifizierung von Personen an Hand statistischer Daten"
Kritik an der Volkszählung und Alternativen. Praktische Vorführung.

Frauke Richter/ Manuela Döpke/ Marco Morosoff, Schulzentrum Hermannsburg, Bremen, TeilnehmerInnen an JUGEND FORSCHT

"Nachbildung der Parkettmuster von M.C. Escher"
Mathematische Grundlagen und Computerdemonstration.

Doris Köhler, Universität Bremen

"Tabellenkalkulation als Alternative zur Individualprogrammierung?"
Einführung, Vorführung eines Beispiels, Diskussion über Vorteile, Nachteile, Grenzen.

Dagmar Cords, Universität Bremen

"CAD-Systeme: Technische Gestaltung und arbeitsplatzbezogene Konsequenzen"
Einführung in die Technik computergestützter Systeme für die mechanische Konstruktion. Diskussion arbeitsrelevanter Konsequenzen des CAD-Einsatzes.

Auszubildende am Berufs-Bildungs-Institut Bremen

"Frauen die Angst vor dem Computer nehmen"

Elisabeth Swart, Universität Bremen

"Funktionale Programmiersprachen - eine Frauendomäne?"
Diskussion zum Bereich Frauen und Programmiersprachen sowie praktische Einführung in eine funktionale Programmiersprache.

Helga Theunert, Institut Jugend Film Fernsehen, München

"Pornographie auf Disketten"
Inhalte und Funktionsmuster pornographischer Computerspiele und ihre Bedeutung für jugendliche Nutzer.

Bernd Schorb, Institut Jugend Film Fernsehen, München

"Faschistische Ideologie per Computer"
Nazicomputerspiele und Nazisymbole in Softwareprogrammen, ihre Nutzer und ihre Auswirkungen.

Deborah Brecher, Womens´s Computer Literacy Project, San Francisco, USA

"Der weibliche Zugang zum Computer"
Theorie und Praxis ihrer Frauen-Computer-Kurse. (in englisch)

Eva Emenlauer- Blömers/ Waltraud Kreutzer, Berlin

"MicroGLOBUS- die Welt im Griff?"
Computersimulation als Entscheidungshilfe für Politik und Verwaltung? Einführung ins Programm - eigene Übungen - Diskussion.

Angebote im Bereich "Erfahrungsaustausch / Projekte" im Rahmen der Tagung "Frauenwelt - Computerräume"

Ulrike Erb, Universität Bremen
"Informations- und Kommunikationsökologie - ein frauenspezifischer Ansatz?"

Marina Kern, Kommunikationswissenschaftlerin, Hamburg
"CAC - Computer Aided Communication"
Möglichkeiten der elektronischen Kommunikationstechnologien für die Kultur.
Vorstellung eines Zeitschriftenprojekts.

Gerlinde Schreiber, Universität Oldenburg
"Was passiert an bundesdeutschen Unis, um das Informatikstudium für Frauen interessant(er) zu machen?"
Bestandsaufnahme, konkrete Maßnahmen, Vorschläge.

Brigitte Porsch, Computerkünstlerin, Düsseldorf
"Computermalerei: Videotape und Bilder"

Cristina Perincioli/ Cillie Rentmeister
"Auge & Ohr - Computer und Kreativität"
Video-Sampler mit Ausschnitten ihrer Arbeit und Seminarproduktionen.

Band 173: M. H. Schulz, Testmustergenerierung und Fehlersimulation in digitalen Schaltungen mit hoher Komplexität. IX, 165 Seiten. 1988.

Band 174: A. Endrös, Rechtsprechung und Computer in den neunziger Jahren. XIX, 129 Seiten. 1988.

Band 175: J. Hülsemann, Funktioneller Test der Auflösung von Zugriffskonflikten in Mehrrechnersystemen. X, 179 Seiten. 1988.

Band 176: H. Trost (Hrsg.), 4. Österreichische Artificial-Intelligence-Tagung. Wien, August 1988. Proceedings. VIII, 207 Seiten. 1988.

Band 177: L. Voelkel, J. Pliquett, Signaturanalyse. 223 Seiten. 1989.

Band 178: H. Göttler, Graphgrammatiken in der Softwaretechnik. VIII, 244 Seiten. 1988.

Band 179: W. Ameling (Hrsg.), Simulationstechnik. 5. Symposium. Aachen, September 1988. Proceedings. XIV, 538 Seiten. 1988.

Band 180: H. Bunke, O. Kübler, P. Stucki (Hrsg.), Mustererkennung 1988. 10. DAGM-Symposium, Zürich, September 1988. Proceedings. XV, 361 Seiten. 1988.

Band 181: W. Hoeppner (Hrsg.), Künstliche Intelligenz. GWAI-88, 12. Jahrestagung. Eringerfeld, September 1988. Proceedings. XII, 333 Seiten. 1988.

Band 182: W. Barth (Hrsg.), Visualisierungstechniken und Algorithmen. Fachgespräch, Wien, September 1988. Proceedings. VIII, 247 Seiten. 1988.

Band 183: A. Clauer, W. Purgathofer (Hrsg.), AUSTROGRAPHICS '88. Fachtagung, Wien, September 1988. Proceedings. VIII, 267 Seiten. 1988.

Band 184: B. Gollan, W. Paul, A. Schmitt (Hrsg.), Innovative Informations-Infrastrukturen. I.I.I. – Forum, Saarbrücken, Oktober 1988. Proceedings. VIII, 291 Seiten. 1988.

Band 185: B. Mitschang, Ein Molekül-Atom-Datenmodell für Non-Standard-Anwendungen. XI, 230 Seiten. 1988.

Band 186: E. Rahm, Synchronisation in Mehrrechner-Datenbanksystemen. IX, 272 Seiten. 1988.

Band 187: R. Valk (Hrsg.), GI – 18. Jahrestagung I. Vernetzte und komplexe Informatik-Systeme. Hamburg, Oktober 1988. Proceedings. XVI, 776 Seiten.

Band 188: R. Valk (Hrsg.), GI – 18. Jahrestagung II. Vernetzte und komplexe Informatik-Systeme. Hamburg, Oktober 1988. Proceedings. XVI, 704 Seiten.

Band 189: B. Wolfinger (Hrsg.), Vernetzte und komplexe Informatik-Systeme. Industrieprogramm zur 18. Jahrestagung der GI, Hamburg, Oktober 1988. Proceedings. X, 229 Seiten. 1988.

Band 190: D. Maurer, Relevanzanalyse. VIII, 239 Seiten. 1988.

Band 191: P. Levi, Planen für autonome Montageroboter. XIII, 259 Seiten. 1988.

Band 192: K. Kansy, P. Wißkirchen (Hrsg.), Graphik im Bürobereich. Proceedings, 1988. VIII, 187 Seiten. 1988.

Band 193: W. Gotthard, Datenbanksysteme für Software-Produktionsumgebungen. X, 193 Seiten. 1988.

Band 194: C. Lewerentz, Interaktives Entwerfen großer Programmsysteme. VII, 179 Seiten. 1988.

Band 195: I. S. Bátori, U. Hahn, M. Pinkal, W. Wahlster (Hrsg.), Computerlinguistik und ihre theoretischen Grundlagen. Proceedings. IX, 218 Seiten. 1988.

Band 197: M. Leszak, H. Eggert, Petri-Netz-Methoden und -Werkzeuge. XII, 254 Seiten. 1989.

Band 198: U. Reimer, FRM: Ein Frame-Repräsentationsmodell und seine formale Semantik. VIII, 161 Seiten. 1988.

Band 199: C. Beckstein, Zur Logik der Logik-Programmierung. IX, 246 Seiten. 1988.

Band 200: A. Reinefeld, Spielbaum-Suchverfahren. IX, 191 Seiten. 1989.

Band 201: A. M. Kotz, Triggermechanismen in Datenbanksystemen. VIII, 187 Seiten. 1989.

Band 202: Th. Christaller (Hrsg.), Künstliche Intelligenz. 5. Frühjahrsschule, KIFS-87, Günne, März/April 1987. Proceedings. VII, 403 Seiten. 1989.

Band 203: K. v. Luck (Hrsg.), Künstliche Intelligenz. 7. Frühjahrsschule, KIFS-89, Günne, März 1989. Proceedings. VII, 302 Seiten. 1989.

Band 204: T. Härder (Hrsg.), Datenbanksysteme in Büro, Technik und Wissenschaft. GI/SI-Fachtagung, Zürich, März 1989. Proceedings. XII, 427 Seiten. 1989.

Band 205: P. J. Kühn (Hrsg.), Kommunikation in verteilten Systemen. ITG/GI-Fachtagung, Stuttgart, Februar 1989. Proceedings. XII, 907 Seiten. 1989.

Band 206: P. Horster, H. Isselhorst, Approximative Public-Key-Kryptosysteme. VII, 174 Seiten. 1989.

Band 207: J. Knop (Hrsg.), Organisation der Datenverarbeitung an der Schwelle der 90er Jahre. 8. GI-Fachgespräch, Düsseldorf, März 1989. Proceedings. IX, 276 Seiten. 1989.

Band 208: J. Retti, K. Leidlmair (Hrsg.), 5. Österreichische Artificial-Intelligence-Tagung, Igls/Tirol, März 1989. Proceedings. XI, 452 Seiten. 1989.

Band 209: U. W. Lipeck, Dynamische Integrität von Datenbanken. VIII, 140 Seiten. 1989.

Band 210: K. Drosten, Termersetzungssysteme. IX, 152 Seiten. 1989.

Band 211: H. W. Meuer (Hrsg.), SUPERCOMPUTER '89. Proceedings, 1989. VIII, 171 Seiten. 1989.

Band 212: W.-M. Lippe (Hrsg.), Software-Entwicklung. Fachtagung, Marburg, Juni 1989. Proceedings. IX, 290 Seiten. 1989.

Band 213: I. Walter, Datenbankgestützte Repräsentation und Extraktion von Episodenbeschreibungen aus Bildfolgen. VIII, 243 Seiten. 1989.

Band 214: W. Görke, H. Sörensen (Hrsg.), Fehlertolerierende Rechensysteme / Fault-Tolerant Computing Systems. 4. Internationale GI/ITG/GMA-Fachtagung, Baden-Baden, September 1989. Proceedings. XI, 390 Seiten. 1989.

Band 215: M. Bidjan-Irani, Qualität und Testbarkeit hochintegrierter Schaltungen. IX, 169 Seiten. 1989.

Band 216: D. Metzing (Hrsg.), GWAI-89. 13th German Workshop on Artificial Intelligence. Eringerfeld, September 1989. Proceedings. XII, 485 Seiten. 1989.

Band 218: G. Stiege, J. S. Lie (Hrsg.), Messung, Modellierung und Bewertung von Rechensystemen und Netzen. 5. GI/ITG-Fachtagung, Braunschweig, September 1989. Proceedings. IX, 342 Seiten. 1989.

Band 219: H. Burkhardt, K. H. Höhne, B. Neumann (Hrsg.), Mustererkennung 1989. 11. DAGM-Symposium, Hamburg, Oktober 1989. Proceedings. XIX, 575 Seiten. 1989

Band 220: F. Stetter, W. Brauer (Hrsg.) Informatik und Schule 1989: Zukunftsperspektiven der Informatik für Schule und Ausbildung. GI-Fachtagung, München, November 1989. Proceedings. XI, 359 Seiten. 1989.

Band 221: H. Schelhowe (Hrsg.) Frauenwelt – Computerräume. GI-Fachtagung, Bremen, September 1989. Proceedings. XV, 284 Seiten. 1989.